信息与通信网络技术丛书

光传送网（OTN）技术、设备及工程应用

Technology, Equipment and Engineering Applications of Optical Transport Network (OTN)

王健 魏贤虎 易准 张敏锋 俞力 鞠卫国 等◎编著

U0340574

人民邮电出版社
北京

图书在版编目（C I P）数据

光传送网（OTN）技术、设备及工程应用 / 王健等编著. -- 北京 : 人民邮电出版社, 2016.1
（信息与通信网络技术丛书）
ISBN 978-7-115-40450-3

Ⅰ. ①光… Ⅱ. ①王… Ⅲ. ①光传送网 Ⅳ. ①TN929.1

中国版本图书馆CIP数据核字(2015)第220000号

内 容 提 要

本书首先介绍了传输网的概念及技术发展历程和演进趋势，然后简单介绍了 SDH 和 WDM 的技术原理，在此基础上引入了光传送网（OTN）技术。全书在简要介绍 OTN 基本原理的基础上，从工程应用的角度详细讨论了 OTN 系统及设备，主要内容包括：OTN 的概念与应用、OTN 的体系架构、OTN 的网络保护与应用、OTN 的网络管理、ROADM 的原理及应用、OTN 的技术演进、OTN 的规划与设计、OTN 的传输性能、OTN 设备安装与测试技术，并在最后介绍了华为公司主流的 OTN 设备——OSN8800，以使读者能够更加直观地了解 OTN 光传输设备的结构、配置和组网方法，进一步加强理论与实际的结合。

本书内容全面、系统，在介绍理论知识的同时，注重与实际工程和应用紧密结合，具有很强的实用性。

本书适合从事 WDM/OTN 系统和设备的研究开发、规划设计、建设施工和维护管理的工程技术人员和管理人员阅读，也可供通信院校相关专业的师生学习参考。

◆ 编　　著　王　健　魏贤虎　易　准　张敏锋　俞　力
　　　　　　鞠卫国　等
　责任编辑　杨　凌
　责任印制　彭志环
◆ 人民邮电出版社出版发行　　北京市丰台区成寿寺路 11 号
　邮编　100164　　电子邮件　315@ptpress.com.cn
　网址　http://www.ptpress.com.cn
　北京七彩京通数码快印有限公司印刷
◆ 开本：787×1092　1/16
　印张：19　　　　　　　　　2016 年 1 月第 1 版
　字数：463 千字　　　　　　2024 年 12 月北京第 23 次印刷

定价：79.00 元

读者服务热线：(010)81055493　印装质量热线：(010)81055316
反盗版热线：(010)81055315

前　　言

全业务运营时代，电信运营商都将转型成为ICT综合服务提供商。业务的丰富性带来对带宽的更高需求，直接反映为对传送网能力和性能的要求。光传送网（Optical Transport Network，OTN）技术由于能够满足各种新型业务需求，从幕后渐渐走到台前，成为传送网发展的主要方向。

OTN是为了克服SDH与WDM技术的不足而提出来的一种新的光传输技术，一方面它具有SDH网络与WDM网络的技术优势，既可以像WDM网络那样提供超大容量的带宽，又可以像SDH网络那样可运营可管理；另一方面它还具有路由功能与信令功能，能够为业务提供更为安全的保护策略和更高的传输效率。OTN结合了光域和电域处理的优势，提供巨大的传送容量、完全透明的端到端波长/子波长连接以及电信级的保护，是传送宽带大颗粒业务最优的技术，受到业界一致青睐，代表着光网络未来的技术发展趋势。

全书分为7章。第1章为传输网概述，简要介绍了传输网的概念和传输网的发展历程及演进趋势。第2章简要介绍了SDH和WDM的基本原理及应用。第3章主要介绍了OTN的概念、标准进展以及应用场景，重点阐述了OTN的体系架构、网络保护与应用、OTN管理及ROADM的原理及应用。第4章主要介绍了100Gbit/s OTN和超100Gbit/s OTN的关键技术及相关标准和产业链发展情况，同时介绍了分组增强型OTN的关键技术和应用场景。第5章结合实例重点介绍了OTN的规划与设计，主要介绍了OTN规划的基本要素、OTN设计内容及要求和光纤光缆的测试内容及方法。第6章主要介绍OTN传输性能，包括误码性能、以太网性能、光信噪比要求及抖动性能等。第7章主要介绍OTN设备的安装及单机设备、组网性能等测试技术。附录给出了华为公司主流的OTN设备——OSN8800的详细介绍。

本书由王健、魏贤虎策划和主编，易准负责全书的结构和内容的掌握和控制，王健、魏贤虎、易准、张敏锋、俞力、鞠卫国、卢林林等参与了全书内容的编写。在本书的编写过程中，得到了相关领导和同事们的大力支持与帮助，同时也得到华为公司的技术支持，在此表示衷心的感谢。

编写本书的主要目的，是想从工程应用的角度来重新整合和优化OTN技术及设备的基本原理、OTN规划设计及维护测试等内容。由于编者的水平有限，对相关技术文件理解不一定深透，加之时间仓促，书中难免有不足之处，恳请读者批评指正。

作者

2015年10月于南京

目　　录

第 1 章 传输网概述

1.1 传输网的概念及作用

1.1.1 传输系统的概念

传输系统是包括了调制、传输、解调全过程的通信设备的总和。它是先把语音、数据、图像信息转变成电信号，再经过调制，将频谱搬移到适合于某些媒质传输的频段，并形成有利于传输的电磁波传送到对方，最后经过解调还原为电信号。作为信道时，传输系统可连接两个终端设备从而构成通信系统，也可以作为链路连接网络节点的交换系统构成通信网。

在传输信号的过程中，传输系统会遇到一些导致信号质量劣化的因素，如衰减、噪声、失真、串音、干扰、衰落等，这些都是不可避免的。为了提高传输质量、扩大容量，从而取得技术和经济方面的优化效果，传输技术必须坚持不懈地发展和提高。传输媒质的开发和调制技术的进步情况标志着传输系统的发展水平，可以从传输质量、系统容量、经济性、适应性、可靠性、可维护性等多个方面综合评价。有效扩大传输系统容量的重要手段包括提高工作频率来扩展绝对带宽、以压缩已调制信号占用带宽来提高频谱利用率等。

传输系统按其传输信号性质可分为模拟传输系统和数字传输系统两大类，按传输媒质可分为有线传输系统和无线传输系统两类（见图 1-1）。

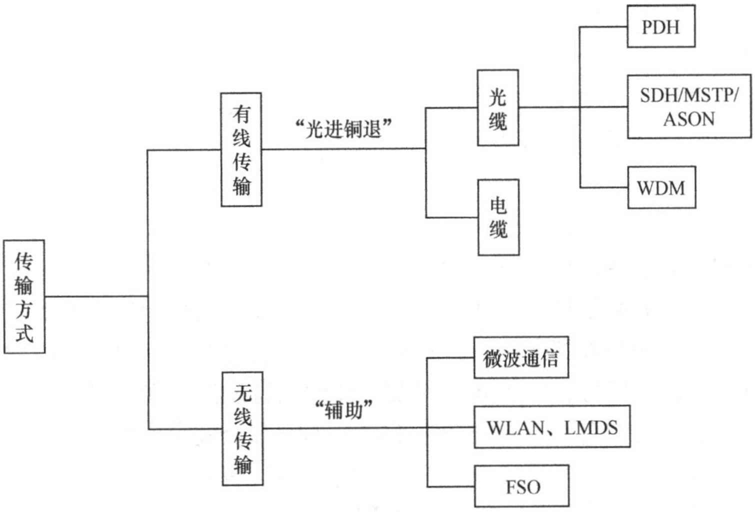

图 1-1　传输方式分类

1．模拟传输系统

模拟传输系统的信号随时间连续变化，必须采用线性调制技术和线性传输系统。在金属缆线的应用中，由于其频带受限，故适合采用单边带调制，它的已调信号的带宽可与原信号相同，有着更高频谱利用率的复用系统。为了克服无线传输系统的干扰和衰落，模拟基带信号的二次调制大多采用调频方式。考虑到扩大容量，某些特大容量的模拟微波接力系统中会出现采用调幅方式的情况。模拟传输系统的缺点是接力系统的噪声及信号损伤均有积累，它只适用于早期业务量很大的模拟电话网。

2．数字传输系统

数字传输系统的抗干扰及抗损伤能力变强，因为其信号参量在等时间间隔内取 2^n 或 2^n+1 个离散值，接收信号之后只需取参量与各标称离散值的差值即可判决，接收信号无需保持原状，因此，信号经过每个中继器都可以逐段再生，无噪声及损伤的积累。同时数字传输系统可用逻辑电路来处理信号，设备简单，易于集成。它不仅适用于数据等数字信号传输，也适用于传输数字语音信号以及其他数字化模拟信号，从而为建立包容各种信号的综合业务数字网提供条件。尽管数字化模拟信号的频谱利用率远低于原信号，但如果采用高效调制技术、高效编码技术和高工作频段的传输媒质等方法，依然可以相应地提高频谱利用率。这些优点使数字传输系统受到了更多关注，其发展也变得迅速起来。

3．有线传输系统

有线传输系统是以线状金属导体（如同轴电缆、双绞线电缆等）及其周围或包围的空间为传输媒质，或者以线状光导材料（光纤）为传输媒质的传输系统。有线传输系统的传输质量相对稳定，其中受外界电磁场辐射交连或集肤效应制约的金属缆线，其可用频带严重受限，大体上只适用于模拟载波系统；借助缩小中继距离，我们可以一定程度上提高金属缆线的系统容量。光导纤维是利用其构成的有线链路，以及光线射到两种不同介质交界面时会产生折射和反射的原理，使携带信号的光线可在光纤的纤芯中长距离传播。其优点是传输衰减小、距离长、频带宽、容量大、体积小、重量轻，同时抗电磁干扰，传输质量较好。当然，光纤也存在一些不足之处，如容易断裂，需要专业工具接续等。由于光纤具有良好的传播特性，现已成为有线传输系统的主要传输媒质。

4．无线传输系统

无线传输系统是以自由空间为媒质的传输系统，其信道大体上可分为卫星信道和地面无线信道两大类。卫星信道基本可以认为是恒参信道，只是由于电波超长距离地在空中传播，会造成明显的时延。同时，大气环境会影响卫星信道，致使其传播损耗不稳定；卫星信道的主要优点是代价低、使用方便、传输容量巨大，据测算，装有 10 个转发器的一到两颗卫星即可使世界上最大的国家能成功地进行通信；同时，其覆盖面宽，具有广播信道特性，可构成优良的无线传送信道，尤其是远程无线传送信道，现已成为远程无线传输的重要手段。在地面无线通信系统中，收端与发端之间是一种由直射波、绕射波、反射波、散射波、地表波等多个电波传播方式协同的信号传输模式。收发天线间的直射波传播要受到反射波、绕射波和散射波等干扰的影响，它们会对直射波产生干涉，形成多径效应。而沿地球表面传播的地表波，其能量随着传播距离增加而迅速减小，衰耗随着频率增高而急剧加大，多径效应反倒可以忽略不计。微波接力通信系统、特高频接力通信系统以及无线局域网（WLAN）、自由空间光通信系统（FSO）等都应用了地面无线信道。无线传输系统的传输质量不能保证稳定，容易受到干扰，必须采取各种抗干扰措施，并且进行频率的管理和系统间协调。另一方面，由于无线传输系统无需实体媒质，故其成本相对较低，建设工期短，调度灵活；同时，配合不同的天线，它还可以方便地进行定向或全向广播通信。

5．传输网分层结构

如图 1-2 所示，传输网能够分为省际干线（一级干线）、省内干线（二级干线）和本地传输网 3 个层面。

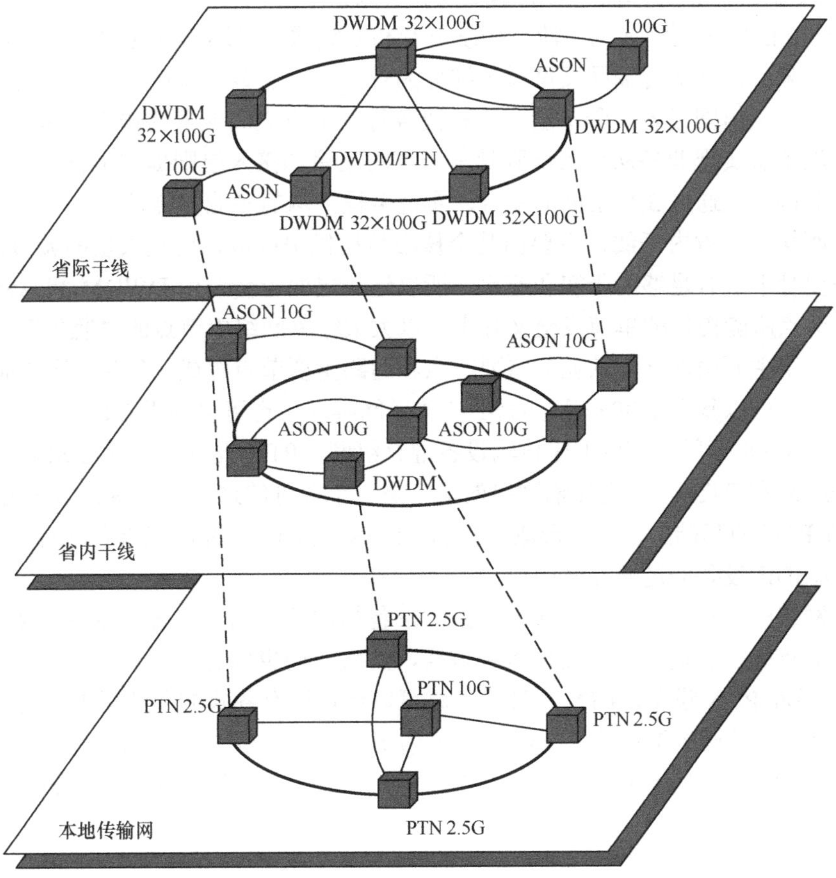

图 1-2　传输网分层

其中，省际干线用于连接各省的通信网元，省内干线则完成省内各地市间业务网元的连接，传输各地市间业务及出省业务，干线网络传输距离长、速率高、容量大、业务流向相对固定，业务颗粒也相对规范，它既肩负海量数据传送的任务，又需要有非常强大的网络保护和恢复能力。这一层布设的应当是 DWDM 和 ASON 这一类设备，利用 DWDM 系统卓越的长途传输能力和大容量传输的特性，以及 ASON 节点十分灵活的调度能力和宽带容量，加之足够多的光纤资源相互交织成的网络，可以基本满足干线系统的需求。在相互之间和与本地传输网之间的沟通中，ASON 节点可以完成传统 SDH 设备需要行使的所有功能，还能够提供更大的节点宽带容量，同时更灵活和更快捷地调度电路，进一步降低网络的建设和运营费用。

本地传输网是指在本地电话网范围内为各种业务提供传输通道的传送网络，相较于干线网络，它有以下不同特点：

① 中继距离相对干线较短，业务种类繁杂，颗粒大小不一，需要各种类型接口；

② 业务具有不确定性，受用户应用影响大，需要有比较强的调度和电路配置能力；

③ 要求网络有较强的可扩展性，以适应网络变化；

④ 技术多样性，每种技术都有其应用空间；

⑤ 接入环境复杂多变，设备数目众多，需要强大的网管；

⑥ 对成本敏感，如何降低运营成本成为重要因素；

⑦ 基于 IP 的应用逐渐成为主流，传统语音和专线服务已逐渐变为次要的收入来源。

从结构上来看，本地传输网又可以再细分为骨干层、汇聚层和接入层 3 个层面，每个层面则包含多种混合组网设备。骨干层主要解决各骨干节点之间业务的传送、跨区域的业务调度等问题。汇聚层实现业务从接入层到骨干节点的汇聚。接入层则提供丰富的业务接口，实现多种业务的接入。通过 3 个层面的配合，实现全程全网的多业务传送。

骨干层网络上联省内干线，主要由几个核心数据机房构成，比较大型的城市，往往业务量巨大，需要骨干层有足够的带宽和速率，所以这一层面也会选用 DWDM 和 ASON 设备组网。ASON 节点所能提供的单节点交叉容量可以大大缓解网络中节点的“瓶颈”问题。

汇聚层网络主要由网络中的业务重要节点和通路重要节点组成，多会布设 ASON 和 PTN 等设备。ASON 可以基于 G.803 规范的 SDH 传送网实现，也可以基于 G.872 规范的光传送网实现，因此，ASON 可与现有 SDH 传输设备混合组网。PTN 设备也可以与 SDH 传输设备混合组网。ASON 和 PTN 与现有传输网络的融合是一个渐进的过程，在现有的 SDH 网络中组建 ASON 或 PTN 的基础上，逐步形成完整的 ASON 或 PTN，并取代原有网络。这一发展过程与 PDH 向 SDH 设备的过渡非常相似。

接入层网络的节点就是所有业务的接入点，包括通信基站、大客户专线、宽带租用点和小区宽带集散点等，它们的业务需求多种多样，网络结构也各有不同，针对这种情况，可以布设 PTN 设备和 PON 设备，PTN 一种设备就可以满足所有各式的业务需求，同时结合 PON 系统，实现“一网承送多重业务”，这个目标的实现需要一个渐进的过程，目前这层网络中的设备既有 PTN 也有 SDH，应当首先在有多业务需求的节点布设 PTN 设备，再逐步过渡到全网 PTN 设备组网。

1.1.2　传输网在电信网中所处的地位

电信网大体上可分为传输网、业务网和支撑网，它们之间的关系如图 1-3 所示。

支撑网是现代电信网运行的支撑系统。建设支撑网的目的是利用先进的科学技术手段全面提高全网的运行效率。一个完整的电信网除有以传递电信业务为主的业务网之外，还需有若干个用来保障业务网正常运行、增强网络功能、提高网络服务质量的支撑网络。支撑网中传递相应的监测和控制信号。支撑网包括同步网、公共信道信令网、传输监控和网络管理网等。同步网在数字网中是用来实现数字交换机之间或数字交换机和数字传输设备之间时钟信号速率的同步；在模拟网中通过自动或人工方式校准和控制各主振器，使其频率趋于一致。公共信道信令网专用来实现网络中各级交换机之间的信令信息的传递。传输监控网是用来监视和控制传输网络中传输系统的运行状态。网络管理网主要用来观察、控制电话网服务质量并对网络实施指挥调度，以充分发挥网络的运行效益。可以看出，支撑网所有的这些功能都需要建立在一个性能优越的传输网的基础上才能实现。

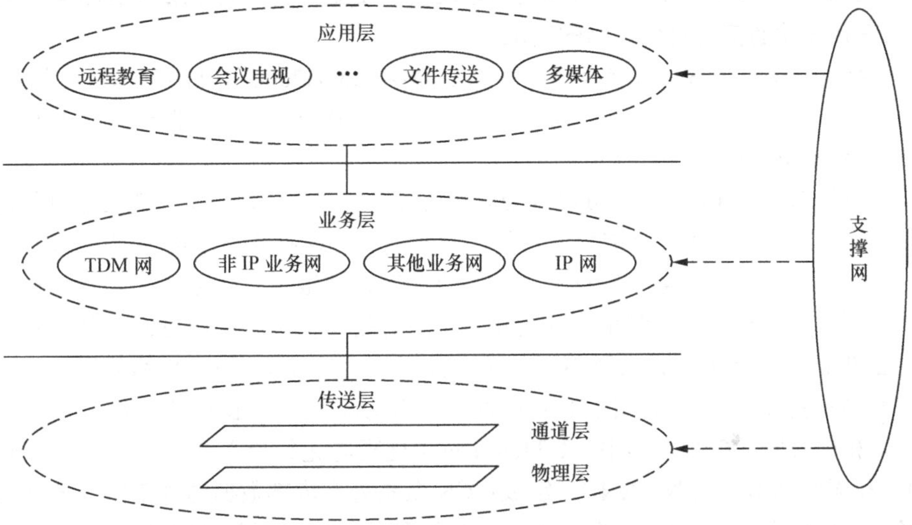

图 1-3　电信网关系图

业务网则包含了移动通信网、互联网、电话交换网、基础数据网等。起初，以 SDH 技术为基础的传输网定位于 PSTN 的配套传输网。现在，随着各类业务的增加，传输网在为传统语音业务提供传输通道的同时也服务于整个网络所承载的各种业务。所以，传输网是整个电信网络的基础，承载各业务网络，用于传送每个业务网的信号，使它们的不同节点和不同业务网之间能够互相连通，最终构成一个连通各处的网络，为语音业务、宽带数据业务以及下一代业务网和未来的 IP 多媒体等业务提供通道和多种传送方式,满足用户对各种业务的需求。可以说，没有传输网就无法构成电信网，传输网的稳定程度、质量优劣，直接影响到电信网的总体实力。

1.1.3　业务网对传输网的需求

传输网提供诸如 2Mbit/s、8Mbit/s、34Mbit/s、140Mbit/s、155Mbit/s、2.5Gbit/s、10Gbit/s、40Gbit/s 乃至 100Gbit/s 速率的通道；各业务网通过传输网传送信号时，也必须以相应速率的接口与传输网对接，常用的有 2Mbit/s、155Mbit/s、2.5Gbit/s 等，这些接口可以是电口或光口。之后传输设备把这些相同或不同速率的信号复用成高速率的信号，再通过传输媒质传送到对端，然后解复用，还原给相应的业务网。

1．电话交换网、基础数据网、GSM 移动通信网对传输网的需求

早期，通信网主要以语音业务为主，传输网也只是作为电话交换网的基础网络，为语音业务提供服务。这段时间里，传输网的规划设计均参考电话网的架构进行。考虑到话务量的大小，传输系统需要在国际长途局、省内外长途汇接局、本地长途汇接局和本地电话局之间提供大量的 E12 至 STM-1 的信道。

基础数据网包括 DDN、分组交换网、帧中继通信网和 ATM 网，它的省骨干网和本地骨干网、本地骨干网和接入层之间以及各网络的构成，都需要传输系统提供不同接口的通道。

GSM 移动通信系统中，根据载波数量，基站收发信机子系统、基站控制器和移动交换中

心之间需要若干 E12 传输通道。一般来说，10 个载波需要一条 E12 通道。同时根据话务量大小和数据带宽需求，移动交换中心与固话网之间也需要配置适当的 E12 或 STM-1 传输通道。

2．第三代移动通信网对传输网的需求

第三代移动通信网的 3 个主流标准——WCDMA、cdma2000 和 TD-SCDMA 中，WCDMA 的业务侧接口种类最多；并且，在全球颁布的基于 WCDMA 的 3G 执照超过了 80%。所以这里主要介绍 WCDMA 对传输网的需求。

目前，下行速率为 14.4Mbit/s 的 WCDMA 系统已经商用化，这大约是 2G 时代速率的近百倍，相应的，其传输带宽也会扩大近百倍。除传统的语音业务外，3G 的主要业务是诸如多媒体流、通用上网等数据业务。数据业务的特点是突发性很强，这便需要配套传输网不仅要有高带宽，而且要有高的带宽利用率和优良的多业务处理机制。接口方面，其基站及控制器之间需要 2Mbit/s、155Mbit/s，乃至 1Gbit/s 的接口，就 WCDMA 的 R99 版本而言，其网络模型中与传输网紧密联系的部分如图 1-4 和表 1-1 所示。它主要由两部分组成：无线接入网（UTRAN）和核心网（CN）。其中，UTRAN 负责处理与无线接入有关的事务，主要由基站（Node B）和无线网络控制器（RNC）组成；CN 负责处理内部数据与外部网络的交换事务及路由选择，主要由电路域（CS）的移动交换中心/拜访位置寄存器（MSC/VLR）及关口移动交换中心（GMSC）和分组域（PS）的服务 GPRS 支持节点（SGSN）及网管 GPRS 支持节点（GGSN）等组成。此外，R4 版本的 WCDMA 相比 R99 版本有一些调整和改变，但是对传输网络部分影响不大。

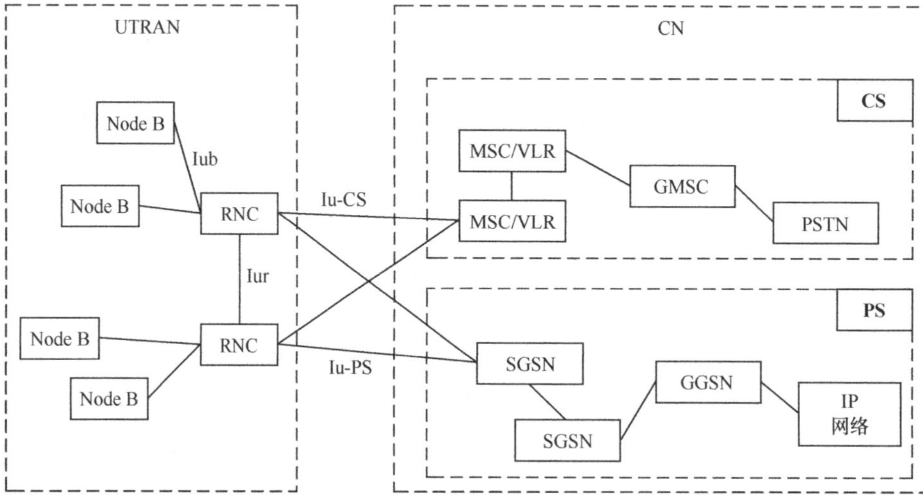

图 1-4 WCDMA R99 版本网络模型

表 1-1 **WCDMA R99 版本接口类型**

接口名称	连接位置	接口类型
Iub	Node B 到 RNC 之间接口	IMA E1 和 STM-1（ATM）
Iur	RNC 到 RNC 之间的接口	IMA E1 和 STM-1（ATM）
Iu-CS	RNC 到核心网电路域 MSC 之间的接口	IMA E1 和 STM-1/4（ATM）
Iu-PS	RNC 到核心网分组域 SGSN 之间的接口	IMA E1 和 STM-1/4（ATM）

续表

接口名称	连接位置	接口类型
	核心网内部电路域接口	E1、STM-*n* 的 TDM
	核心网内部分组域接口	GE、FE
	PSTN 网管接口	E1、STM-*n* 的 TDM
	数据网网管接口	GE、FE、POS、STM-1/4 的 ATM

3．第四代移动通信网对传输网的需求

第四代移动通信网（4G）技术包括 TD-LTE 和 LTE TDD 两种制式，能够高质量且快速地传输数据、音频、视频和图像，能够满足几乎所有用户对于无线服务的要求。4G 技术支持 100～150Mbit/s 的下行网络速率，上行速率也能达到 20Mbit/s。4G 移动系统网络结构可分为 3 层：物理网络层、中间环境层、应用网络层。物理网络层提供接入和路由选择功能，它们由无线和核心网的结合格式完成。中间环境层的功能有 QoS 映射、地址变换和完全性管理等。物理网络层与中间环境层及其应用环境之间的接口是开放的，它使发展和提供新的应用及服务变得更为容易，提供无缝高数据速率的无线服务，并运行于多个频带。

与 3G 网络比较，4G 回传网有很大不同，具体主要表现在网络拓扑、流量变化和连接方式 3 个方面。

（1）2G/3G 网络的每个 BTS/Node B 只归属于一个 BSC/RNC，各个 BTS/Node B 之间没有网络连接，只存在点对点的网络模式，一般采用 SDH/PTN 进行回传。4G 网络中，每个 eNode B 可同时归属多个 S-GW/MME（S1-Flex），即 4G 基站与多个核心网元（SGW/MME）通过 S1 接口实现业务和信令互联。同时为了疏导 4G 基站之间的流量，引入了各个 eNode B 之间的 X2 直连接口。4G 回传网在技术和组网上既要满足“点到多点”的 4G 基站业务转发和长距离、大容量跨城域基站业务回传需要，还要解决 4G 对业务的分类管理和质量保障问题。

（2）对于 2G/3G 网络，基站侧的流量最多为 30～40Mbit/s，其汇聚节点也只要 1000Mbit/s 左右的带宽。而在 4G 网络，光基站侧就需 80～320Mbit/s 带宽，汇聚节点则需 10000Mbit/s 以上的带宽。

（3）2G/3G 网络的基站只有 Iub 接口，只有点到多点的静态连接。4G 网络存在 SGW/MME 与 eNode B 间的 S1 接口，eNode B 与 eNode B 之间还存在 X2 接口，形成了多点到多点的复杂逻辑关系，其中 X2 接口的连接始终处于动态变化中。

4．互联网对传输链路的需求

随着电信和互联网的高速发展，各种高流量的业务不断涌现，使得全球的 IP 流量激增。智能手机、平板电脑的普及使得移动互联网业务迅猛增长，移动数据流量每年增长速度均超过 100%。这其中主要增长点是 P2P 和网络视频，另外 IPTV 流量增长率也不容忽视，虽然其绝对量不是主导因素。P2P 流量加起来将近占互联网流量的 70%，并且绝大部分是视音频。从这些可以看出，未来 5 年平均增长率依然能达到 56%～80%，相当于容量需要增加 10～20 倍。目前，互联网链路在核心节点之间根据业务量大小配置若干个 100Gbit/s 的传输通道；在汇聚节点双归连接到附近的两个核心节点，根据业务量大小配置若干个 10Gbit/s 或以上通道带宽的传输通道；在边缘节点双归连接到附近的两个汇接节点，根据业务量大小配置若干个 STM-4、2.5G 或以上通道带宽的传输通道。

5．因特网数据中心对传输网的需求

因特网数据中心（Internet Data Center，IDC）是基于 Internet，为集中式收集、存储、处理和发送数据的设备提供运行维护的设施基地并提供相关的服务。IDC 提供的主要业务包括域名注册查询主机托管、资源出租、系统维护、管理服务及其他支撑和运行服务。

数据中心光传输系统对带宽的要求呈高速增长的态势，根据思科公司最近公布的《全球云指数》年度报告，到 2015 年，全球数据中心 IP 流量将达到 4.8 泽比特，是 2010 年的 4 倍，年复合增长率达 32%。而中国市场增长速度更快，未来 5 年我国干线网流量年增长率高达 60%～70%，5 年后干线网络带宽要求将是当前的 10～15 倍。采用新一代光纤及光模块可以不断发掘光网络带宽潜力。由于多模光纤较低的有源+无源的综合成本，促使多模光纤在数据中心的应用中占有绝对的优势，OM4 新类别 EIA/TIA-492AAAD 多模光纤标准的推出，为多模光纤今后大量应用提供了更优良的传输手段，多模光纤从 OM1 到 OM2，采用 VCSEL 激光优化技术后的 OM3 再到 OM4 几个阶段，带宽也是逐级提升，受到云计算环境中在线媒体和应用大量成长需求的推动，这个模块产品为数据中心、服务器场、网络交换器、电信交换中心以及许多其他需要高速数据传输高性能嵌入式应用的理想通信方案，系统应用包括数据聚合、背板通信、专用协议数据传输以及其他高密度/高带宽应用。在 40/100Gbit/s 的状态下设备端口如 QSFP 将直接与 MTP/MPO 连接器相连接，不论光纤通道中由几条光缆来连接，也不论中间连接的光纤是哪种类型连接方式，40/100Gbit/s 的设备端与设备端之间最终通道连接方式都需要形成一种特殊的模型状态，使设备发送端与接收端的通道相互对应。MPO/MTP 高密度光纤预连接系统目前主要用于三大领域：数据中心的高密度环境的应用，光纤到大楼的应用，在分光器及 40/100Gbit/s QSFP SFP+等光收发设备内部的连接应用。

6．大客户专线对传输网的需求

在固定宽带网络接入中，针对集团、政府、银行等大客户的接入叫做专线接入，是用于在客户不同分支机构之间传送各种信息服务、语音业务、数据业务的基础网络。

当前分组化专线用户数呈现增长的态势，原因主要包括网络发展带来的移动和固定网络的数据业务量的增长，特别是移动网络 3G、4G 和 WiMAX 等逐渐推动部署，从而推动现有 SDH（MSTP）传送网络朝分组化网络方向转变。另外一方面，随着信息技术的发展和行业信息化进程的推进，集团大客户对计算机技术和通信网络技术的依赖程度越来越高。视频、数据、OA 办公、即时消息、视频会议、实时监控等高带宽业务开始受到大家的关注。很多传统网络上不可能的应用都变成了现实，“高速互联网”、“视频会议”、“数据交互”、“办公自动化”等网络应用都是目前常见的基本需求，这些业务在传统通道上是难以实现的。现有大客户专线对接入网络具有以下主要需求。

① 业务带宽不断增长，从传统的 2～4Mbit/s 发展到 10～100Mbit/s 甚至更高的业务带宽需求。

② 数据业务的增长带来高带宽的投入需求，高带宽和带来的收入不完全匹配。

③ 专线接入涉及的客户主要是政府、金融、集团和机构等，对业务质量、可靠性和服务要求高于普通用户，同时往往具备一些独特个性化要求。

④ 当前作为主流承载网络 MSTP 网络刚性带宽的特点使得带宽利用率低，不能很好地适应将来全 IP 的趋势，迫使专线接入的上层承载传输网络从 MSTP 朝分组化的网络转变。

⑤ 专线网络的点数众多且分散，设备需要更强的管理特性、简单的部署配置以及满足

低功耗的需求。

总的来说，各种业务网离不开传输网络，传输网的质量将直接影响到各种通信业务网的运行质量。业务网的不断演进对传输网提出了更新、更高的要求。第一，多业务的运营必然要求传输网实现多业务的承载；第二，数据业务要求传输网能够提供自动配置、动态可调带宽，提高资源利用率；第三，业务发展的不确定性要求网络能够灵活扩展；第四，面临多业务、多运营商的竞争环境，要求传输网络提供更高的安全保障。只有这样，传输网才能快速响应业务网的需求，运营商才能快速响应用户的需求，这就要求传输网必须向具有自动交换能力，支持多业务、多接口，可经营管理的方向发展。

1.2 传输网技术演进及展望

1.2.1 传输网技术发展历程

1．PDH 技术

20 世纪 70 年代开始，国际电信联盟远程通信标准化组织（ITU-T）的前身国际电报电话咨询委员会（CCITT）先后提出了由 3 批 PDH 建议形成的完整的 PDH 体系。PDH（Plesiochronous Digital Hierarchy）即准同步数字系列，包括有两种体制：北美体制和欧洲体制。这便是数字通信发展的初期。进入 80 年代后，大量的数字传输系统都采用了 PDH，它基本上是电信号层的处理运作，所以铜导线主宰了整个通信网。采用了 PDH 的传输方式实现了点到点的传输。然而，随着光通信技术的发展，数字交换的引入，人们对通信的距离、容量、智能性等方面的需求越来越大，采用 PDH 的传输方式便暴露出了很多弊端：最明显的便是标准不兼容的情况时有发生——北美、欧洲和日本 3 种地区性 PDH 标准互不兼容、世界性的标准光接口规范在 PDH 下无法匹配和互通；同时它缺乏灵活性，异步复用需逐级码速调整来实现复用和解复用，难以上、下话路；网络管理的通道明显不足，建立集中式传输网管困难。

2．SDH 技术

为适应不断演变的电信网的要求，美国贝尔通信研究所提出了 SDH 的概念，称为同步光纤网（SONET）。不久，CCITT 接受了 SONET 的概念，并重新命名为同步数字体系（Synchronous Digital Hierarchy，SDH），SDH 不仅是一种复用方法，也是一种组网原则，还是一套国际标准。SDH 传输网是一种以同步时分复用和光纤技术为核心的传输网结构。与 PDH 的面向点到点的工作模式不同，SDH 采用了面向业务的模式，利用交叉连接单元、分插复用单元和信号再生放大单元等网元设备构成线性、星形、环形和网孔型等多种拓扑结构的传输网。它主要有五方面的特性：首先，SDH 的接口采用了统一的标准和协议，以及统一的比特率，为便于承载低阶数字信号及同步结构它还定义了统一的同步复用格式，如此一来不同厂商的数字交换机接口与 SDH 网元间的接口便能够相互兼容；其次，SDH 在采用同步复用的同时具备灵活的复用映射结构，从而实现上层业务信息传输的透明性，使得信号的复用、交叉链接和交换的过程得以简化，并使 SDH 成为一个独立于各类业务网的业务传输平台；再次，SDH 采用字节复接技术，使得信号上下支路变得十分简单；另外，SDH 中提出了自愈网的新概念，按照 SDH 规范组成的带有自愈保护能力的环网，能够预留一定比例的传输容量为备用，当传输通道被切断或受损时，通过自愈网在很短的时间内用备用通道替换掉失效通道，继续保证通信；最后，SDH 强大的网络管理功能尤其突出，支持对网元的分布式管理，支持逐段的对净负荷字节业务性能进行监视和管理。美中不足，SDH 的体系结构是面向语音业务优化设计的，采用的是严格的 TDM 技术方案，当处理数据业务时，由于其突发性强，对实时性要求不高却对传输通道的带宽弹性要求很高，SDH 的带宽利用率并不理想。

3．MSTP 技术

随着各种数据业务的比例持续增大，TDM、ATM 和以太网等多业务混合传送需求的增多，广大用户接入网和驻地网都陆续升级为宽带，城域网原本的承载语音业务的定位无论在带宽容量还是接口数量上都不再能达到传输汇聚的要求。为满足需要，思科公司最先提出了多业务传送平台（Multi-Service TransportPlatform，MSTP）的概念，IETF 接着制定了多协议标签交换标准协议。MSTP 将传统的 SDH 复用器、光波分复用系统终端、数字交叉连接器、网络二层交换机以及 IP 边缘路由器等各种独立的设备合成为一个网络设备，进行统一控制和管理，所以它也被称为基于 SDH 技术的多业务传送平台。MSTP 充分利用了 SDH 技术的优点——给传送的信息提供保护恢复的能力以及较小的延时性能，同时对网络业务支撑层加以改造，利用 2.5 层交换技术实现了对二层技术（如 ATM、帧中继）和三层技术（如 IP 路由）的数据智能支持。这样处理的优势是 MSTP 技术既能满足某些实时交换服务的高 QoS 的要求，也能实现以太网尽力而为的交互方式；另一方面，在同一个网络上，它既能提供点到点的传送服务，也可以提供多点传送服务。如此看来，便可发现 MSTP 最适合工作于网络的边缘，如城域网和接入网，用于处理混合型业务，特别是以 TDM 业务为主的混合业务。从运营商的角度来说，MSTP 不仅适合于新运营商缺乏网络基础设备的情况，同样也适合于已建设了大量 SDH 网络的运营公司，以 SDH 为基础的多业务平台可以更有效地支持分组数据业务，有助于实现从电路交换网向分组网的过渡。

4．PTN 技术

MSTP 作为 SDH 设备的演进，主要是改善了用户接入侧部分的网络状况，但从网络的整体内核结构来说，依然是一个电路主导的网络。在 TDM 业务比例逐渐减小以及“全 IP 环境”逐渐成熟的现今，传输设备不仅需要具备“多业务的接口适应性”，而且也要具备“多业务的内核适应性”，即传输网在保证传统业务正常运行的前提下，满足 IP 化对传送网本身提出的分组化的要求，这需要分组技术和传输技术的相互融合。分组传送网即是在这种业务转型和技术融合的背景之下产生的。分组传送网（Packet Transport Network，PTN）是指这样一种光传送网络架构以及具体技术：即一个新的层面工作于 IP 业务和底层光传输媒质之间，针对分组业务流量的突发性和统计复用传送的要求而设计，同时又能够兼顾支持其他类型业务。PTN 技术是传送网、IP/MPLS 和以太网 3 种技术相结合的产物，充分结合了这 3 种技术的优势：首先，PTN 继承了 SDH 传送网的传统优势，它具备了丰富的保护倒换和恢复方式，遇到网络故障时能够实施基于 50ms 电信级的业务保护倒换，从而实现传输级别的业务保护和恢复，保证网络能够检测错误，监控信道；它还拥有完善 OAM 体系、良好的同步性能和强大的网管系统，从而调控连接信道的建立和撤除，实现业务 QoS 的区分和保证，灵活提供 SLA。其次，PTN 顺应了网络的智能化、IP 化、扁平化和宽带化的发展趋势，完成了与 IP/MPLS 多种方式的互联互通，能够无缝承载核心 IP 业务；它的核心为分组业务，同时又增加独立的控制面，支持多种基于分组交换业务的双向点对点连接通道，提供了更加适合于 IP 业务特性的“柔性”

传输管道，从而适合各种粗细颗粒业务，以提高传送效率的方式拓展了有效带宽。最后，PTN 保持了适应数据业务的特性：采用了分组交换、统计复用、面向连接的标签交换、分组 QoS 机制、灵活动态的控制面等技术。总的来说，PTN 技术融合了分组网络和传统传送网各自的优势，是一种面向下一代通信网络的传送网技术，为业务转型和网络融合这一特殊时期提供了一种高可用性和可靠性、扁平化、低成本的网络构架。

5．ASON 技术

当从企业用户到个人用户对网络数据的流量及质量都有了越来越高的要求时，使网络逐渐趋于智能化和宽带化的自动交换光网络（Automatically Switched Optical Network，ASON）的概念便在 2000 年年初被 ITU-T 提出。ASON 技术是在 SDH 原有的传送平面和管理平面基础上，引入控制平面，使传输、交换以及数据网络相互结合在一起；在 SDH 网络原有的多种大容量交换机和路由器的支持下，完成合理化配置与网络连接管理，实现对网络资源的实时动态控制与按需分配。它主要受信令与选路两者控制，在两者的合理控制下实现自动交换功能。ASON 体系结构基本由 3 种接口、3 种连接类型和 3 种平面组成，其中 3 种接口分别是 CCI 接口、NMI-A 接口及 NMIT 接口；3 种连接类型为软永久连接、交换连接及永久连接；3 种平面则是指由 ASON 技术独立的控制平面、管理平面和传送平面。ASON 技术主要有以下几点优势：首先，ASON 技术的引用能够实时有效地监管控制网络流量的使用情况，从而避免不必要的资源浪费。该技术能够根据客户的实际要求和具体的网络情况合理地调整网络内部的逻辑拓扑结构，选择最佳路由，使网络资源得到合理化应用，极大地避免了业务拥堵，实现网络资源的按需分配以及网络资源共享；同时，ASON 技术还能保护网络资源，大大提高网络的安全性能：当网络出现故障时，ASON 体系中的控制平面及管理平面能够充分发挥自身功能，相互配合，协调工作，使网络内部的各个子系统都能迅速等到故障位置的信息，整个网络便会更加快速地找寻备用路由亦或启用恢复路由，保障通信持续；另外，ASON 技术较强的功能性是通信网络中的一个亮点，它能够既快又好地提供多种宽带业务服务及应用给用户。利用 ASON 技术开发出的波长出租、波长批发等多种业务功能可以将光纤物理宽带快速转换为最终用户宽带，为网络运营商快速开通各类增值业务提供便利。一般来说，ASON 设备初始建设会有一定的投资费用，但是与后期扩容相比其成本相对较低，具有一定的运营优势。

当较大时将会给网络的配置与维护工作造成一定的困难，因而对大的数据业务不能起到很好的支撑作用。因此，在光传输网中引入了 ASON 的概念，它是在选路和信令的共同控制下来自动完成其交换功能的。如果再将 ASON 技术与 IP 分组技术相融合，就形成了智能光传输网，也就是说，以往的以电信号为主的网络将逐渐向以分组信号为主的光网络过渡，因而它也就具有了容量大、智能化、动态配置的特点。目前国外的一些运营商已经开始部署自己的 ASON，但在国内 ASON 仍处在论证和实验的阶段，在不久的将来它一定会是未来发展的一种趋势，尤其在骨干网它将是发展的一个热点。

6．WDM 技术

电子元器件的瓶颈制约了时分复用系统速率的进一步提高，却也促进了光层面上波分复用技术的发展，波分复用（Wavelength Division Multiplexing，WDM）技术是指在一根光纤中同时传输多个波长的光载波信号——在给定的信息传输容量下，可以显著减少所需要光纤的总量。波分复用技术是光传输技术的又一次飞跃，它利用单模光纤低损耗区拥有巨大带宽的特点，多路复用单个光纤载波的紧密光谱间距，把光纤能被应用的波长范围划分成若干个波段，每个波段作一个独立的通道传输一种预定波长的光信号。不同波长的光信号便可混合在一起同时进行传输，这些不同波长的光信号所承载的各种信号既可以工作在相同速率和相同数据格式，也可以工作在不同速率和不同数据格式。可以看出，如果光波像其他电磁波信号一样采用频率而不是波长来描述和控制，波分复用的实质其实就是光的频分复用。最开始，20 世纪 80 年代中期，WDM 的雏形出现，那时还只是“双波长复用”，即 1310nm 和 1550nm 激光器通过无源滤波器在同一根光纤上传送两个信号。随着网络业务量和带宽需求的迅速增长，WDM 系统也有了很大进步，它被细分为密集波分复用（Dense Wavelength Division Multiplexing，DWDM）和粗波分复用（Coarse Wavelength Division Multiplexing，CWDM）。其中如名字一样，密集波分复用的波道数从 10 波道、20 波道发展到 40 波道、80 波道，乃至 160 波道，并且还在不断地增长，其每个波道的波长间隔已经小于 0.8nm，系统的传输能力随之成倍增加，同一光纤中光波的密度也变得很高。从 90 年代中期商用以来，DWDM 系统发展迅速，已成为实现大容量长途传输的首要方法。优点显而易见，但问题也随之出现，几乎所有的 DWDM 系统中都需要色散补偿技术来克服多波长系统中的非线性失真——四波混频现象；另外，DWDM 采用的是温度调谐的冷却激光，成本很高。因为温度的分布在一个很宽的波长区段内都不均匀，导致温度调谐实现起来难度较大。CWDM 刚好与 DWDM 形成互补，它的每个波道之间间隔更宽，业界通行的标准波道间隔为 20nm。所以 CWDM 对激光器的技术指标要求相对较低，其系统的最大波长偏移可达−6.5℃～+6.5℃，激光器的发射波长精度可放宽到±3nm。同时，在一般的工作温度范围内（−5℃～70℃），温度变化导致的波长漂移不会干扰系统的正常运作，故其激光器也就无需温度控制机制。相较于 DWDM，CWDM 激光器的结构得以大大简化，成品率也相应提高。这样一种成本较低、结构简单、维护方便、供电容易、占地不大的产品，很适合共址安装或安装在大楼内，迅速得占领了城域接入网等边缘网络市场。

7．OTN 技术

为了弥补 SDH 基于 VC-12/VC4 的交叉颗粒偏小、调度较复杂、不适应大颗粒业务传送需求等缺陷，同时解决 WDM 系统组网能力较弱、方式单一（以点到点连接为主）、故障定位困难、网络生存性手段和能力较弱等问题，ITU-T 于 1998 年正式提出了光传送网（Optical Transport Network，OTN）的概念。OTN 继承了 SDH 和 WDM 的双重优势，它是一种以 DWDM 与光通信技术为基础、在光层组织网络的传送网。它由光放大、光分插复用、光交叉连接等网元设备组成，处理波长级业务，将传送网推进到了真正的多波长光网络阶段。OTN 可以提供巨大的传送容量、完全透明的端到端波长/子波长连接以及电信级的保护以及加强的子波长汇聚和疏导能力，目前来说是传送宽带大颗粒业务的最优技术。OTN 通过 G.709、G.798、G.872 等一系列 ITU-T 的建议和规范，结合了传统的电域和光域处理的优势，是一种管理数字传送体系和光传送体系的统一标准。OTN 不仅保持了与现存 SDH 网络的兼容性，还为 WDM 提供端到端的连接和组网能力，它是完全向后兼容的，其技术特点和优势主要有以下几点：首先，相较于 SDH 的 VC-12/VC-4 的调度颗粒，OTN 当前定义的电层带宽颗粒为光通路数据单元（ODUk，k=0,1,2,3）；光层的带宽颗粒为波长——可以看出，OTN 配置、复用以及交叉的颗粒明显要大很多，从而急剧提升了高带宽数据业务的传送效率和适配能力。其次，OTN 帧结构遵从 ITU-T G.709 协议，虽然对于不同速率以太网的支持有所差异，但是可以支持诸如

SDH、ATM、以太网等信号的映射和透明传输，在满足用户对带宽持续增长的需求的同时，最大化地利用现有设备的资源。其 10GE 业务的不同程度的透明传输由 ITU-T G.sup4 提供了补充建议，GE、40GE、100GE 以太网、专网和接入网等业务的标准化映射方式尚在讨论之中。再次，OTN 改变了 SDH 的 VC-12/VC-4 调度带宽和 WDM 点到点提供大容量传送带宽的现状，它通过采用 ODU*k* 交叉、OTN 帧结构和多维度可重构光分插复用器（ROADM），极大地强化了光传送网的组网性能，使得同一根光纤的不同波长上的接口速率和数据格式相互独立，让同一根光纤可以传输不同的业务。最后，OTN 的开销管理能力和 SDH 相似，光通路层的 OTN 帧结构大大增强了该层的数字监视能力，同时 OTN 还提供 6 层嵌套串联连接监视功能，使得其能够在组网时采取端到端和多个分段一同进行性能监视，管理每根光纤中的所以波长，并采用前向纠错技术，增加了传输的距离。另外，OTN 能够提供更为灵活的基于电层和光层的业务保护功能，诸如在 ODU*k* 层的子网连接保护和共享环网保护以及光层上的光通道或复用段保护等，为跨运营商传输提供了强大的维护管理和保护能力。

8．WSON 技术

现今光通信的发展趋势是将原本光—电—光的转换方式简化为光—光的转换方式，目的是发展并组建全光网络。全光网是以光节点取代原有网络的电节点，并使各光节点通过光纤组成网络，这样，信号仅在进出该网络时才需要光和电之间的转换，而在其中经历传输和交换过程的信号始终以光的形式存在，例如在光放大器中，信号直接进行光—光的放大，从而节约大量的成本，降低故障率。当前数据业务的规模越来越大，因此要求传输网具有自行动态调整带宽的能力。OTN 的核心设备，在光域上直接实现了光信号的交叉连接以及路由选择、网络恢复等功能而无需进行光—电—光方式的处理的元器件——光交叉连接器（Optical Cross Connection，OXC）即是为为了实现全光网络而产生的一个早期产品。之所以这么说，是因为 OXC 虽然网络的配置方式比较灵活，却还是需要人工参与配置。所以当网络规模越来越大之后，OXC 的人工配置和维护便成了一个不小的负担，为了改善这个状况，互联网工程任务组（Internet Engineering Task Force，IETF）提出了波长交换光网络（Wavelength Switched Optical Network，WSON），即基于 WDM 传输网的 ASON 技术的概念。它除了具备传统 ASON 的功能外，主要解决波分网络中光纤/波长自动发现、在线波长路由选择、基于损伤模型的路由选择等问题。

WSON 控制技术实现了光波长的动态分配。WSON 是将控制平面引入到波长网络中，实现波长路径的动态调度。通过光层自身自动完成波长路由计算和波长分配，而无需管理平面的参与，使波长调度更智能化，提高了 WDM 网络调度的灵活性和网络管理的效率。目前 WSON 可实现的智能控制功能主要包括以下几方面。

① 光层资源的自动发现：光层波长资源发现，主要包括各网元各线路光口已使用的波长资源、可供使用的波长资源等信息。

② 波长业务提供：自动、半自动或手工分配波长通道，并确定波长调度节点，避免波长冲突问题。路由计算时智能考虑波长转换约束、可调激光器、物理损伤和其他光层限制。

③ 波长保护恢复：支持抗多点故障，可提供 OCh 1+1/1：*n* 保护和永久 1+1 保护等，满足 50ms 倒换要求；可实现波长动态/预置重路由恢复功能，目前恢复时间可实现秒级。

目前，WSON 是 ASON 控制技术的一个研究方向。目前 WSON 架构和需求以及支持 WSON 的协议扩展等标准化工作已经完成。虽然 WSON 还属于正在标准化的技术，其成熟和应用还需要一定的时间，但它的应用给网络带来的增加值是值得肯定的。首先，提供自动创建端到端波长业务，路由计算时自动考虑各种光学参数的物理损伤和约束条件，一方面大大降低了人工开通的复杂度，另一方面路由计算更加合理优化，有效提高了网络资源的利用率。其次，提供较高的生存能力，可以抗多次故障，在网络运行中，降低了故障抢通时间的要求，大大缓解了日常故障抢修给维护人员带来的压力。

1.2.2 传输网技术发展趋势展望

现今，国内传输网络的带宽需求以及网络业务量达到甚至超过了200%的年增长率。对光纤通信而言，超高速度、超大容量和超长距离传输一直是人们追求的目标，而全光网络也是人们不懈追求的梦想。目前，全光网络稳步发展，已显示出了良好的发展前景。其发展趋势总的来说是由 OTN 为骨干的网络结构逐步发展成为 ASON 为主体的网络结构，以光节点代替电节点，信息始终以光的形式进行传输和交换，交换机对用户信息的处理不再是比特，而是按波长来决定路由，并最终发展为“一网承送多重业务”的形态。随着业务的全 IP 化趋势，未来的“一网”将会是以分组为核心的承载传送网络。可以看出，今后的传输网络仍将以现有的技术为出发点，继续突破，发展成一个既灵活又有超大容量的全光网络。

近年来，随着云计算应用的逐步推广，对 IP 承载网和传送网提出了更高的带宽需求。同时，为了承接智能管道的整体发展思路，需要积极推进 100G WDM 和 40GE/100GE/OTN 等高速接口的应用部署，研究 IP+OTN 联合组网的应用，以优化承载网的组网结构，降低承载网的整体建设成本。目前，中国电信骨干光传送网的单波道带宽已经达到 100Gbit/s，单纤传输容量达到 8Tbit/s。传送网技术的核心也已经从传统的只支持时分复用（TDM）业务的同步光数字系列（SDH）技术演进到支持多业务承载的多业务传送平台（MSTP）、分组传送网（PTN）和光传送网（OTN）技术。未来的高速宽带光网络的发展趋势之一是单波长速率为 100Gbit/s、400Gbit/s 乃至 1Tbit/s 的超高速率大容量 WDM 光传输技术；之二是满足以分组业务为主的多业务统一承载和交叉调度需求的大容量分组化光交换网络技术。

具体而言，传送网的发展趋势包括高速大容量长距传输、大容量 OTN 光电交叉、融合的多业务传送、智能化网络管理和控制。

① 高速大容量长距传输。以 80×100Gbit/s WDM 为主的骨干传输技术快速发展，以满足 IP 业务的爆炸式增长需求。在后 100Gbit/s 的超高速率光网络时代，业界主要关注单波长 400Gbit/s 和 1Tbit/s 两种速率。

② 大容量 OTN 光电交叉。从 640Gbit/s 的 SDH VC4 交叉向数个 Tbit/s 级的 OTN ODU0/1/2/3/4 交叉发展，并结合 ROADM 灵活光交叉的能力，满足大颗粒电路的调度和保护需求，目前最大交叉容量可达 25Tbit/s，下一步将开发交叉容量达 50Tbit/s 左右的大容量 OTN 设备。

③ 融合的多业务传送。从 MSTP 向基于 MPLS-TP&PTN 的分组传送技术发展，同时在开发融合以太网、PTN 和 OTN 为一体的多业务传送设备，以适应业务分组化的发展趋势；基于统一信元交换（ODU*k*、PKT、VC）的 POTN 取得发展迅猛。

④ 智能化网络管理和控制。从网管静态配置向基于 GMPLS 和 ASON 控制的动态配置发展，实现对 SDH、OTN、PTN 和全光网络的智能化控制和管理，满足业务动态调配的需求；后期将引入 PCE 技术，完善 ASON 功能，并逐步向 SDN 演进。

1．超 100Gbit/s 传输技术

当前 100Gbit/s 技术及产业链已完善成熟，全球各大运营商均已开始 100Gbit/s 规模部署。在国内，2012 年年底，中国移动启动 OTN 集采，拉开了 100Gbit/s OTN 国内商用的序幕，100Gbit/s 也随之迈进了黄金发展时代。随着 100Gbit/s 标准的完备和 100Gbit/s 调制技术的成熟，100Gbit/s 相关的产业链更加完整，业内普遍预测 100Gbit/s 相关产品的成本将会大幅降低，100Gbit/s 系统将具备 8～10 年的生命周期。预计到 2017 年，WDM/OTN 产品出货中，100Gbit/s 占比将超过 60%。2013 年到 2017 年，全球 100Gbit/s 出货量年复合增长率高达 47%。

随着 100Gbit/s 干线网络正在如火如荼地铺设，速率更高的超 100Gbit/s 技术逐渐成为业界关注的热点。国内外科研机构几年前就已启动基于 400Gbit/s、1Tbit/s 甚至更高速率的超 100Gbit/s 传输技术研究，在 100Gbit/s 刚刚迈入黄金发展期之时，超 100Gbit/s 技术曙光已经初现，并于 2014 年在全球范围内开始商用部署。

当前业内综合考虑 400Gbit/s 各种调制码型的频谱效率，并且传输距离倾向于未来 400Gbit/s 采用 4SC-PM-QPSK 支持干线长距离传输（≤2000km），2SC-PM-16QAM 支持城域传输（≤700km）。图 1-5 为 2SC-PM-16QAM 发射机、接收机结构示意图，如图所示，该方式采用 2 路 200Gbit/s 子载波传输 400Gbit/s 信号，该方式下子载波间隔约为 37.5GHz，整个超级信道谱宽约为 75GHz。该方式在 C 波段系统传输容量的提升较为明显，但由于 200Gbit/s PM-16QAM 方案理论上相对现有 100Gbit/s PM-QPSK OSNR 需求提高了约 6.7dB，因此仅支持中等距离城域传输。

如图 1-5 所示，业界相关公司对超 100G 技术研究及开发除了码型调制技术外还包括 Flex Grid ROADM、OTN 电交叉、传送层 SDN 实现等关键技术。

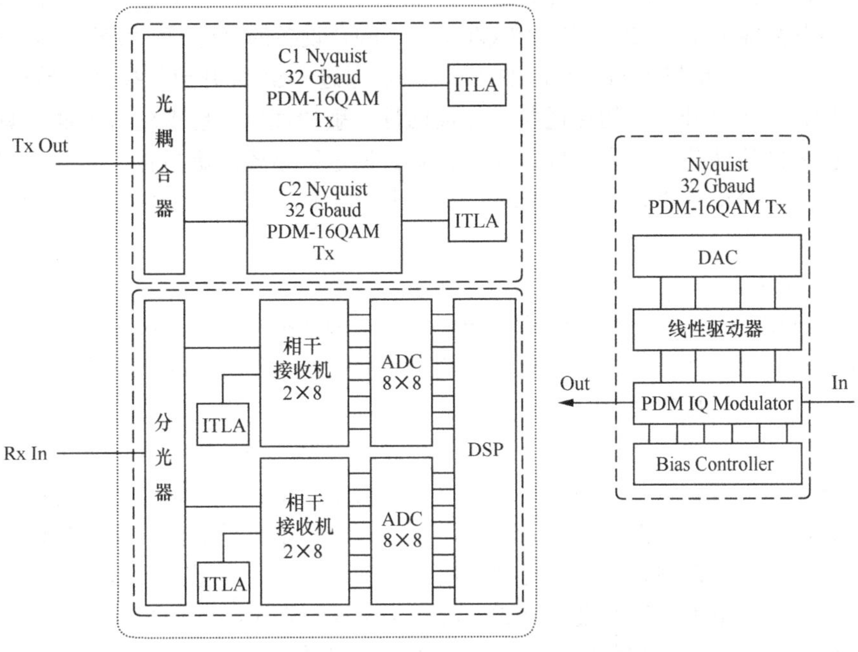

图 1-5　2SC-PM-16QAM 发射机、接收机结构示意图

2．T-SDN

为了能在竞争激烈的市场中提供按需分配带宽、波长出租、支持 OVPN 等个性化业务，

提高网络可靠性、利用率和智能化控制能力，光传输系统正在从基于OADM的环形网向扁平化、网状化、智能化的传输网SDN（Transmission SDN，T-SDN）发展，T-SDN技术开始被用在城域网和广域网中优化云承载。2006年，为了改变当时设计已凸显不合时宜、且难以进化发展的网络基础架构。斯坦福大学的以Nick McKeown教授为首的团队在Clean Slate项目中提出了转发面开放流量协议（OpenFlow）的概念用于校园网络的试验创新，OpenFlow通过将网络设备控制平面与数据平面分离开来，实现网络流量的灵活控制，为核心网络及应用的创新提供了良好的平台。之后基于OpenFlow给网络带来可编程的特性，他们进一步提出了软件定义网络（Software Defined Network，SDN）的概念。目前，业内各界讨论的SDN大致可分为广义和狭义两种：广义SDN泛指向上层应用开放资源接口，可实现软件编程控制的各类基础网络架构；狭义SDN则专指符合开放网络基金会（Open Networking Foundation，ONF）组织定义的开放架构，基于标准OpenFlow实现的软件定义网络。SDN是网络架构新的变革，它将控制功能从网络设备中分离出来，可运行在通用的服务器上，运营商可随时、直接对设备的控制功能进行编程，不再局限于只有设备厂商才能够编程和定义，极大提升了网络的灵活性，在新的产业格局和网络环境下，SDN的引入驱动力十分显著。SDN最初只是被用来虚拟化和自动化数据中心网络，现在T-SDN技术开始被用在城域网和广域网中优化云承载。业界已普遍认识到，一个完整的SDN解决方案，必须是跨越多层（L0～L3）的SDN构架，这样才能拥有有全网视图和统一控制能力，才能优化路由网络和传输能力，才能满足云时代城域网和广域网的对网络灵活性、扩展性和高效率的要求。可以看出，T-SDN有着不少优势，首先通过T-SDN，运营商可以轻松地决定网络功能和传送管道的自定义，实现管道的动态调整，构建真正的“弹性”光网络，实现网络资源的高效利用；其次通过T-SDN的集中管理和协同控制，运营商能够实现IP+光和MS-OTN多层融合设备的“协同”管理，提升网络效率，降低每比特成本，同时也将大幅降低运维成本。最后通过T-SDN开放的控制与数据平面接口，运营商可以构筑一张“开放”的传送网，在灵活性、敏捷性以及虚拟化等方面更具主动性，可以实现新技术的快速应用，实现快速业务创新。通过网络资源虚拟化，实现客户定制化网络。整体而言，T-SDN能使运营商降低网络的单比特成本，加速网络创新，快速适应新业务，把握市场先机。

3．硅光子集成

硅光子学将在整个电子行业得到广泛应用。未来的数据中心或超级计算机的零部件可放置在整个建筑物甚至整个园区的各个角落，相互之间以极高速度连接，不受铜线缆的束缚。这将使数据中心用户如搜索引擎公司、云计算供应商或金融数据中心提高性能、增加功能和节省能源和空间，或帮助科学家建造更强大的超级计算机来解决世界上最困难的问题。目前的电子器件基本都是使用电路板的铜线或印痕相互连接。由于使用铜等金属传输数据，存在信号衰减问题，这些线的最大长度受到限制，也大大影响了电子器件的开发与设计。目前的研究成果则用非常细和轻的光纤代替这些连接，将硅光子芯片部署在高速信号传输系统中，从根本上改变了未来电子器件的设计方式，改变了未来数据中心的结构。与当前的铜线技术相比，该技术可在更长距离传输大很多倍的数据，最高传输速率可达50Gbit/s，这是在更长的距离传输更多的数据所迈出的重要一步。随着硅光子学的发展，芯片会变得更复杂，可以预期该技术将应用在多任务处理芯片内部连接多个核心，提高访问共享高速缓存和总线的速率。最终硅光子可能投入更实际与广泛的应用，甚至能替代半导体晶体管等光学芯片，获得更高的计算性能。

4．超低损光纤

光纤将会对整个传输系统有较大影响。光纤研究如果只依靠提高有效面积，光纤功率改善的可能性会非常小。光纤功率改善必须基于光纤低损耗，对于低损耗光纤，产业成熟度较高，其制棒工艺与传统的 G.652 光纤相差不大，可以直接投产，并且现已在三大运营商的干线网络及电力网中得到应用，可以有效降低网络传输损耗；而对于超低损耗光纤，其制棒工艺与传统光纤完全不同，虽然国内各大光纤厂商在超低损耗光纤研制领域已取得突破性进展，但距离大规模投放市场尚待时日。中国移动主干网目前主要采用 G.652 光纤，低损耗光纤在主干网得以部分应用，目前还未大面积使用超低损耗光纤，在适应超高速长距离传送网络的发展需要方面已暴露出力不从心的态势。新一代光纤的研究和开发可以说是当务之急，当前，IP 业务量在迅猛增长，通信行业中的三网之一电信网正向新的目标发展来满足不同用户的不同需求。开发新型光纤已成为开发下一代网络基础设施的重要组成部分。系统测试结果显示更低损耗光纤可有效延伸传输距离达 1 倍以上。100Gbit/s 之后，系统容量越高，低损耗、超低损耗光纤能节约的再生站数量越多，而 400Gbit/s 时代，相比普通光纤，低损耗光纤可减少 20%的再生站；而超低损耗光纤则可减少 40%的再生站。随着 400Gbit/s 时代的来临，超低损耗光纤带来的巨额成本优势必将越来越引人注目。随着产业链的不断完整，超低损耗光纤必将迎来大规模商用时代，超低损耗光纤技术的成熟也将成为促进 400Gbit/s 时代早日到来的重要因素。目前，为了适应干线网和城域网的不同发展需要，已出现了两种不同的新型光纤，即非零色散光纤（G.655 光纤）和无水吸收峰光纤。

第 2 章 光传输网技术现状

2.1 光同步数字体系（SDH）

2.1.1 SDH 概念及特点

高速大容量光纤通信技术和智能网技术的发展加快了传输网的体制的变革。美国贝尔通信研究所（Bellcore）首先提出了用一整套分等级的准数字传递结构组成的同步光网络（SONET），而后原国际电报电话咨询委员会（CCITT）于 1988 年接受了 SONET 概念，并重新命名为同步数字体系（SDH），使之成为不仅适用于光纤也适用于微波和卫星传输的通用技术体制。

SDH 是一个将复接、线路传输及交叉功能结合在一起并由统一网管系统进行管理操作的综合信息网络技术。引入和使用该体系设备组成的网络，可以实现高效、高智能、高灵活性和高生存力的、维护功能齐全、操作运行廉价的电信网，从而大大提高网络资源的利用率，显著地降低管理和维护费用，给网络运营者和使用者带来极大的好处。目前，SDH 在电信网的各个网络层次上都得到了广泛应用。

SDH 网是由一些 SDH 网元（NE）组成的，在光纤上进行同步信息传输、复用、分插和交叉连接的网络。它的组成有如下部分。

① 有全世界统一的网络节点接口（NNI），从而简化了信号的互通以及信号的传输、复用、交叉连接和交换过程，它有一套标准化的信息结构等级，称为同步传送模块 STM-*n*，并具有一种块状帧结构，允许安排丰富的开销比特（即网络节点接口比特流中扣除净荷后的剩余部分）用于网络的 OAM。

② 基本网元有终端复用器（TM）、再生中继器（REG）、分插复用器（ADM）和同步数字交叉连接设备（SDXC）等，它们的功能各异，但都有统一的标准光接口，能够在基本光缆段上实现横向兼容，即允许不同厂家设备在光路上互通。

③ 有一套特殊的复用结构，允许现存的准同步数字体系、同步数字体系和 B-ISDN 信号都能进入其帧结构，因而具有广泛的适应性。

④ 大量采用软件进行网络配置和控制，使得新功能和新特性的增加比较方便，适于将来的不断发展。

根据上面的阐述，下面对 SDH 传输网体系的特点做进一步的说明。

（1）统一的网络节点接口（NNI）

对网络节点接口进行了统一的规范。其包括数字速率等级、帧结构、复接方法、线路接口、监控管理等，这就使得 SDH 易于实现多厂商环境操作，即同一条线路上可以安装不同厂家的设备，这体现了横向兼容性。

（2）标准化的信息结构等级

具有一套标准化的信息结构等级，称为同步传送模块，分别为STM-1（速率为155Mbit/s）、STM-4（速率为622Mbit/s）、STM-16（速率为2488Mbit/s）、STM-64（速率为10Gbit/s）、STM-256（速率为40Gbit/s）。

（3）良好的兼容性

SDH 网络不仅与现有的 PDH 网络完全兼容，还能容纳各种新业务信号，例如，光纤分布式数据接口信号 FDDI、城域网的分布排队双总线信号 DQDB、宽带 ISDN 中异步转移模式 ATM 及以太网数据等。SDH 信号的基本传输模块还可以容纳北美、日本和欧洲的准同步数字系列。包括 1.5Mbit/s、2Mbit/s、6.3Mbit/s、34Mbit/s、45Mbit/s 及 140Mbit/s 在内的 PDH 速率信号均可装入“虚容器”，然后经复接安排到 155.52Mbit/s 的 SDH STM-1 信号帧的净荷内，使新的 SDH 能支持现有的 PDH，顺利地从 PDH 向 SDH 过渡，体现了后向兼容性。

（4）灵活的复用映射结构

采用了同步复用方式和灵活的复用映射结构，因而只需利用软件即可使高速信号一次直接分插出低速支路信号，这样既不影响别的支路信号，又避免了需要对全部高速复用信号进行解复用的做法，省去了全套背靠背复用设备，使上、下业务十分容易，并省去了大量的电接口，简化了运营操作。

（5）完善的保护和恢复机制

SDH 网络具有智能检测的网络管理系统和网络动态配置功能，自愈能力很强。当设备或系统发生故障时，能迅速恢复业务，从而提高了网络的可靠性。

（6）强大的网络管理能力

SDH 的帧结构中有丰富的开销比特，大约占信号的 5%，因而网络运行、管理和维护（OAM）能力极强。由于 SDH 采用的是分层的网络结构，能实现分布式管理，所以每一层网络系统的信号结构中都安排了足够的开销比特来实现 OAM。

综上所述，SDH 最核心的特点是同步复用、标准的光接口以及强大的网管能力。当然，SDH 作为一种新的技术体制还存在一些缺陷，主要表现在以下 3 个方面。

（1）频带利用率不如传统的 PDH 系统

PDH 的 139.264Mbit/s 可以收容 64 个 2.048Mbit/s 系统，而 SDH 的 155.52Mbit/s 却只能收容 63 个 2.048 Mbit/s 系统，频带利用率从 PDH 的 94%下降到 83%；PDH 的 139.26Mbit/s 可以收容 4 个 34.368Mbit/s 系统，而 SDH 的 155.520Mbit/s 却只能收容 3 个，频带利用率从 PDH 的 99%下降到 66%。可见，上述安排虽然换来网络运用上的一些灵活性，但毕竟使频带利用率降低了。

（2）指针调整机制复杂

采用指针调整技术会产生较大的抖动，造成传输损伤。SDH 与 PDH 互联时（在从 PDH 到 SDH 的过渡时期，会形成多个 SDH“同步岛”经由 PDH 互联的局面），由于指针调整产生的相位跃变使经过多次SDH/PDH变换的信号在低频抖动和漂移上比纯粹的PDH或SDH信号更严重。

（3）软件控制大量应用影响系统安全

由于大规模地采用软件控制和将业务量集中在少数几个高速链路和交叉连接点上，使软件几乎可以控制网络中的所有交叉连接设备和复用设备。这样，在网络层上的人为错误、软件故障乃至计算机病毒的侵入都可能导致网络的重大故障，甚至造成全网瘫痪。为此必须仔细地测试软件，选用可靠性较高的网络拓扑。

综上所述，SDH 尽管有其不足之处，但毕竟比传统的准同步传输网有着明显的优越性。毫无疑问，传输网的发展方向应该是这种高度灵活和规范化的 SDH 网，它必将最终取代 PDH 传输体制。

2.1.2 SDH 速率与帧结构

要确立一个完整的数字体系，必须确立一个统一的网络节点接口，定义一整套速率和数据传送格式以及相应的复接结构（即帧结构）。

SDH 信号以同步传送模块（STM）的形式传输，其最基本的同步传送模块是 STM-1，节点接口的速率为 155.520Mbit/s，更高等级的 STM-*n* 模块是将 4 个 AUG-*n* 复用为 AUG-4*n*，然后加上新生成 SOH。STM-*n* 的速率是 155.520Mbit/s 的 *n* 倍，*n* 值规范为 4 的整数次幂，目前 SDH 仅支持 *n*=1,4,16,64,256。为了加速将无线系统引入 SDH 网络，采用了其他的接口速率。例如，对于携载负荷低于 STM-1 信号的中小容量 SDH 数字微波系统，可采用 51.84Mbit/s 的接口速率，并称为 STM-0 系统。

ITU-TG.707 建议规范的 SDH 标准速率见表 2-1。

表 2-1　SDH 网络接口的标准速率

等级	STM-1	STM-4	STM-16	STM-64
速率（Mbit/s）	155.520	622.080	2488.320	9953.280

SDH 的帧结构必须适应同步数字复用、交叉连接和交换的功能，同时也希望支路信号在一帧中均匀分布、有规律，以便接入和取出。ITU-T 最终采纳了一种以字节为单位的矩形块状（或称页状）帧结构，如图 2-1 所示。

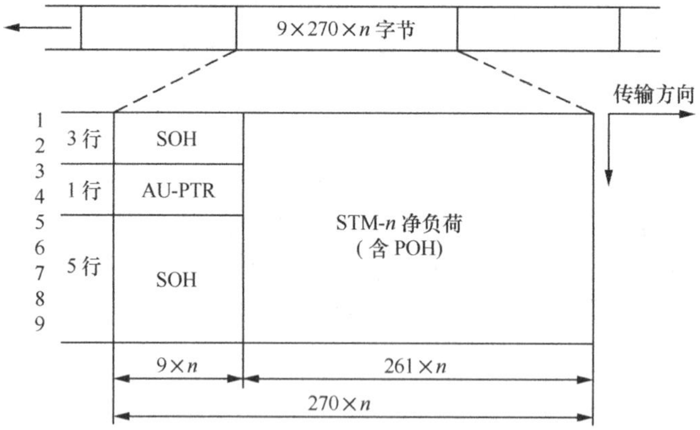

图 2-1　STM-*n* 帧结构

STM-*n* 的帧是由 9 行、270×*n* 列的 8bit 组成的码块，故帧长为 9×270×*n*×8=19440×*n*bit。由于 STM-1 等级中可容纳 3 个 STM-0 等级速率，所以在 STM-*n* 中应容纳 3*n* 倍的 STM-0。除了 STM-0 外，对于任何 STM 等级，其帧周期均为 125μs。帧周期恒定是 SDH 帧结构的一大特点（PDH 的帧长和帧周期不恒定，它是随着 PDH 信号的等级而异）。

对于 STM-1 而言，帧长度为 270×9 =2430 个字节，相当于 19440bit，帧周期为 125μs，由此可算出其比特速率为 $270\times9\times8/125\times10^{-6}=155.520$Mbit/s。

这种块状（页状）结构的帧结构中各字节的传输是从左到右、由上而下按行进行的，即从第 1 行最左边字节开始，从左向右传完第 1 行，再依次传第 2 行、第 3 行等，直至整个 $9\times270\times n$ 个字节都传送完再转入下一帧，如此一帧一帧地传送，每秒共传 8000 帧。

由图 2-1 可见，整个帧结构可分为 3 个主要区域。

（1）段开销区域

段开销（SOH）是指 STM 帧结构中为了保证信息净负荷正常、灵活传送所必需的附加字节，是供网络运行、管理和维护（OAM）使用的字节。帧结构的左边 9*n* 列 8 行（除去第 4 行）属于段开销区域。对 STM-1 而言，它有 72 字节（576bit），由于每秒传送 8000 帧，因此共有 4.608Mbit/s 的容量用于网络的运行、管理和维护。

（2）净负荷区域

信息净负荷（payload）区域是帧结构中存放各种信息负载的地方，图 2-1 中横向第 10*n*～270*n*，纵向第 1 行到第 9 行的 2349*n* 个字节都属此区域。对于 STM-1 而言，它的容量大约为 150.336Mbit/s，其中含有少量的通道开销（POH）字节，用于监视、管理和控制通道性能，其余荷载业务信息。

（3）管理单元指针区域

管理单元指针（AU-PTR）用来指示信息净负荷的第一个字节在 STM-*n* 帧中的准确位置，以便在接收端能正确地分解。在图 2-1 所示帧结构中第 4 行左边的 9*n* 列分配给指针用，即属于管理单元指针区域。对于 STM-1 而言它有 9 个字节（72bit）。采用指针方式，可以使 SDH 在准同步环境中完成复用同步和 STM-*n* 信号的帧定位。

SDH 帧结构中安排有两大类开销：段开销（SOH）和通道开销（POH），它们分别用于段层和通道层的维护。SOH 中包含定帧信息，用于维护与性能监视的信息以及其他操作功能。SOH 可以进一步划分为再生段开销（RSOH，占第 1～3 行）和复用段开销（MSOH，占第 5～9 行）。每经过一个再生段更换一次 RSOH，每经过一个复用段更换一次 MSOH。下面阐述 STM-1 段开销字节的安排和功能。各种不同 SOH 字节在 STM-1 帧内的安排分别如图 2-2 所示。

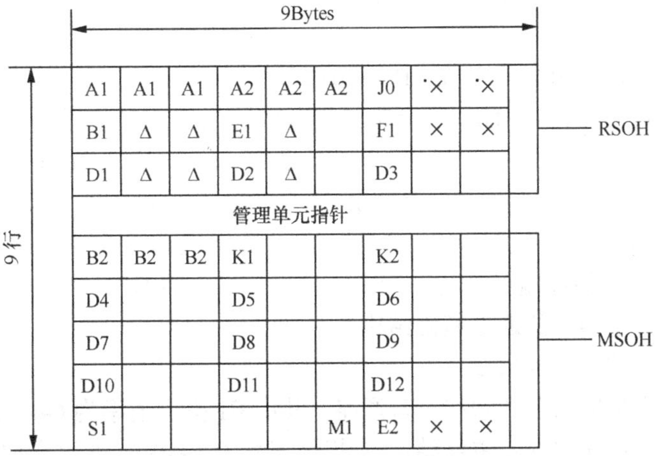

图 2-2　STM-1 SOH 字节安排

（1）帧定位字节 A1 和 A2

SOH 中的 A1 和 A2 字节可用来识别帧的起始位置。A1 为 11110110，A2 为 00101000。STM-1 帧内集中安排有 6 个帧定位字节，占帧长的大约 0.25%。选择这种帧定位长度是综合考虑了各种因素的结果，主要是伪同步概率和同步建立时间。根据现有安排，产生伪同步的概率 $0.5^{48}=3.55\times10^{-15}$，几乎为 0，同步建立时间也可以大大缩短。

（2）再生段踪迹字节：J0

J0 字节在 STM-*n* 中位于 S（1，7，1）或[1，6*n*+1]。该字节被用来重复地发送“段接入点标识符”，以便使段接收机能据此确认其是否与指定的发射机处于持续连接状态。在一个国内网络内或单个营运者区域内，该段接入点标识符可用一个单字节（包含 0～255 个编码）或 ITU-T 建议 G.831 规定的接入点标识符格式。在国际边界或不同营运者的网络边界，除双方另有协议外，均应采用 G.831 的格式。对于采用 C1 字节（STM 识别符：用来识别每个 STM-1 信号在 STM-*n* 复用信号中的位置，它可以分别表示出复列数和间插层数的二进制数值，还可以帮助进行帧定位）的老设备与采用 J0 字节的新设备的互通，可以用 J0 为“00000001”表示“再生段踪迹未规定”来实现。

（3）比特间插奇偶检验 8 位码（BIP-8）字节：B1

B1 字节用作再生段的误码监测。发送端待扰码当前帧内的 B1 字节 8 位码是对上一帧扰码后的所有比特进行 BIP-8 奇偶校验计算的结果。BIP-*X*（*X* 为码位数，例如 *X*=8 或 *X*=*N*×24）偶校验计算方法：将应参与计算的全部比特从第一个比特起每 *X* 个比特为一组分组，共分成若干组，依次统计各组相应比特位为“1”的个数，若“1”的个数为奇数，则 BIP-*X* 码的相应比特位置“1”，否则置“0”。

接收端的误码监测是通过对待解扰帧的所有比特进行 BIP-8 奇偶检验计算，将结果与下一帧 B1 字节经异或门做比较来实现的，当两个被比较的 B1 字节内容不一致时，异或门输出为 1。可见，在给定的观测时间内，1 的计数值即反映了再生段的误码情况。这种误码检测的方法虽简单，但在同一码组内，若出现偶数个误码就会存在检测误差。

（4）比特间插奇偶检验 *N*×24 编码（BIP-*N*×24）字节：B2

B2 字节是一组比特间插奇偶检验 *N*×24 编码（BIP-*N*×24），用作复用段误码监测。BIP-*N*×24 对前一个 STM-*n* 帧中除了 SOH 的第 1～3 行外的全部比特进行计算，结果置于扰码前的 B2 字节位置。具体实现方法同前。

（5）数字通信通路（DCC）字节：D1～D12

D1～D12 字节提供所有 SDH 网元都可接入的通用数字通信通路，作为嵌入控制通路（ECC）的物理层，在网元之间传送操作、管理和维护信息，构成 SDH 管理网（SMN）传送通路。其中，D1～D3 是再生段数字通路字节（DCCR），共 192kbit/s（3×64kbit/s），用于再生段终端间传送 OAM 信息；D4～D12 是复用段数字通路字节（DCCM），共 576kbit/s（9×64kbit/s），用于复用段终端间传送 OAM 信息。STM-*n* 的 DCC 字节共 768kbit/s，为 SDH 网的管理和控制提供了强大的通信基础结构。

（6）公务联络字节：E1 和 E2

E1 和 E2 字节用来提供公务联络语音通路，其中 E1 提供速率为 64kbit/s 的语音通路，用于再生段公务联络，可在中继器中终结；E2 提供速率为 64kbit/s 的语音通路，用于终端间直达公务联络，应在复用段终端接入。

（7）使用者通路字节：F1

F1 字节可提供速率为 64kbit/s 的数据/语音通路，保留给系统操作者用于特定维护目的使用。

（8）自动保护倒换（APS）通路字节：K1，K2（b1～b4）

K1、K2 字节用于传送自动保护倒换（APS）协议。在 ITU-TG.841 建议的附件 A 中，给出了 K1、K2 字节的比特分配约定。K1（b1～b4）指示倒换请求的原因，K1（b5～b8）指示请求倒换的信道号；K2（b1～b4）指示确认桥接到保护信道的信道号。

（9）复用段远端故障指示（MS-RDI）字节：K2（b6～b8）

MS-RDI 用于向发信端回送一个指示信号，表示收信端检测到来话方向故障或正接收复用段告警指示信号（MS-AIS）。解扰码后 K2 字节的第 6～8 比特构成“110”码，即为 MS-RDI 信号；“111”表示收 MS-AIS 信号。

（10）同步状态字节：S1（b5～b8）

S1 字节的 b5～b8 用作传送同步等级质量，将上游站的同步状态通过 S1 字节传送到下游站。

（11）复用段远端差错指示（MS-REI）字节：M1

M1 用来传送复用段接收端由 B2 字节检测到的误码块数。对于 STM-0/1，其计数值的范围分别为[0，24]；STM-4 的计数值范围为[0，96]，STM-16 的计数值范围为[0，255]；对于更高速率的信号则采用了 M0、M1 两个字节进行计数，其中 STM-64 的计数值范围为[0，1536]，STM-256 的计数值范围为[0，6144]。

（12）与传输媒质有关的字节：Δ

在 STM-*n* 帧内，安排 6*n* 个 Δ 字节。Δ 字节专用于具体传输媒质的特殊功能。例如，用单根光纤做双向传输时，可用此字节来实现辨明信号方向的功能，又如微波 SDH 中的保护倒换的早期告警、自动发送功率控制、快速无损伤倒换控制及传播监视等。

（13）备用字节

Z0 的功能尚待定义，为将来国际标准留用。用“×”标记的字节是为国内使用保留的字节。所有未标记的字节的用途待将来国际标准确定（与媒质有关的应用，附加国内使用或其他用途）。

2.1.3　SDH 复用与映射

SDH 网有一套特殊的复用结构，允许现存准同步数字体系、同步数字体系和 B-ISDN 的信号都能纳入其帧结构中传输，各种业务信号复用进 STM-*n* 帧的过程经历 3 个步骤：映射、定位和复用。

2.1.3.1　复用结构与单元

SDH 的一般复用结构如图 2-3 所示，它是由一些基本复用单元组成的有若干中间复用步骤的复用结构。

SDH 的基本复用单元包括标准容器（C）、虚容器（VC）、支路单元（TU）、支路单元组（TUG）、管理单元（AU）和管理单元组（AUG）（见图 2-3）。

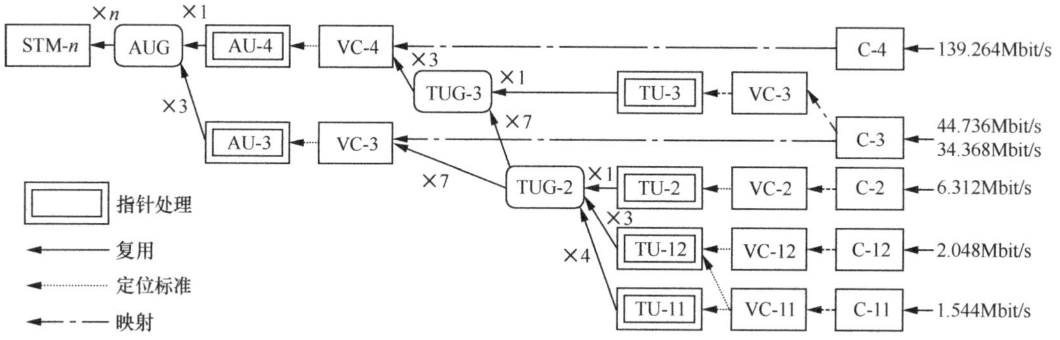

图 2-3　G.709 建议的 SDH 复用结构

我国的光同步传输网技术体制规定以 2Mbit/s 为基础的 PDH 系列作为 SDH 的有效负荷并选用 AU-4 复用路线，其基本复用映射结构如图 2-4 所示。由图可见：我国的 SDH 复用映射结构规范可有 3 个 PDH 支路信号输入口。一个 139.264Mbit/s 可被复用成一个 STM-1（155.520Mbit/s）；63 个 2.048Mbit/s 可被复用成一个 STM-1；3 个 34.368Mbit/s 也能复用成一个 STM-1。

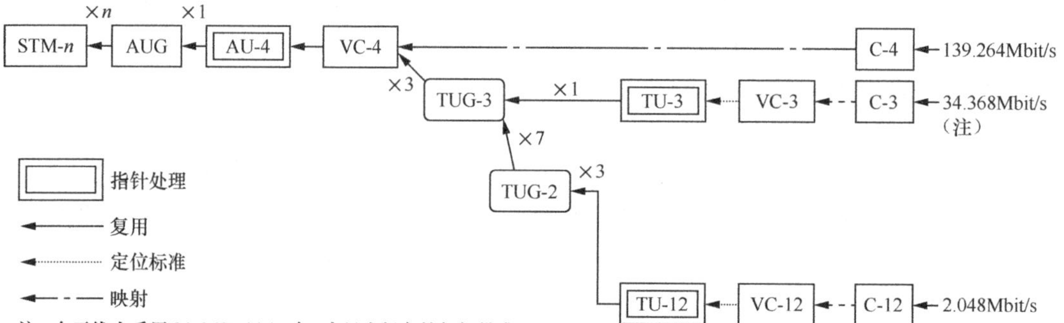

注：在干线上采用 34.368Mbit/s 时，应经上级主管部门批准。

图 2-4　我国的 SDH 基本复用映射结构

1．标准容器

容器是一种用来装载各种速率的业务信号的信息结构，主要完成适配功能（例如速率调整），以便让那些最常使用的准同步数字体系信号能够进入有限数目的标准容器。目前，针对常用的准同步数字体系信号速率，ITU-T 建议 G.707 已经规定了 5 种标准容器：C-11、C-12、C-2、C-3 和 C-4，其标准输入比特率如图 2-3 所示，分别为 1.544Mbit/s、2.048Mbit/s、6.312Mbit/s、34.368Mbit/s（或 44.736Mbit/s）和 139.264Mbit/s。参与 SDH 复用的各种速率的业务信号都应首先通过码速调整等适配技术装进一个恰当的标准容器。已装载的标准容器又作为虚容器的信息净负荷。

2．虚容器

虚容器是用来支持 SDH 的通道层连接的信息结构（虚容器属于 SDH 传送网分层模型中通道层的信息结构。其中 VC-11、VC-12、VC-2 及 TU-3 中的 VC-3 是低阶通道层的信息结构；而 AU-3 中 VC-3 和 VC-4 是高阶通道层的信息结构），它由容器输出的信息净负荷加上通道开

销（POH）组成，即

$$\text{VC-}n = \text{C-}n + \text{VC-}n\ \text{POH}$$

VC 的输出将作为其后接基本单元（TU 或 AU）的信息净负荷。VC 的包封速率是与 SDH 网络同步的，因此不同 VC 是互相同步的，而 VC 内部却允许装载来自不同容器的异步净负荷。除在 VC 的组合点和分解点（即 PDH/SDH 网的边界处）外，VC 在 SDH 网中传输时总是保持完整不变，因而可以作为一个独立的实体十分方便、灵活地在通道中任意点插入或取出，进行同步复用和交叉连接处理。

虚容器有 5 种：VC-11、VC-12、VC-2、VC-3 和 VC-4。虚容器可分成低阶虚容器和高阶虚容器两类。准备装进支路单元（TU）的虚容器称为低阶虚容器；准备装进管理单元（AU）的虚容器称高阶虚容器；由图 2-3 可见，VC-11、VC-12 和 VC-2 为低阶虚容器；VC-4 和 AU-3 中的 VC-3 为高阶虚容器。

3．支路单元和支路单元组（TU 和 TUG）

支路单元（TU）是提供低阶通道层和高阶通道层之间适配的信息结构（即负责将低阶虚容器经支路单元组装进高阶虚容器）。有 4 种支路单元，即 TU-*n*（*n*=11,12,2,3）。TU-*n* 由一个相应的低阶 VC-*n* 和一个相应的支路单元指针（TU-*n* PTR）组成，即

$$\text{TU-}n = \text{VC-}n + \text{TU-}n\ \text{PTR}$$

TU-*n* PTR 指示 VC-*n* 净负荷起点在 TU 帧内的位置。

在高阶 VC 净负荷中固定地占有规定位置的一个或多个 TU 的集合称为支路单元组（TUG）。把一些不同规模的 TU 组合成一个 TUG 的信息净负荷可增加传送网络的灵活性。VC-4/3 中有 TUG-3 和 TUG-2 两种支路单元组。一个 TUG-2 由一个 TU-2 或 3 个 TU-12 或 4 个 TU-11 按字节交错间插组合而成；一个 TUG-3 由一个 TU-3 或 7 个 TUG-2 按字节交错间插组合而成。一个 VC-4 可容纳 3 个 TUG-3；一个 VC-3 可容纳 7 个 TUG-2。

4．管理单元和管理单元组（AU 和 AUG）

管理单元（AU）是提供高阶通道层和复用段层之间适配的信息结构（即负责将高阶虚容器经管理单元组装进 STM-*n* 帧，STM-*n* 帧属于 SDH 传送网分层模型中段层的信息结构），有 AU-3 和 AU-4 两种管理单元。AU-*n*（*n*=3,4）由一个相应的高阶 VC-*n* 和一个相应的管理单元指针（AU-*n* PTR）组成，即

$$\text{AU-}n = \text{VC-}n + \text{AU-}n\ \text{PTR}$$

AU-*n* PTR 指示 VC-*n* 净负荷起点在 AU 帧内的位置。

在 STM-*n* 帧的净负荷中固定地占有规定位置的一个或多个 AU 的集合称为管理单元组（AUG）。一个 AUG 由一个 AU-4 或 3 个 AU-3 按字节交错间插组合而成。

2.1.3.2　映射

映射是指在 SDH 网络边界处使各种支路信号适配进虚容器的过程，其实质是使各种支路信号的速率与相应虚容器的速率同步，以便使虚容器成为可独立地进行传送、复用和交叉连接的实体。

如果按映射信号与 SDH 网络同步与否，映射方式可分为异步映射方式和同步映射方式。

异步映射方式对映射信号特性没有任何限制，无需网同步，仅利用净荷的指针调整即可

将信号适配装入 SDH 帧结构。由于采用指针调整来容纳不同频率或相位差异，因此无需滑动缓存器来实现信号同步。异步映射方式是一种通用映射方式，在 PDH 向 SDH 过渡的长时期内是必不可少的映射方式。

同步映射方式要求映射信号与 SDH 网络必须严格同步。为了实现同步，减少滑动损伤，需要配备一个 125μs 的滑动缓存器。滑动缓存器的引入至少为复用器带来了 150μs 的延时，但解同步器仍然只有 10μs 的延时。

为了适应不同种类的网络应用并达到最佳的适配效果，异步映射和同步映射方法通常又分为浮动 VC 和锁定 TU 两种工作模式。

（1）浮动 VC 模式

浮动 VC 模式是指 VC 净负荷在 TU 或 AU 内的位置不固定，并由 TU-PTR 或 AU-PTR 指示其起点位置的一种工作模式。它采用 TU-PTR 和 AU-PTR 两层指针处理来容纳 VC 净负荷与 STM-*n* 帧的频差和相差，从而无需滑动缓存器即可实现同步，且引入的信号延时最小（约 10μs）。

（2）锁定 TU 模式

锁定 TU 模式是一种信息净负荷与网同步并处于 TU 或 AU 帧内固定位置，因而无需 TU-PTR 或 AU-PTR 的工作模式。PDH 一次群信号的比特同步和字节同步两种映射可采用 SDH 技术锁定模式。

锁定模式省去了 TU-PTR 或 AU-PTR，且在 VC 内不能安排 VC-POH，因此要用 125μs（一帧容量）的滑动缓存器来容纳 VC 净负荷与 STM-*n* 帧的频差和相差，引入较大的（约 150μs）信号延时，且不能进行通道性能的端到端监测。

下面介绍下我国复用结构中的 139.264Mbit/s 映射过程。139.264Mbit/s 支路信号的映射一般采用异步映射、浮动模式。

（1）139.264Mbit/s 支路信号异步装入 C-4

这是由正码速调整方式异步装入的。我们可以把 C-4 比喻成一个集装箱，其结构容量一定大于 139.264Mbit/s，只有这样才能进行正码速调整。C-4 的子帧结构如图 2-5 所示。

C-4 基帧的每行为一个子帧，每个子帧为一个速率调整单元，并分成 20 个 13 字节块。每个 13 字节块的第一个字节依次分别为 W,X,Y,Y,Y,X,Y,Y,Y,X,Y,Y,Y,X,Y,Y,Y,X,Y,Z。

X 字节内含 1 个正码速调整中控制比特（C 码）、5 个固定插入非信息比特（R 码）和 2 个开销比特（O 码），由于每行有 5 个 X 字节，因此每行有 5 比特 C 码。

Z 字节内含 6 个信息比特（I 码）、1 个正码速调整中码速调整位置（S 码）和 1 个 R 码。

Y 字节为固定插入字节，含 8 个 R 码。

W 字节为信息字节，含 8 个信息比特。每个 13 字节块的后 12 个字节均为信息字节 W，共 96 个 I 码。

对于 C-4 帧，总计有 $1\times260\times8=2080$bit，其比特分配为：

信息比特（I）：1934

固定插入非信息比特（R）：130

开销比特（O）：10

正码速调整中控制比特（C）：5

正码速调整中码速调整位置（S）：1

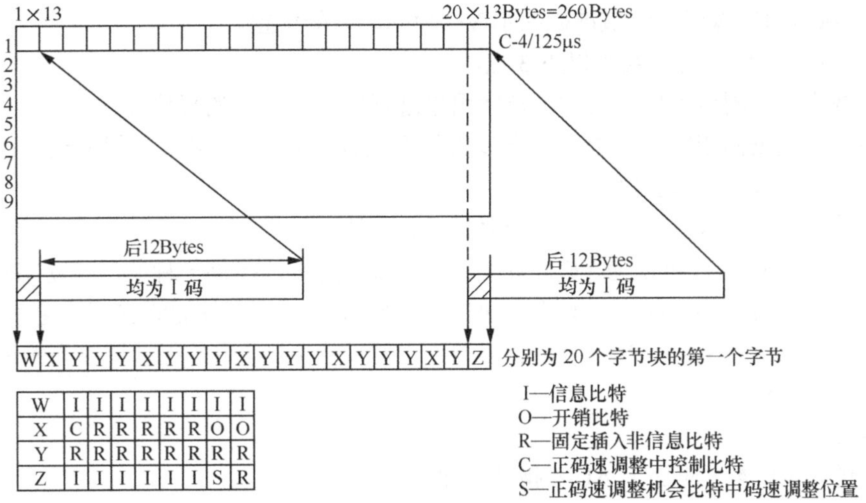

图 2-5　C-4 的子帧结构图

当有效信息净荷的速率低于标称值时，为了使有效信息净荷与容器的容量匹配，需要进行正码速调整。调整控制比特 C 主要用来控制相应的调整机会比特 S（C 码本身不带信息，也属于填充比特），以确定 S 是作为信息比特 I 还是作为调整比特。如前所述，正码速调整是在固定位置做随机插入。

在发送端，当 CCCCC ＝ 00000 时，表示 S 码位是信息比特 I；当 CCCCC=11111 时，表示 S 码位是非信息比特（R）。

（2）C-4 装入 VC-4

在 C-4 的 9 个子帧前分别插入 VC-4 的通道开销（VC-4 POH）字节 J1、B3、C2、G1、F2、H4、F3、K3、N1，就构成了 VC-4 帧（即 VC-4＝C-4＋VC-4 POH），如图 2-6 所示。

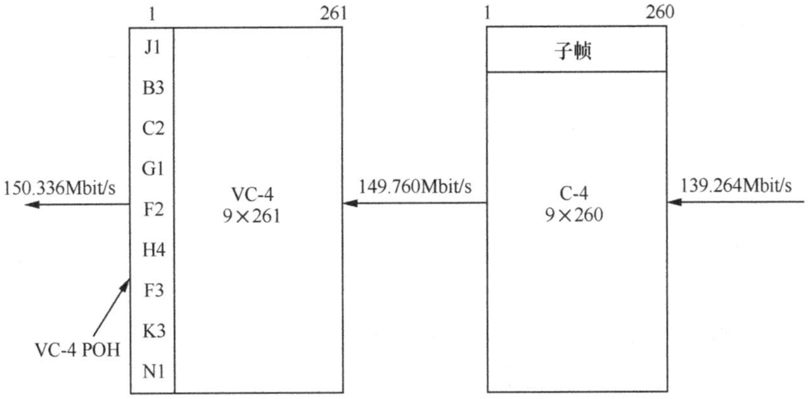

图 2-6　139.264Mbit/s 信号映射图解

2.1.3.3　定位

定位是一种将帧偏移信息收进支路单元或管理单元的过程，即以附加于 VC 上的支路单元指针指示和确定低阶 VC 帧的起点在 TU 净负荷中的位置或管理单元指针指示和确定高阶 VC 帧的起点在 AU 净负荷中的位置，在发生相对帧相位偏差使 VC 帧起点浮动时，指针值亦随之调整，从而始终保证指针值准确指示 VC 帧的起点的位置。

SDH 中指针的作用可归结为以下 3 点。

① 当网络处于同步工作方式时，指针用来进行同步信号间的相位校准。

② 当网络失去同步时（即处于准同步工作方式），指针用作频率和相位校准；当网络处于异步工作方式时，指针用作频率跟踪校准。

③ 指针还可以用来容纳网络中的频率抖动和漂移。

设置 TU 或 AU 指针可以为 VC 在 TU 或 AU 帧内的定位提供一种灵活和动态的方法。因为 TU 或 AU 指针不仅能够容纳 VC 和 SDH 在相位上的差别，而且能够容纳帧速率上的差别。

下面以 139.264Mbit/s 的 PDH 支路信号复用过程中在 AU-4 内的指针调整为例说明指针调整原理及指针调整过程。

（1）AU-4 指针

VC-4 进入 AU-4 时应加上 AU-4 指针，即

AU-4 = VC-4 + AU-4 PTR

AU-4 PTR 由位于 AU-4 帧第 4 行第 1～9 列的 9 个字节组成，具体为

AU-4 PTR = H1 Y Y H2 1* 1* H3 H3 H3

其中：Y = 1001 SS 11，SS 是未规定值的比特。

1*=11111111

虽然 AU-4 PTR 共有 9 个字节，但用于表示指针值并确定 VC-4 在帧内位置的，只需 H1 和 H2 两个字节即可。H1 和 H2 字节是结合使用的，以这 16 个比特组成 AU-4 指针图案，其格式如图 2-7 所示。H1 和 H2 的最后 10 比特（即第 7～16bit）携带具体指针值。H3 字节用于 VC 帧速率调整，负调整时可携带额外的 VC 字节。

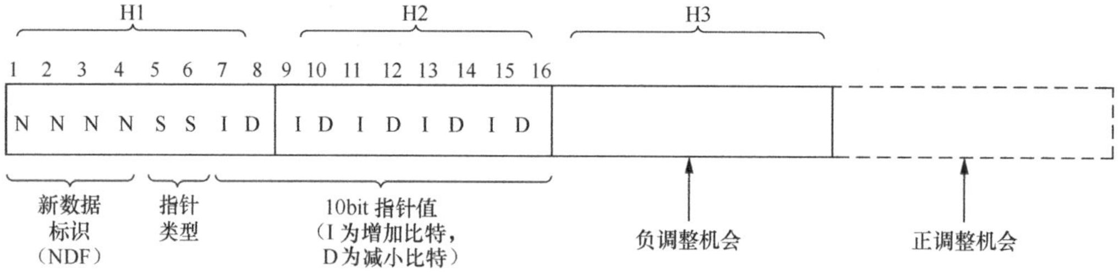

图 2-7　AU-4 指针图案

那么，10 个比特的指针值何以指示 VC-4 的 2349（9 行×261 列而得）个字节位置呢?10 个比特的 AU-4 指针值仅能表示 210=1024 个十进制值，但 AU-4 指针调整是以 3 个字节作为一个调整单位的，故 2349 除以 3，只需 783 个调整位置即可。因此由 10 个二进制码组合成的指针值（1024）足以表示 783 个位置。

（2）指针调整原理

图 2-8 示出了 AU-4 指针的位置和偏移编号。

为了便于说明问题，图中将 VC-4 的所有字节（2349 个字节）安排在本帧的第 4 行到下帧的第 3 行，上下仍为 9 行。

① 正调整

先假定本帧虚容器 VC-4 的前 3 个字节位于图 2-8 的“000”位置，即指针值为零。当下

一帧的 VC-4 速率比 AU-4 的速率低时，就应提高 VC-4 的速率，以便使其与网络同步。此时应在 VC-4 的第 1 个字节（J1）前插入 3 个伪信息填充字节，使整个 VC-4 帧在时间上向后（即向右）推移一个调整单位，并且十进制的指针值加 1，VC-4 的前 3 个字节右移至“111”位置，这样就对 VC-4（支路信号）的速率进行了正调整。

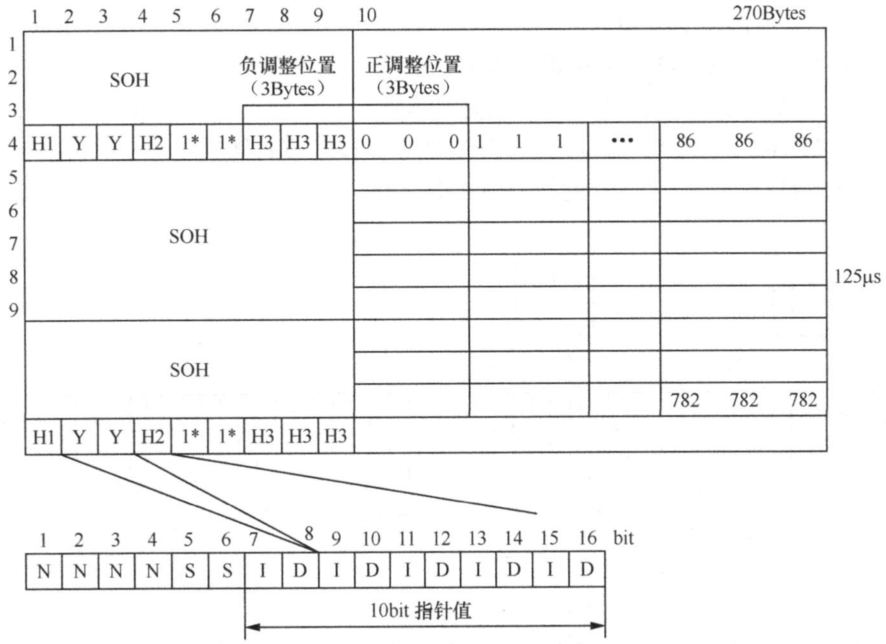

图 2-8 AU-4 指针位置和偏移编号

在进行这一操作时，即在调整帧的 125μs 中，指针格式中的 NNNN 4 个比特要由稳定态的“0110”变为调整态的“1001”，10 个比特指针值中的 5 个“I”比特（增加比特）反转。当速率偏移较大，需要连续多次指针调整时，相邻两次操作至少要间隔 3 帧，即经某次速率调整后，指针值要在 3 帧内保持不变，本次调整后的第 4 帧（不含调整帧）才能进行再次调整。若先前的指针值已经最大，则最大指针值加 1，其指针值为零。

② 负调整

仍然是本帧虚容器 VC-4 的前 3 个字节位于图 2-8 的“000”位置，当下帧的 VC-4 速率比 AU-4 的速率高时，就应降低 VC-4 的速率，以便使其与网络同步，即 VC-4 的前 3 个字节要前移（左移）。在上述的这个特殊例子中，可利用 AU-4 指针区的 H1 H2 H3 字节作为负调整机会，使 VC-4 的前 3 个字节移至其中。由于整个 VC-4 帧在时间上向前推移了一个调整单位，并且指针的十进制值减 1，因此 VC-4（支路信号）的速率得到了负调整。

在进行这一操作时，即在调整帧的 125μs 中，指针格式中的 NNNN 4 个比特要由稳态时的“0110”变为调整态时的“1001”，10 个比特指针值中的 5 个“D”比特（减小比特）反转。同样，在进行一次负调整后，3 帧内不允许再做调整，指针值在 3 帧内保持不变，如需调整，应在本次调整后的第 4 帧才能再次进行调整。若先前的指针值为零，则最小指针值（零）减 1，其指针值为最大。

2.1.3.4 复用

复用是一种使多个低阶通道层的信号适配进高阶通道层或者把多个高阶通道层信号适配进复用层的过程，即以字节交错间插方式把 TU 组织进高阶 VC 或把 AU 组织进 STM-*n* 的过程。由于经 TU 和 AU 指针处理后的各 VC 支路已相位同步，此复用过程为同步复用。

下面以 139.264Mbit/s 支路信号、34.3648Mbit/s 支路信号和 2.048Mbit/s 支路信号在映射、定位、复用过程中所涉及的复用为例加以介绍。

1．TU-12 复用进 TUG-2 再复用进 TUG-3

3 个 TU-12（此处的 TU-12 不是复帧而是基本帧，有 9 行 4 列，共 36 字节）先按字节间插复用进一个 TUG-2（9 行 12 列），然后 7 个 TUG-2 按字节间插复用进 TUG-3（9 行 86 列，其中第 1、2 列为塞入字节）。这个过程如图 2-9 所示。

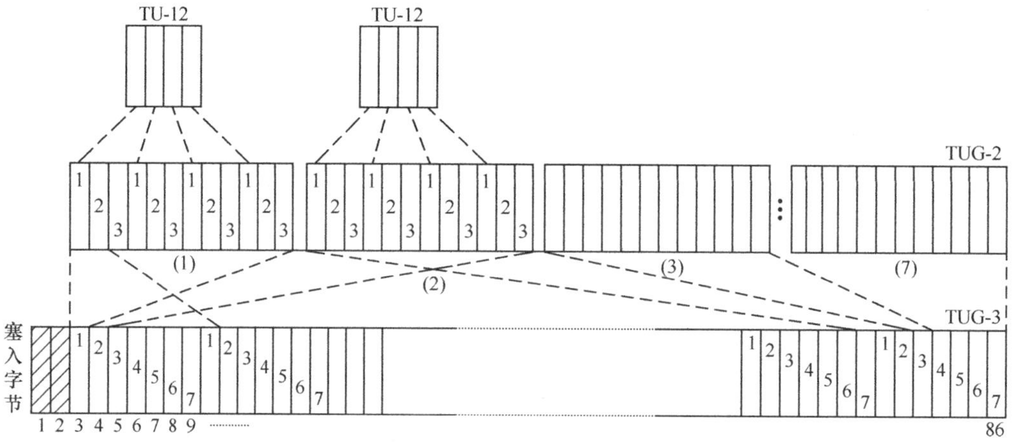

图 2-9 TU-12 复用进 TUG-2 再复用进 TUG-3

2．TU-3 复用进 TUG-3

单个 TU-3 复用进 TUG-3 的结构如图 2-10 所示。TU-3 由 VC-3（含 9 个字节的 VC-3 POH）和 TU-3 指针组成，而 TU-3 指针由 TUG-3 的第 1 列的上面 3 个字节 H1、H2 和 H3 构成。VC-3 相对 TUG-3 的相位由指针指示。将 TU-3 加上塞入比特即可构成 TUG-3。

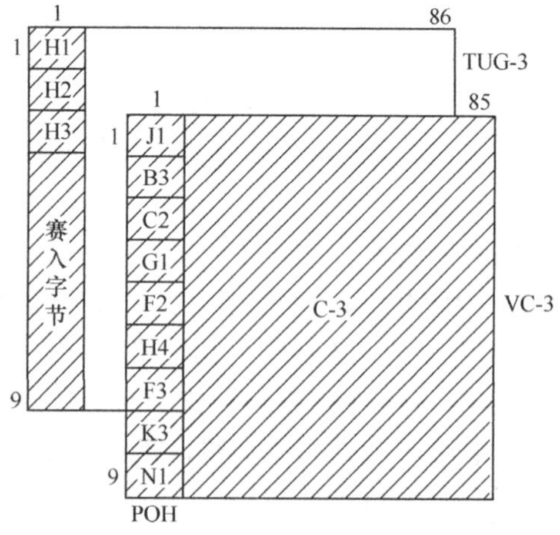

图 2-10 TU-3 复用进 TUG-3

3．3 个 TUG-3 复用进 VC-4

将 3 个 TUG-3 复用进 VC-4 的安排如图 2-11 所示。3 个 TUG-3 按字节间插构成 9 行 3×86=258 列，作为 VC-4 的净负荷，VC-4 是 9 行 261 列，其中第 1 列为 VC-4 POH，第 2、3 列是固定塞入字节。TUG-相对于 VC-4 有固定的相位。

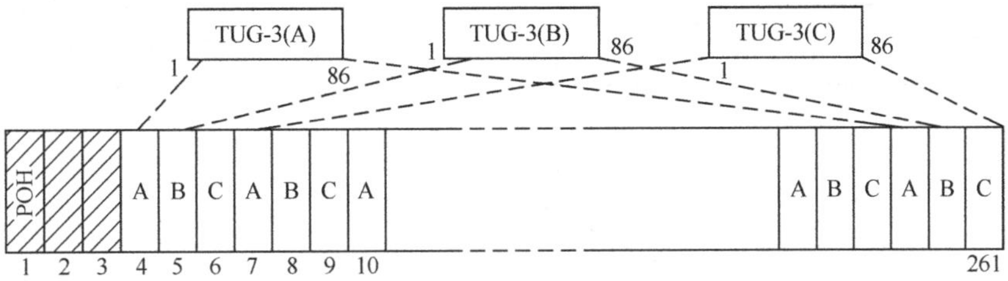

图 2-11　3 个 TUG-3 复用进 VC-4

4．AU-4 复用进 AUG

单个 AU-4 复用进 AUG 的结构如图 2-12 所示。我们已知 AU-4 由 VC-4 净负荷加上 AU-4 PTR 组成，VC-4 在 AU-4 内的相位是不确定的，由 AU-4 PTR 指示 VC-4 第 1 字节在 AU-4 中的位置。但 AU-4 与 AUG 之间有固定的相位关系，所以只需将 AU-4 直接置入 AUG 即可。

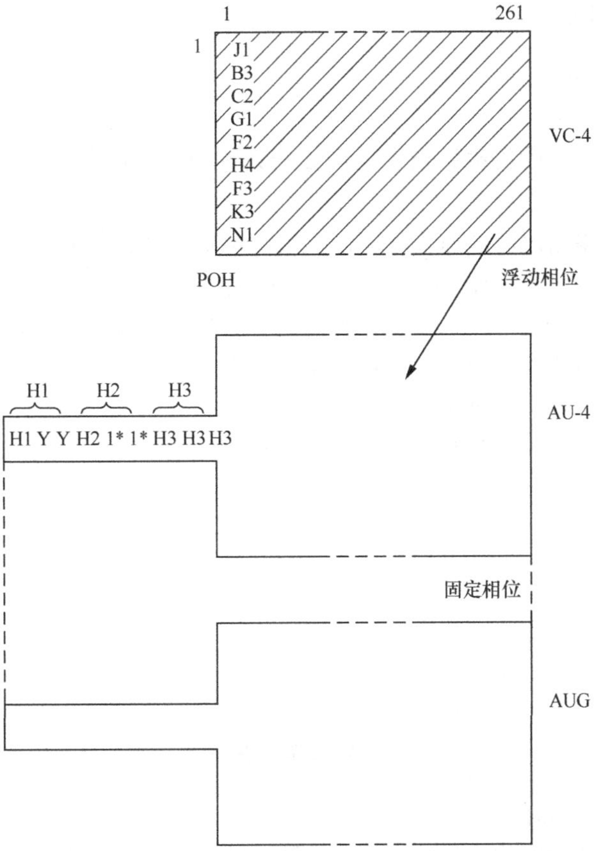

图 2-12　AU-4 复用进 AUG

5．*n* 个 AUG 复用进 STM-*n* 帧

图 2-13 显示了如何将 *n* 个 AUG 复用进 STM-*n* 帧的安排。*n* 个 AUG 按字节间插复用，再加上段开销（SOH）形成 STM-*n* 帧，这 *n* 个 AUG 与 STM-*n* 帧有确定的相位关系。

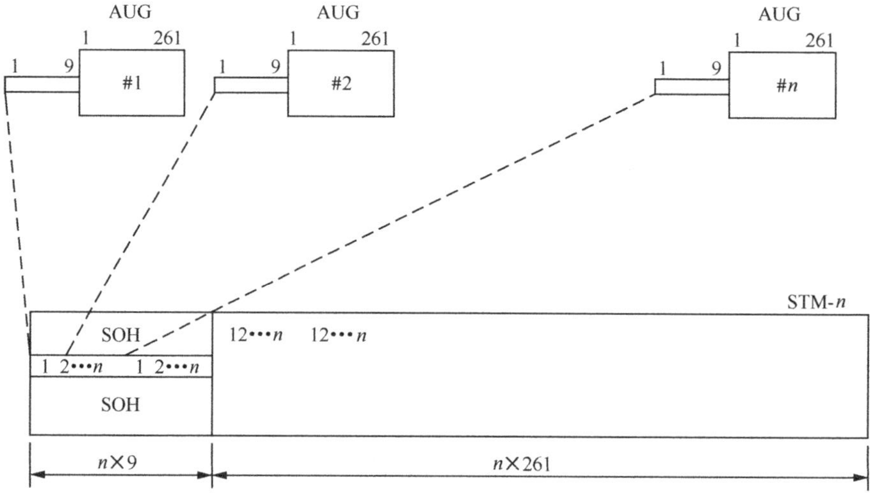

图 2-13 *n* 个 AUG 复用进 STM-*n* 帧

2.1.4 SDH 组网

2.1.4.1 SDH 设备

1．终端复用器（TM）

终端复用器用在网络的终端站点上，例如一条链的两个端点上，它是具有两个侧面的设备，如图 2-14 所示。

它的作用是将支路端口的低速信号复用到线路端口的高速信号 STM-*n* 中，或从 STM-*n* 的信号中分出低速支路信号。请注意它的线路端口输入/输出一路 STM-*n* 信号，而支路端口却可以输出/输入多路低速支路信号。在将低速支路信号复用进 STM-*n* 帧（将低速信号复用到线路）时，有一个交叉的功能。例如，可将支路的一个 STM-1 信号复用进线路上的 STM-16 信号中的任意位置上，也就是指复用在 1～16 个 STM-1 的任一个位置上。将支路的 2Mbit/s 信号可复用到一个 STM-1 中 63 个 VC-12 的任一个位置上去。

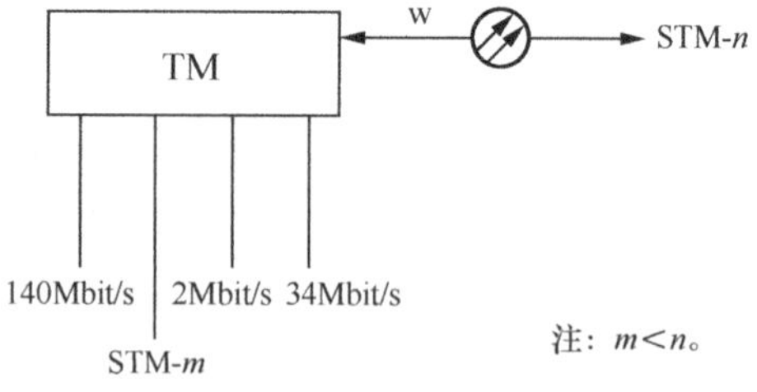

图 2-14 终端复用器模型

2．分插复用器（ADM）

ADM 用于 SDH 传输网络的转接站点处，例如链的中间节点或环上节点，是 SDH 网上使

用最多、最重要的一种网元设备，它是一种具有 3 个侧面的设备，如图 2-15 所示。

ADM 有两个线路侧面和一个支路侧面。两个线路侧面，分别各接一侧的光缆（每侧收/发共两根光纤），为了描述方便我们将其分为西（W）向、东向（E）两侧线路端口。ADM 的一个支路侧面连接的都是支路端口，这些支路端口信号都是从线路侧 STM-*n* 中分支得到和想是要插入到 STM-*n* 线路码流中去。因此，ADM 的作用是将低速支路信号交叉复用进东或西向线路上去；或从东或西侧线路端口接收的线路信号中拆分出低速支路信号。另外，还可将东/西向线路侧的STM-*n*信号进行交叉连接，例如将东向STM-16中的3#STM-1与西向STM-16中的 15#STM-1 相连接。

ADM 是 SDH 最重要的一种网元设备，它可等效成其他网元，即能完成其他网元设备的功能。例如，一个 ADM 可等效成两个 TM 设备。

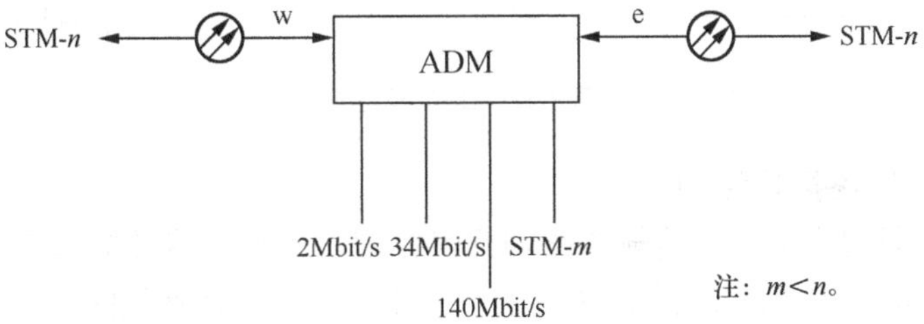

图 2-15　ADM 模型

3．再生中继器（REG）

由于光纤固有损耗的影响，使得光信号在光纤中传输时，随着传输距离的增加，光波逐渐减弱。如果接收端所接收的光功率过小时，便会造成误码，影响系统的性能，因而此时必须对变弱的光波进行放大、整形处理，这种仅对光波进行放大、整形的设备就是再生器，由此可见，再生器不具备复用功能，是最简单的一种设备。

REG 的最大特点是不上下（分/插）电路业务，只放大或再生光信号。SDH 光传输网中的再生中继器有两种：一种是纯光的再生中继器，主要对光信号进行功率放大以延长光传输距离；另一种是用于脉冲再生整形的电再生中继器，主要通过光/电转换、电信号抽样、判决、再生整形、电/光变换，以消除已积累的线路噪声，保证线路上传送信号波形的完好性。在此介绍的是后一种再生中继器，REG 是双侧面的设备，每侧与一个线路端口——W、E 相接。如图 2-16 所示。

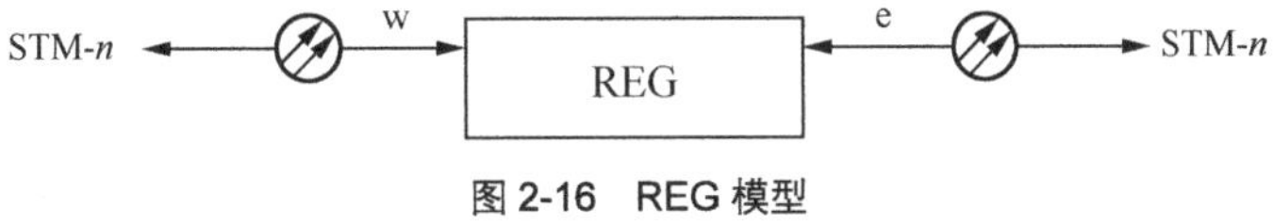

图 2-16　REG 模型

REG 的作用是将 w/e 两侧的光信号经 O/E、抽样、判决、再生整形、E/O 在 e 或 w 侧发出。实际上，REG 与 ADM 相比仅少了支路端口的侧面，所以 ADM 若不上/下本地业务电路时，完全可以等效为一个 REG。单纯的 REG 只需处理 STM-*n* 帧中的 RSOH，且不需要交叉连接功能（w/e 直通即可），而 ADM 和 TM 因为要完成将低速支路信号分/插到 STM-*n* 中，所以不仅要处理 RSOH，而且还要处理 MSOH。

4．数字交叉连接设备（DXC）

数字交叉连接设备 DXC 完成的主要是 STM-*n* 信号的交叉连接功能，它是一个多端口器件，它实际上相当于一个交叉矩阵，完成各个信号间的交叉连接，如图 2-17 所示。

DXC 可将输入的 *m* 路 STM-*n* 信号交叉连接到输出的 *n* 路 STM-*n* 信号上，图 2-17 表示有 *m* 条输入光纤和 *n* 条输出光纤。DXC 的核心功能是交叉连接，功能强的 DXC 能完成高速（如 STM-16）信号在交叉矩阵内的低级别交叉（例如 VC-4 和 VC-12 级别的交叉）。通常用 DXC*m*/*n* 来表示一个 DXC 的类型和性能（注：$m \geqslant n$），其中 *m* 表示可接入 DXC 的最高速率等级，*n* 表示在交叉矩阵中能够进行交叉连接的最低速率级别。*m* 越大，表示 DXC 的承载容量越大；*n* 越小，表示 DXC 的交叉灵活性越大。

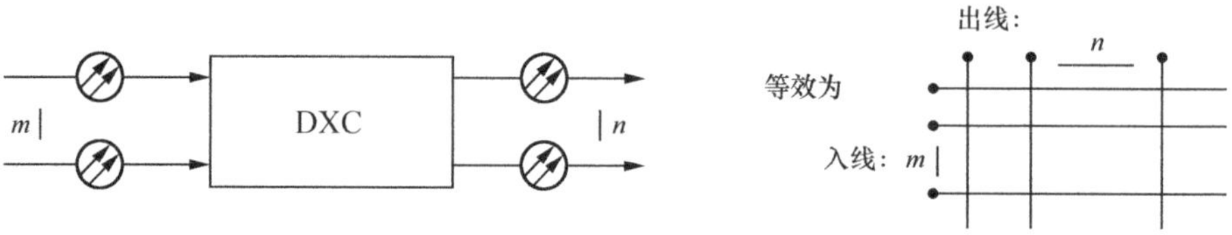

图 2-17　DXC 模型图

2.1.4.2　SDH 网络拓扑结构

网络物理拓扑即网络节点和传输线路的几何排列，也就是将维护和实际连接抽象为物理上的连接性。网络拓扑的概念对于 SDH 网的应用十分重要，特别是网络的效能、可靠性和经济性在很大程度上与具体物理拓扑有关。根据不同的用户需求，同时考虑到社会经济的发展状况，可以确定不同的网络拓扑结构。

在 SDH 网络中，通常采用点到点链状、星形、树形、环形等网络结构，下面分别进行介绍。

1．点到点链状网络结构

点到点链状拓扑即为线形拓扑，它将各网络节点串联起来，同时保持首尾两个网络节点呈开放状态的网络结构。图 2-18（a）就是一个最为典型的点到点链状 SDH 网络。其中在链状网络的两端节点上配备有终端复用器，而在中间节点上配备有分插复用器。因而它是由具有复用和光接口功能的线路终端、中继器和光缆传输线构成的。

这种网络结构简单，便于采用线路保护方式进行业务保护，但当光缆完全中断时，此种保护功能失效。另外，这种网络的一次性投资小、容量大，具有良好的经济效益，因此很多地区采用此种结构来建立 SDH 网络。

2．星形网络结构

所谓星形网络拓扑结构是指图 2-18（b）所示的网络结构，即其中一个特殊网络节点（即枢纽点）与其他的互不相连的网络节点直接相连，这样除枢纽点之外的任意两个网络节点之间的通信，都必须通过此枢纽点才能完成连接，因而一般在特殊点配置交叉连接器（DXC）以提供多方向的互联，而在其他节点上配置终端复用器（TM）。

这种网络结构简单，它可以将多个光纤终端统一成一个终端，从而提高带宽的利用率，同时又可以节约成本，但在枢纽节点上业务过分集中，并且只允许采用线路保护方式，因此系统的可靠性能不高，故仅在初期 SDH 网络建设中出现。目前多使用在业务集中的接入网中。

3．树形网络结构

一般树形网络是由星形结构和线形结构组合而成的网络结构，因而所谓树形网络结构，是指将点到点拓扑单元的末端点连接到几个枢纽点时的网络结构，如图 2-18（c）所示。通常在这种网络结构中，连接 3 个以上方向的节点应设置 DXC，其他节点可设置 TM 或 ADM。

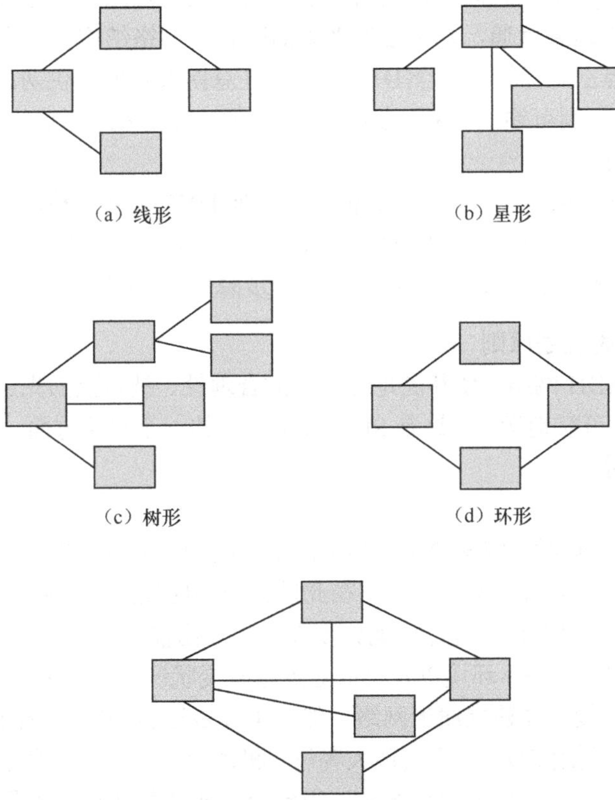

（a）线形　（b）星形　（c）树形　（d）环形　（e）网孔形

图 2-18　网络拓扑结构

这种网络结构适合于广播式业务，而不利于提供双向通信业务，同时也存在枢纽点可靠性不高和光功率预算问题，但这种网络结构仍在长途网中使用。

4．环形网络结构

所谓环形网络是指那些将所有网络节点串联起来，并且使之首尾相连，而构成的一个封闭环路的网络结构，如图 2-18（d）所示。在此网络中，只有任意两网络节点之间的所有节点全部完成连接之后，任意两个非相邻网络节点才能进行通信。通常在环形网络结构中的各网络节点上可选用分插复用器，也可以选用交叉连接设备来作为节点设备，它们的区别在于后者具有交换功能，它是一种集复用、自动化配线、保护/恢复、监控和网管等功能为一体的传输设备，可以在外接的操作系统或电信管理网（TMN）设备的控制下，对多个电路组成的电路群进行交换，因此其成本很高，故通常使用在线路交汇处。

这种网络结构的一次性投资要比线形网络大，但其结构简单，而且在系统出现故障时，具有自愈功能，即系统可以自动地进行环回倒换处理，排除故障网元，而无需人为的干涉就可恢复业务的功能。这对现代大容量光纤网络是至关重要的，因而环形网络结构受到人们的广泛关注。

5．网孔形结构

所谓网孔形结构，是指若干个网络节点直接相互连接时的网络结构，如图 2-18（e）所示。这时没有直接相连的两个节点之间仍需利用其他节点的连接功能，才能完成互通，而如果网络中所有的网络节点都达到互通，则称之为理想的网孔形网络结构。通常在业务密度较大的网络中的每个网络节点上均需设置一个 DXC，可为任意两节点间提供两条以上的路由。这样一旦网络出现某种故障，则可通过 DXC 的交叉连接功能，对受故障影响的业务进行迂回处理，以保证通信的正常进行。

由此可见，这种网络结构的可靠性高，但由于目前 DXC 设备价格昂贵，如果网络中采用此设备进行高度互联，则会使光缆线路的投资成本增大，从而一次性投资大大增加，故这种网络结构一般在 SDH 技术相对成熟、设备成本进一步降低、业务量大且密度相对集中时采用。

2.1.4.3 SDH 网络规划原则

如何合理地规划 SDH 网络，使其满足经济上的合理性、技术上的先进性、网络结构的完整性，并且可以高效、可靠地运行，这是 SDH 技术应用的一个重要方面。下面我们就从 SDH 的组网原则开始进行讨论。

1．SDH 的组网原则

在进行 SDH 网络规划时，应该参照原邮电部制定的相关标准和有关规定，并结合具体情况，确定网络拓扑结构、设备选型等内容。在此过程中还应注意以下问题。

（1）SDH 传输网络的建设应有计划地分步骤实施。由前面的分析可知，一个实用 SDH 网络结构相当复杂，它与经济、环境以及当前业务量发展状况有关，因而必须进行统一规划。在国家一级干线中，一般可先建立线形网络，然后再逐步过渡到网孔形网络。这样在保证网络的生存性的同时，可利用 SDH 技术实现大容量、机动灵活的话路业务的上下，而在省、市二级干线一般可先建立线形和环形混合结构。当资金、业务量和技术等条件均成熟之后，再逐步向更为完善的网络结构过渡。

（2）目前由于在全国范围内都在不断扩大各自本地电话网的范围，因而 SDH 网络规划应与之协调，省内传输网络建设一般应覆盖所有长途传输中心所在的城市。

（3）我国的长途传输网目前是由省际网（一级干线网）和省内网（二级干线网）两个层面组成的，SDH 网络规划应考虑两个层的合理衔接。

（4）早期的 PDH 网络是为点到点的话路业务而设计的网络，而目前业务种类很多，因此在建立 SDH 干线传输网时，除考虑电话业务之外，还应兼顾如数据、图文、视频、多媒体、租用线路等业务的传输要求。另外还应从网络功能划分方面考虑到支撑网（如信令网、电信管理网和同步网）对传输的要求，同时还要充分考虑网络安全性问题，以此根据网络拓扑和设备配置情况，确定网络冗余度、网络保护和通道调度方式。

（5）我国采用的是 30/32 PDH 体制，共存在 4 种速率系统，但我国 SDH 映射结构中，仅对 PDH 2Mbit/s、34Mbit/s、140Mbit/s 3 种支路信号提供了映射路径。又由于 34Mbit/s 信号的频率利用率最低，故而建议使用 2Mbit/s、140Mbit/s 接口，如需要可经主管部门批准后，可为 34Mbit/s 支路信号提供接口。

（6）新建立的 SDH 网络是叠加在现有的 PDH 网络之上，两种网络之间的互联可通过边界上的标准接口来实现，但应尽量减少互联的次数以避免抖动的影响。

2．网络拓扑的选择

在选择SDH传输网的拓扑结构时，应考虑到以下几方面的因素。

（1）在进行SDH网络规划时，应从经济角度衡量其合理性，同时还要考虑到不同地区、不同时期的业务增长率的不平衡性。

（2）应考虑网络现状、网络覆盖区域、网络保护及通道调度方式以及节点传输容量，最大限度地利用现有的网络设备。

（3）省内干线一般宜选用网孔形或环形这种拓扑结构为主，辅之以线性等其他类型的网络结构，但应根据具体情况逐步形成，而不要求一次到位。

（4）环形网具有自愈功能，并且相对网孔网结构而言，其投资不大，但由于环上的接入节点数受环中的传输容量限制，因而环网适于运用在传输容量不大、节点数较少的地区。通常当环的节点设备速率为STM-4时，一般接入节点在3～5个为宜，而当ADM的速率为STM-16时，接入节点数则不宜超过10个。

（5）对于边远、业务量需求较小的节点，可采用线性结构，将其与主干网进行连接。

（6）根据具体业务分布情况和经济条件，选择适当的保护方式。

2.1.4.4 我国SDH网络结构

我国SDH网络结构上采用四级制，如图2-19所示。

第一级干线：它是最上一层网络，主要用于省会、城市间的长途通信，由于其间业务量较大，因而一般在各城市的汇接节点之间采用STM-64、STM-16高速光链路，而在各汇接节点城市装备DXC设备，例如DXC4/4，从而形成一个以网孔形结构为主、其他结构为辅的大容量、高可靠性的骨干网。由于使用了DXC 4/4设备，这样可以直接通过DXC4/4中的PDH体系140Mbit/s接口，将原有的140Mbit/s和565Mbit/s系统纳入到长途一级干线之中。

第二级干线：这是第二层网络，主要用于省内的长途通信。考虑其具体业务量的需求，通常采用网孔形或环形骨干网结构，有时也辅以少量线形网络，因而在主要城市装备DXC设备，其间用STM-4或STM-16高速光纤链路相连接，形成省内SDH网络结构。同样由于在其中的汇接点采用DXC4/4或DXC4/1设备，因而通过DXC4/1上的2Mbit/s、34Mbit/s和140Mbit/s接口，从而使原有的PDH系统也能纳入二级干线进行统一管理。

第三级干线：这是第三层网络，主要由用于长途端局与市话之间以及市话局之间通信的中继网构成。根据区域划分法，可分为若干个由ADM组成的STM-4或STM-16高速环路，也可以是用路由备用方式组成的两节点环，而这些环是通过DXC4/1设备来沟通，既具有很高的可靠性，又具有业务量的疏导功能。

第四级是网络的最低层面，称为用户网，也可称为接入网。由于业务量较低，而且大部分业务量汇聚于一个节点（交换局）上，因而可以采用环形网络结构，也可以采用星形网络结构，其中是以高速光纤线路作为主干链路来实现光纤用户环路系统（OLC）的互通，或者经由ADM或TM来实现与中继网的互通。速率为STM-1或STM-4，接口可以为STM-1光/电接口、PDH体系的2Mbit/s、34Mbit/s和140Mbit/s接口、普通电话用户接口、小交换机接口、2B +D或30B+D接口以及城域网接口等。

综上所述，我国的SDH网络结构具有以下特点。

① 具有4个相对独立而又综合一体化的层面；

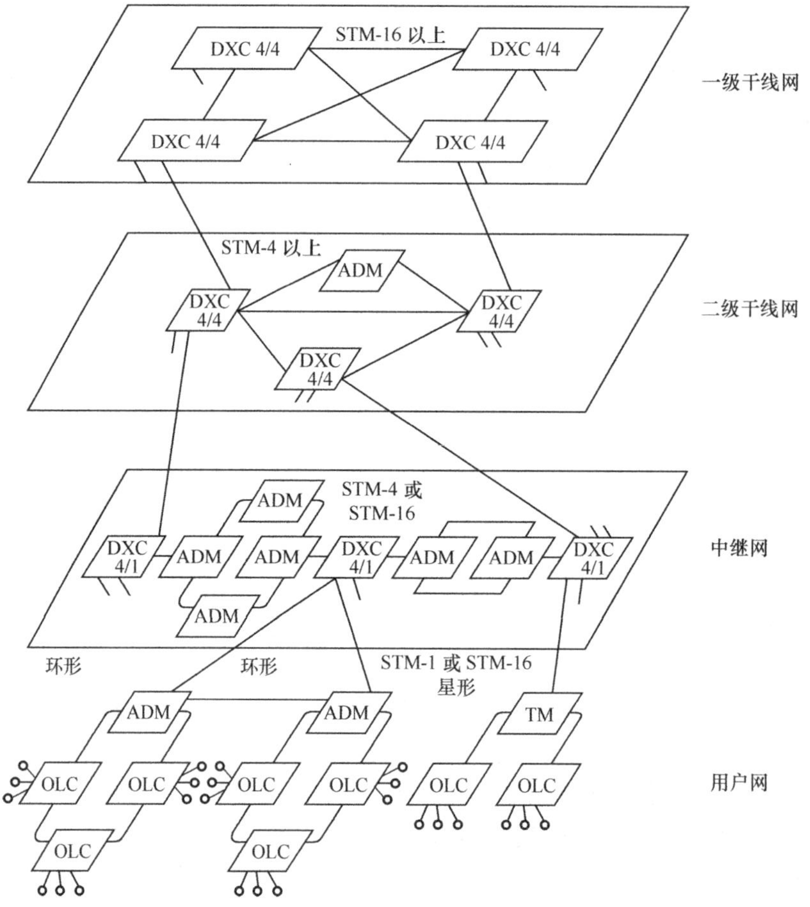

图 2-19　我国 SDH 网络结构

② 简化了网络规划设计；

③ 适应现行行政管理体制；

④ 各个层面可独立实现最优化；

⑤ 具有体制和规划的统一性、完整性和先进性。

2.1.5　SDH 保护与恢复

当前通信网络中，网络的安全性越来越受到人们的重视。SDH 传送网的生存性设计是一个重要的课题，它已成为市场开放环境下网络运营者或业务提供者之间的重要竞争焦点。当网络出现故障时，SDH 传送网的自愈（self-healing）特性可以通过保护倒换的方式，保证网络能在极短的时间内从失效故障中自动恢复所携带的业务。因此，传送网的保护倒换方式将直接关系到 SDH 网的功能、效果、经济和业务传输的可靠性。

所谓自愈网，就是无需人为干预网络就能在极短时间内从失效状态中自动恢复所携带的业务，使用户感觉不到网络已出现了故障。其基本原理就是使网络具有备用路由，并重新确立通信能力。自愈的概念只涉及重新确立通信，而不管具体失效元部件的修复与更新，而后者仍需人为干预才能完成。而在 SDH 网络中，根据业务量的需求，可以采用各种各样拓扑结构的网络。不同的网络结构所采取的保护方式不同，因而在 SDH 网络中的自愈保护可以分为线路保护倒换、环形网保护、网孔形 DXC 网络恢复及混合保护方式等。

1．自动线路保护倒换

自动线路保护倒换是最简单的自愈形式，其结构有两种，即 1+1（见图 2-20）和 1：*n*（见图 2-21）结构方式。

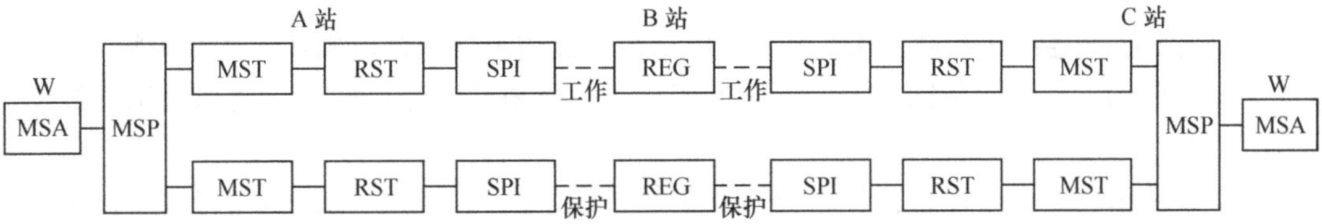

图 2-20　1+1 保护倒换结构

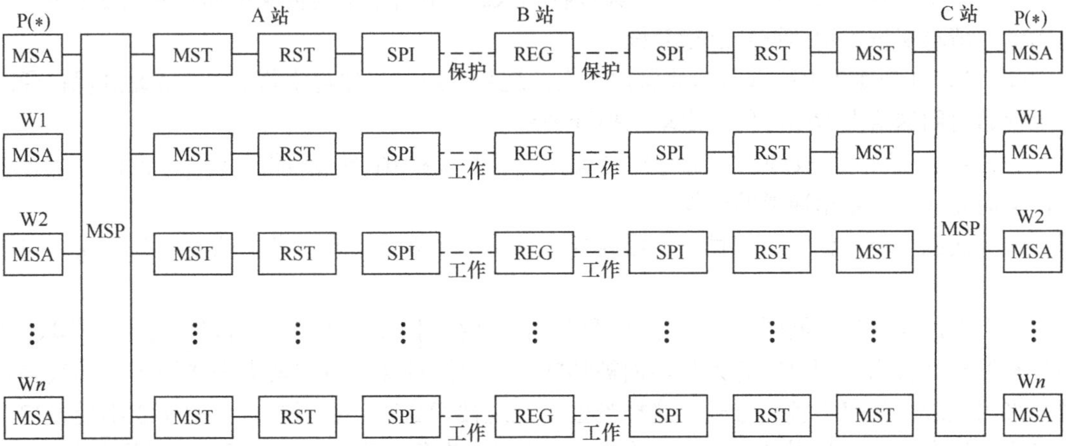

*仅对额外业务才需要。

图 2-21　1：*n* 保护倒换结构

1+1 结构方式：STM-*n* 信号同时在工作段和保护段两个复用段发送，也就是说在发送端 STM-*n* 信号永久地与工作段和保护段相连（并发）。接收端对从两个复用段收到的 STM-*n* 信号条件进行监视并选择连接更合适的一路信号（选收）。可见，对于 1+1 结构，由于工作通路是永久连接的，因而不允许提供无保护的额外业务。这种保护方式可靠性较高，在高速大容量系统（如 STM-16）中经常采用，特别是在 SDH 的发展初期或网络的边缘处，没有多余路由可选时是一种常用的保护措施，但其成本较高。

1：*n* 结构方式：保护段由很多工作通路共享，*n* 值范围为 1～14。在两端，*n* 个工作通路中的任何一个或者额外业务通路（如测试信号）都与保护段相连。MSP 对接收信号条件进行监视和评价，在首端执行桥接，而在尾端从保护段中选收合适的 STM-*n* 信号。

为了保证收发两端能同时正确完成倒换功能，SDH 帧结构的段开销中使用了两个自动保护倒换字节 K1 和 K2，以实现 APS 倒换协议。其中 K1 字节表示请求倒换的信道，K2 字节表示确认桥接到保护信道的信道号。

如果上一站出现信号丢失或者与下游站进行连接的线路出现故障和远端接收失效，那么在下游接收端都可检查出故障，这样该下游接收端必须向上游站发送保护命令，同时向下一站发送倒换请求，具体过程如下。

（1）当下游站发现（或检查出）故障或收到来自上游站的倒换请求命令时，首先启动保护逻辑电路，将出现新情况的通道的优先级与正在使用保护通道的主用系统的优先级、上游站发来的桥接命令中所指示的信道优先级进行比较。

（2）如果新情况通道的优先级高，则在此（下游站）形成一个 K1 字节，并通过保护通道向上游站传递。所传递的 K1 字节包括请求使用保护通道的主信道号和请求类型。

（3）当上游站连续 3 次收到 K1 字节，那么被桥接的主信道得以确认，然后再将 K1 字节通过保护通道的下行通道传回下游站，以此确认下游站桥接命令，即确认请求使用保护通道的通道请求。

（4）上游站首先进行倒换操作，并准备进行桥接，同时又通过保护通道将含被保护通道号的 K2 字节传送给下游站。

（5）下游站收到 K2 字节后，便将其接收到 K2 字节所指示的被保护通道号与 K1 字节中所指示的请求保护主用信道号进行复核。

（6）当 K1 与 K2 中所指示的被保护的主信道号一致时，便再次将 K2 字节通过保护通道的上行通道回送给上游站，同时启动切换开关进行桥接。

（7）当上游站再次收到来自下游站的 K2 字节时，桥接命令最后得到证实，此时才进行桥接，从而完成主、备用通道的倒换。

从上面的分析我们可以归纳出，线路保护倒换的主要特点有：业务恢复时间很快，可少于 50ms。

若工作段和保护段属同缆备用（主用和备用光纤在同一缆芯内），则有可能导致工作段（主用）和保护（备用）同时因意外故障而被切断，此时这种保护方式就失去作用了。解决的办法是采用地理上的路由备用方式。这样当主用光缆被切断时，备用路由上的光缆不受影响，仍能将信号安全地传输到对端。通常采用空闲通路作为备用路由。这样既保证了通信的顺畅，同时也不必准备备份光缆和设备，不会造成投资成本的增加。

2. 自愈环

环网络是指网上的每个节点都通过双工通信设备与相邻的两个节点相连，从而组成一个封闭的环。利用 SDH 的分插复用器或交叉连接设备可以组建具有自愈功能的 SDH 环网络，这是目前组建 SDH 网应用较多的一种网络拓扑形式。针对光纤线路保护倒换而形成的 SDH 自愈环（Self-Healing Ring，SHR），不仅提高了网络的生存能力，而且降低了倒换中备用路由的成本，在网络规划中起到重要作用，在中继网、接入网和长途网中都得到了广泛的应用。

SDH 的自愈环是一种比较复杂的网络结构，在不同的场合有不同的分类方法。

（1）单向环和双向环

按照进入环的支路信号方向与由该支路信号目的节点返回的信号（即返回业务信号）方向是否相同来区分，可以分为单向环和双向环。正常情况下，单向环中的来回业务信号均沿同一方向（顺时针或逆时针）在环中传输；双向环中，进入环的支路信号按一个方向传输，而由该支路信号分路节点返回的支路信号按相反的方向传输。

（2）二纤环和四纤环

按环中每一对节点间所用光纤的最小数量来分，可以划分为二纤环和四纤环。

（3）通道保护环和复用段倒换环

按保护倒换的层次来分，可以分为通道保护环和复用段倒换环（北美称为线路倒换环）。从抽象的功能结构观点来划分，通道保护环属于子网连接保护，复用段倒换环则属于路径保护。

综上所述，尽管可组合成多种环形网络结构，但目前多采用下述 4 种结构的环形网络。

（1）二纤单向复用段倒换环

图 2-22（b）给出了二纤单向复用段倒换环的工作原理图，从图中可见，其中每两个具有支路信号分插功能的节点间高速传输线路都具有一备用线路可供保护倒换使用。这样在正常情况下，信号仅在主用光纤 S1 中传输，而备用光纤 P1 空闲，下面以节点 A 和 C 之间的信息传递为例，说明其工作原理。

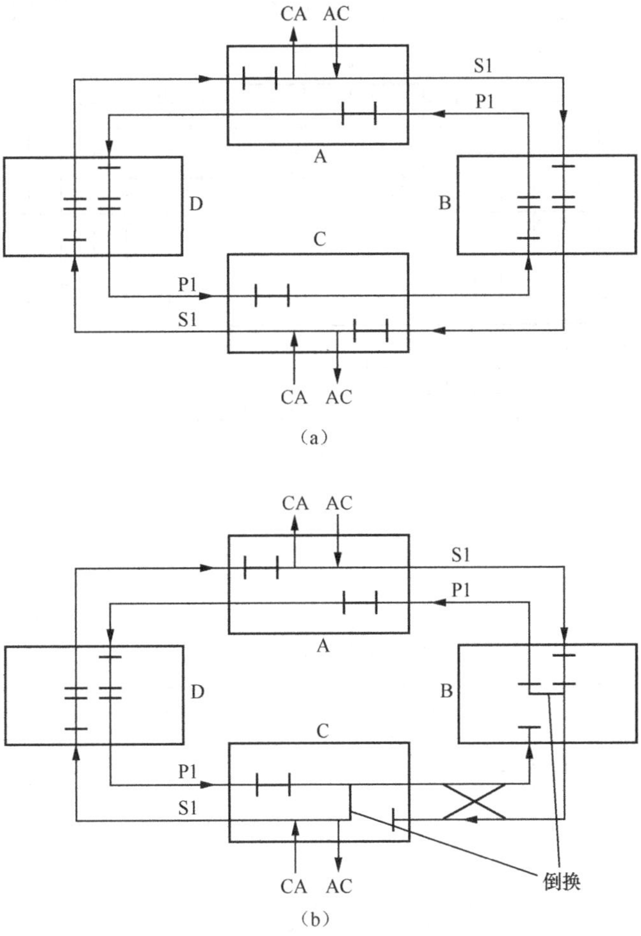

图 2-22　二纤单向复用段倒换环

① 正常工作情况下

信息在 A 节点插入，并由主用光纤 S1 传输，透明通过 B 节点，到达 C 节点，在 C 节点就可以从主用光纤 S1 中分离出所要接收的信息；而从 C 到 A 的信息，由 C 节点插入，同样经主用光纤 S1 传输，经 D 节点到达 A 节点，从而在 A 节点处由主用光纤 S1 中分离出所需接收信息。

② 当 BC 节点间的光缆出现断线故障时

如图 2-22（b）所示，与光缆断线故障点相连的两个节点 B、C，自动执行环回功能，因而在节点 A 插入的信息，首先经主用光纤 S1 传输到 B 节点，由于 B 节点具有环回功能，这样信息在此转换到备用信道 P1，经 A、D 节点到达 C 节点，同样利用 C 节点的环回功能，将备用光纤 P1 中传输的信息转回到主用光纤 S1 中，并通过分离处理，可得到由 A 节点插入的信息，从而完成 A 节点到 C 节点间的信息传递，而 C 节点到 A 节点的信息仍是通过主用光纤 S1 经 D 节点传输来完成的。由此可见，这种环回倒换功能可以做到在出现故障情况下，不中断信息的传输，而当故障排除后，又可以启动倒换开关，恢复正常工作状态。

（2）四纤双向复用段倒换环

四纤双向复用段倒换环的工作原理如图 2-23（a）所示，它是以两根光纤 S1 和 S2 共同作为主用光纤，而 P1 和 P2 两根光纤为备用光纤，其中各信号传输方向如图所示。正常情况下，信息通过主用光纤传输，备用光纤空闲。下面同样以 A、C 节点间的信息传输为例，说明其工作原理。

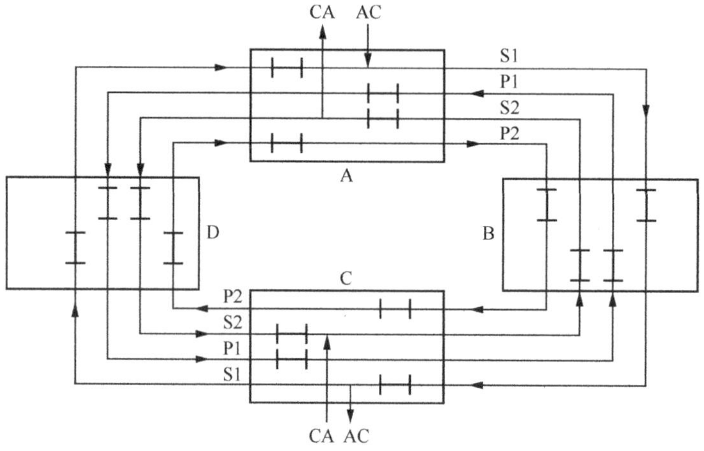

（a）

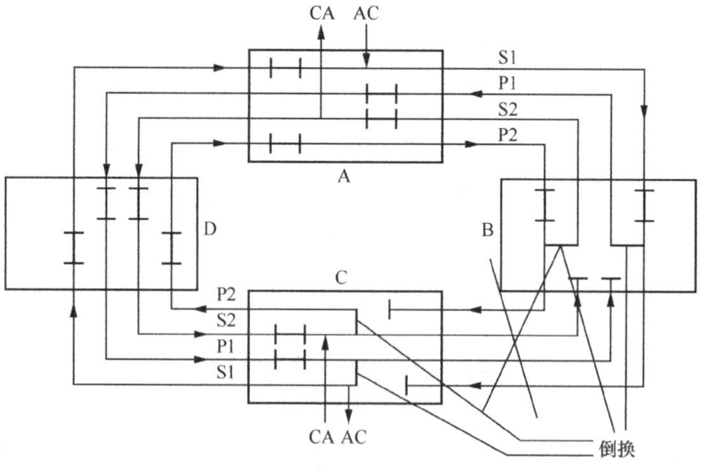

（b）

图 2-23　四纤双向复用段倒换环

① 正常工作情况下信息由 A 节点插入，沿主用光纤 S1 传输，经节点 B，到达节点 C，在 C 节点完成信息的分离。当信息由节点 C 插入后，则沿主用光纤 S2 传送，同样经 B 节点，

到达 A 节点，从而完成由 C 节点到 A 节点的信息传送。

② 当 B、C 节点之间 4 根光纤同时出现断纤故障时，如图 2-23（b）所示，与光纤断线故障相连的节点 B、C 中各有两个执行环回功能电路，从而在节点 B、C，主用光纤 S1 和 S2 分别通过倒换开关，与备用光纤 P1 和 P2 相连，这样当信息由 A 节点插入时，信息首先由主用光纤 S1 携带，到达 B 节点，通过环回功能电路 S1 和 P1 相连，因而此时信息又转为 P1 所携带，经过节点 A、D 到达 C 点，通过 C 节点的环回功能，实现 P1 和 S1 的连接，从而完成 A 到 C 节点的信息传递。而由 C 节点插入的信息，首先被送到主用光纤 S2 经 C 节点的环回功能，使 S2 与 P2 相连接，这时信息则沿 P2 经 D、A 节点，到达 B 节点，由于 B 节点同样具有环回功能，P2 和 S2 相连，因而信息又转为由 S2 传输，最终到达 A 节点，以此完成 C 到 A 节点的信息传递。

（3）二纤双向复用段倒换环

从图 2-24（a）可见，S1 和 P2、S2 和 P1 的传输方向相同，由此人们设想采用时隙技术将前一部分时隙用于传送主用光纤 S1 的信息，后一部分时隙用于传送备用光纤 P2 的信息，这样可将 S1 和 P2 的信号置于一根光纤（即 S1/P2 光纤），同样 S2 和 P2 的信号也可同时置于另一根光纤（即 S2/P1 纤）上，这样四纤环就简化为二纤环。具体结构如图 2-24 所示，下面还是以 A、C 节点间的信息传递为例，说明其工作原理。

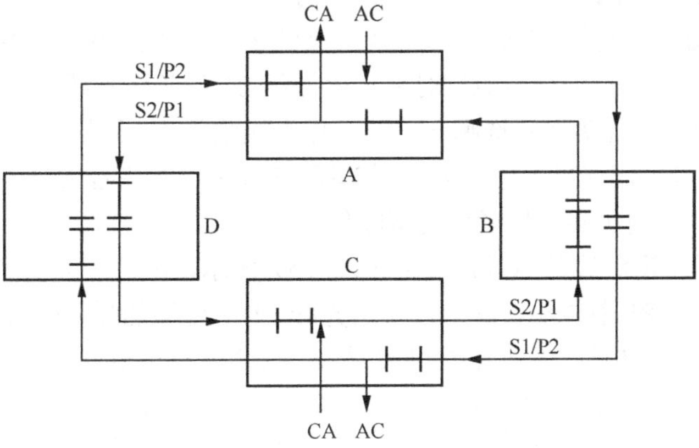

（a）

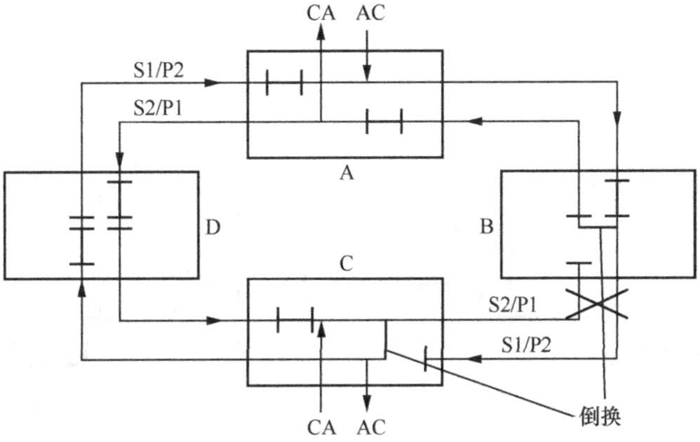

（b）

图 2-24　二纤双向复用段倒换环

① 正常工作情况下

当信息由 A 节点插入时，首先是由 S1/P2 光纤的前半时隙所携带，经 B 节点到 C 节点，完成由 A 到 C 节点的信息传送，而当信息由 C 节点插入时，则是由 S2/P1 光纤的前半时隙来携带，经 B 节点到达 A 节点，从而完成 C 到 A 节点信息传递。

② 当 B、C 节点间出现断纤故障时

如图 2-24（b）所示，由于与光纤断线故障点相连的节点 B、C 都具有环回功能，这样当信息由 A 节点插入时，信息首先由 S1/P2 光纤的前半时隙携带，到达 B 节点，通过回路功能电路，将 S1/P2 光纤前半时隙所携带的信息装入 S2/P1 光纤的后半时隙，并经 A、D 节点传输到达 C 节点，在 C 节点利用其环回功能电路，又将 S2/P1 光纤中后半时隙所携带的信息置于 S1/P2 光纤的前半时隙之中，从而实现 A 到 C 节点的信息传递，而由 C 节点插入的信息则首先被送到 S2/P1 光纤的前半时隙之中，经 C 节点的环回功能转入 S1/ P2 光纤的后半时隙，沿线经 D、A 节点到达 B 节点，又同时由 B 节点的环回功能处理，将 S1/P2 光纤后半时隙中携带的信息转入 S2/P1 光纤的前半时隙传输，最后到达 A 节点，以此完成由 C 到 A 节点的信息传递。

（4）二纤单向通道倒换环

二纤单向通道倒换环的结构如图 2-25（a）所示，可见它采用 1+1 保护方式。当信息由 A 节点插入时，一路由主用光纤 S1 携带，经 B 节点到达 C 节点，另一路由备用光纤 P1 携带，经 D 节点到达 C 节点，这样在 C 节点同时从主用光纤 S1 和备用光纤 P1 中分离出所传送的信息，再按分路通道信号的优劣决定选哪一路信号作为接收信号。同样当信息由 C 节点插入后，分别由主用光纤 S1 和备用光纤 P1 所携带，前者经 B 节点，后者经 D 节点，到达 A 节点，这样根据接收的两路信号的优劣，优者作为接收信号。

当 B、C 节点间出现断线故障时，如图 2-25（b）所示，由节点 A 插入的信息，分别在主用光纤 S1 和备用光纤 P1 中传输，其中在备用光纤 P1 中传输的插入信息经 D 节点到达 C 节点，而在主用光纤 S1 中传输的插入信息则被丢失，这样根据通道选优准则，在节点 C 倒换开关由主用光纤 S1 转至备用光纤 P1，从备用光纤 P1 中选取接收信息。而当信息由 C 节点插入时，则信息也同时在主用光纤 S1 和备用光纤 P1 上传输，其中主用光纤中所传输的插入信息，经 D 节点到达 A 节点，而在备用光纤 P1 中传输的插入信息则被丢失，因而在 A 节点只能以来自主用光纤 S1 的信息作为接收信息。

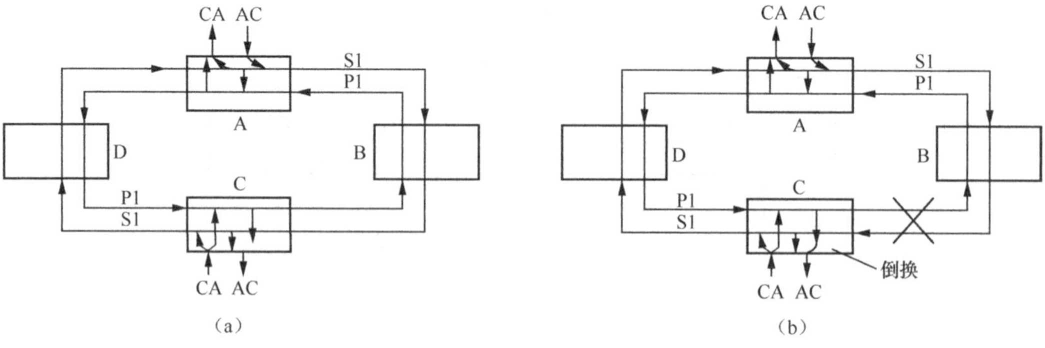

图 2-25 二纤单向通道倒换环

各种自愈环各具特点，可适应不同的网络应用。对于用户接入网部分，由于处于网络的边界处，业务容量要求低，而且大部分业务量汇集在一个节点（端局）上，因而对这种业务需求模型的、比较简单经济的通道倒换环十分适合；对于局间通信部分，由于各个节点间均有较大业务量，而且节点需要较大的业务量分插能力，此时对具有较大业务容量的双向复用段倒换环非常适合。当业务量集中在某个节点（例如枢纽局）时，则通道倒换环比较适合，例如中国某些省的省内干线业务量绝大部分（70%～80%）在省会城市落地，此时通道倒换环较适用，否则复用段倒换环更适用。中国一些经济比较发达的省份，就是后一种情况。至于究竟是二纤方式，还是四纤方式则取决于容量要求和经济性，应全面考虑，综合比较。通常，业务量不太大时，二纤复用段倒换环比较经济，否则四纤复用段倒换环更经济。此外，四纤环可以抗多点失效，也能与波分复用方式结合，适合大业务量应用场合，因而在长途网中获得越来越多的应用。若为了降低网络成本，只对主要业务（例如信令和租用线）实施保护，则双向通道倒换环（1∶1）以及 $m:n$ 保护方式有一定优势，可以使网络的成本大大下降。

2.1.6　SDH 性能分析

2.1.6.1　SDH 线路性能分析

在光纤通信系统中，光纤线路的传输性能主要体现在其衰减特性和色散特性上。而这恰恰是在光纤通信系统的中继距离设计中所需考虑的两个因素。后者直接与传输速率有关，在高速率传输情况下甚至成为决定因素，因此在高比特率系统的设计过程中，必须对这两个因素的影响都给予考虑。

1．衰减对中继距离的影响

一个中继段上的传输衰减包括两部分的内容，其一是光纤本身的固有衰减，再者就是光纤的连接损耗和微弯带来的附加损耗。下面就从光纤损耗特性开始进行介绍。光纤的传输损耗是光纤通信系统中一个非常重要的问题，低损耗是实现远距离光纤通信的前提。形成光纤损耗的原因很复杂，归结起来主要包括两大类：吸收损耗和散射损耗。

吸收损耗是光波通过光纤材料时，有一部分光能变成热能，从而造成光功率的损失。其损失的原因有多种，如本征吸收、杂质吸收，但它们都与光纤材料有关。散射损耗则是由光纤的材料、形状、折射指数分布等的缺陷或不均匀而引起光纤中的传导光发生散射，从而引入的损耗。其大小也与光波波长有关。除此之外，引起光纤损耗的还有光纤弯曲产生的损耗以及纤芯和包层中的损耗等。综合考虑，发现有许多材料，如纯硅石等在 1.3μm 附近损耗最小，色散也接近零；还发现在 1.55μm 左右，损耗可降低到 0.2dB/km；如果合理设计光纤，还可以使色散在 1.55μm 处达到最小，这对长距离、大容量通信提供了比较好的条件。

2．色散对中继距离的影响

单模光纤的研制和应用之所以越来越深入，越来越广泛，这是由于单模光纤不存在模间色散，因而其总色散很小，即带宽很宽，能够传输的信息容量极大，加之石英光纤在 1.31μm 和 1.55μm 波长窗口附近损耗很小，使其成为长途大容量信息传输的理想介质。因此如何选择单模光纤的设计参数，特别是色散参数，一直是人们所感兴趣的一个具有实际意义的研究课题。

信号在光纤中是由不同频率成分和不同模式成分携带的，这些不同的频率成分和模式成分有不同的传播速度，这样在接收端接收时，就会出现前后错开，这就是色散现象，使波形在时间上发生了展宽。光纤色散包括材料色散、波导色散和模式色散。前两种色散是由于信号不是由单一频率而引起的，后一种色散是由于信号不是单一模式而引起的。

光纤自身存在色散，即材料色散、波导色散和模式色散。对于单模光纤，因为仅存在一个传输模，故单模光纤只包括材料色散和波导色散。除此之外，还存在着与光纤色散有关的种种因素，会使系统性能参数出现恶化，如误码率、衰减常数变坏，其中比较重要的有 3 类，即码间干扰、模分配噪声和啁啾声，在此重点讨论由这 3 种因素造成的对系统中继距离的限制。

（1）码间干扰对中继距离的影响

由于激光器所发出的光波是由许多根谱线构成的，而每根谱线所产生的相同波形在光纤中传输时，其传输速率不同，使得所经历的色散不同，而前后错开，使合成的波形不同于单根谱线的波形，导致所传输的光脉冲的宽度展宽，出现“拖尾”，因而造成相邻两光脉冲之间的相互干扰，这种现象就是码间干扰。分析显示，传输距离与码速、光纤的色散系数以及光源的谱宽成反比，即系统的传输速率越高，光纤的色散系数越大，光源谱宽越宽，为了保证一定的传输质量，系统信号所能传输的中继距离也就越短。

（2）模分配噪声对中继距离的影响

如果数字系统的码速率尚不是超高速，并且在单模光纤的色散可忽略的情况下，不会发生模分配噪声。但随着技术的不断发展，更进一步地充分发挥单模光纤大容量的特点，提高传输码速率越来越提到议事日程，随之人们要面对的问题便是模分配噪声了。因为单模光纤具有色散，所以激光器的各谱线（各频率分量）经过长光纤传输之后，产生不同的时延，在接收端造成了脉冲展宽。又因为各谱线的功率呈随机分布，因此当它们经过上述光纤传输后，在接收端取样点得到的取样信号就会有强度起伏，引入了附加噪声，这种噪声就称为模分配噪声。由此还看出，模分配噪声是在发送端的光源和传输介质光纤中形成的噪声，而不是接收端产生的噪声，故在接收端是无法消除或减弱的。这样当随机变化的模分配噪声叠加在传输信号上时，会使之发生畸变，严重时，使判决出现困难，造成误码，从而限制了传输距离。

（3）啁啾声对中继距离的影响

模分配噪声的产生是由于激光器的多纵模性造成的，因而人们提出使用新型的单纵模激光器，以克服模分配噪声的影响，但随之又出现了新的问题。对于处于直接强度调制状态下的单纵模激光器，其载流子密度的变化是随注入电流的变化而变化。这样使有源区的折射率指数发生变化，从而导致激光器谐振腔的光通路长度相应变化，结果致使振荡波长随时间偏移，这就是所谓的频率啁啾现象。因为这种时间偏移是随机的，因而当受上述影响的光脉冲经过光纤后，在光纤色散的作用下，可以使光脉冲波形发生展宽，因此接收取样点所接收的信号中就会存在随机成分，这就是一种噪声啁啾声。严重时会造成判决困难，给单模数字光通信系统带来损伤，从而限制传输距离。

2.1.6.2 SDH 网络性能指标

我们通常把两个用户间的信息传递与交流定义为通信业务，它可由电信网络提供。为了保证这两个用户间的通信质量，那么网络必须要能够保证这两个用户间所建立起的端到端连接的传输质量。众所周知，电信网络的结构是相当复杂的，因而对每两个用户可能建立起的连接进行逐一的分析是不现实的，但我们可以针对其中通信距离最长、结构最为复杂、传输质量最差的连接进行分析研究。这就是假设数字段（HRDS）和假设参考数字通道（HRDP）。这样如此连接的通道质量都能满足要求，那么其他连接情况也应该都能满足要求。ITU-T 提出了“系统参考模型”的概念，并规定了系统参考模型的性质参数及指标，光纤通信系统的质量指标都应遵循此规定。

1．假设参考数字连接（HRX）

一个数字通道是指与交换机或终端设备相连接的两个数字配线架 DDF 或等效设备间的全部传输手段，通常涵盖了一个或几个数字段，它包括所有的复接和分接设备，这样数字信号在通过数字通道过程中，其取值和顺序均不会发生变化，因而呈现透明性。ITU-T 规定在全球范围内任意两个用户间的最长假设数字通道的长度为 27 500km，其中包括国内部分，最长假设参考数字通道的长度为 6900km，这部分又可分为长途网、中继网和用户网（接入网）三部分。可见，ITU-T 建议的一个标准的最长 HRX 包含 14 个假设参考数字链路和 13 个交换节点。

2．假设参考数字链路（通道）

为了简化数字传输系统的研究，把 HRX 中的两个相邻交换点的数字配线架间所有的传输系统、复接、分接设备等各种传输单元（不包括交换），用假设参考数字链路（HRDL）表示。ITU-T 建议 HRDL 的合适长度是 2500km，根据我国地域广阔的特点，我国长途一级干线的数字链路长为 5000km。

3．假设参考数字段

为了具体提供数字传输系统的性能指标，把 HRDL 中相邻的数字配线架的传输系统（不包括备用设备）用假设参考数字段表示。根据我国的特点，长途一级干线 HRDS 为 420km，长途二级干线的 HRDS 为 280km。在光纤系统中，HRDS 的两端就是光端机，中间是光缆传输线路及若干光中继器，当然，一个光纤通信系统可以由若干 HRDS 组成。

总之，HRX 的总的性能指标可以按比例分配到其中的 HRDL 中去，HRDL 上的性能指标又可以再分配到 HRDS 中去。光纤通信系统的性能指标都是在这 3 种参考模型的基础上指定的，它的重要指标有误码性能和抖动性能。

2.1.6.3　SDH 网络误码性能

在 SDH 网络中，由于数据传输是以块的形式进行的，其长度不等，可以是几十比特，也可能长达数千比特，然而无论其长短，只要出现误码，即使仅出现 1bit 的错误，该数据块也必须进行重发，因而在高比特率通道的误码性能参数是用误块来进行说明的，这在 ITU-T 制定的 G.826 规范中得以充分体现，主要以误块秒比（ESR）、严重误块秒比（SESR）及背景误块比（BBER）为参数来表示。我们首先介绍误块的概念。

1．误块（EB）

由于 SDH 帧结构是采用块状结构，因而当同一块内的任意比特发生差错时，则认为该块出现差错，通常称该块为差错块或误块。这样按照块的定义，就可以对单个监视块的 SDH 通道开销中的 Bip-x 进行效验，其过程如下。

首先以 x 比特为一组将监视块中的比特构成监视码组，然后进行奇偶校验。如果所获得的奇偶校验码组中的任意一位不符合校验要求，则认为整个块为差错块。至此可根据 ITU-T 规定的 3 个高比特通道误码性能参数进行度量。

2．误码性能参数

（1）误块秒比（ESR）

当某 1s 具有 1 个或多个误块时，则称该秒为误块秒，那么在规定观察时间间隔内出现的误块秒数与总的可用时间（在测试时间内扣除其间的不可用时的时间）之比，称为误块秒比，可用下式进行计算：

$$\text{ESR}=\frac{\text{误块秒（s）}}{\text{测试时间（s）-测试时间内的不可用时（s）}}$$

（2）严重误块秒比（SESR）

某 1s 内有不少于 30%的误块，则认为该秒为严重误块秒，那么在规定观察时间间隔内出现的严重误块秒数占总的可用时间之比称为严重误块秒比，如下式：

$$\text{SESR}=\frac{\text{严重误块秒（s）}}{\text{测试时间（s）-测试时间内的不可用时（s）}}$$

SESR 指标可以反映系统的抗干扰能力，通常与环境条件和系统自身的抗干扰能力有关，而与速率关系不大，故此不同速率的 SESR 指标相同。

（3）背景误块比（BBER）

如果连续 10s 误码率劣于 10^{-3} 则认为是故障，那么这段时间为不可用时间，应从总统计时间中扣除，因此扣除不可用时间和严重误块秒期间出现的误块后所剩下的误块称为背景误块。背景误块数与扣除不可用时间和严重误块秒期间的所有误块数后的总块数之比称为背景误块比，可用下式表示：

$$\text{BBER}=\frac{\text{总误块秒-不可用时内误块数-严重误码秒内误块数}}{\text{测试时间总块数-不可用时内总块数-严重误码秒内总块数}}$$

由于计算 BBER 时，已扣除了大突发性误码的情况，因此该参数大体反映了系统的背景误码水平。由上面的分析可知，3 个指标中，SESR 指标最严格，BBER 最松，因而只要通道满足 ESR 及指标的要求，必然 BBER 指标也可以得到满足。

下面阐述下误码性能规范。

1．全程误码指标

由假设参考通道模型可知，最长的假设参考数字通道为 27 500km，其全程端到端的误码特性应满足要求。从上述参数定义可以看出，测量参数的准确性与测试时间有关，可见只有进行较长时间的观察才能准确地做出评估，因而 ITU-T 建议的测量时间为一个月。

值得说明的一点是，系统的 ESR、SESR、BBER 3 个参数都满足要求时，才能认为该通道符合全程误码性能指标的要求，如果有任何一项指标不满足，则认为该通道不符合全程误码性能指标的要求。

2．指标分配

为了将图 2-26 所示的 27 500km 端到端光纤通信系统的指标，分配到更小的组成部分，G.826 采用了一种新的分配法，即在按区段分配的基础上结合按距离分配的方法。这种方法技术合理，同时兼顾各国的利益。从图 2-26 可以看出，它是将全程分为国际部分和国内部分。国际部分与国内部分边界为国际接口局（IG），通常配备有交叉连接设备、高阶复用器或交换机（N-ISDN 或 B-ISDN）。具体分配如下。

（1）国际部分

国际部分是指两个终结国的 IG 之间的部分，从图 2-26 可以看出，它包括两终结国的 IG 到国际边界之间的部分、中间国家（最多 4 个）以及国家间部分（如海缆）。按照国际部分分配原则，数字链路最多可经过 4 个中间国家，而两终结国家的 IG 到国家边界部分可分得 1%的端到端指标。同样，按距离每 500km 可分得 1%的端到端指标，不足 500km 的按 500km 计算。这样国际部分指标为

1%+2%×中间国家数+1%+1%×（中间国距离/500km）+1%×（海缆长/500km）。

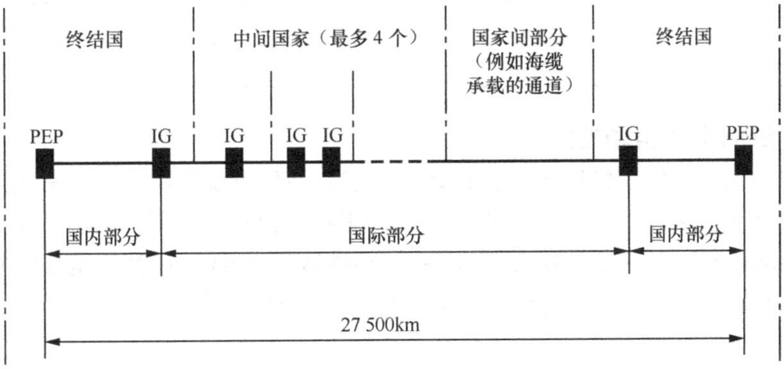

图 2-26　高比特率通道全程指标分配

（2）国内部分

① 国内部分指标分配

国内部分从 IG 到通道终端点（PEP）之间的部分，如图 2-26 所示，通常 PEP 位于用户处。在指标分配中，首先要为两端的终结国家各分配一个 17.5%的固定区段容量，然后再按距离进行分配，即每 500km（不足 500km 按 500km 计算）配给 1%的端到端指标，这样国内部分指标为

17.5%+1%×（国内距离/500km）

② 国内网络指标分配

在图 2-27 中给出了国内标准最长假设参考通道（HRP）结构，其全程 6900km，其中从国际接口局 IG 到 PEP 之间为 3450km（3450÷500=6.9，取稍大整数，即 7）。这样按上述端到端指标分配原则，我国国内部分将分得全程端到端指标的 24.5%（17.5 +1%×7）。

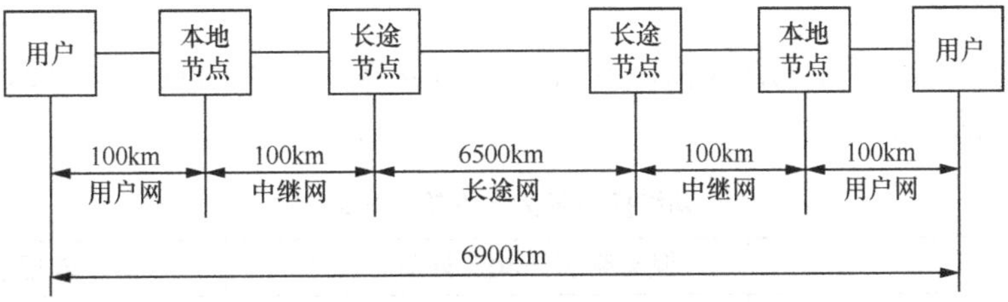

图 2-27　国内标准最长假设参考通道

国内网又分为用户接入网和核心网（长途网+中继网）。用户接入网数量大，对成本的要求较高，因而将端到端指标的 6%分给用户网，而核心网中所使用的设备基本一致，因而按距

离成比例地将指标逐一进行分配到数字段，相当于每公里可以分得 5.5×10^{-5} 的端到端指标。因而，420km 的 ESR 为 3.696×10^{-3}（$0.16\times5.5\times10^{-5}\times420$）。如果考虑到实际系统的复杂性，因此实际系统设计指标和工程验收指标应为上述理论估值的 1/10。即 3.696×10^{-4}。根据上述思路，我们可以得到表 2-2。

表 2-2　　280km HRDS 误码性能验收指标

速率	155 520Mbit/s	622 080Mbit/s	2488 320Mbit/s
ESR	2.464×10^{-4}	待定	待定
SESR	3.08×10^{-6}	3.08×10^{-6}	3.08×10^{-6}
BBER	3.08×10^{-7}	3.08×10^{-7}	3.08×10^{-7}

2.1.6.4 SDH 网络抖动性能

抖动是数字光纤通信系统的重要指标之一，它对通信系统的质量有非常大的影响。为了满足数字网的抖动要求，因而 ITU-T 根据抖动的累积规律对抖动范围做出了两类规范，其一是数字段的抖动指标，它包括数字复用设备、光端机和光纤线路；其二是数字复接设备，它们的测试指标有输入抖动容限、无输入抖动时的输出抖动以及抖动转移特性等。

下面阐述抖动产生的原理。

SDH 网中，除了具有其他传输网的共同抖动源，如各种噪声源、定时滤波器失谐、再生器固有缺陷（码间干扰、限幅器门限漂移）等，还有两个特有的抖动源，即脉冲塞入抖动和指针调整抖动。在支路装入虚容器时，加入了固定塞入比特和控制塞入比特；分接时，移去这些比特会导致时钟产生缺口，经过滤波器以后，产生残余抖动，即脉冲塞入抖动。对于脉冲塞入抖动，与 PDH 系统正码速调整产生的抖动情况类似，已有一些较成熟的方法，如门限调整法，可将它降低到可接受的程度；而指针调整抖动由于其频率低、幅度大，用一般的方法就很难解决。

实际上，抖动是数字信号中所存在的相位噪声的高频成分，而漂移则是相位噪声的低频成分，要严格把抖动和漂移分开是困难的，工程中以 10Hz 左右来划分高、低频。产生这两种频率成分的机理有所不同。产生低频成分的主要原因是传输媒质和设备中传输时延的变化，例如光纤白天受热变长，时延增加，信号迟到，相位滞后；夜间受冷变短，时延减少，信号早到，相位超前。产生高频成分的主要原因是内部噪声引起的信号过零点随机变化，例如振荡器输出信号的相位噪声、数字逻辑电路开关时刻的不确定性等。

接下来介绍 SDH 的抖动性能规范。

1．抖动的网络限值

用满足 G.172 建议规定的测量滤波器测试 STM-*n* 接口的输出抖动，在 60s 间隔内的抖动不应超过表 2-3 的规定。

表 2-3　　网络接口最大允许输出抖动

接口	测量带宽—3dB 频率（Hz）	峰—峰幅度（UI_{PP}）
STM-1e	500～1.3M 65k～1.3M	1.5 0.075
STM-1o	500～1.3M 65k～1.3M	1.5 0.15

续表

接口	测量带宽—3dB 频率（Hz）	峰—峰幅度（UI_{PP}）
STM-4	1k～5M 250k～5M	1.5 0.15
STM-16	5k～5M 1M～20M	1.5 0.15
STM-64	20k～80M 4M～80M	1.5 0.15

2．单个 SDH 设备的规范

（1）STM-*n* 输入端口抖动容限

SDH 接口的抖动容限是指在不引起任何告警、不引起任何滑动、不引起任何误码、对于 STM-*n* 光口在抖动频率上引起的功率代价不超过 1dB 的情况下，输入端口应能容忍的最低水平的相位噪声。单个 SDH 设备 STM-*n* 输入端口抖动容限见表 2-4。

表 2-4　STM-*n* 输入抖动容限

STM 等级	频率 *f*（Hz）	峰—峰幅度（UI_{PP}）
STM-1e	$10<f\leqslant 19.3$	38.9
	$19.3<f\leqslant 500$	$750f^{-1}$
	$500<f\leqslant 3.3k$	1.5
	$3.3k<f\leqslant 65k$	$4.9\times10^3f^{-1}$
	$65k<f\leqslant 1.3M$	0.075
STM-1o	$10<f\leqslant 19.3$	38.9
	$19.3<f\leqslant 500$	$750f^{-1}$
	$500<f\leqslant 3.3k$	1.5
	$3.3k<f\leqslant 65k$	$4.9\times10^3f^{-1}$
	$65k<f\leqslant 1.3M$	0.075
STM-4	$9.65<f\leqslant 1000$	$1500f^{-1}$
	$1k<f\leqslant 25k$	1.5
	$25k<f\leqslant 250k$	$3.8\times10^4f^{-1}$
	$250k<f\leqslant 5M$	0.15
STM-16	$10<f\leqslant 12.1$	622
	$12.1<f\leqslant 5k$	$7500f^{-1}$
	$5k<f\leqslant 100k$	1.5
	$100k<f\leqslant 1M$	$1.5\times10^5f^{-1}$
	$1M<f\leqslant 20M$	0.15

（2）设备抖动的产生

ITU-T 建立所规定 SDH 再生器的输出抖动见表 2-5。新修订的 G.783 中已取消了关于复用设备 STM-*n* 输出口抖动产生的均方值不应大于 0.01*UI* 的规定，建议采用 G.823 建议中用

UI_{PP} 值规范的新指标。

在输入无抖动的情况下，以 60s 的时间间隔观察 STM-*n* 输出接口的固有抖动，其值不应超过表 2-5 给出的数值范围。

表 2-5　STM-*n* 复用设备输出抖动产生限值

接口	测量滤波器频率范围（Hz）	复用设备(UI_{PP})
STM-1e	500～1.3M 65k～1.3M	/
STM-1o	500～1.3M 65k～1.3M	0.30 0.10
STM-4	1k～5M 250k～5M	0.30 0.10
STM-16	5k～20M 1M～20M	0.30 0.10
STM-64	20k～80M 4M～80M	待研究

2.1.7　SDH 技术应用与发展

2.1.7.1　SDH 的关键技术应用

1．虚级联（VC）技术

主要作用是基于 SDH 通道，组成诸多虚容器 VC-*n* 间无任何实际性的级联关系，将它们置于网络中分别进行处理及传送，这么做的原因是它们传送的数据间存在一定的级联关系。要求该类型数据的级联关系必须在数据还未传进容器前就做好相关的标签，等到诸多 VC-*n* 的数据输送到目的终端后，再根据事先已经明确的级联关系再次组合。对于 SDH 级联传送，详细强调了各 SDH 网元必须都具备级联处理功能，而对于虚级联传送，仅仅需要终端设备存在相应的功能就可以了，所以，实现起来得心应手。通过虚级联技术能够合理地分割一个完整的用户宽带，置于诸多独立的 VC-*n* 中进行及时传输，然后再通过目的终端对这些 VC-*n* 予以一番重新组合，从而变为一个完整的用户宽带。之所以会采用上述方式，主要是降低对网络的影响度，对不同类型的业务宽带进行了适当的分配，使得网络带宽的利用率越来越高。

2．MPLS 和 RPR

要想将 QoS 有效地融入至以太网业务中，就必须在以太网与 SDH/SONET 间构建相应的智能适配层。而实现这一目标所采用的技术具体有 MPLS 和 RPR。首先，MPLS 技术主要采用了 I5P 标签栈避免了 VLAN 在重要节点上的 4096 地址空间约束，同时，能够促进以太网 QoS、SLA 不断提升，实现了网络资源的良好利用。RPR 技术主要以分布式接入为主，能够提供及时有效的分组环保护、支持动态带宽的分配、空间重用以及额外业务。最重要的还是根据各网络实际应用环境与以太网业务的流量模式，合理使用 MPLS 和 RPR 这两种技术。

3．通用成帧规程

在 SDH 上使用最近几年才形成的封装格式 GFP 传送数据包是下一代 SDH 的核心发展方向，此传送数据包能够进行数据头的纠错以及将多个物理端口复用成一个网络通道。其最显著的优势是支持成帧映射与透明传送这两项工作方式，如此一来实际中就会支持到更多应用。成帧映射的实践操作是将存于已经成帧用户端数据信号内的帧封装入 GFP 帧中，通过子速率级别对速率的调节与复用予以有效支持。而透明传送的方式主要作用于接收原数字信号，仅在 SDH 帧范围内以低开销与低时延数字封装手段为主而全面实现。从原理的角度分析，GFP 能够对所有协议数据加以封装，使常规性的协议在光层上得到了良好的融合，而且还实现了较好的灵活性及更细度的带宽颗粒。

2.1.7.2　SDH 技术的发展

1．SDH 具有很好的发展潜力

迄今为止，尚未有能够完全代替 SDH 的技术，仅仅只有对该项技术的相应补充，由此可见，SDH 有着很好的发展潜力，其会在城域网中持续发展。

2．下一代 SDH 的关键技术

以 SDH 的 MSTP 为主 MSTP 能够根据多个线路速率全面实现，涵盖了 10Gbit/s、155/622Mbit/s 等。此项技术中依旧存在 TDM 交叉能力、传统的 SDH/PDH 业务接口，达到话音业务的实际需求，同时，其还能够提供 ATM 处理、Ethernet 透传和 EthernetL2 交换功能，从而促进数据业务更好的汇聚、及时有效梳理及整合。MSTP 可对 RPR 技术予以良好融合，比如，可把 RPR 变为 MSTP 的一种功能模块，这样，带宽就能够统计复用、带宽分配就会合理、实现用户隔离功能。由于 RPR 有着专门的保护策略，如环回方式和主导方式，倘若将其和 SDH 保护融合，应采用拖延时间机制予以保障。

2.2　光波分复用（WDM）系统

2.2.1　WDM 技术原理

随着信息时代的到来，通信业务逐年迅速增长，为了适应通信网的传输容量不断增长和满足网络交互性、灵活性的要求，产生了各种复用技术。除了大家熟知的时分复用技术外，还有光时分复用、光波分复用、光频分复用等技术。这些技术的出现，使得通信网的传输效率得到了很大的提高。

光波分复用（WDM）技术是在一根光纤中同时传输多个波长的光载波信号，而每个光载波可以通过 FDM 或 TDM 方式，各自承载多路模拟或多路数字信号。其基本原理是在发送端将不同波长的光信号组合起来（复用），并耦合到光缆线路上的同一根光纤中进行传输，在接收端又将这些组合在一起的不同波长的信号分开（解复用），并做进一步处理，恢复出原信号后送入不同的终端。因此将此项技术称为光波长分割复用，简称光波分复用技术。

WDM 系统主要分为双纤单向传输和单纤双向传输两种方式，下面分别阐述。

1．双纤单向传输

单向 WDM 是指在所有光通路同时在一根光纤上沿同一方向传送（见图 2-28），在发送端将载有各种信息的、具有不同波长的已调光信号 $\lambda_1,\lambda_2,\cdots,\lambda_n$ 通过光复用器组合在一起，并在一根光纤中单向传输，由于各信号是通过不同光波长携带的，在一根光纤中单向传输，所以彼此不会混淆。在接收端通过光解复用器将不同光波长的信号分开，完成多路光信号传输的任务。反方向通过另一根光纤传输，原理相同。

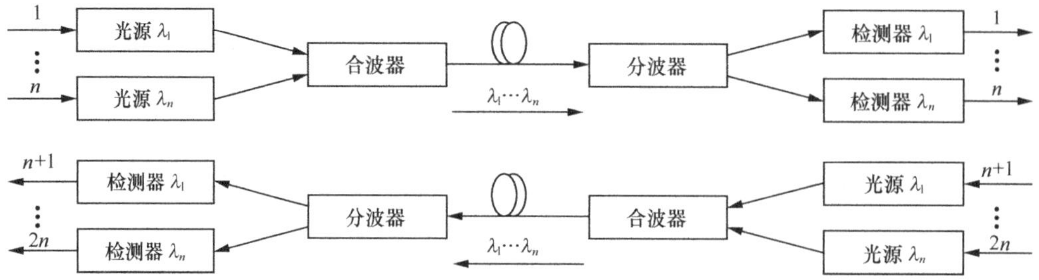

图 2-28　双纤单向传输示意图

2．单纤双向传输

双向 WDM 是指光通路在一根光纤上同时向两个不同的方向传输，如图 2-29 所示，所用波长互相分开，以实现彼此双方全双工的通信联络。

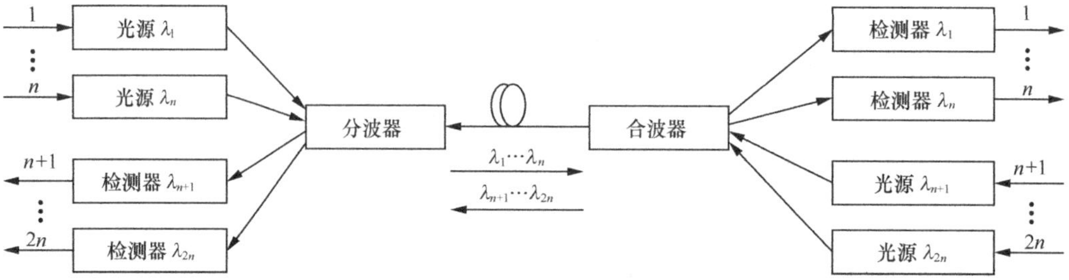

图 2-29　单纤双向传输示意图

单向 WDM 系统在开发和应用方面都比较广泛。双向 WDM 系统的开发和应用相对来说要求更高，这是因为双向 WDM 系统在设计和应用时必须要考虑到几个关键的系统因素，如为了抑制多通道干扰（MPI），必须注意到光反射的影响，双向通道之间的隔离、串话的类型和数值、两个方向传输的功率电平值和相互间的依赖性、OSC 传输和自动功率关断等问题，同时要使用双向光纤放大器。但与单向 WDM 相比，双向 WDM 系统可以减少使用光纤和线路放大器的数量。

以上两种方式都是点到点传输，如果在中间设置光分插复用器（OADM）或光交叉连接器（OXC），就可使各波长光信号进行合流与分流，实现光信息的上/下通路与路由分配，这样就可以根据光纤通信线路和光网的业务量分布情况，合理地安排插入或分出信号。如果根据一定的拓扑结构设置光网元，就可构成先进的 WDM 光传送网。

一般来说，WDM 系统主要由以下五部分组成：光发射机、光中继放大、光接收机、光监控信道和网络管理系统，如图 2-30 所示。

光发射机是 WDM 系统的核心，根据 ITU-T 的建议和标准，除了对 WDM 系统中发射激光器的中心波长有特殊的要求外，还需要根据 WDM 系统的不同应用来选择具有一定色度色散容限的发射机。在发射端首先将来自终端设备输出的光信号，利用光转发器把符合 ITU-T G.957 建议的非特定波长的光信号转换成具有稳定的特定波长的光信号；利用合波器合成多通路光信号；通过光功率放大器（BA）放大输出多通路光信号。

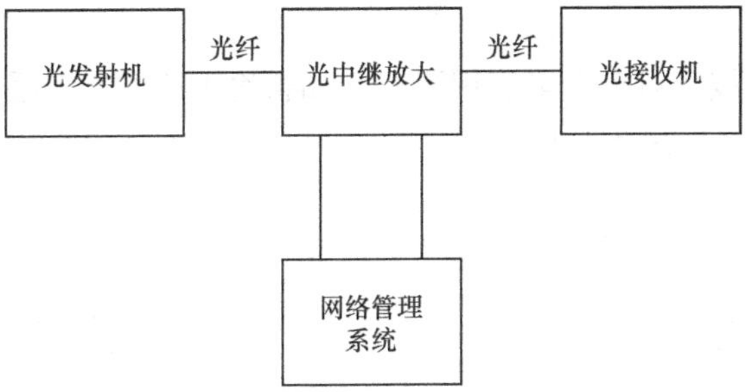

图 2-30　WDM 系统总体结构示意图

经过长距离光纤传输后，需要对光信号进行光中继放大。目前使用的光放大器多数为掺铒光纤放大器（EDFA）。在 WDM 系统中，必须采用增益平坦技术，使 EDFA 对不同波长的光信号具有相同的放大增益，同时还需要考虑到不同数量的光信道同时工作的各种情况，能保证光信道的增益竞争不影响传输性能。应用时，可根据具体情况，将 EDFA 用作“线性”、“功放”、“前放”。

在接收端，光前置放大器放大经传输而衰减的主信道光信号，采用分波器从主信道光信号中分出特定波长的光信道。接收机不但要满足一般接收机对光信号灵敏度、过载功率等参数的要求，还有承受有一定光噪声的信号，要有足够的电宽性能。

光监控信道主要功能是监控系统内各信道的传输情况，在发送端，插入本节点产生的波长为 λ_s 波长的光监控信号，与主信道的光信号合波输出；在接收端，将接收到的光信号分波，分别输出 λ_s 波长的光监控信号和业务信道光信号。帧同步字节、公务字节和网管所用的开销字节等都是通过光监控信道开传递的。

网络管理系统通过光监控信道物理层传送开销字节到其他节点或接收来自其他字节点的开销字节对 WDM 系统进行管理，实现配置管理、故障管理、性能管理、安全管理等功能，并与上层管理系统相连。

上面主要解释了 WDM 系统的基本结构和工作原理，下面阐述 WDM 技术的主要特点。

1．充分利用光线的巨大带宽资源

WDM 技术充分利用了光纤的巨大带宽资源，使一根光纤的传输容量比单波长传输增加几倍至几十倍，从而增加光纤的传输容量，降低成本，具有很大的应用价值和经济价值。目前光纤通信系统只在一根光纤中传输一个波长信道，而光纤本身在长波长区域有很宽的低损耗区，有很多的波长可以利用，如：现在人们所利用的只是光纤低损耗频谱中极少的一部分，即使全部利用 EDFA 的放大区域带宽，也只是利用它带宽的 1/6 左右。所以 WDM 技术可以充分利用单模光纤的巨大带宽，从而很大程度上解决了传输的带宽问题。

2．同时传输多种不同类型的信号

由于 WDM 技术中使用的各波长相互独立，因而可以传输特性完全不同的信号，完成各种电信业务信号的综合和分离，包括数字信号和模拟信号，以及 PDH 信号和 SDH 信号，实现多媒体信号（如音频、视频、数据、文字、图像等）混合传输。

（1）实现单根光纤双向传输

由于许多通信（如：打电话）都采用全双工方式，因此采用 WDM 技术可节省大量的线路投资。

（2）多种应用形式

根据需要，WDM 技术可有很多应用形式，如长途干线网、广播式分配网络、多路多址局域网络等，因此对网络应用十分重要。

（3）节约线路投资

采用 WDM 技术可使 *n* 个波长复用起来在单模光纤中传输，在大容量长途传输时可以节约大量光纤。另外，对已建成的光纤通信系统扩容方便，只要原系统的功率富余度较大，就可进一步增容而不必对原系统做大的改动。

（4）降低器件的超高速要求

随着传输速率的不断提高，许多光电器件的响应速度已明显不足。使用 WDM 技术可降低对一些器件在性能上的极高要求，同时又可实现大容量传输。

（5）IP 的传送通道

波分复用通道对数据格式是透明的，即与信号速率及电调制方式无关。在网络扩充和发展中，是理想的扩容手段，也是引入宽带新业务（例如 IP 等）的方便手段。通过增加一个附加波长即可引入任意想要的新业务或新容量，如目前或将要实现的 IP over WDM 技术。

（6）高度的组网灵活性、经济性和可靠性

利用 WDM 技术选路，实现网络交换和恢复，从而实现未来透明、灵活、经济且具有高度生存性的光网络。

2.2.2 WDM 系统功能结构及描述

本节主要介绍基于 SDH-WDM 点到点系统的具体功能结构、参考配置及波长分配等内容。

1．组成结构

承载 SDH 信号的 WDM 系统使用了光放大器。根据 ITU-T 的相关建议，带光放大器的 SDH-WDM 光缆系统在 SDH 再生段以下又引入了光通道层、光复用段层和光传输段层，如图 2-31 所示。

图 2-31 WDM 系统的分层结构

光通道层可为各种业务信息提供光通道上端到端的透明传送，主要功能包括：为网络路由提供灵活的光通道层连接重排；具有确保光通道等适配信息完整性的光通道开销处理能力；具有确保网络运营与管理功能得以实现的光通道层监测能力。

光复用段层可为多波长光信号提供联网功能，包括：为确保多波长光复用段适配信息完整性的光复用段开销处理功能；为确保多波长光复用段适配信息完整性的光复用段监测功能。

光传输段层可为光信号提供各种类型的光纤上传输的功能，包括对光传输段层中的光放大器、光纤色散等的监视与管理功能。

下面介绍两类 WDM 系统——集成式 WDM 系统和开放式 WDM 系统。

（1）集成式 WDM 系统

集成式系统是指 SDH 终端必须具有满足 G.692 的光接口，包括标准的光波长和满足长距离传输的光源。这两项指标都是当前 SDH 系统（G.957）不要求的，需要把标准的光波长和长色散受限距离的光源集成在 SDH 系统中。整个系统构造比较简单。对于集成式 WDM 系统中的 STM-*n* TM、ADM 和 REG 设备都应具有符合 WDM 系统要求的光接口，以满足传输系统的需要。如图 2-32 所示。

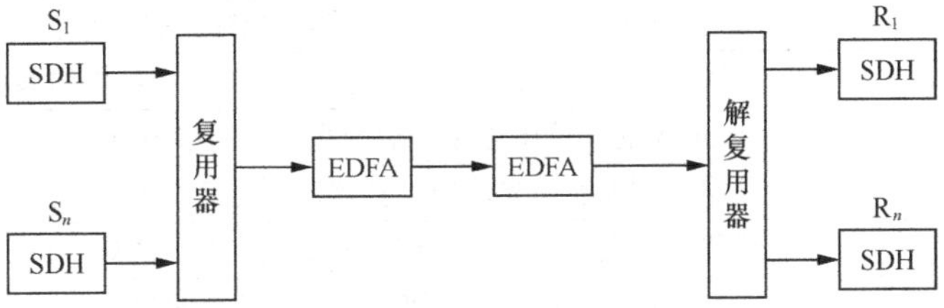

图 2-32 集成式 WDM 系统

（2）开放式 WDM 系统

对于开放式 WDM 系统，在发送端设有光波长转发器，它的作用是在不改变光信号数据格式的情况下，把光波长按照一定的要求重新转换，以满足 WDM 系统的设计要求。

这里所谓的开放式，是指在同一个 WDM 系统中，可以接入不同厂商的 SDH 系统，将 SDH 非规范的波长转换为标准波长。OTU 对输入端的信号波长没有特殊要求，可以兼容任意厂家的 SDH 设备。系统示意图如图 2-33 所示。

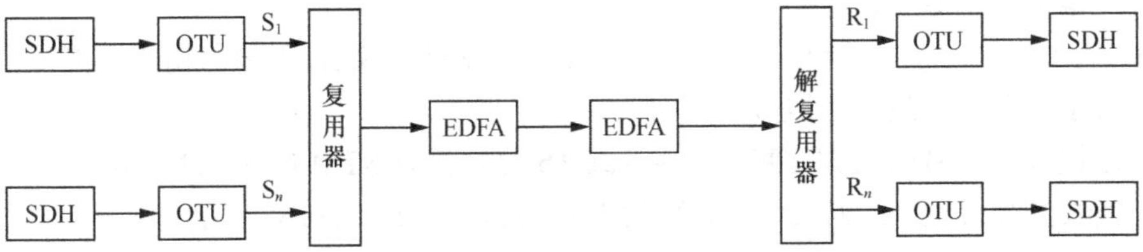

图 2-33 开放式 WDM 系统

2．分类方法和参考配置

根据 WDM 线路系统是否设有 EDFA，可将 WDM 线路系统分成有线路光放大器 WDM 和无线路光放大器 WDM，下面从规范化和标准化的角度来看一下不同情况下 WDM 系统的参考配置。

（1）有线路光放大器的 WDM 系统参考配置

图 2-34 是一般的 WDM 系统配置图，Tx1,Tx2,…,Tx*n* 为光发射机，Rx1,Rx2,…,Rx*n* 为光接收机，OA 为光放大器。

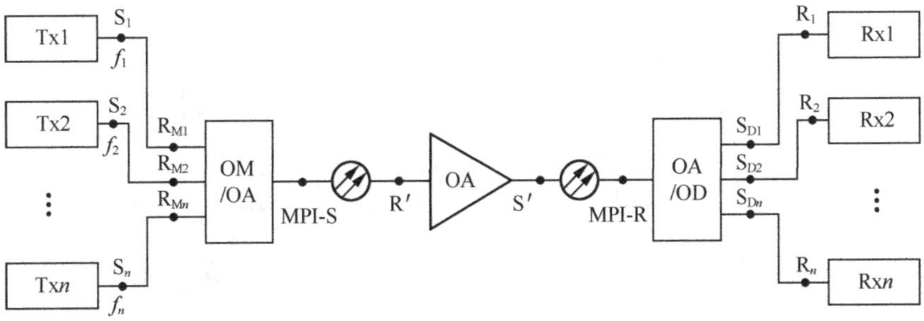

图 2-34 有线路光放大器的 WDM 系统参考配置

（2）参考点基本描述（见表 2-6）

表 2-6　　各参考点定义

参考点	定义
$S_1 \cdots S_n$	通道 $1 \cdots n$ 在发送机输出连接器处光纤上的参考点
$R_{M1} \cdots R_{Mn}$	通道 $1 \cdots n$ 在 OM/OA 的光输入连接器处光纤上的参考点
MPI-S	OM/OA 的光输出连接器后面光纤上的参考点
S'	线路光放大器的光输出连接器后面光纤上的参考点
R'	线路光放大器的光输入连接器前面光纤上的参考点
MPI-R	在 OM/OA 的光输入连接器前面光纤上的参考点
$S_{D1} \cdots S_{Dn}$	通道 $1 \cdots n$ 在 OA/OD 的光输出连接器处光纤上的参考点
$R_1 \cdots R_n$	通道 $1 \cdots n$ 接收机光输入连接器处光纤上的参考点

（3）有线路光放大器 WDM 系统的分类与应用代码（见表 2-7）

在有线路光放大器 WDM 系统的应用中，线路光放大器之间的距离目标的标称值为 80km 和 120km，需要再生之前的总目标距离标称值为 360km、400km、600km 和 640km，注意这里的距离目标仅用来进行分类而非技术指标。

应用代码一般采用以下方式构成：nWx–y·z，其中，

- n 是最大波长数目；
- W 代表传输区段（W=L、V 或 U 分别代表长距离、很长距离和超长距离）；
- x 表示所允许的最大区段数（$x>1$）；
- y 是该波长信号的最大比特率（y=4 或 16 分别代表 STM-4 或 STM-16）；
- z 代表光纤类型（z=2，3，5 分别代表 G.652、G.653 或 G.655 光纤）。

表 2-7　　有线路放大器 WDM 系统的应用代码

应用	长距离区段（每个区段的目标距离为 80km）		很长距离区段（每个区段的目标距离为 120km）	
区段数	5	8	3	5
4 波长	4L5-y.z	4L8-y.z	4V3-y.z	4V5-y.z
8 波长	8L5-y.z	4L8-y.z	8V3-y.z	8V5-y.z
16 波长	16L5-y.z	16L8-y.z	16V3-y.z	16V5-y.z

（4）无线路光放大器 WDM 系统的参考配置

图 2-35 是一般的 WDM 系统配置图。

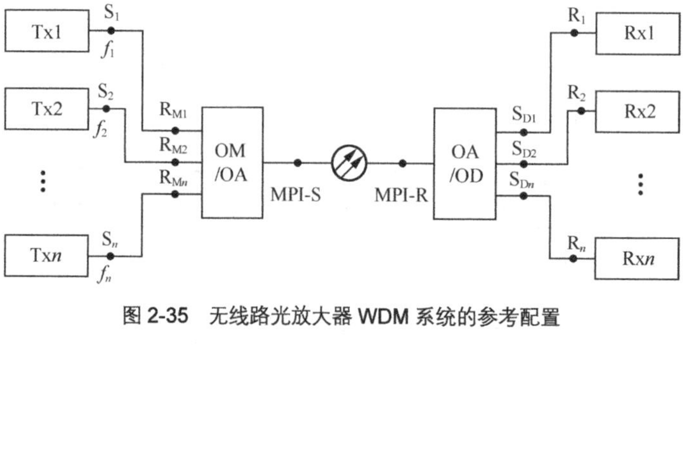

图 2-35　无线路光放大器 WDM 系统的参考配置

（5）无线路光放大器 WDM 系统的分类与应用代码

无线路光放大器的 WDM 系统应用包括将 8 个或者 16 个光通路复用在一起，每个通路的速率可以是 STM-16、STM-4，也可以将不同速率的通路同时混合在一起。无线路光放大器 WDM 系统的分类与应用代码见表 2-8。

表 2-8　无线路光放大器 WDM 系统的分类与应用代码

应用	长距离（目标距离 80km）	很长距离（目标距离 120km）	超长距离(目标距离 160km）
4 波长	4L-y.z	4V-y.z	4U-y.z
8 波长	8L-y.z	8V-y.z	8U-y.z
16 波长	16L-y.z	16V-y.z	16U-y.z

3．光波长区的分配

目前在 SiO_2 光纤上，光信号的传输都在光纤的两个低损耗区段，即 1310nm 和 1550nm。但由于目前常用的 EDFA 的工作波长范围为 1530～1565nm。因此，光波分复用系统的工作波长主要为 1530～1565nm。在这有限的波长区内如何有效地进行通路分配，关系到提高带宽资源的利用率及减少相邻通路间的非线性影响等。

（1）绝对频率参考和最小通路间隔

在 WDM 系统中，一般是选择 193.1THz 作为频率间隔的参考频率，其原因是它比基于任何其他特殊物质的绝对频率参考（AFR）更好，193.1THz 值处于几条 AFR 附近。一个适宜的光参考频率可以为光信号提供较高的频率精度和频率稳定度。

通路间隔是指相邻通路间的标称频率差，可以是均匀间隔也可以是非均匀间隔，非均匀间隔可以用来抑制 G.653 光纤中的四波混频效应。

（2）标称中心频率

为了保证不同 WDM 系统之间的横向兼容性，必须对各个通路的中心频率进行规范。所谓标称中心频率，是指光波分复用系统中每个通路对应的中心波长。目前国际上规定的通路频率是基于参考频率为 193.1THz，最小间隔为 100GHz 的频率间隔系列。

表 2-9 给出了 32 通道 WDM 系统的标称中心工作频率（连续频带方案）。

表 2-9　32 通道 WDM 系统的标称中心工作频率（连续频带方案）

序号	中心工作频率（THz）	中心工作波长（nm）	序号	中心工作频率（THz）	中心工作波长（nm）
1	192.1	*1560.61	11	193.1	*1552.52
2	192.2	*1559.79	12	193.2	*1551.72
3	192.3	*1558.98	13	193.3	*1550.92
4	192.4	*1558.17	14	193.4	*1550.12
5	192.5	*1557.36	15	193.5	*1549.32
6	192.6	*1556.55	16	193.6	*1548.51
7	192.7	*1555.75	17	193.7	1547.72
8	192.8	*1554.94	18	193.8	1546.92
9	192.9	*1554.13	19	193.9	1546.12
10	193.0	*1553.33	20	194.0	1545.32

续表

序号	中心工作频率（THz）	中心工作波长（nm）	序号	中心工作频率（THz）	中心工作波长（nm）
21	194.1	1544.53	27	194.7	1539.77
22	194.2	1543.73	28	194.8	1538.98
23	194.3	1542.94	29	194.9	1538.19
24	194.4	1542.14	30	195.0	1537.40
25	194.5	1541.35	31	195.1	1536.61
26	194.6	1540.56	32	195.2	1535.82

注：带*者为 16 通道 WDM 系统的标称中心工作频率。

从表 2-9 可以看出，用频率表示比用波长表示要方便得多。用频率表示时，只需要把已知的复用光通道标称中心工作频率加上规定通道间隔 0.1THz（100GHz），就可以得到新的复用光通道标称中心工作频率。但若用波长表示，则需要把已知的复用光通道工作波长加上 0.8nm 或 0.81nm，要麻烦一些，因为 0.1THz 并非精确地对应于 0.8nm。

（3）通路分配表

16 通路 WDM 系统的 16 个光通路的中心波长应满足表 2-10 的要求，8 通路的 WDM 系统的 8 个光通路的中心波长应选择表中标有*的波长。表 2-10 列出了 16 通路和 8 通路的 WDM 中心频率表。

表 2-10　16 通路和 8 路的 WDM 中心频率表

序号	标称中心频率（THz）	标称中心波长（nm）
1	192.10	1560.61*
2	192.20	1559.79
3	192.30	1558.98*
4	192.40	1558.17
5	192.50	1557.36*
6	192.60	1556.55
7	192.70	1555.75*
8	192.80	1554.94
9	192.90	1554.13*
10	193.00	1553.33
11	193.10	1552.52*
12	193.20	1551.72
13	193.30	1550.92
14	193.40	1550.12*
15	193.50	1549.32
16	193.60	1548.51*

（4）中心频率偏差

中心频率偏差定义为标称中心频率与实际中心频率之差。对于 16 通路 WDM 系统，通道间隔为 100GHz（约 0.8nm），最大中心频率偏移为±20GHz（约为 0.16nm）；对于 8 通路 WDM

系统，通道间隔为 200GHz（约为 1.6nm）。为了未来向 16 通道系统升级，也规定对应的最大中心频率偏差为±20GHz。

2.2.3　WDM 主要性能

前面已经介绍了 WDM 系统的基本结构、功能结构、工作原理，下面针对 WDM 涉及的主要关键器件和网络给出相应的性能参数介绍。

1．光波分复用器和解复用器

（1）插入损耗

插入损耗是指由于增加光波分复用器和解复用器而产生的附加损耗，其定义是该无源器件的输入（P_1）和输出（P_2）之间的光功率之比（dB）：

$$\alpha = -10\lg\frac{P_1}{P_2}$$

（2）串扰

串扰是指其他信道的信号耦合进入某一信道，并使该信道传输质量下降的程度，有时也用隔离度来表示这一程度。

WDM 器件可以将来自一个输入端口的 n 个波长信号分离后送入 n 个输入端口，每个端口对于一个特定的标称波长，远端串扰 C（dB）定义为

$$C_j(\lambda_i) = 10\lg\frac{P_j(\lambda_i)}{P_i(\lambda_i)}, i \neq j$$

2．光放大器

（1）放大器噪声指数（NF）

散弹噪声信号通过光放大器传输引起的具有特定量子效率光检测器输出端信噪比降低，即输入端信噪比与输出端信噪比之比，其定义为

$$NF = \frac{S_{\text{in}}/N_{\text{in}}}{S_{\text{out}}/N_{\text{out}}}$$

其中 S_{in} 为输入信号光功率，N_{in} 为输入光噪声功率，S_{out} 为输出信号光功率，N_{out} 为输出光噪声功率。

该参数对于系统性能、特别是整个光链路光信噪比（OSNR）有重要影响，该参数的大小与泵浦源的选择有密切关系。EDFA 利用光纤中掺杂的铒元素引起的增益机制实现放大，它有 980nm 和 1480nm 两种泵浦光源。1480nm 泵浦增益系数高，可获得较大的输出功率。采用 980nm 虽然功率小，但它引入的噪声小，效率更高，可以获得更好的噪声系数。也可以采用 1480nm 和 980nm 双泵浦源，980nm 工作在放大器的前端，用以优化噪声指数性能；1480nm 工作在放大器的后端，以便获得最大的功率。

对于级联应用的放大器，可以将级联的放大器和光纤等效为单个光放大器进行计算。经过推导可知级联系统的 NF：

$$NF = 10\lg\left(F_1 + \frac{F_2 - L_1}{G_1L_1} + \cdots + \frac{F_n - L_{n-1}}{G_1L_1\cdots G_{n-1}L_{n-1}} + \frac{1 - L_n}{G_1L_1\cdots G_nL_n}\right)$$

其中，F_i为第 i 个放大器的噪声系数，G_i为第 i 个放大器的增益，L_i为第 i 段光纤的衰减。

（2）增益变化

增益变化是指光放大器增益在光放大器工作波段内的变化，最大和最小增益变化的数值与通路数无关。

动态增益斜率（DGT）的定义为

$$DGT = \frac{G'(\lambda) - G(\lambda)}{G'(\lambda_0) - G(\lambda_0)}$$

其中，G 是标称增益，G'是不同输入光功率下的增益。

（3）光信噪比（OSNR）

光信噪比的定义是在光有效带宽为 0.1nm 内光信号功率和噪声功率的比值。光信号的功率一般取峰峰值，而噪声的功率一般取两相临通路的中间点的功率电平。光信噪比是一个十分重要的参数，对估算和测量系统有重大意义。

OSNR 定义如下：

$$OSNR = 10\lg\frac{P_i}{N_i} + 10\lg\frac{B_{\mathrm{m}}}{B_{\mathrm{r}}}$$

其中，P_i是第 i 个通路内的信号功率；B_{r}是参考光带宽，通常取 0.1nm；B_{m}是噪声等效带宽；N_i是等效噪声带宽 B_{m} 范围内窜入的噪声功率。

3．光通道参数

为了保证系统性能，特别是兼容性，目前已定义了一些主光通道参数，包括衰减、色散、反射系数等。

（1）衰减与目标距离

目标距离的衰减范围是在 1530～1565nm 掺铒光纤放大器的工作频段内，假设光纤的损耗是以 0.275dB/km 为基础而得出的。对于 40km 的传输距离，损耗约为 11dB。实际上这个假设对于已经运行的链路是比较紧张的，对于敷设在地下的老光纤线路要达到这个要求比较困难。

在实际工程中，考虑到我国的实际情况，经常采用 8×22dB、5×30dB、3×33dB 来表示光接口，其中第一个数字代表区段数，第二个数字代表这个区段所允许的损耗。因此 8×22dB 代表 640km 的无电再生中继距离，5×30dB 代表 500km 的无电再生中继距离，3×33dB 代表 360km 的无电再生中继距离，在具体规划 WDM 系统时，可以根据实际情况灵活设计。

（2）色散

对于超高速波分复用系统，大多数是色散敏感系统，因此可采用各种色散管理技术，以便能够超出传统色散受限距离。表 2-11 规定了主光通道上系统所能允许的色散值。

表 2-11　2.5Gbit/s 有/无线放大器系统在 G.652 光缆上的色散容限值和目标传送距离

应用代码	L	V	U	nV3-y.2	nL5-y.2	nV5-y.2	nL8-y.2
最大色散容限值（ps/nm）	1600	2400	3200	7200	8000	12 000	12 800
目标传送距离（km）	80	120	160	360	360	600	640

（3）偏振膜色散（PMD）

PMD 是由光纤随机性双折射引起的，即不同偏振状态下光纤折射率不同，从而导致相移不同，在时域上表现为不同偏振状态下的群时域不同，最终使脉冲波形展宽，增加了码间干扰。光缆的偏振膜色散应小于 $0.5ps/\sqrt{km}$ 。

4．WDM 系统网络性能

目前，大容量 WDM 系统都是基于 SDH 系统的多波长系统，因而其网络性能应该全部满足相关标准规定的指标，主要考虑误码、抖动等指标。

（1）误码性能

WDM 系统所承载的 SDH 传输性能仍满足 SDH 的相应误码性能规范。WDM 系统光复用段的误码性能，不应高于表 2-12 中的指标。

表 2-12　　WDM 系统光复用误码系能指标

速率	155.52Mbit/s	622.08Mbit/s	2.488Gbit/s
ESR	1.6×10^{-5}	8×10^{-6}	8×10^{-6}
SESR	2×10^{-7}	2×10^{-7}	2×10^{-7}
BBER	2×10^{-8}	1×10^{-8}	1×10^{-8}

（2）抖动性能

SDH 网络接口的最大允许输出抖动应不超过表 2-13 中所规定的数值，表中数值为各网元时钟同步工作，且输入信号无抖动时的输出抖动要求。

表 2-13　　SDH 网络输出口最大允许输出抖动

接口	测量滤波器	峰峰值（*UI*）
STM-1	500Hz～1.3MHz 65kHz～1.3MHz	1.5 0.15
STM-16	5000Hz～20MHz 1～20MHz	1.5 0.15

2.2.4　WDM 组网技术

1．WDM 光传送网的分层结构

WDM 光传送网是用光波长作为最基本交换单元的交换技术，即客户信号是以波长为最基本单位来完成传送、复用、路由和管理。WDM 光传送网是随着 WDM 技术的发展，在 SDH 网络的基础上发展起来的，即通过引入光节点，在原有的分层结构中引入了光层，它又可以细分为 3 个子层，从上到下依次为光信道层（OCh）、光复用段层（OMS）和光传输段层（OTS），相邻的层网络形成所谓的客户/服务者关系，每一层网络为相邻上一层网络提供传送服务，同时又使用相邻的下一层网络所提供的传送服务。这种分层结构为 WDM 光连网提供了必要的统一规范与实施策略。

如果在 WDM 网络中应用波长转换器，则 WDM 网络的结构可以是分级的也可以是无级的，如果不采用波长转换器，则 WDM 网络是无级结构。

在大范围的 WDM 全光网（见图 2-36）中，其总体网络结构一般由三级组成：0 级为数量很大的光纤局域网；1 级为以城市或行政区为单位的光纤城域网；2 级为广域网或全国范围的骨干网。其中不同级的网络拥有不同的波长集，同级但互不相交的子网可使用相同的波长集。各省间中心、省中心可以构成 2 级的长途传输网，而各地区中心则可构成 1 级的本地网，在 2 级与 1 级的边界处利用波长转换技术，则可以提高网络波长的利用率。

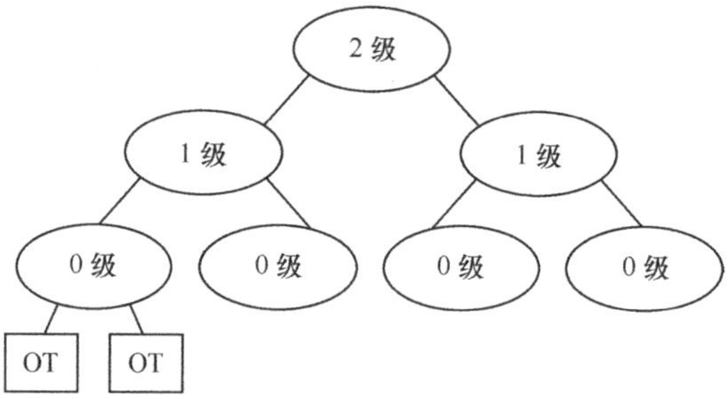

图 2-36　WDM 全光网的分级结构

对于各级网络来说，采用的结构也不相同。对于 0 级局域网，一般网径小，传输延迟小，数据吞吐量要求高。因而常采用星形结构，网中用户可以采用单一波长，也可以采用多波长，用户间采用媒质控制协议来解决共享资源的问题。对于 1 级城域网，它要将许多 0 级子网连接起来，网络中等，但传输速率要求较高，一般采用环形结构较多。对于 2 级广域网，它的网径大，传输时延长，一般采用网状结构。

根据不同的分级结构，WDM 网有单跳网和多跳网两种形式，单跳网的特点是时延小，任意两个用户都能直接通信，但单跳网对光器件要求高。多跳网能够支持大量用户的分组交换网，但分组要多次中转，平均时延较大。

WDM 网络的另一个显著特点是具有重构能力。当网络节点或路由发生故障时，能够将受阻断的通路迂回，以保持继续通信。这是在网络构筑阶段通过设置一些迂回路由来实现的，但设置迂回路由无疑会增加网络的资源消耗，因而可以考虑对网络中的一些级别重要的路由设置迂回路由。

2．WDM 网络的两种交换形式

光波分复用有两种交换形式：光路交换和光分组交换，由此形成了两种光波分复用网络的形式，即光路交换 WDM 网和分组交换 WDM 网。

（1）光路交换 WDM 网

光路交换 WDM 网是研究最多，最接近实用化的一种网络。从拓扑结构上看，光交换的全光 WDM 网络有两种主要的形式：其一是广播和选择网络，也就是常说的星形结构的网络；其二是波长寻径网络。

① 广播和选择网络

广播和选择网络中的各个节点通过光纤和无源星形耦合器连接，每个节点被分给不同的波长。各节点以自己特定的波长发出的信息经耦合器汇集，分流后到达各节点的收信端，每个节点利用可调谐接收器选择接收。其中各节点的发射端是固定频率的，接收器是可调谐的。

由于星形耦合器和光纤链路都是无源的，所以这种网络很可靠，而且易于控制。但是广播和选择网络有两个明显的不足之处：其一是这种网络要求很强的光功率，因为每一个要传输信号的光能几乎都被平分到网络中的所有节点上去了；其二是每个节点都需要一个不同的传输波长，而且目前光波波长数目有限，所以网络中的节点数目受到一定的限制。因此，广播和选择网络适合于局域网。

② 波长寻径网络

波长寻径网络中，特定波长上的信号被直接寻径到目的节点，而不是向全网广播。这样就减少了信号光功率的损失，同时又能使一个波长在网络的非重叠部分被多次使用。

（2）分组交换 WDM 网

在数据通信中，我们需要一个具备分组交换能力的网络去支持像 ATM 通信这样基于分组交换的大量现存应用。由于电处理的极限限制了数据速率的提高，因此需要采用一个全光的解决方案来处理这些基于分组或信元的通信。

以 ATM 波分光交换为例，交换系统的核心在于波长选路由，即所有分组光信元到达所有的交换出端口，出端口只选通某一特定波长的信元。目前技术所能实现的仅是电控光交换方式，入光纤上的分组光信元首先将信头取下，进行光/电转换，经数据处理后，根据相应的地址信息产生控制信号，控制电路对各入线上的信元的信头统一处理。

当不同入线上的两个光信元同时到达同一出端时会产生出线冲突，在波分结构下表现为光通路上同一波长下同时有两个不同来源的信元。为解决出线冲突，需增加光信元缓存模块。光信元缓存模块由光门与光纤延迟线组成，光纤延迟线的长度分别为 $1T,2T,\cdots$,（Q−1）T（T 为一个 ATM 光信元周期）。当两个光信元同时竞争同一出线时，控制电路处理这两个光信元的信头可得信息，并控制相应的光门，使其中一个信元不加时延，另一信元经过一段等价于一个光信元传输时间的光纤延迟线，这样就解决了出线冲突问题。

3．波长分配/路由算法

随着 WDM 技术成熟，WDN 传输技术已经进入实用化和商业化阶段。如何利用现有的和即将敷设的光纤联网，构成高速、大容量、支持多业务的 WDM 网络已经成为光通信领域中的一个重要问题。在 WDM 网络实现中，如何合理地规划网络的波长资源，是决定网络资源利用率的关键问题，波长路由的光网络可以大大简化路由的选择算法和网络的控制和管理，不需要在交换时预处理路由信息，从而更有利于实现高速、大容量的通信网络，提高网络的可靠性和稳定性，而这种组网方案的可行性在很大程度上受到了网络所需波长数目的限制。

（1）波长通路和虚波长通路

如上所述，光层可进一步细分为光信道层、光复用段层和光传输段层。其中光信道可以看作是光信道层上的端到端的连接，它形成电通路层的虚连接。建立或释放一条光信道意味着在电通路层上增加或减少一条虚连接。一个经过优化的光信道层网络，不仅可以用来建立适应给定的业务需求的最佳电通路层拓扑，而且通过光信道层的恢复和保护机制可以直接解决由于光纤切断或节点故障等物理层原因造成的通信中断问题，而不必改变电通路层的拓扑结构。这种光信道层的连接被称为网络的逻辑拓扑，对比于反映实际光纤连接关系的物理拓扑。

光通道层能为光信道选路和分配波长。电信号经过本地的接入设备转换为某一波长的光信号，再经由多个 OXC 节点的交叉连接建立起一条光通路。根据 OXC 节点是否提供波长转换功能，光通路可以分为波长通路和虚波长通路。

波长通路是指 OXC 节点没有波长转换功能，某一个光通路在不同波长复用段中必须使用同一波长。如果在它所经过的所有链路中，找不到一条有一个共同空闲波长信道的路由，就会发生波长堵塞。虚波长通路是指 OXC 节点具有波长转换功能，光通路在同一波长通路的不同波长复用段中可以占用不同的波长，从而提高了波长的利用率，降低了堵塞发生的概率。

在波长选路网中，由于每个信道都与一个固定的波长关联，要求光信道层在选路和分配波长时，必须采用集中控制方式，即在掌握整个网络中所有波长被占用情况后，才可能为新的呼叫请求选一条合适的路由。而在虚波长通路网中，波长是逐个链路进行分配的，因此可以进行分布控制，这就可以大大降低光信道层选路的复杂性和选路所需的时间。由于可用的波长数是有限的，为了优化网络性能，无论哪种类型的光信道层网络，都需要根据网络的物理拓扑结构和各节点间的业务需求，设计最优的网络拓扑连接方案。

（2）WDM 组网中的选路技术

图 2-37 表示了一个 WDM 网络的物理拓扑和 *n* 条分配的光通路。图中矩形框代表光节点，圆圈代表光交换矩阵，粗线表示光纤链路，细线表示光通路。由图可知，没有共享链路的光通路可以使用同一波长，如图 B-A、C-D 的光通路均使用了相同的波长。因此，在 WDM 网络中有波长重复利用的问题。图 2-38 给出了该网络的逻辑拓扑结构，图中一条逻辑通路代表实际中的一条光通路。光信道层设计问题从数学定义上可以表示为一类线性规划问题，而优化的目标函数有多种形式，例如在分组交换型的网络中，优化目标可以是平均分组时延最小，或者任意光通路上的最大业务量最小；在电路交换型网络中，优化目标包括用到的波长数目最小以及最大化网络。由于光信道层设计问题具有较大的难度，尤其是为获得最优所需的设计时间问题的规模呈指数增长，因此在用于较大规模的网络时，因计算时间过长而有可能失去了实际意义。

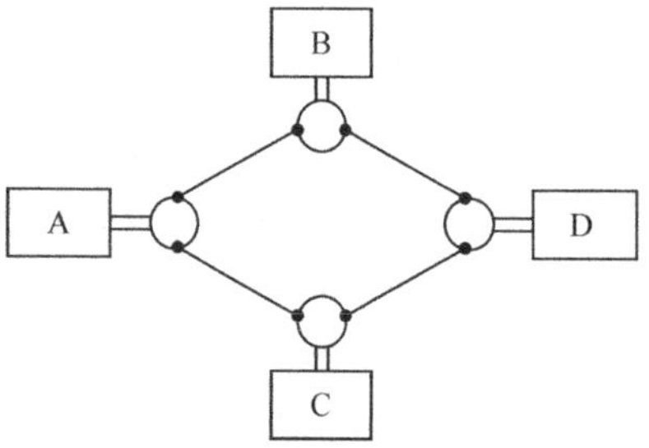

图 2-37 网络的物理拓扑和光通路图

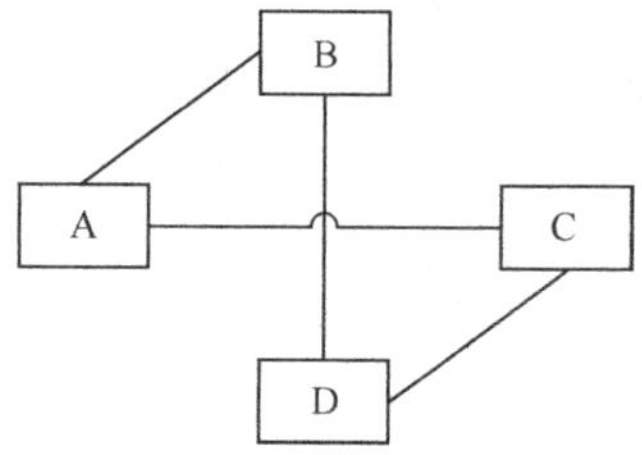

图 2-38 网络的逻辑拓扑图

2.2.5 WDM 网络保护

点到点 WDM 线路主要有两种保护方式：一种是基于单个波长、在 SDH 层实施的 1+1 或 1：*n* 保护；另一种是基于光复用段上的保护，在光路上同时对合路信号进行保护，这种保护也称光复用段保护（OMSP）。另外，还有基于环网的保护等。

1．SDH 单波长 1+1 保护

如图 2-39 所示，这种保护系统机制与 SDH 系统的 1+1 MSP 类似。所有的系统设备，如 SDH 终端、复用器/解复用器、线路光放大器、光缆线路等都需要有备份，SDH 信号在发送端被永久桥接在工作系统和保护系统，在接收端监视从这两个 WDM 系统收到的 SDH 信号状态，并选择更合适的信号。这种方式可靠性比较高，但是成本也比较高。

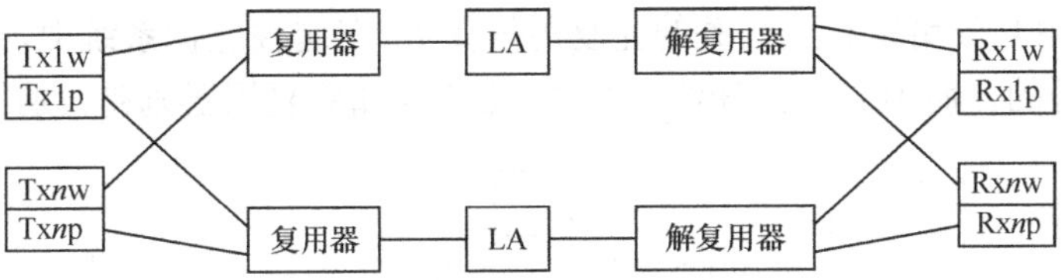

图 2-39　SDH 层单波长 1+1 保护

在一个 WDM 系统内，每一个 SDH 通道的倒换与其他通道的倒换没有关系，即 WDM 工作系统中的 Tx1 出现故障倒换到 WDM 保护系统时，Tx2 可以继续工作在 WDM 系统上。

2．SDH 层单波长 1：*n* 保护

WDM 系统可以实现基于单波长，在 SDH 层实施的 1：*n* 保护，在图 2-40 中，Tx11、Tx*n*1 共用一个保护段，与 Txp1 构成 1：*n* 的保护关系。SDH 复用段保护监视和判断接收到的信号状态，并执行来自保护段合适的 SDH 信号的桥接和选择。

在一个 WDM 系统内，每一个 SDH 通道的倒换与其他通道的倒换都没有关系，即 WDM 工作系统中的 Tx11 出现故障倒换到 WDM 保护系统时，Tx12 可以继续工作在 WDM 系统上。

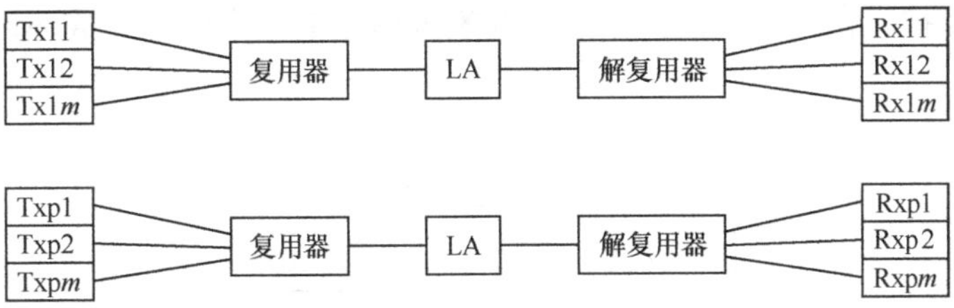

图 2-40　SDH 层单波长 1：*n* 保护

3．WDM 系统内单波长 1：*n* 保护

考虑到一条 WDM 线路可以承载多条 SDH 通路，因而也可以使用同一 WDM 系统内的空闲波长作为保护通路。

图 2-41 给出了 *n*+1 路的波分复用系统，其中 *n* 个波长信道作为工作波长，一个波长信道作为保护波长。但是考虑到实际系统中，光纤、光缆的可靠性比设备要差，只对系统保护，实际意义不大。

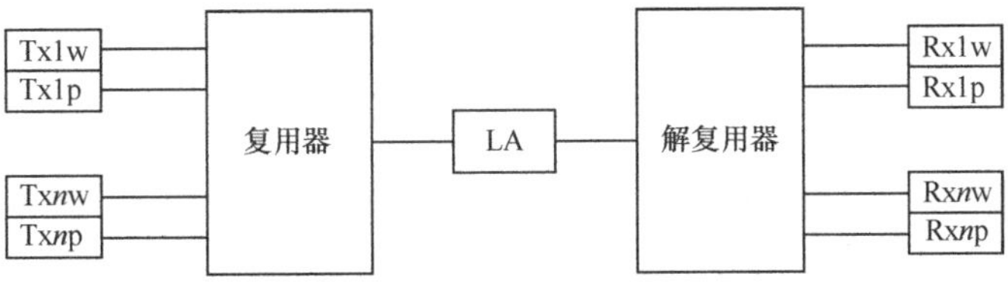

图 2-41　WDM 系统内单波长 1：*n* 保护

4．光复用段（OMSP）保护

这种技术是只在光路上进行 1+1 保护，而不对终端线路进行保护。在发送端和接收端分别使用 1×2 光分路器和光开关或采用其他，在发送端，对合路的光信号进行分离，在接收端，对光信号进行选路。光开关的特点是插入损耗小，对波长放大区透明，并且速度快，可以实现高集成和小型化。

图 2-42 为采用光分路器和光开关的光复用段保护。在这种保护系统中，只有光缆和 WDM 的线路系统是备份的，而 WDM 系统终端站的 SDH 终端盒复用器则是没有备份的。

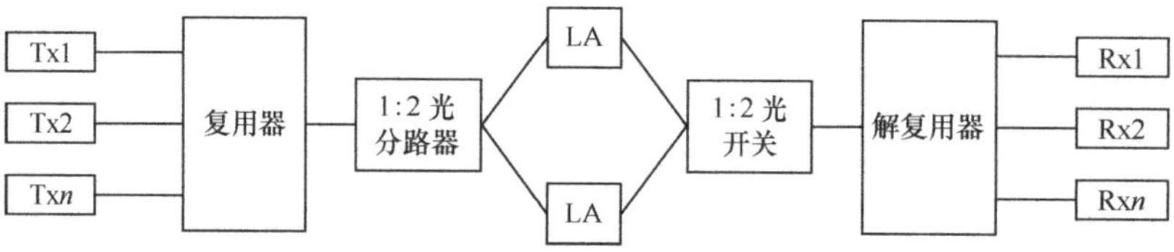

图 2-42　OMSP 保护

5．环网的应用

采用 WDM 系统同样可以组成环网，一种是利用现有点到点 WDM 系统连成环，基于单个波长，在 SDH 层实施的 1∶n 保护。

采用光分插复用器 OADM 进行组环是 WDM 技术在环网中应用的另外一种形式，如图 2-43 所示。利用 OADM 组成的环网可以分成两种形式：其一是基于单个波长保护的波长信道保护，即单个波长的 1+1 保护，类似于 SDH 系统中的通道保护；其二是线路保护环，对合路波长的信号进行保护，在光纤切断时，可以在断纤附近的两个节点完成环回功能，从而使所有业务得到保护。

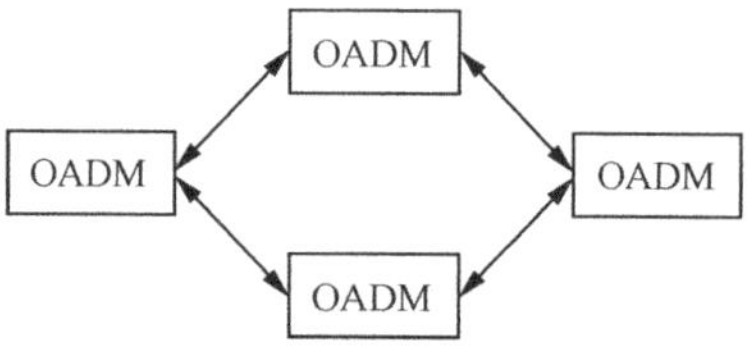

图 2-43　利用 OADM 组成的环

第3章 光传送网（OTN）

3.1 OTN的概念及应用

3.1.1 OTN的概念

随着互联网新业务的不断发展，传输网网络结构也在不断改进。光纤通信自出现以来，得到了迅速的发展。光纤通信作为传送信号的一种方式，其网络的组织一直处于电的层面。为适应新业务的需求，仅仅只在电层处理业务已经远远不能满足现网的要求，于是光通信从电层向光层发展，出现了OTN技术。

SDH属于第一代光网络，其本质上是一种以电层处理为主的网络技术，业务只有在再生段终端之间转移时保持光的形态，而到节点内部侧则必须经过光/电转换，在电层实现信号的分插复用、交叉连接和再生处理等。换句话说，在SDH网络中光纤仅仅作为一类优良的传输媒质，用于跨节点的信息传输，光信号不具有节点透过性。此时，整根光纤被笼统地视为一路载体，就像是一条宽阔的高速公路，由于没有划分车道，所以只能安排一组车流的交通。信号传输与处理的电子瓶颈极大限制了对光纤可用带宽的挖掘利用。

第二代光网络的核心是解决上述电子瓶颈问题，20世纪90年代中期，人们首先提出了“全光网”的概念。发展全光网的本意是信号直接以光的方式穿越整个网络，传输、复用、再生、选路和保护等都在光域上进行，中间不经过任何形式的光/电转换及电层处理过程。这样可以达到全光透明性，实现任意时间、任意地点、任意格式信号的理想目标。全光网络能够克服电子瓶颈，简化控制管理，实现端到端的透明光传输，优点非常突出。然而，由于光信号固有的模拟特性和现有器件水平，目前在光域很难实现高质量的3R再生（再定时、再整形、再放大）功能，大型高速的光子交换技术也不够成熟。人们已逐渐认识到全光网的局限性，提出所谓光的“尽力而为”原则，即业务尽量保留在光域内传输，只有在必要的时候才变换到电上进行处理。这为二代光网络——“光传送网”——的发展指明了方向。

1998年，ITU-T正式提出了光传送网的概念。从功能上看，OTN的出发点是在子网内实现透明的光传输，在子网边界采用光/电/光（O/E/O）的3R再生技术，从而构成一个完整的光网络。OTN开创了光层独立于电层发展的新局面，在光层上完成业务信号的传送、复用、选路、交换、监视等，并保证其性能指标和生存性。它能够支持各种上层技术，是使用各种通信网络演进的理想基础传送网络。全光处理的复杂性使得光传送网成为当前历史时期必然的选择，随着技术和器件的进步，人们期待光透明子网的范围将会逐步扩大至全网，在未来最终实现真正意义上的全光网。

OTN是由ITU-T G.872、G.798、G.709等建议定义的一种全新的光传送技术体制，它包括光层和电层的完整体系结构，对于各层网络都有相应的管理监控机制和网络生存性机制。OTN的思想来源于 SDH/SONET 技术体制（例如映射、复用、交叉连接、嵌入式开销、保护、FEC等），把 SDH/SONET 的可运营、可管理能力应用到 WDM 系统中，同时具备了 SDH/SONET 灵活可靠和 WDM 容量大的优势。在 OTN 的功能描述中，光信号是由波长（或中心波长）来表征。光信号的处理可以基于单个波长，或基于一个波分复用组。OTN 在光域内可以实现业务信号的传递、复用、路由选择、监控，并保证其性能要求和生存性。OTN 可以支持多种上层业务或协议，如 SONET/SDH、ATM、Ethernet、IP、PDH、Fiber Channel、GFP、MPLS、OTN 虚级联、ODU 复用等，是未来网络演进的理想基础。全球范围内越来越多的运营商开始构造基于 OTN 的新一代传送网络，系统制造商们也推出具有更多 OTN 功能的产品来支持下一代传送网络的构建。

此外，OTN 扩展了新的能力和领域，例如提供大颗粒 2.5Gbit/s、10Gbit/s、40Gbit/s 业务的透明传送，支持带外 FEC，支持对多层、多域网络的级联监视以及光层和电层的保护等。OTN 对于客户信号的封装和处理也有着完整的层次系，采用 OPU（光道净荷单元）、ODU、OTU 等信号模块对数据进行适配、封装，及其复用和映射。OTN 增加了电交叉模块，引入了波长/子波长交叉连接功能，为各类速率客户信号提供复用、调度功能。OTN 兼容传统的 SDH 组网和网管能力，在加入控制层面后可以实现基于 OTN 的 ASON。图 3-1 所示是 OTN 设备节点功能模型，包括电层领域内的业务映射、复用和交叉，光层领域的传送和交叉。OTN 组网灵活，可以组成点到点、环形和网状网拓扑。

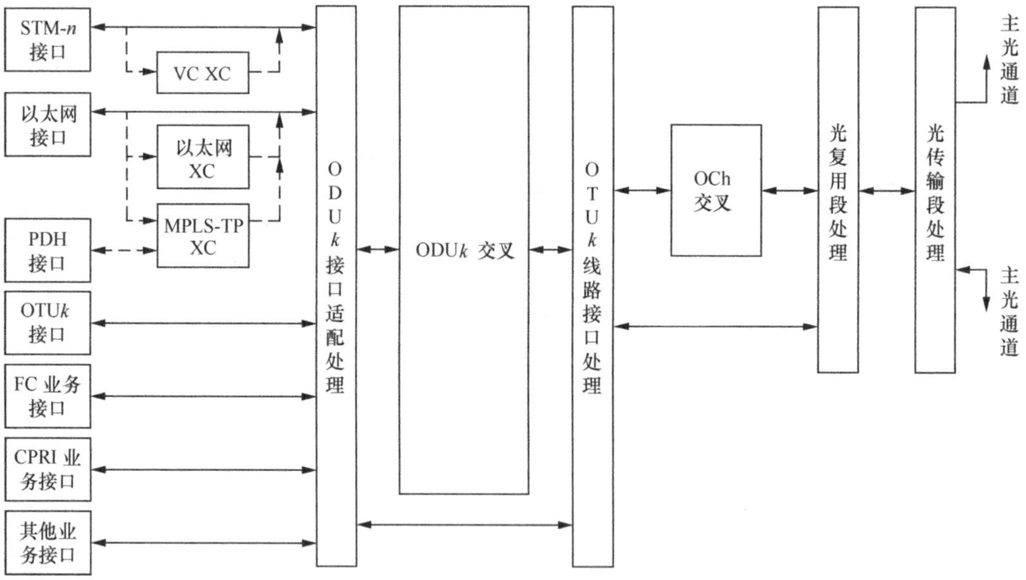

图 3-1　OTN 设备节点功能模型

因此，OTN 技术集传送、交换、组网、管理能力于一体，代表着下一代传输网的发展方向。其技术特点主要有：能够实现业务信号和定时信息的透明传输；支持多种客户信号封装；支持大颗粒调度保护和恢复；具有丰富的开销字节所支持的完善性能与故障监测能力以及 FEC 能力；能够与 ASON 控制平面融为一体。

3.1.2　OTN 技术优势

目前城域核心层及干线的 SDH（同步数字体系）网络适合传送的主要为 TDM 业务，但迅猛增加的却是具备统计特性的数据业务，所以，在现有网络层面及其后续的网络建设中不可能大规模地新建 SDH 网络。这样，自然而然地就考虑到了扩大现有 WDM（波分复用系统）网络的规模建设，可 IP 业务通过 POS（基于 SDH 的分组技术）接口或者以太网接口直接上载到现有 WDM 网络上，将面临组网、保护和维护管理等方面的缺陷。因此，在现有 WDM 网络的基础上，当条件具备时，可根据需求逐步升级为具有 G.709 开销的维护管理功能的 OTN 设备。即对于现有 WDM 系统新建或扩容的传送网络，在省去 SDH 网络层面以后，至少应支持基于 G.709 开销的维护管理功能和基于光层的保护倒换功能，故 WDM 网络会逐渐升级过渡到 OTN，而基于 OTN 技术的组网会逐渐占据传送网主导地位。OTN 以多波长传送（单波长传送为其特例）、大颗粒调度为基础，综合了 SDH 的优点及 WDM 的优点，可在光层及电层实现波长及子波长业务的交叉调度，并实现业务的接入、封装、映射、复用、级联、保护/恢复、管理及维护，形成了一个以大颗粒宽带业务传送为特征的大容量传送网络。

OTN 技术的具体特点如下。

① 多种客户信号封装和透明传输：OTN 帧可以支持多种客户信号的映射，如 SDH、ATM、以太网、ODU 复用信号，以及自定义速率数据流，使 OTN 可以传送这些信号格式，或以这些信号为载体的更高层次的客户信号，如以太网、MPLS、光纤通道、HDLC/PPP、PRP、IP、MPLS、FICON、ESCON 及 DVBASI 视频信号等，不同应用的业务都可统一到一个传送平台上去。此外，OTN 还支持无损调整 ODUflex（GFP）连接带宽的控制机制（G.HAO）。

② 大容量调度能力：相对于 SDH 网络只能通过 VC 调度，提供 Gbit/s 级的容量而言，OTN 的基本处理对象是波长，可以进行大颗粒的调度处理，可提供 Tbit/s 级的带宽容量。

③ 强大的运行、维护、管理与指配能力：OTN 定义了一系列用于运行、维护、管理与指配的开销，包括随路开销与非随路开销，利用这些开销可以对光传送网进行全面而精细的监测与管理，为用户提供一个可运营，可管理的光网络。为了支持跨不同运营商网络的通道监视功能，OTN 提供了 6 级串联连接监视功能，监视连接可以是嵌套式、重叠式和/或级联式，可以对一根光纤中复用的多个波长同时进行管理。

④ 完善的保护机制：OTN 具有与 SDH 相类似的一整套保护倒换机制，如 1+1/1:n 路径保护、1+1/1:n 的子网连接保护、共享环保护等，可为业务提供可靠的保护，所以大大增强了网络的安全性与健壮性，使网络具有很强的生存能力。

⑤ FEC 功能：OTN 帧中专门有一个带外 FEC 区域，通过前向纠错 FEC 可获得 5～6dB 的增益，从而降低了对 OSNR 的要求，增加了系统的传输距离。

⑥ 强大的分组处理能力：随着 OTN 和 PTN 的应用与推广，在我国许多大中城市的城域核心层，存在着 PTN 和现有 WDM/OTN 设备背靠背组网的应用场景，目的是既解决大容量传送也实现分组业务的高效处理。从便于网络运维、减少传送设备种类和降低综合成本的角度出发，需要将 OTN 和 PTN 的功能特性和设备形态进一步地有机融合，从而催生了新一代光传送网产品形态——分组光传送网（POTN），目的是实现 L0 WDM/ROADM 光层、L1 SDH/OTN 层和 L2 分组传送层（包括以太网和 MPLS-TP）的功能集成和有机融合。POTN 将最先应用在城域核心和汇聚层，随着接入层容量需求的提升，逐步向接入层延伸。

3.1.3 OTN 标准进展

光传送网（OTN）技术作为大容量的光传送技术，已经成为下一代传送网的核心技术。但是像所有的技术一样，从技术诞生到标准成熟，经历了较长时间的研究和讨论，其中中国的运营商和设备商为 OTN 技术和标准的成熟做出了突出贡献。ITU-T 从 1997 年就开始考虑 OTN 的标准化问题，从 1998 年到现在已陆续出台了一系列标准化建议，G.871 和 G.872（见图 3-2）是关于 OTN 纲领性的建议，G.871 给出了关于 OTN 的一系列标准的总体结构和它们之间的相互关系；G.872 给出了 OTN 的总体结构，包括：OTN 的分层结构、特征信息、客户/服务者关系、网络拓扑和网络各层的功能等；其他建议分别规范了 OTN 的各个方面，这些建议涉及 OTN 的网络节点接口、物理层特性、抖动和漂移性能控制、设备功能块的特性、线性和环形保护、链路容量调整方案、网络管理、智能控制等诸多方面，为将 OTN 技术推向应用奠定了基础，也对 OTN 技术的发展起到了积极的促进作用。另外，ASON 系列相关标准也适用于 OTN。

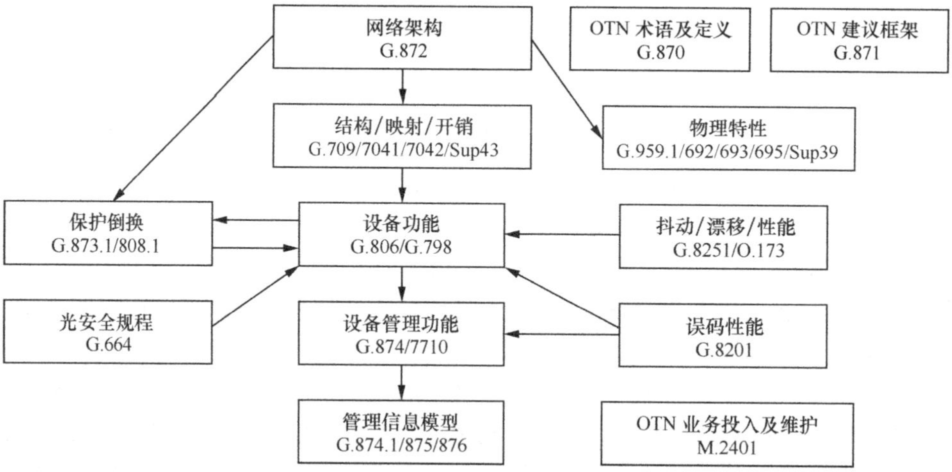

图 3-2 OTN 相关标准的现状

国内对 OTN 的发展也颇为关注，中国通信标准化协会目前已完成了相关行业标准的书写（包括 OTN 基本原则、OTN 的 NMS 系统功能、OTN EMS-NMS 系统接口功能、EMS-NMS 通用接口信息模型、基于 IDL 的信息模型以及基于 XML 的信息模型技术），目前正在进行 ROADM 技术要求和 OTN 总体要求等 OTN 行标的编写。OTN 技术除了在标准上日臻完善之外，近几年在设备和测试仪表等方面也是进展迅速。从 2007 年开始，中国移动集团、中国电信集团和中国网通集团等已经或者正在开展 OTN 技术的研究与测试验证，部分地区已经开始 OTN 的商用。同时国外运营商对传送网络的 OTN 接口的支持能力已提出明显需求。随着宽带数据业务的大力发展和 OTN 技术的日益成熟，采用 OTN 技术构建更为高效和可靠的传送网是通信传输技术发展的必然结果。

本节将从国外和国内两个角度介绍 OTN 标准化的基本现状，同时将讨论 OTN 技术的后续发展趋势。

3.1.3.1 国际 OTN 标准化现状

国际上的 OTN 系列标准主要由 ITU-T SG15 来组织开发，其主要由网络架构（SG15 Q12

负责）、物理层传输（SG15 Q6 负责）、设备功能及保护（SG15 Q9 负责）OTN 逻辑信号结构（SG15 Q11 负责）、OTN 抖动与误码（SG15 Q13 负责）、OTN 管理（SG15 Q14 负责）等内容构成。

由于 OTN 是作为网络技术来开发的，许多 SDH 传送网中成熟的功能和体系原理都被拿来仿效，包括帧结构、功能模型、网络管理、信息模型、性能要求、物理层接口等系列标准。OTN 传送平面标准内容及目前最新进展分别介绍如下。

（1）OTN 网络架构

G.871 标准定义了光传送网框架结构。其目的是为了协调 ITU-T 内对 OTN 标准的开发活动，以使开发的标准包含 OTN 的各个方面并保证一致性。该标准提供了用于高层特性定义的参考、OTN 各个方面相关标准的说明及相互关系和开发 OTN 标准的工作计划等。该标准为滚动型标准，主要介绍光传送网标准化进程，没有一个稳定文本、标准实时地根据标准化状态更新。G.872 标准定义了光传送网结构。其基于 G.805 的分层方法描述了 OTN 的功能结构，规范了光传送网的分层结构、特征信息、客户/服务层之间的关联、网络拓扑和分层网络功能，包括光信号传输、复用、监控、选路、性能评估和网络生存性等。

（2）物理层传输

OTN 的物理层接口标准主要包括 G.959.1 和 G.693。G.959.1 规范了光网络的物理接口，主要目的是在两个管理域间的边界间提供横向兼容性，域间接口（IrDI）规范了无线路放大器的局内、短距和长距应用。G.693 规范了局内系统的光接口，规定了标称比特率 10Gbit/s 和 40Gbit/s，链路距离最多 2km 的局内系统光接口的指标，目标是保证横向兼容性。G.959.1 标准定义了光网络物理层接口和要求。其定义了采用 WDM 技术的 pre-OTN 物理网络接口，在该情况下不要求 OTN 网管功能。标准适用于基于 G.709 接口的光传送网域间接口，主要目的是实现两个管理域之间接口的横向兼容，标准还规范了包括不使用线路放大器的局内系统、短距系统和长距系统。2012 年 2 月 1 日，ITU-T 发布了 G.959.1 的最新版本 G.959.1-2012。G.693 标准目前基本稳定。

（3）设备功能及保护

OTN 设备功能主要包括 G.671、G.798、G798.1、G.806 和 G.664 等规范，保护功能主要由 G.873.1 和 G.873.2 来规范。G.671 标准定义了光器件和光子系统性能要求。其规范了在长途网和接入网中与传送技术相关的所有类型的光器件特性，涵盖各种类型的光纤器件。标准定义了在所有工作状态下光器件的传输性能，确认各种光器件的参数，定义了各种系统应用下的相关参数值。G.798 标准采用 G.806 规定的传输设备的分析方法，对基于 G.872 规定的光传送网结构和基于 G.709 规定的光传送网网络节点接口的传输网络设备进行分析。其功能描述是总体性的，不涉及物理功能的具体分配。定义的功能适用于光传送网 UNI 和 NNI，也可应用在光子网接口或与光技术相关的接口。G.798.1 主要规范 OTN 设备的类型，G.806 主要规范传送设备功能性能特性的描述方法规范，G.664 标准定义了光传送网安全要求，它规定了光网络中光接口在安全工作状态下的技术要求，包括传统 SDH 系统、WDM 系统和光传送网。标准还规范了光接口自动激光关断（ALS）和自动功率降低（APR）等光安全进程，确保在光通道出现故障时激光器功率降到安全功率以下。

G.873.1 主要规范 OTN 的线性保护，主要包括 ODU*k* 层面的路径保护、3 种不同类型的子网连接保护（SNCP）等类型，规范了保护结构、自动倒换信令（APS）、触发条件、保护倒换时间等内容。G.873.2 主要用于规范 OTN 的环网保护。

（4）OTN 逻辑信号结构

OTN 逻辑信号结构主要由 G.709、G.HAO 和 G.sup43 等来规范。G.709 标准定义了光网络的网络节点接口。标准规范了光传送网的光网络节点接口，保证了光传送网的互联互通，支持不同类型的客户信号。标准主要定义 OTM-*n* 及其结构，采用了“数字封包”技术定义各种开销功能、映射方法和客户信号复用方法。通过定义帧结构开销，实施光通路层功能；通过确定各种业务信号到光网络层的映射方法，实现光网络层面的互联互通。相对于 2003 年的版本，2009 年 10 月通过的 G.709 主要增加了新的带宽容器（ODU0、ODUflex、ODU2e、ODU4）以及对应的映射复用结构、通用映射规程（GMP），1.25Gbit/s 支路时隙、增加时延测试开销等。另外，G.HAO 主要定义了基于 ODU*k* 带宽灵活无损可调的相关标准，而 G.sup43 则主要讨论了 10GE LAN 在 OTN 中透传的问题。

另外，ITU-T G.7041 规范的通用成帧规程（GFP），G.7042 规范的虚级联信号的链路容量自动调整机制也同样适用于 OTN。G.7042 标准定义了虚级联信号的自动容量调整。该标准定义的链路容量调整方案，采用虚级联技术用来增加或减少 SDH/OTN 中的容量。如果网络中一个单元出现失效，可以自动减少容量。当网络修复完成后，可以自动增加容量。

（5）OTN 抖动与误码

OTN 的抖动和误码主要由 G.8251、O.173 等标准来规范。G.8251 定义了 OTN NNI 的抖动和漂移要求，其根据 G.709 定义的比特率和帧结构来确定，定义了抖动转移函数、抖动容限和网络抖动参数。OTN 技术和 SDH 技术有所不同，SDH 技术需要严格同步以保证数据传送质量，OTN 技术则没有这个要求。为了让 OTN 两端的 SDH 保持同步，G.8251 做了非常详细的规定。O.173 则对测试 OTN 抖动的设备（仪表）功能要求做了规范。

OTN 的误码规范主要由 G.8201 来规范。G.8201 主要用来规范 OTN 的国际多运营商之间的通道误码性能指标。

（6）OTN 管理

OTN 的管理主要由 G.874、G.874.1、G.7710、G.7712 和 M.2401 等标准来规范。G.874 标准定义了 OTN 的一层或多层网络传送功能中的 OTN 网元的管理。光层网络的管理应与客户层网络分离，使其可以使用与客户层网络不同的管理方法。G.874 标准描述了网元管理层操作系统和光网元中的光设备管理功能之间的管理网络组织模型，还描述了 NEL 操作系统之间以及 NEL 与 NEL 之间通信的管理网络组织模型。G.874.1 标准定义了光传送网网元信息模型。标准描述了光传送网管理网元的信息模型。该模型包括被管理的对象等级和它们的特征，这些特征可以用来描述按照 M3010 TMN 进行交换的信息。

G.7710 标准定义了通用设备管理功能要求。该标准定义的单元管理功能对网络中各种复用传送技术是通用的，与具体实现技术无关，这些功能包括日期和时间、故障管理、配置管理和性能管理。网络中的网元不一定全部支持和具备这些功能，其支持程度应根据该网元在网络中的位置与连接功能来确定。G.7712 规范了数据和信令通信网络，M.2401 规范了 OTN 运营商投入业务和维护业务的性能指标要求。

2000 年之前，OTN 标准基本采用了与 SDH 相同的思路，以 G.872 光网络分层结构为基础，分别从物理接口、节点接口等几方面定义了 OTN。2000 年，对于 OTN 的发展是一个重要的转折，由于 ASON 的发展使 OTN 标准化进程改变了方向，从单纯模仿 SDH 标准向智能

ASON 标准化方向发展，其中的重点是控制平面及其相关方面的标准化。作为国际标准化组织，ITU-T 主要从网络的框架结构方面提出要求，定义了自动交换光网络体系结构。同时参照其他标准化组织的成果，开始对分布式呼叫和管理、选路协议和信令等进行规范。另外，对 G.872 也做了较大修正，针对自动交换光网络引入的新情况，对一些标准进行了修改。涉及物理层的部分基本没有变化，例如物理层接口、光网络性能和安全要求、功能模型等。涉及 G.709 光网络节点接口帧结构的部分也没有变化。变化大的部分主要是分层结构和网络管理。另外引入了一大批新标准，特别是控制层面的标准（见图 3-3）。

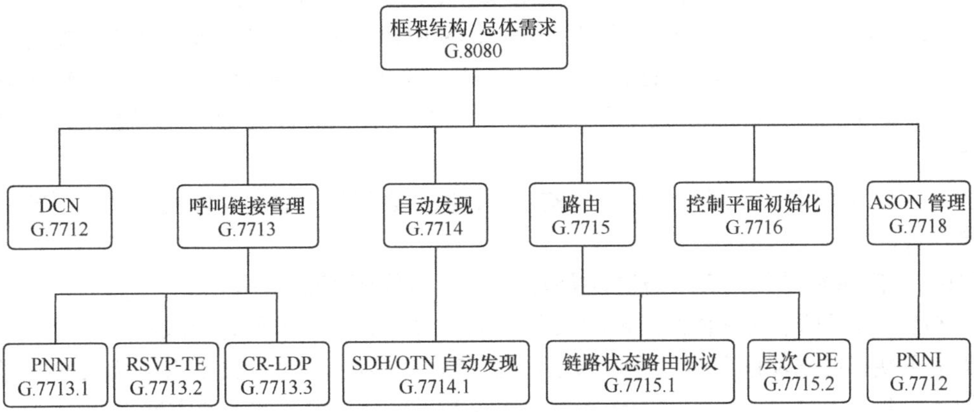

图 3-3 OTN 控制层面（ASON）协议

OTN 控制平面标准内容介绍如下。

（1）G.8080 标准。G.8080 标准定义了自动交换光网络结构。标准提出并描述了自动交换光网络的结构特征和要求，不仅适合于 G.803 定义的 SDH，也适用于 G.872 定义的 OTN。标准描述了控制平面的组成单元，这些单元可以通过对传输资源的处理来建立、维护和释放连接。同时将呼叫控制与连接控制分开，选路和信令拆分，其组成单元是抽象的实体，而不是实施软件。

（2）G.7712 标准。G.7712 定义了数据通信网的体系结构与规范。该标准涉及 TMN 的分布式管理通信，ASON 的分布式信令通信以及包括公务、语音通信和软件下载在内的其他分布式通信方式。数据通信网的结构可以单独采用 IP、OSI 或者两者的结合，其间的互联互通应符合相关规定。数据通信网支持各种应用，包括 TMN 要求其传输 TMN 单元之间的管理信息，ASON 要求其传送 ASON 单元之间的信令信息。

（3）G.7713 标准。G.7713 定义了分布式呼叫和连接管理。G.807/G.8080 定义了采用控制平面建立业务的动态光网络的结构和要求，而 G.7713 确立了 ASON 控制层面中协议方式的信令进程的具体要求。该标准定义了 ASTN 的信令方面，适用于 UNI 和 NNI 之间的连接管理，包括呼叫控制信令、连接控制和链路资源管理信令的要求及格式。

（4）G.7713.1 标准。G.7713.1 定义了基于私有网络间接口（PNNI）的分布式呼叫和管理。该标准提供了基于 PNNI/Q.2931 分布式呼叫和控制 DCM 协议规范。

（5）G.7713.2 标准。G.7713.2 标准采用 GMPLS RSVP-TE 的 DCM 信令。该标准包含了与 ASON 相关信令方面的内容，特别是 GMPLS RSVP-TE。该标准集中在 UNI 和 E-NNI 接口规

范上，同时也适用于 I-NNI。

（6）G.7713.3 标准。G.7713.3 标准采用 GMPLS CR-LDP 的 DCM 信令，用受限的路由标签分发协议 CR-LDP 来实现分布式呼叫和连接管理 DCM 的信令机制。CR-LDP 是 MPLS 框架下的协议，在 Y.1310 中作为 IP 在 ATM 传输的手段。扩展 MPLS 包括 TDM 交换和传送、光复用等级，称之为 GMPLS。

（7）G.7714 标准。G.7714 标准定义了 ASON 中的自动发现技术，其目的在于辅助进行网络资源管理和选路。标准中引入了两个新的重要概念，即“层邻接发现”和“物理介质邻接发现”，它们都用来描述控制平面中不同控制实体之间的逻辑相邻连接关系。

（8）G.7715 标准。G.7715 标准定义了在 ASON 中建立 SC 和 SPC 连接选路功能的结构和要求。主要内容包括 ASON 选路结构、通路选择、路由属性、抽象信息和状态图转移等功能组成单元。该标准提供中性协议来描述 ASON 选路，通过 DCN 传输选路信息作为其中的一个选项。

（9）G.7716 标准。控制平面组件的初始化、组件之间的关系建立以及控制平面异常后的处理等内容。

（10）G.7718 标准。定义了与协议无关的控制平面管理信息模型。

从 OTN 国际标准的整体发展现状来看，OTN 主要标准目前已趋于成熟，后续的主要工作将集中于现有已立项标准的完善和修订，同时基于更高速率的 OTU5 及其相关映射复用结构的规范、基于光层损伤感知的智能控制等将也是后续标准发展的主要方向之一。

事实上，传统的 OTN 主要还是针对大颗粒 TDM 业务设计的，随着数据业务的蓬勃发展，OTN 标准也在持续地演进。2009 年 10 月 9 日，在瑞士日内瓦召开的 ITU-T SG15 研究组全体会议上，包含了多业务 OTN（MS-OTN）关键技术特征（ODU0、ODU4、ODUflex、GMP 等）的 G.709v3 获得通过。MS-OTN 关键技术主要包括通用映射规程（GMP）、ODUflex 和 ODUflex（GFP）无损调整（G.HAO）。

（1）通用映射规程（GMP）

传统 OTN 建议中仅定义了 CBR 业务、GFP 业务和 ATM 业务的适配方案。随着业务种类的不断增加，客户对业务传送的透明性要求也不断提高。目前，客户信号的传送主要有 3 个级别的透明性，即帧透明、码字透明和比特透明。帧透明方式将会丢弃前导码和帧间隙信息，而这些字节中可能携带了一些私有运用。同样，码字透明方式也会破坏客户信号的原有信息。这两种透明传送方式均无法满足客户对业务的透明性需求，也无法支撑 CBR 业务的统一的适配路径。2001 版的 G.709 虽然支持有限的几种比特透明适配方式，但这种方式仅限于 SDH 业务，无法扩展到其他业务。针对多业务的比特透明需求，OTN 新定义了一种通用映射规程（GMP），以支持多业务的混合传送。

GMP 能够根据客户信号速率和服务层传送通道的速率，自动计算每个服务帧中需要携带的客户信号数量，并分布式适配到服务帧中。

（2）ODUflex

MS-OTN 针对未来不断出现的各种速率级别的业务，定义了两种速率可变的 ODUflex 容器，具体参见图 3-4。一种是基于固定比特速率（CBR）业务的 ODUflex，这种 ODUflex 的速率有 3 个范围段，分别是 ODU1 到 ODU2 之间、ODU2 到 ODU3 之间和 ODU3 到 ODU4 之间，这种 ODUflex 通过同步映射 BMP 适配 CBR 业务；另一种是基于包业务的 ODUflex

（GFP），这种 ODUflex（GFP）的速率介于 1.38～104.134Gbit/s 之间，这种 ODUflex（GFP）的速率原则上是任意可变的，但是 ITU-T 推荐采用 ODU*k* 时隙的倍数确定速率，这种 ODUflex（GFP）通过 GFP 适配包业务。ODUflex 和 ODU*k*（*k*=0,1,2,2e,3,4）构成了 MS-OTN 支撑多业务的低阶传送通道，能够覆盖 0～104Gbit/s 范围内的所有业务。ODUflex 容器的提出，使 MS-OTN 具备了多种业务的适应能力。

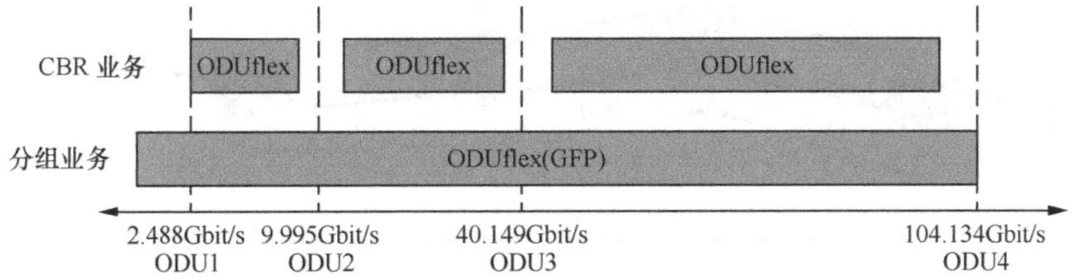

图 3-4　ODUflex 速率范围

（3）ODUflex（GFP）无损调整（HAO）

针对 ODUflex（GFP），ITU-T 目前正在定义一种类似 SDH LCAS 技术的 ODUflex（GFP）无损调整（HAO）技术。这种技术能够提高 MS-OTN 传送分组业务的带宽利用率，增强 MS-OTN 部署的灵活性。ODUflex（GFP）连接中的所有的节点必须要支持 HAO 协议，否则需要关闭 ODUflex（GFP）连接并重新建立。ODUflex（GFP）链路配置的修改必须通过管理或控制平面下发。

HAO 技术改善了虚级联 LCAS 技术存在的几个重大问题：其一，对于业务管理监控方面，ODUflex（GFP）HAO 技术监控的是整个传送链路，而虚级联 LCAS 技术则采用反向复用方式，因此管理开销监视的是不同的传送链路，不利于业务的统一管理；其二，虽然虚级联 LCAS 技术仅需要首末节点支持，但不同的链路路径在传输过程中引入较大延时，接收端接收后，需要在设备内部设计很大的 FIFO，用于对齐不同链路的延时差，这种 FIFO 的引入将增大设备实现难度，而 ODUflex（GFP）HAO 技术采用统一路径，消除了延时差，接收端不需要内置 FIFO 补偿延时差，易于设备实现。

相比虚级联 LCAS，HAO 虽然需要 ODUflex（GFP）整个链路的所有节点参与，但克服了 LCAS 在管理控制方面及缓存方面的重大问题，能够为运营商带来统一的网络管理及低成本的带宽调整方案，是未来 MS-OTN 传送分组业务的核心技术之一。

在 HAO 协议中，最重要的是控制时隙链路带宽变化的 LCR 协议和控制 ODUflex（GFP）带宽变化的 BWR 协议，具体参见图 3-5。这两个协议在带宽增加和带宽减少时执行步骤有些不同。在带宽增加时，先执行 LCR 协议，完成时隙链路的带宽增加，再执行 BWR 协议，最终完成 ODUflex（GFP）链路带宽增加的操作。在带宽减少时，先启动 LCR 协议发动减少命令，随后挂起，再执行 BWR 协议完成 ODUflex 链路的带宽减少操作，随后重新启动 LCR 协议，再完成时隙链路的减少。

3.1.3.2　国内 OTN 标准化现状

国内 OTN 的标准化工作主要由中国通信标准化协会（CCSA）的传送与接入网工作委员会（TC6）的第一工作组（WG1）来完成。从 OTN 标准的制定过程来看，基本可分为两个阶段，即国际标准借鉴采用阶段、国内标准自主创新阶段。总体来说，国内 OTN 标准也处于基本成熟的阶段，后续的标准化工作侧重于现有已立项标准体系的逐渐完善和补充，同时根据OTN技术最新的发展和应用需求情况，逐步立项并制定相关要求标准。

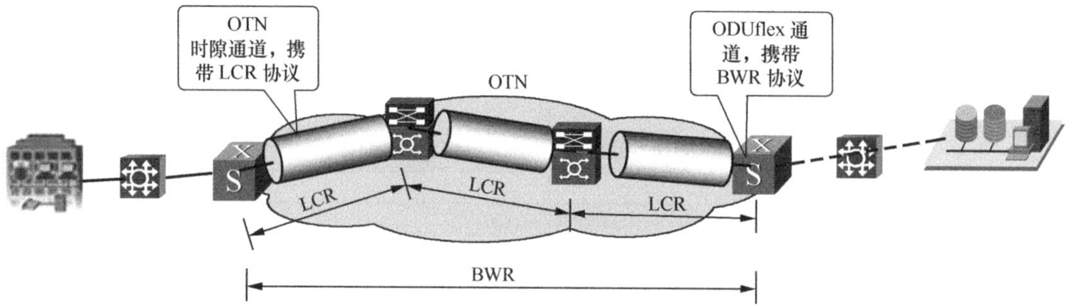

图3-5 ODUflex（GFP）无损调整示意

第1阶段主要为OTN国际标准对应转换阶段，主要完成了GB/T 20187-2006《光传送网体系设备的功能块特性》（对应于ITU-T G.798、ITU-T G.709和ITU-T G.959.1等标准）。

第2阶段主要为自主创新制定阶段，目前主要完成了标准YD/T1990-2009《光传送网OTN网络总体技术要求》、YD/T 2003-2009《可重构的光分插复用（ROADM）设备技术要求》、行业标准《光传送网（OTN）测试方法》、《可重构的光分插复用（ROADM）设备测试方法》、《基于OTN的ASON设备技术要求》、技术报告《OTN多业务承载技术要求》等。

国内自主制定的标准主要内容归纳如下。

（1）YD/T 1990-2009标准规定了基于ITU-T G.872定义的《光传送网（OTN）总体技术要求》。主要内容包括：OTN功能结构、接口要求、复用结构、性能要求、设备类型、保护要求、DCN实现方式、网络管理和控制平面要求等；适用于OTN终端复用设备和OTN交叉连接设备，其中OTN交叉连接设备主要包括：OTN电交叉设备、OTN光交叉设备和同时具有OTN电交叉和光交叉功能的设备。

（2）YD/T 2003-2009标准规定了《可重构的光分插复用（ROADM）设备技术要求》，标准规定了可重构的光分插复用（ROADM）设备的功能和性能，包括ROADM设备的参考模型和参考点、ROADM设备的基本要求、ROADM设备光接口参数要求、波长转换器和子速率复用/解复用要求、监控通道要求、ROADM设备管理要求等。

（3）《光传送网（OTN）测试方法》是与YD/T 1990-2009对应使用的标准，主要规范了OTN相关的测试方法，包括系统参考点定义、开销及维护信号测试、光接口测试、抖动测试、网络性能测试、OTN设备功能测试、保护倒换测试、网管功能验证和控制平面测试等内容。

（4）技术报告《光传送网（OTN）组网应用研究》的主要内容包括：OTN网络与现有SDH和WDM网络的关系；OTN光电两层交叉在传送网络中的应用方式；OTN在省际干线、省内干线、城域网中的应用方式；OTN与PTN、IP承载网络的关系；多厂家互联互通方式等。

《光传送网（OTN）多业务承载技术要求》主要研究OTN多业务承载的接口适配处理、

分组业务处理功能、VC 调度功能、OTN 时钟同步和频率同步要求、OTN 多业务承载性能要求及保护、网络管理、控制平面要求等内容，主要侧重是 YD/T 1990-2009 没有包含且目前发展趋势较为明显的内容。

3.1.3.3 OTN 发展趋势分析

继 100G 之后，光传送标准正在继续演进和支持 400G 传送。三大国际标准组织 IEEE、ITU-T 和 OIF 都已相继成立了相应的工作组开展 400G 相关标准的研究工作，预计 400G 传送的相关标准将于 2015—2016 年陆续成熟和发布。400GE 以太网标准由 IEEE 负责。IEEE802.3 组织自 2011 年 9 月启动下一代以太网接口带宽需求工作以来，先后在 2012 年 9 月成立了"更高速的以太网"特别工作组分析工业界单端口 400GE 需求并于 2013 年 5 月实现 400GE 标准正式立项，开始 Study Group 阶段规格讨论。2014 年 5 月在规格目标明确的基础上，开始制定详细方案和规格参数等，预计 2016 年左右可完成 400GE 标准正式文稿发布。

与此同时，ITU-T 将开发基于 n×100G 灵活速率的超 100G（B100G）OTN 技术（见图 3-6）。目前，OTUCn 将能够提供 n×100G 灵活线路速率接口，满足运营商对光频谱带宽资源的精细化运营需求。ITU-T SG15 将大部分超 100G OTN 技术规范形成工作假设：确定帧结构、OTUCn 开销、复用架构和比特速率等相关技术；部分技术规范和 IEEE 400GE 相关，ITU-T 需要和 IEEE 互动；ITU-T 已经识别出超 100G OTN 和 IEEE 无关及相关部分技术内容；借鉴 OTU4 承载 100GE 经验，相关部分需要等待 IEEE 最终决策。

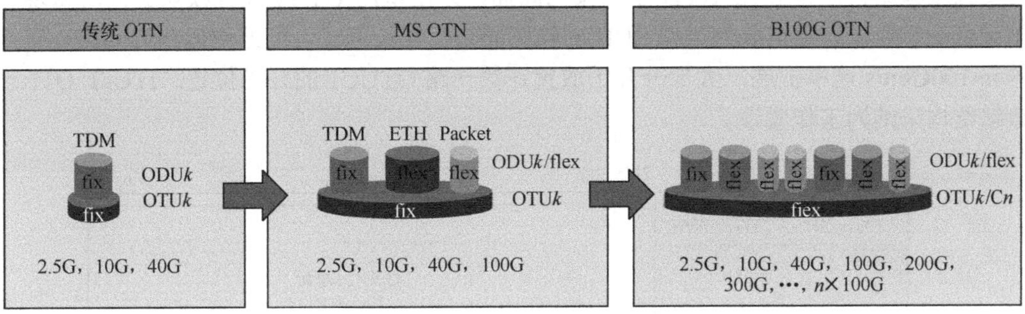

图 3-6 OTN 标准发展示意图

ITU-T SG15 主要关注光传送网（OTN）相关标准的定义。2013 年 7 月 ITU-T SG15 采纳了关于超 100G OTN 架构的相关提案，明确定义了 n×100Gbit/s 速率的 OTUCn、B100G（超 100G）OTUCn 帧结构、开销、比特速率和复用方式等，并已经形成工作假设。目前 ITU-T SG15 已确定 OTUCn 第一个标准化的 IrDI 接口为 400G OTUC4，同时将持续推进客户侧信号映射和 FEC 方面的讨论。

如图 3-7 所示，超 100G OTN 协议栈借鉴了 SDH 的设计思路，将类似 PDH 的 OTN 架构改造为类似 SDH 的架构：

① 将现有的 ODU3/ODU4 扩展为类似 VC3/VC4 的容器；

② 将 ODUCn 扩展为类似 SDH 的复用段，将 OTUCn 扩展为类似 SDH 的再生段；

③ ODUCn 不支持层层复用；

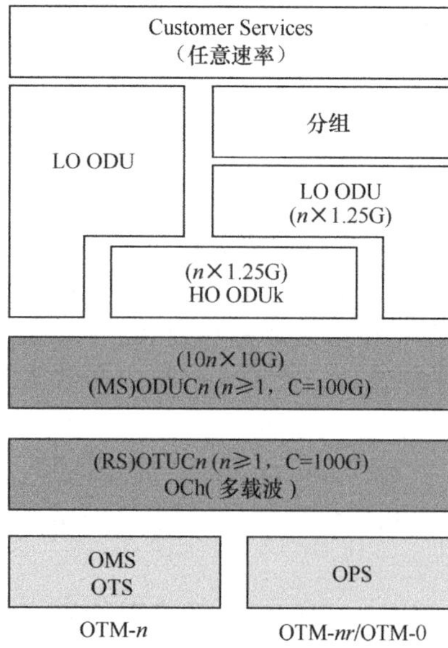

图 3-7　超 100G OTN 协议栈示意图

④ OTUCn/ODUCn/OPUCn 开销每跳终结，并在出口再生；

⑤ 不再支持 ODUCn TCM 功能。

如图 3-8 所示，超 100G OTN 的帧结构会将现有的固定长度 OTN 帧结构扩展为类似 SDH 的可变长度帧结构，将 n 路 100G 子帧按列间插，方便重用 OTU4 设计模块。同时将现有的由帧频可变、帧长固定扩展为类似 SDH 的帧频固定、帧长可变，可方便拆分为 n 路，支持灵活的 $n\times$100Gbit/s 速率扩展，大部分开销放置在第一路 OTUC1 的开销位置。ITU-T Q11 已经将该帧结构采纳为工作假设。

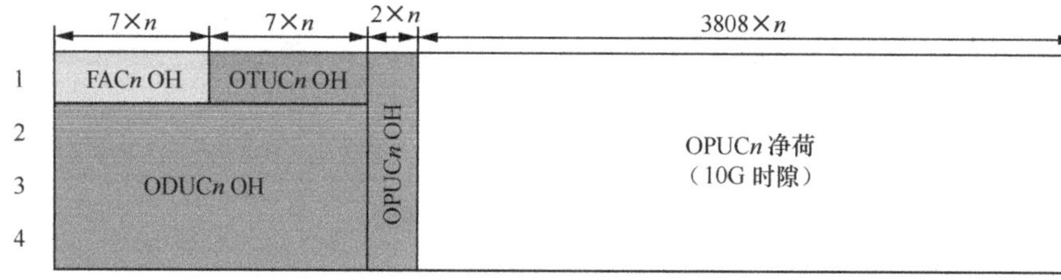

图 3-8　超 100G OTN 帧结构示意图

在超 100G OTN 复用映射路径中，OPUCn 采用 10G 粒度划分时隙，超 100G 客户信号先映射到 ODUflex，再 GMP 映射到 OPUCn 时隙，先终结 400GE FEC，再映射到 ODUflex，出 OTN 时再加上 FEC。对于低于 10G 的客户信号，采用 GMP 通过 ODU3/ODU4 二级复用到 OPUCn 时隙。超 100G OTN 的复用方案也被接纳为工作假设。

ITU-T SG15 Q11 工作组进一步确定了 OTUCn/ODUCn/OPUCn 比特速率，见表 3-1。其中，FEC 将独立于 OTUCn 之外，Q11 没有限制未来 FEC 空间的利用。OPUC4 需要承载 400GE 和 4×ODU4，目前确定的 OPUC4 速率在承载 400GE 时存在较大的裕量。OPUCn 在划分 10G 时隙时，存在定义 8n 列填充和不填充两种方式，Q11 确定的工作假设为对 8n 列进行填充，为后续扩展留余地。

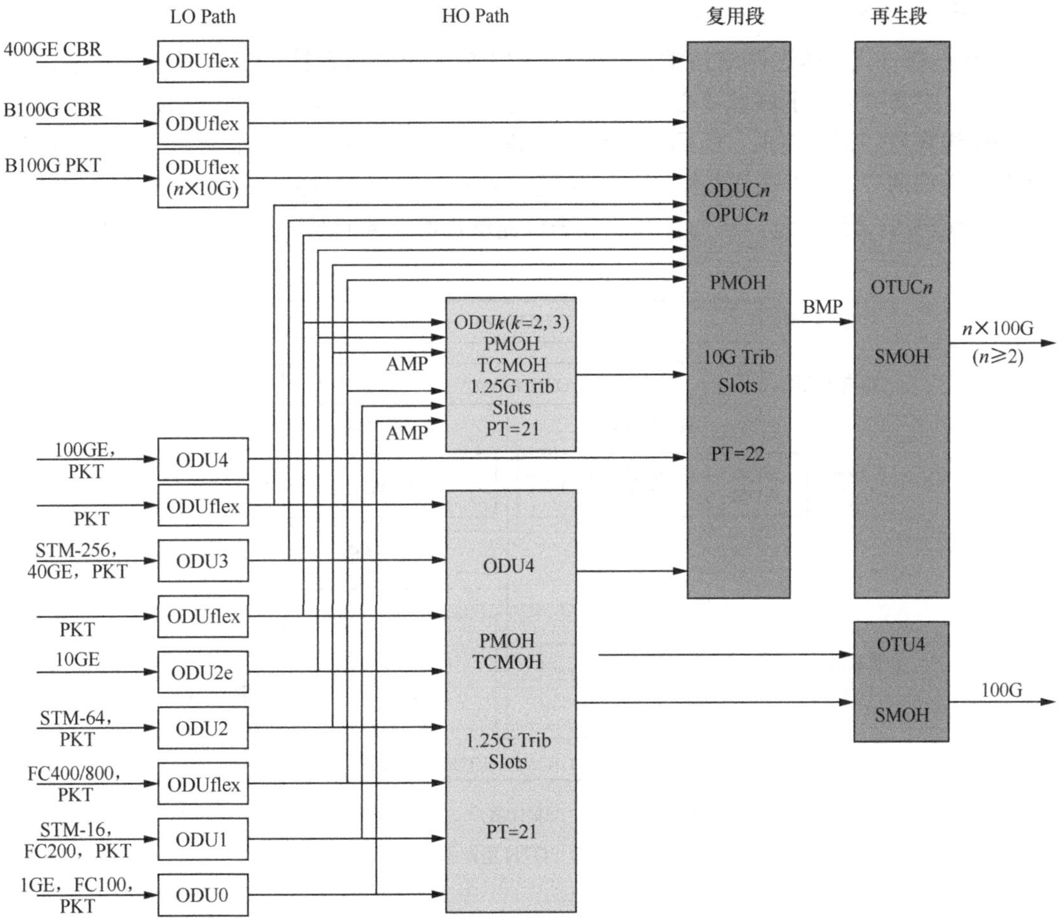

图 3-9　超 100G OTN 复用映射路径

表 3-1　　OTUCn/ODUCn/OPUCn 比特速率

类型	比特速率	频偏
OTUC*n* （无 FEC）	*n*×105 725 952.000kbit/s （*n*×239/225×99 532 800kbit/s）	±20ppm
ODUC*n*	*n*×105 725 952.000kbit/s （*n*×239/225×99 532 800kbit/s）	±20ppm
OPUC*n*	*n*×105 283 584kbit/s （*n*×238/225×99 532 800kbit/s）	±20ppm

随着 Q11 讨论持续推进，超 100G OTN 帧结构、复用映射架构和开销定义等大量技术规范逐渐清晰，大量的超 100G OTN 技术规范已经固化为 Q11 工作假设。ITU-T 将借鉴 100GE over ODU4 经验，和 IEEE 展开良性互动，区分 IEEE 相关和无关部分，避免标准组织间的技术不兼容。中国运营商、研究院和设备商在超 100G OTN 领域处于业界领先地位，并在超 100G OTN 标准化过程中做出巨大贡献，推动超 100G 产业链健康、持续发展。中国将再次引领基础承载网超 100G OTN 标准演进。

3.1.4 OTN 的应用场景分析

OTN 是新一代光传送网络技术，从 OTN 技术应用定位上来看，OTN 技术及设备目前已基本成熟，主要可应用于城域核心及干线传送层面；而对于 OTN 设备组网选择来说，则应根据业务传送颗粒、调度需求、组网规模和成本等因素综合选择。OTN 组网总体网络架构分为省际干传送线网、省内干传送线网和城域传送网（核心层和汇聚层）三部分，如图 3-10 所示。OTN 作为透明的传送平台，应为各种业务平台提供各类业务的统一传送。

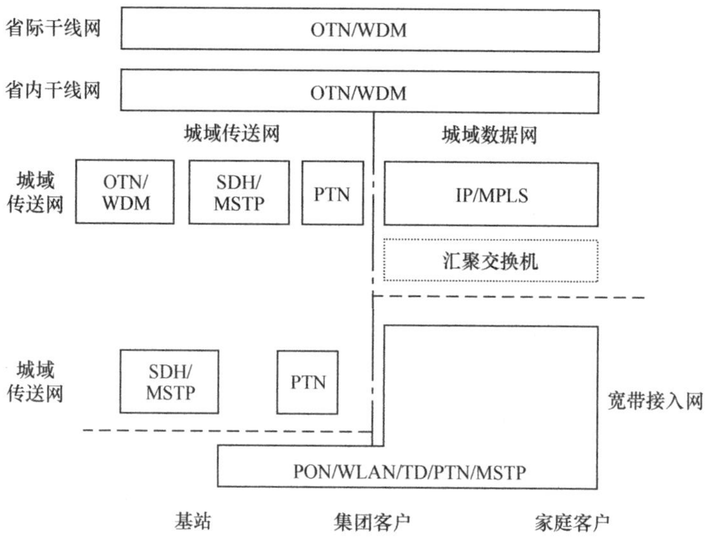

图 3-10 OTN 组网框架

省际干线传送网和省内干线传送网组网模型按照网络拓扑进行划分，城域传送网组网模型按照网络规模划分大规模城域传送网和中小规模城域传送网。当 OTN 同步组网时，在城域传送网层面，当时间同步设备部署在核心层面的 OTN，并通过 OTN 给下游各个 PTN 设备分发 1588v2 同步信息时，需要 OTN 设备支持时间同步功能，各节点应工作在 BC 模式。OTN 组网传递时间同步，当主用时间源或与主用时间源相连的 OTN 设备出现故障情况下，OTN 应同步于备用时间源。当 OTN 内部出现节点故障或节点之间连接中断，BMC 算法为链路提供保护方案。为保证 OTN 设备可靠地将时间同步信息传递给 PTN 设备，OTN 设备应提供主备两个时间链路连接到 PTN 设备。

3.1.4.1 省际干线传送网 OTN 组网模型

随着网络及业务的 IP 化、新业务的开展及宽带用户的迅猛增加，国家干线上 IP 流量剧增，带宽需求逐年成倍增长。波分国家干线承载着 PSTN/2G 长途业务、NGN/3G 长途业务、Internet 国家干线业务等。由于承载业务量巨大，波分国家干线对承载业务的保护需求十分迫切。

如果采用 IP over SDH over WDM 的业务承载模式，可利用 SDH 实现对业务的保护。但 SDH 交叉调度颗粒太小，随着 IP 业务带宽颗粒的进一步增大，这种承载模式将使 SDH 设备的复杂度大大增加，保护效率降低，成本迅速提高。

如果采用 IP over WDM 的业务承载模式，可由 IP 层实现业务的保护。通过采用双平面设计，并引入 BFD 检测机制、IGP 快速路由收敛、IP/LDP/TE/VPN FRR 等技术，可实现业务层的 50ms 的故障恢复，达到 SDH 的电信级故障恢复水平。

但在 IP 层的海量业务下，这种保护方式控制的复杂性和成本的经济性都无法得到保障。不仅如此，FRR 的实施条件十分苛刻，配置过程也十分复杂，必须分段（每个 Span）寻找保护路由，且实际测试结果并没有达到 50ms。而且，在这种保护方式下，IP 层业务只能做到轻载，网络效率并不高。

OTN 可以解决上述问题。国家干线 IPover OTN 的承载模式可实现 SNCP 保护、类似 SDH 的环网保护、Mesh 网保护等多种网络保护方式，其保护能力与 SDH 相当，而且设备复杂度及成本也大大降低。

省际干线传送网（见图 3-11）部分边缘省份光缆网络只有两个出口方向，其他省份光缆网有 3 个以上出口方向，OTN 组网时可根据光缆网络拓扑采用网状网（Mesh）结构，部分边缘省份通过环网将业务接入。

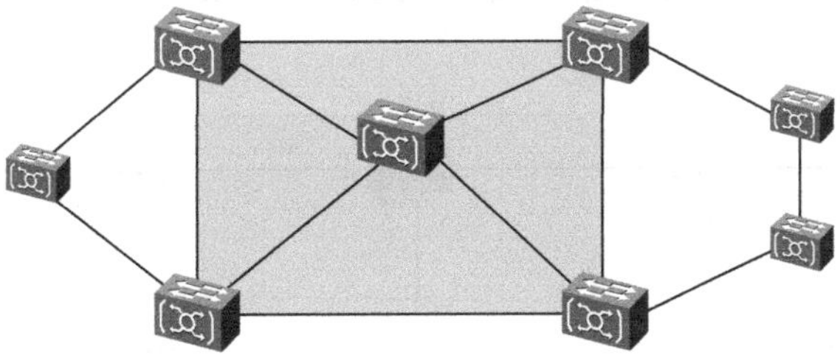

图 3-11　省际干线传送网 OTN 组网拓扑

对于多维度的节点，需结合业务的流量流向合理规划各方向的波道，对于同一条电路使用的两个方向波道应规划进入同一交叉单元，避免通过外部跳纤实现通道的连通。

3.1.4.2　省内干线传送网 OTN 组网模型

省内/区域内的骨干路由器承载着各长途局间的业务（NGN/3G/IPTV/大客户专线等）。通过建设省内/区域干线 OTN（光传送网），可实现颗粒业务的安全、可靠传送；可组环网、复杂环网、Mesh 网；网络可按需扩展；可实现波长/子波长业务交叉调度与疏导，提供波长/子波长大客户专线业务。

（1）场景 1（见图 3-12）

业务特点：以省会城市节点为中心，各地市的业务主要向省会城市节点汇聚。

光缆网特点：以省会城市节点为中心，各地市节点分布在各环上。

网络组织：OTN 组织为环形结构，省会城市节点支持多维，一般地市节点支持两维。

（2）场景 2（见图 3-13）

业务特点：以省会城市节点为中心，各地市的业务向省会城市节点汇聚。

光缆网特点：以省会城市节点为中心，各地市节点分布在各环上，但环与环间存在共用边。

网络组织：OTN 组织为环形结构，各环都经过省会城市两个节点，省会城市节点支持多维，一般地市节点支持两维，公共边的节点支持三维及以上。

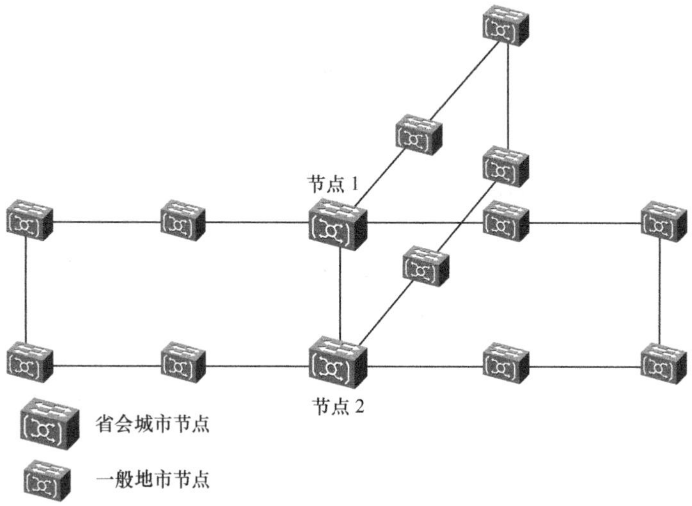

图 3-12　省内干线传送网 OTN 场景 1 组网拓扑

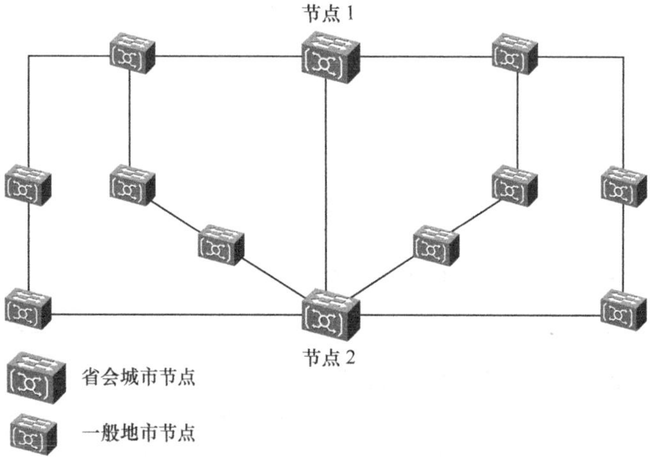

图 3-13　省内干线传送网 OTN 场景 2 组网拓扑

（3）场景 3（见图 3-14）

业务特点：除省会城市为业务出口点外，还具有第二业务出口地市，各地市的业务按归属地分别向省会城市节点或第二出口节点汇聚。

光缆网特点：以省会城市和第二出口城市为中心，各地市节点分布在各环上，省会城市和第二出口城市共处于一个环上。

网络组织：OTN 组织为环形结构，省会城市节点和第二出口节点分别带环，且省会城市节点和第二出口节点间需组织环网，业务出口节点应支持多维，一般地市节点支持两维。

（4）场景 4（见图 3-15）

业务特点：一个区域内各地市节点间有业务流量，其他地市节点的业务向该区域汇聚。

光缆网特点：一个区域内各地市节点间光缆网呈网状结构，其他地市节点呈环状接入该区域。

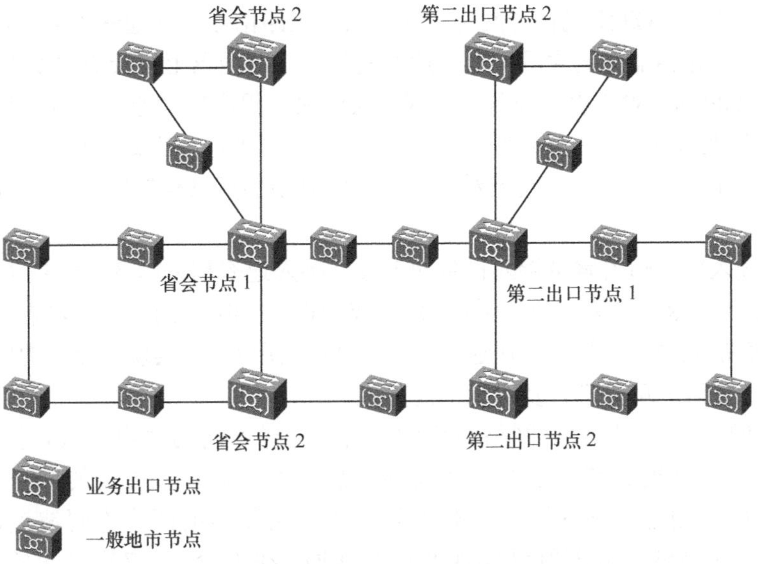

图 3-14　省内干线传送网 OTN 场景 3 组网拓扑

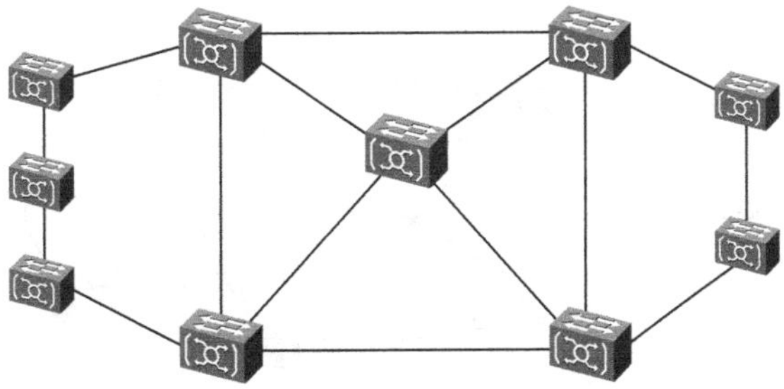

图 3-15　省内干线传送网 OTN 场景 4 组网拓扑

网络组织：部分区域根据光缆网的联通度以及业务的流量流向组织网状网，其他地市按环网组织连接到该区域。

以环为主的网络，各节点可按环使用交叉单元配置系统，当跨环波道需求较少时，省会节点或第二出口节点用于跨环交叉单元可与用于组建环网的交叉单元共用一个，随着跨环波道需求的增加可单独使用交叉单元用于环间调度；对于网状网络，各节点需结合业务的流量流向合理规划各方向的波道，对于同一条电路使用的两个方向波道，应规划进入同一交叉单元，避免通过外部跳纤实现通道的连通。可考虑按业务波道的一定比例配置冗余波道。

3.1.4.3　城域传送网 OTN 组网模型

城域网覆盖地理范围相对较小，信号的传输距离并不是光传送网组网的限制因素，因此城域 OTN 的建设重点不在于 OSNR、色散值等系统设计上，而主要关注于组网结构及业务提供的多样性和灵活性，这与长途波分的建设非常不同。城域 OTN 的基本网络拓扑与 WDM 网络一样主要有点到点、链形、环形和 Mesh 4 种。根据网络覆盖区域的形状、节点数量、业务需求、相邻节点间的主要通道截面、网络的安全要求及经济性能等，选用所需的基本拓扑结构，各种基本拓扑结构也可以任意组合从而满足城域网组网要求。

在城域网核心层，OTN 光传送网可实现城域汇聚路由器、本地网 C4（区/县中心）汇聚路由器与城域核心路由器之间大颗粒宽带业务的传送。路由器上行接口主要为 GE/10GE，也可能为 2.5G/10GPOS。对于以太业务可实现二层汇聚，提高以太通道的带宽利用率；可实现波长/各种子波长业务的疏导，实现波长/子波长专线业务接入；可实现带宽点播、光虚拟专网等，从而可实现带宽运营；从组网上看，还可重整复杂的城域传输网的网络结构，使传输网络的层次更加清晰。

在城域网接入层，随着宽带接入设备的下移，接入速率越来越高，大量 GE 业务需传送到端局的 BRAS 及 SR 上，未来也可采用 OTN 或 OTN+PON 相结合的传输方式，它将大大节省因光纤直连而带来的光纤资源的快速消耗，同时可利用 OTN 实现对业务的保护，并增强城域网接入层带宽资源的可管理性及可运营能力。

城域传送网 OTN 结构根据网络规模的差异，选择不同的建设方式，主要分为大规模城域传送网和中小规模城域传送网。在波导规划方面，对于多维度的节点，需结合业务的流量流向合理规划各方向的波道，对于同一条电路使用的两个方向波道，应规划进入同一交叉单元，避免通过外部跳纤实现通道的连通。在 OTN 节点建议业务端到端进入交叉单元。

（1）场景 1：大规模城域传送网（见图 3-16）

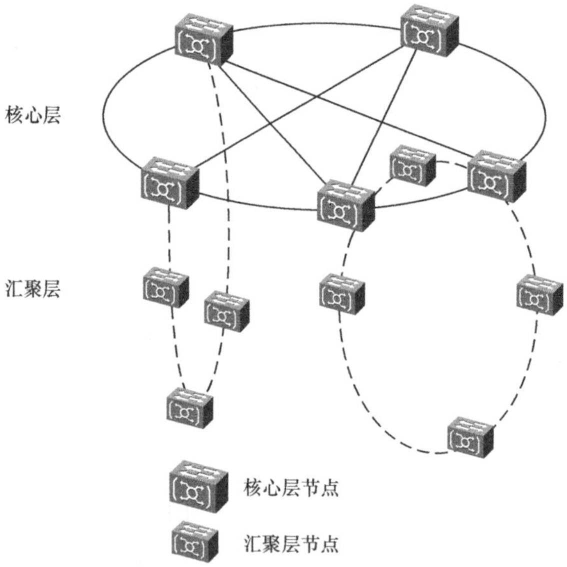

图 3-16　大规模城域传送网 OTN 组网拓扑

城域传送网网络规模较大，核心节点数量多，整体网络业务量也较大。核心层负责提供核心节点间的局间中继电路，并负责各种业务的调度，实现大容量的业务调度和多业务传送功能。汇聚层负责一定区域内各种业务的汇聚和疏导，汇聚层具有较大的业务汇聚能力及多业务传送能力。核心层、汇聚层可考虑独立组网，在初期根据业务需求可只在核心层采用 OTN 组网。核心层的光缆资源相对丰富，用 OTN 组网时主要采用网状（Mesh）网络结构。网络结构的组织需根据光缆网的连通度以及业务的流量流向综合考虑。汇聚层主要采用环形组网，每个环跨接到两个核心节点上。

系统容量应根据业务量进行选择，一般说来核心层宜配置 40 或 80 波单波道 10Gbit/s 的系统，甚至可选择单波道 40Gbit/s，汇聚接入层则适用于 4 波、8 波或 16 波等单波道 10Gbit/s 的系统。在网络建设初期应将整个系统容量一步到位，而 OTU 板卡则根据业务进行配置。

（2）场景 2：中小规模城域传送网（见图 3-17）

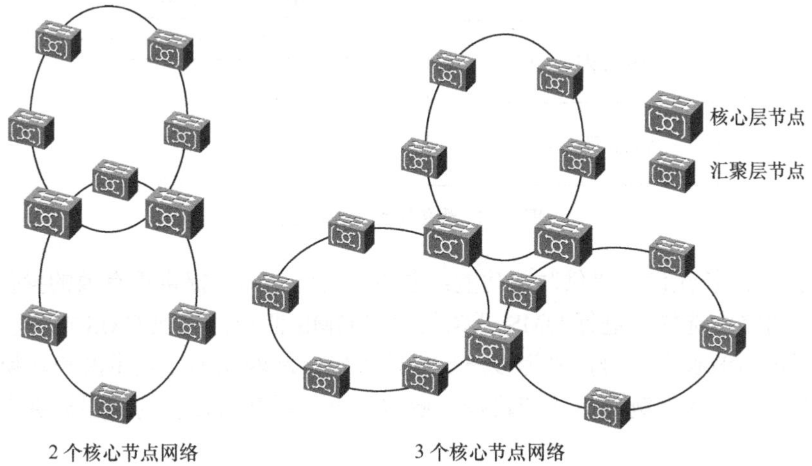

图 3-17　中小规模城域传送网 OTN 组网拓扑

城域传送网网络规模稍小，核心节点数量不多，整体网络业务量相对较小。在初期将核心层、汇聚层合并组建一层 OTN，实现业务汇聚、调度等功能，后期随着业务量的增加，可分层组织网络。中小规模城域传送网用 OTN 组网时采用环形结构，每个环跨接到两个核心节点上，该环完成环上汇聚节点业务汇聚至核心节点的同时实现两个核心节点间业务的调度。

3.2　OTN 体系架构

OTN 是在光域对客户信号提供传送、复用、选路、监控和生存处理的功能实体。根据 ITU-T 的 G.872 建议，OTN 从垂直方向划分为 3 个独立层：光通道层（OCh）、光复用段层（OMS）和光传送段层（OTS）。两个相邻层之间构成客户/服务层关系。光传送网的功能层次如图 3-18 所示。

OCh 层为透明传送各种不同格式的客户信号的光通路提供端到端的联网功能：进行光信道开销处理和光信道监控；实现网络级控制操作和维护功能。光通道层（OCh）主要为来自复用段层的客户信息选择路由和分配波长、为网络选路安排光通道连接、处理光通道开销、提供光通道层的检测与管理功能等，并在网络发生故障时通过重新选路或直接把工作业务切换到预定保护路由的方式来实现保护倒换和网络恢复。光通路层又可以细分为 3 个子层——OCh 传送单元（OTU*k*）、OCh 数据单元（ODU*k*）和 OCh 净负荷单元（OPU*k*），数据单元层还可再细分出光通道净荷单元子层。光通路层的主要传送实体有网络连接、链路连接、子网连接和路径。通常采用光交叉连接设备为该层提供交叉连接等联网功能。

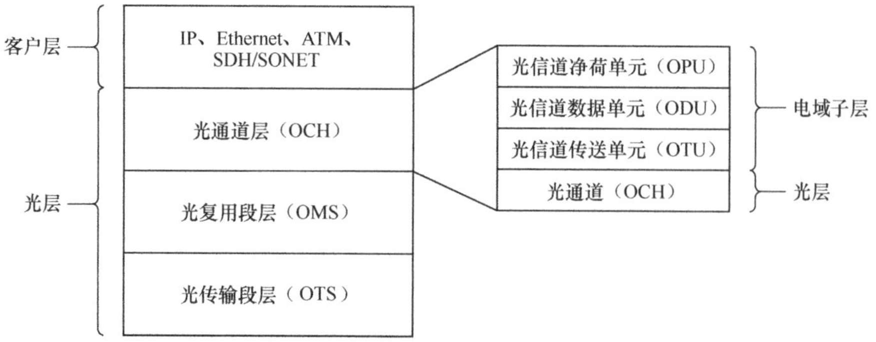

图 3-18 光传送网的功能层次

OMS 层为多波长光信号提供联网功能：主要是为全光网络提供更有效的操作和维护；进行多波长网络的路由选择；进行 OMS 开销处理和 OMS 监控；实现 OMS 操作和维护功能；将光通路复用进多波长光信号，并为多波长光信号提供联网功能，负责波长转换和管理。主要传送实体有网络连接、链路连接和路径。通常采用光纤交换设备为该层提供交叉连接等联网功能。

OTS 层为光信号提供在各种不同类型光传输媒质上传输的功能：进行 OTS 开销处理和 OTS 监控；确保 OTS 等级上的操作和管理；实现对光放大器或中继器的检测和控制功能等；为 OMS 光信号在各种不同类型的光传输媒质上的传输提供诸如放大和增益均衡等基本传送功能。在光传送网中还包括一个物理媒质层，物理媒质层是光传输段层的服务层，即所指定的光纤。主要传送实体有网络连接、链路连接和路径。目前，在光传送网中，最常用的光纤为 G.652 光纤和 G.655 光纤。其中 G.655 光纤对色散进行了有效的控制，抑制了会影响 DWDM 系统性能的非线性效应，升级也比较灵活，而且不需要其他补偿措施，因此非常适合 DWDM 系统的应用。

相比于 SDH 传送网对客户信息和网管信息的处理都是在电域进行的，而 OTN 传送网则可实现光域的相关处理，由于采用 WDM 技术在单个光纤中建立多个独立光信道，以传送话音为主的 SDH 只占一个波长，而 IP 等新业务可以添加到新的波长上，因此 OTN 传送网的使用不仅不影响现有的业务，而且使得在光传送网节点处进行以波长为单位的光交换变为可能，解决了点到点的 WDM 系统不能在光传送网节点处进行光交换的问题，实现了高效灵活的组网能力。

完整的 OTN 包含电域和光域功能，在电层，OTN 借鉴了 SDH 的映射、复用、交叉、嵌入式开销等概念；在光层，OTN 借鉴了传统 WDM 的技术体系并有所发展，OTN 的业务层次如图 3-19 所示。从客户业务适配到光通道层，信号的处理都是在电域内进行，在该域需要进行多业务适配、ODUk 的交叉调度、分级复用和疏导、管理监视、故障定位、保护倒换业务负荷的映射复用、OTN 开销的插入等处理；从光通道层到光传输段，信号的处理在光域内进行，在该域需要进行业务信号的传送、复用、OCh 的交叉调度、路由选择及光监控通道（OOS/OSC）的加入等处理。

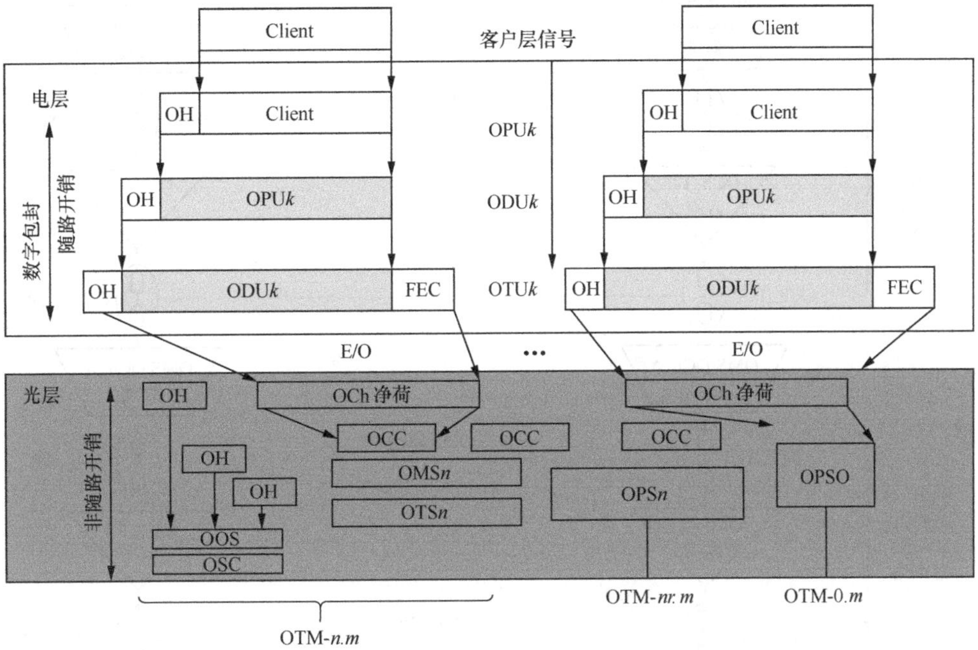

图 3-19　OTN 的业务层次图

3.2.1　OTN 分层及接口

3.2.1.1　OTN 层次结构

OTN 传送网络从垂直方向分为光通路（OCh）层网络、光复用段（OMS）层网络和光传输段（OTS）层网络 3 层，相邻层之间是客户/服务者关系，其功能模型如图 3-20 所示。

具体如下。

（1）光通路/客户适配

OCh/客户适配（OCh/Client_A）过程涉及客户和服务者两个方面的处理过程，其中客户处理过程与具体的客户类型有关，可根据特定的客户类型（如 SDH、以太网等）参考其已标准化的处理过程，相关标准仅规范服务者相关的处理过程。另外，双向的光通路/客户适配（OCh/Client_A）功能是由源和宿成对的 OCh/客户适配过程来实现。

OCh/客户适配源（OCh/Client_A_So）在输入和输出接口之间进行的主要处理过程包括：

① 产生可以调制到光载频上的连续数据流。对于数字客户，适配过程包括扰码和线路编码等处理，相应适配信息就是定义了比特率和编码机制的连续数据流；

② 产生和终结相应的管理和维护信息。

OCh/客户适配宿（OCh/Client_A_Sk）在输入和输出接口之间进行的主要处理过程包括：

① 从连续数据流中恢复客户信号。对于数字客户，适配过程包括时钟恢复、解码和解扰等处理；

② 产生和终结相应的管理和维护信息。

（2）光复用段/光通路适配

双向的 OMS/OCh 适配（OMS/OCh_A）功能是由源和宿成对的 OMS/OCh 适配过程来实现的。

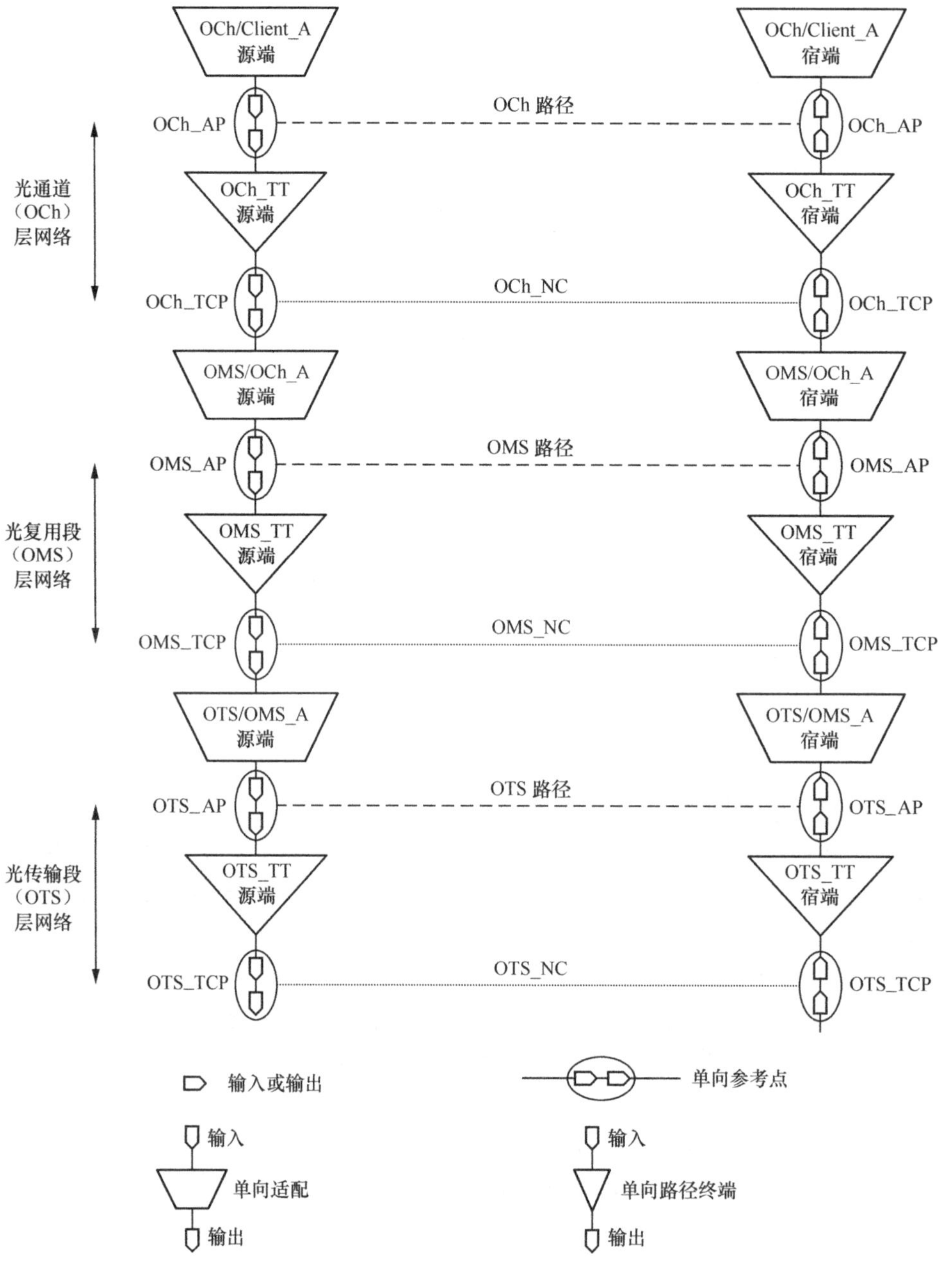

图 3-20　OTN 相邻层之间的客户/服务者关系

OMS/OCh 适配源（OMS/OCh _A_So）在输入和输出接口之间进行的主要处理过程包括：

① 通过指定的调制机制将光通路净荷调制到光载频上；然后给光载频分配相应的功率并进行光通路复用以形成光复用段；

② 产生和终结相应的管理和维护信息。

OMS/OCh 适配宿（OMS/OCh _A_Sk）在输入和输出接口之间进行的主要处理过程包括：

① 根据光通路中心频率进行解复用并终结光载频，从中恢复光通路净荷数据；

② 产生和终结相应的管理和维护信息。

注：实际处理的数据流考虑了光净荷和开销两部分数据，但开销部分在 OMS 路径终端不进行处理。

（3）光传输段/光复用段适配

双向的 OTS/OMS 适配（OTS/OMS_A）功能是由源和宿成对的 OTS/OMS 适配过程来实现。

OTS/OMS 适配源（OTS/OMS_A_So）在输入和输出接口之间进行的主要处理过程包括：产生和终结相应的管理和维护信息。

OTS/OMS 适配宿（OTS/OMS_A_Sk）在输入和输出接口之间进行的主要处理过程包括：产生和终结相应的管理和维护信息。

注：实际处理的数据流考虑了光净荷和光监控通路开销两部分数据，但光监控通路部分在 OTS 路径终端不进行处理。

3.2.1.2　光通路层网络

1．功能结构

OCh 层网络通过光通路路径实现接入点之间的数字客户信号传送，其特征信息包括与光通路连接相关联并定义了带宽及信噪比的光信号和实现通路外开销的数据流，均为逻辑信号。

OCh 层网络的传送功能和实体主要由 OCh 路径、OCh 路径源端（OCh_TT 源端）、OCh 路径宿端（OCh_TT 宿端）、OCh 网络连接（OCh_NC）、OCh 链路连接（OCh_LC）、OCh 子网（OCh_SN）、OCh 子网连接（OCh_SNC）等组成，其功能结构如图 3-21 所示。

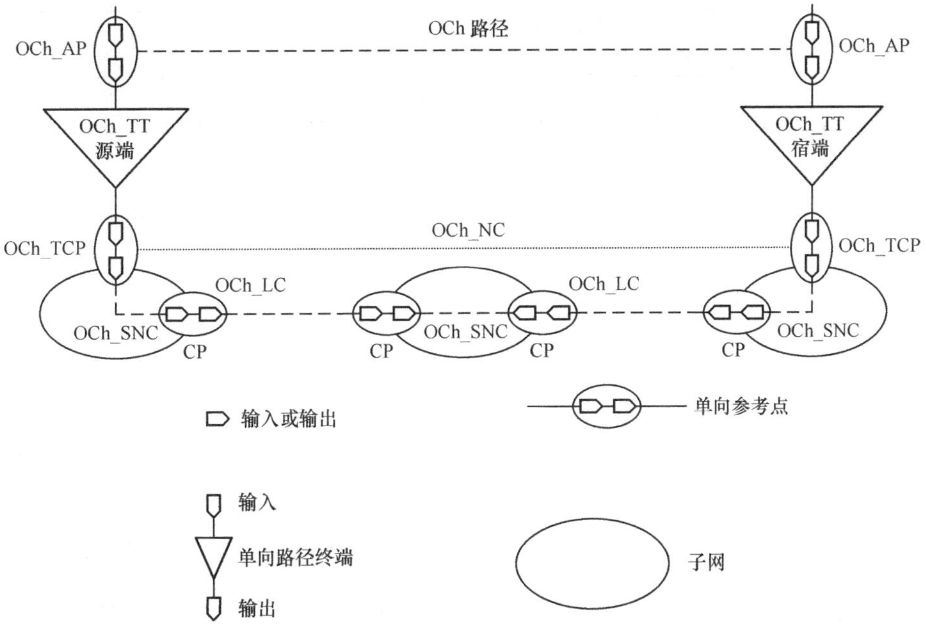

图 3-21　OCh 层网络功能结构

OCh 层网络的终端包括路径源端、路径宿端、双向路径终端 3 种方式，主要实现 OCh 连接的完整性验证、传输质量的评估、传输缺陷的指示和检测等功能。

2．子层划分

由于目前光信号处理技术的局限性，纯光模拟信号无法实现数字客户信号质量准确评估，光通路层网络在具体实现时进一步划分为 3 个子层网络：光通路子层网络、光通路传送单元（OTU*k*，*k*=1,2,3,4）子层网络和光通路数据单元（ODU*k*，*k*=0,1,2,2e,3,4）子层网络，其中后两个子层采用数字封装技术实现。相邻子层之间具有客户/服务者关系，ODU*k* 子层若支持复用功能，可继续递归进行子层划分。光通路层各子层关联的功能模型如图 3-22 所示。

3．光通路子层网络

OCh 子层网络通过 OCh 路径实现客户信号 OTU*k* 在 OTN 3R 再生点之间的透明传送。

4．光通路传送单元子层网络

OTU 子层网络通过 OTU*k* 路径实现客户信号 ODU*k* 在 OTN 3R 再生点之间的传送。其特征信息包括传送 ODU*k* 客户信号的 OTU*k* 净荷区和传送关联开销的 OTU*k* 开销区，均为逻辑信号。

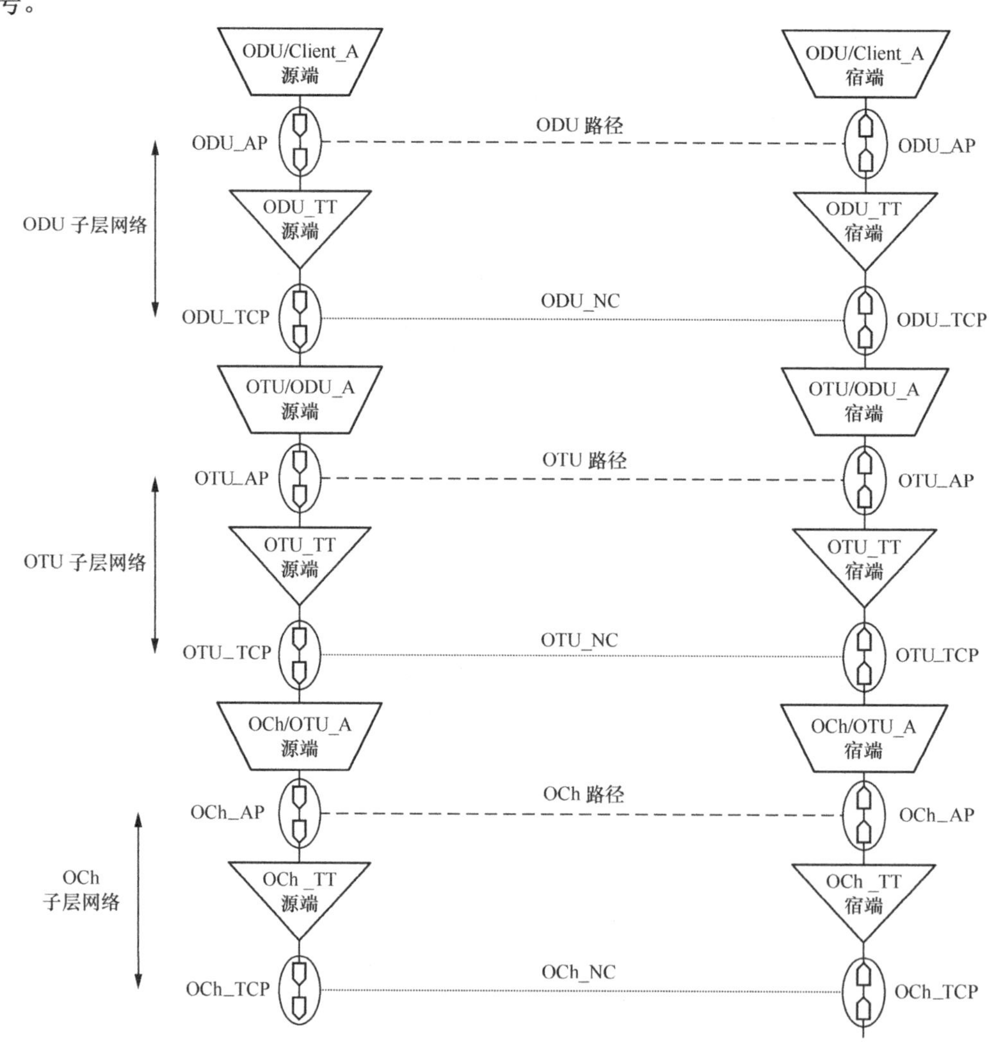

（a）ODU 不支持复用功能

图 3-22 OCh 层网络分层

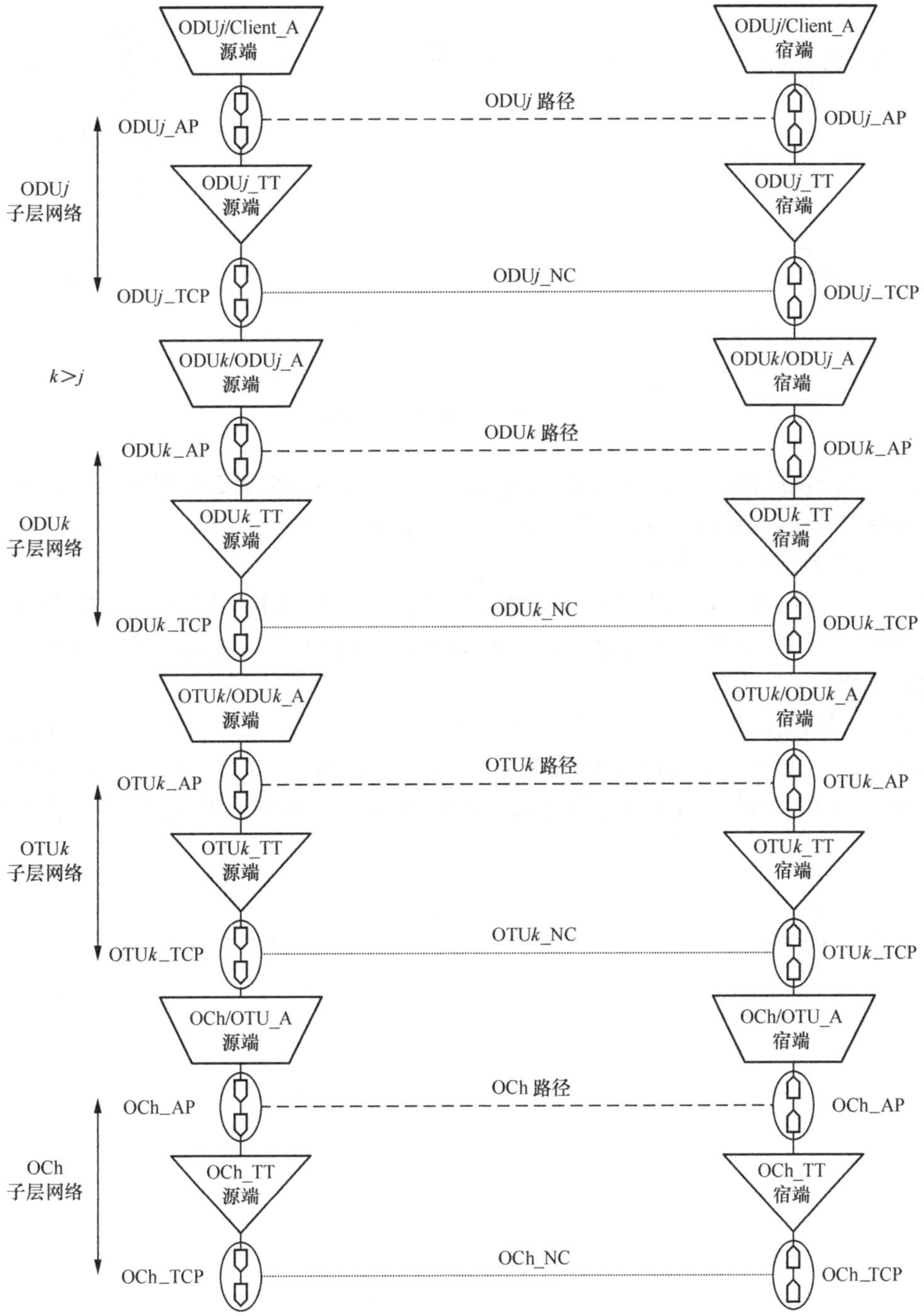

（b）ODU 支持复用功能

图 3-22　OCh 层网络分层（续）

OTU 子层网络的传送功能和实体主要由 OTU 路径、OTU 路径源端（OTU_TT 源端）、OTU 路径宿端（OTU_TT 宿端）、OTU 网络连接（OTU_NC）、OTU 链路连接（OTU_LC）等组成，相应的功能结构如图 3-23 所示。

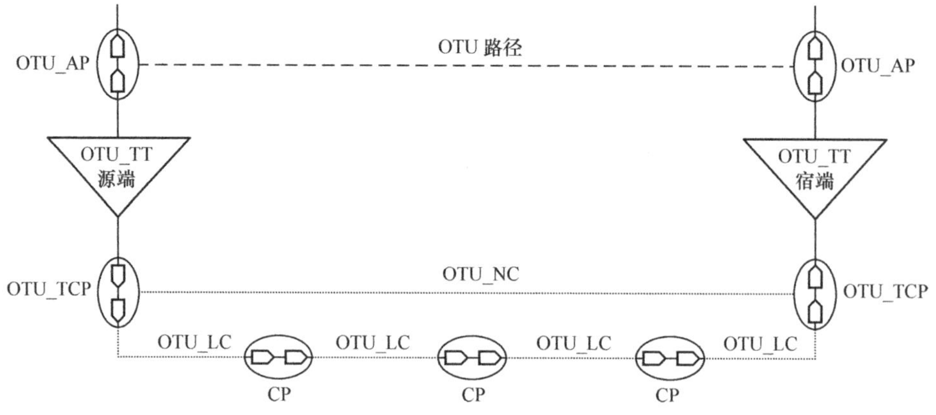

图 3-23　OTU 子层网络功能结构

OTU 子层网络的终端包括路径源端、路径宿端、双向路径终端 3 种类型，主要实现 OTU*k* 连接的完整性验证、传输质量的评估、传输缺陷的指示和检测等功能。

5．光通路数据单元子层网络

ODU 子层网络通过 ODU*k* 路径实现数字客户信号（如 SDH、以太网等）在 OTN 端到端的传送。其特征信息包括传送数字客户信号的 ODU*k* 净荷区和传送关联开销的 ODU*k* 开销区，均为逻辑信号。

ODU 子层网络的传送功能和实体主要由 ODU 路径、ODU 路径源端（ODU_TT 源端）、ODU 路径宿端（ODU_TT 宿端）、ODU 网络连接（ODU_NC）、ODU 链路连接（ODU_LC）、ODU 子网（ODU_SN）和 ODU 子网连接（ODU_SNC）等组成，相应的功能结构如图 3-24 所示。

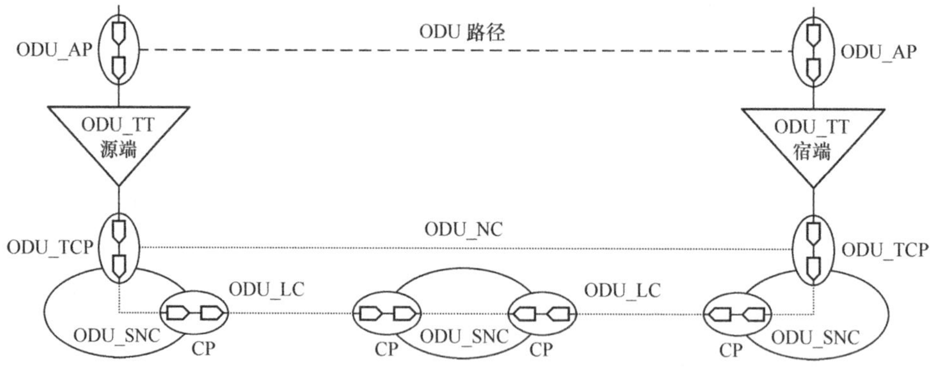

图 3-24　ODU 子层网络功能结构

ODU 子层网络的终端包括路径源端、路径宿端、双向路径终端 3 种类型，主要实现 ODU*k* 连接的完整性验证、传输质量的评估、传输缺陷的指示和检测等功能。

另外，根据 ODU*k*（*k*=0,1,2,2e,3,4）目前已定义的速率等级，ODU 子层网络支持 ODU 复用时，ODU 子层可进一步分层，如图 3-22（b）所示。

3.2.1.3　光复用段层网络

OMS 层网络通过 OMS 路径实现光通路在接入点之间的传送，其特征信息包括 OCh 层适配信息的数据流和复用段路径终端开销的数据流，均为逻辑信号，采用 n 级光复用单元（OMU-n）表示，其中 n 为光通路个数。光复用段中的光通路可以承载业务，也可以不承载业务，不承载业务的光通路可以配置或不配置光信号。

OMS 层网络的传送功能和实体主要由 OMS 路径、OMS 路径源端（OMS_TT 源端）、OMS 路径宿端（OMS_TT 宿端）、OMS 网络连接（OMS_NC）、OMS 链路连接（OMS_LC）等组成，其功能结构如图 3-25 所示。

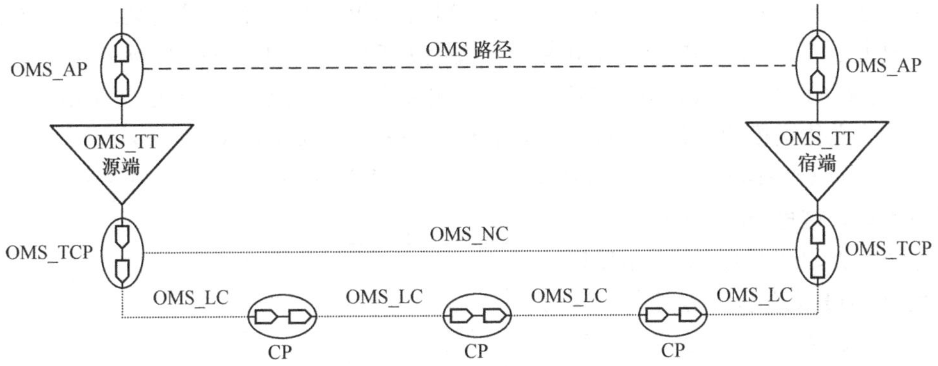

图 3-25　OMS 层网络功能结构

OMS 层网络的终端包括路径源端、路径宿端、双向路径终端 3 种方式，主要实现传输质量的评估、传输缺陷的指示和检测等功能。

3.2.1.4　光传输段层网络

OTS 层网络通过 OTS 路径实现光复用段在接入点之间的传送。OTS 定义了物理接口，包括频率、功率和信噪比等参数，其特征信息可由逻辑信号描述，即 OMS 层适配信息和特定的 OTS 路径终端管理/维护开销，也可由物理信号描述，即 n 级光复用段和光监控通路，具体表示为 n 级光传输模块（OTM-n）。

OTS 层网络的传送功能和实体主要由 OTS 路径、OTS 路径源端（OTS_TT 源端）、OTS 路径宿端（OTS_TT 宿端）、OTS 网络连接（OTS_NC）、OTS 链路连接（OTS_LC）、OTS 子网（OTS_SN）、OTS 子网连接（OTS_SNC）等组成，其功能结构如图 3-26 所示，其中 OTS_SN 和 OTS_SNC 仅在实现 OTS 1＋1 NC 保护时出现。

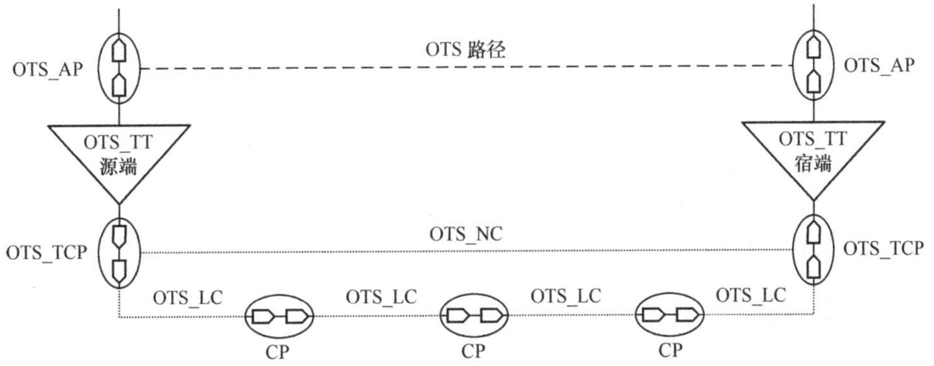

图 3-26　OTS 层网络功能结构

OTS 层网络的终端包括路径源端、路径宿端、双向路径终端 3 种方式，主要实现 OTS 连接的完整性验证、传输质量的评估、传输缺陷的指示和检测等功能。

3.2.1.5 OTN 接口

OTN 技术体制定义了两类网络接口——IrDI 和 IaDI。IrDI 接口定位于不同运营商网络之间或同一运营商网络内部不同设备厂商设备之间的互联，具备 3R 功能，而 IaDI 定位于同一运营商或设备商网络内部接口。规范 IrDI 和 IaDI 接口的实现是 OTN 标准化的目标，接口之间的逻辑信息格式由 G.709 定义，而光/电物理特性由 G959.1、G.693 等定义。由于对 OSC 的实现没有做出定义，G.709 中明确 IrDI 接口只实现无 OSC 的简化功能 OTM 即可。

G.709 定义了两种光传送模块（OTM-*n*），一种是完全功能光传送模块（OTM-*n*.*m*），另一种是简化功能光传送模块（OTM-0.*m*，OTM-*nr*.*m*，OTM-0.*mvn*）。OTM-*n*.*m* 定义了 OTN 透明域内接口，而 OTM-*nr*.*m* 定义了 OTN 透明域间接口。这里 *m* 表示接口所能支持的信号速率类型或组合，*n* 表示接口传送系统允许的最低速率信号时所能支持的最多光波长数目。当 *n* 为 0 时，OTM-*nr*.*m* 即演变为 OTM-0.*m*，这时物理接口只是单个无特定频率的光波。

OTN 接口基本信号结构如图 3-27 所示。

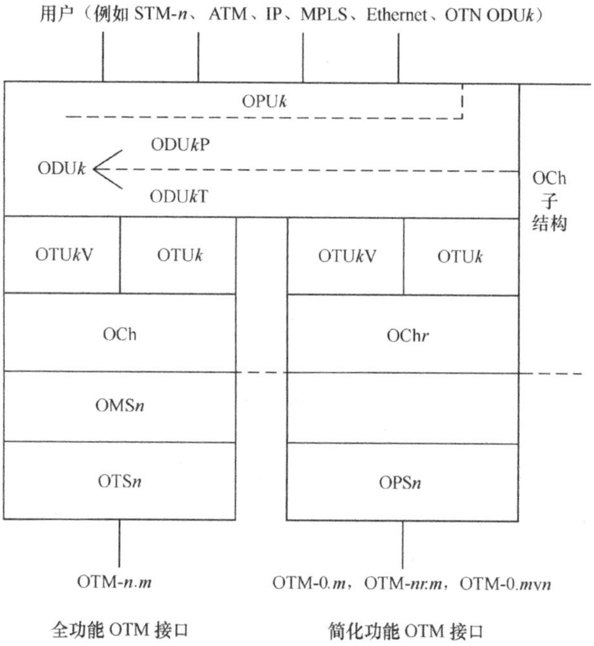

图 3-27 OTN 接口基本信号结构

1．OCh 结构

光通路层结构需要进一步分层，以支持网络管理和监控功能。

（1）全功能或简化功能的光通路（OCh/OChr），在 OTN 的 3R 再生点之间应提供透明网络连接；

（2）完全或功能标准化光通路传送单元（OTU*k*/OTU*k*V），在 OTN 的 3R 再生点之间应为信号提供监控功能，使信号适应在 3R 再生点之间进行传送；

（3）光通路数据单元（ODU*k*）应当提供：

① 串联连接监测（ODU*k*T）；

② 端到端通道监控（ODU*k*P）；

③ 经由光通路净荷单元（OPU*k*）适配用户信号。

2．全功能 OTM-*n*.*m*（*n*≥1）结构

OTM-*n*.*m*（*n*≥1）包括以下层：

（1）光传送段（OTS*n*）；

（2）光复用段（OMS*n*）；

（3）全功能光通路（OCh）；

（4）完全或功能标准化光通路传送单元（OTU*k*/OTU*k*V）；

（5）光通路数据单元（ODU*k*）。

3．简化功能 OTM-*nr*.*m*、OTM-0.*m*、OTM-0.*mvn* 结构

OTM-*nr*.*m* 和 OTM-0.*m* 包括以下层面：

（1）光物理段（OPS*n* 或 OPS0）；

（2）简化功能光通路（OChr）；

（3）完全或功能标准化光通路传送单元（OTU*k*/OTU*k*V）；

（4）光通路数据单元（ODU*k*）。

并行 OTM-0.*mvn* 包括以下层面，如图 3-28 所示：

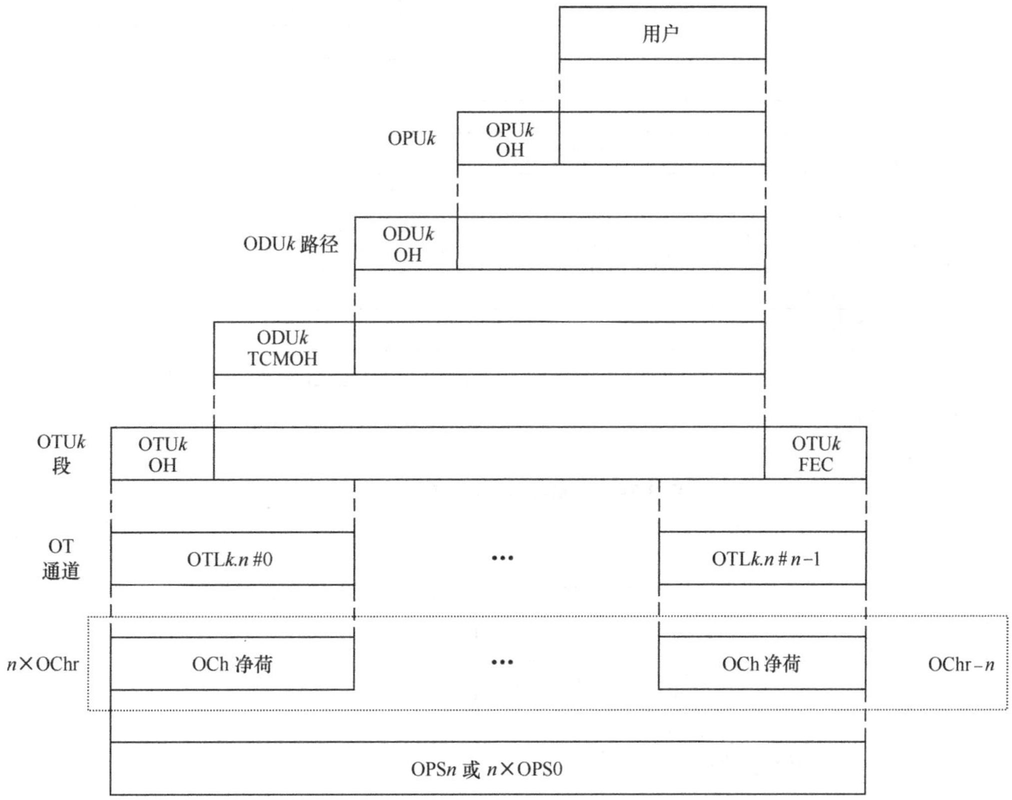

图 3-28　OTM-0.*mvn* 基本信息包含关系

（1）光物理段（OPS*n* 或 *n*×OPS0）；

（2）简化功能光通路（OChr）；

（3）光通路传送通道（OTL*k*.*n*）；

（4）光通路传送单元（OTU*k*）；

（5）光通路数据单元（ODU*k*）。

OTN 接口信息结构通过信息包含关系和流来表示。基本信息包含关系如图 3-29 至图 3-32 所示，信息流如图 3-33 所示。出于监控目的，OTN 中的 OCh 信号终结时，OTU*k*/OTU*k*V 信号也要终结。

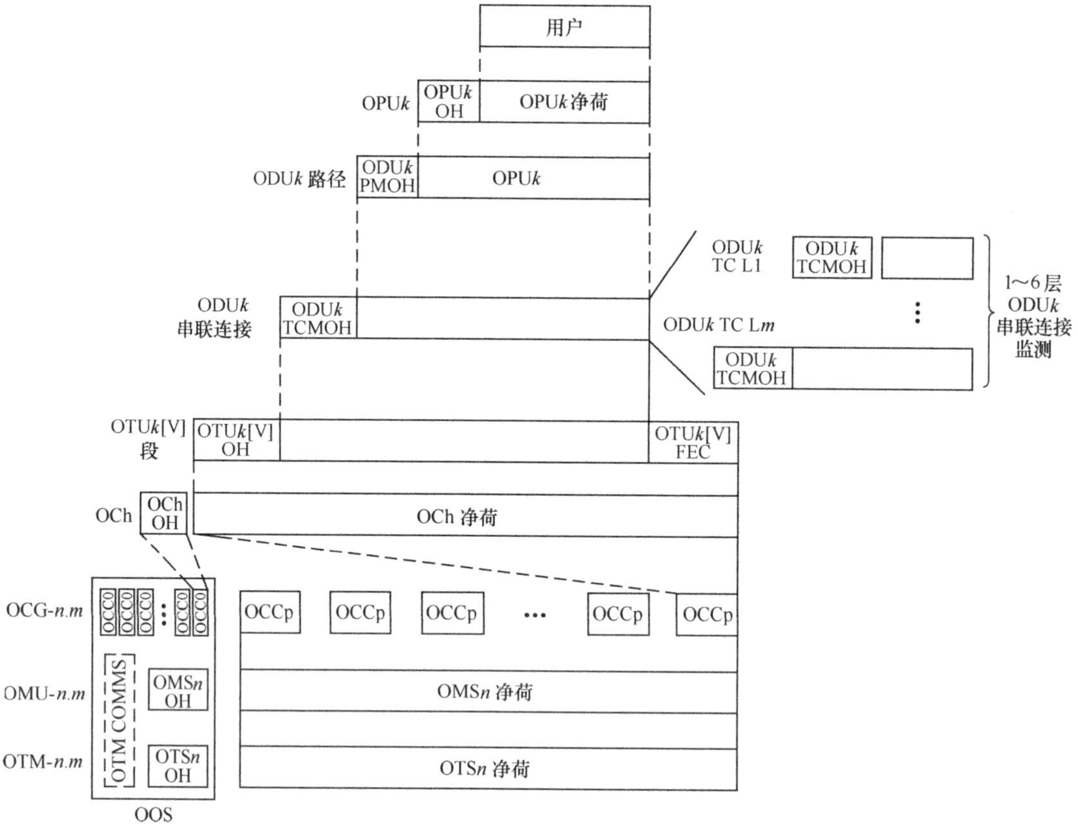

图 3-29 OTM-*n*.*m* 基本信息包含关系

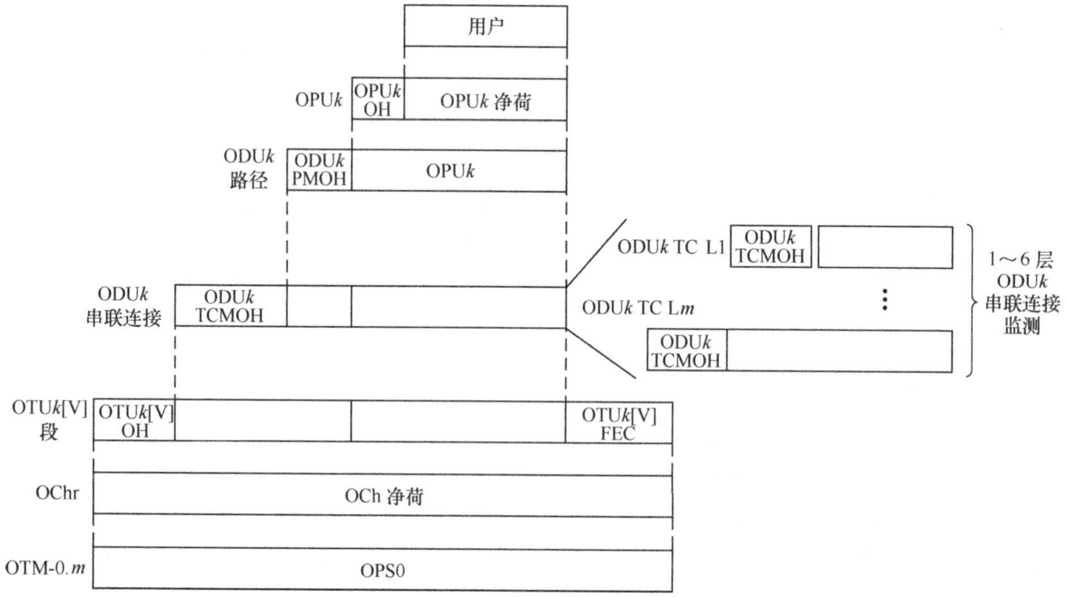

图 3-30 OTM-0.*m* 基本信息包含关系

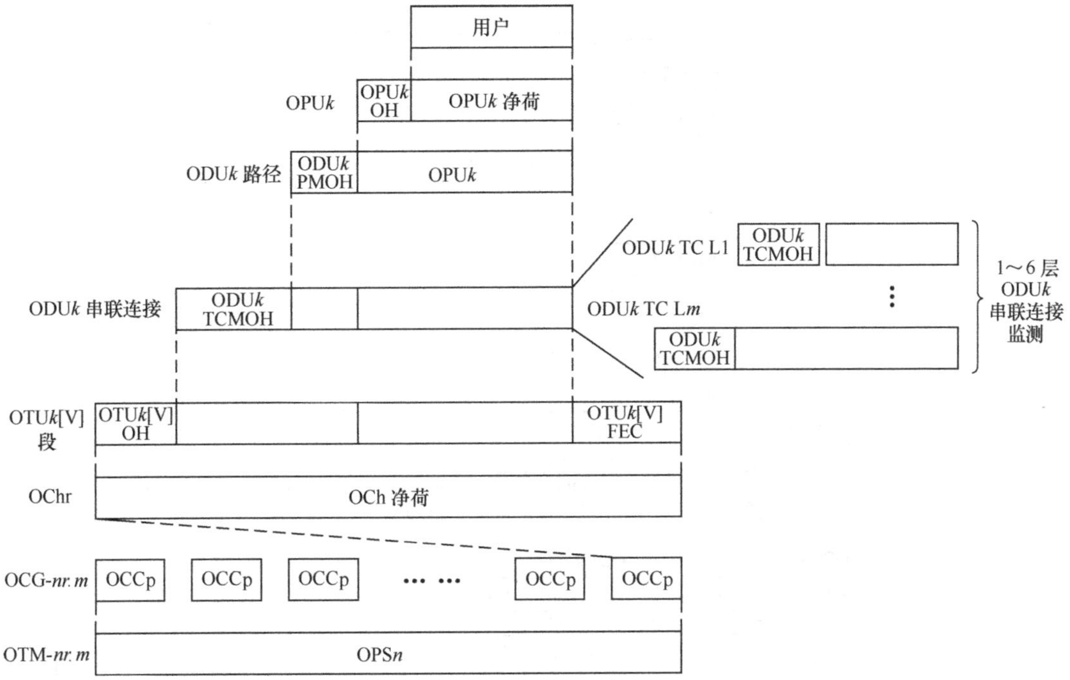

图 3-31 OTM-*nr.m* 基本信息包含关系

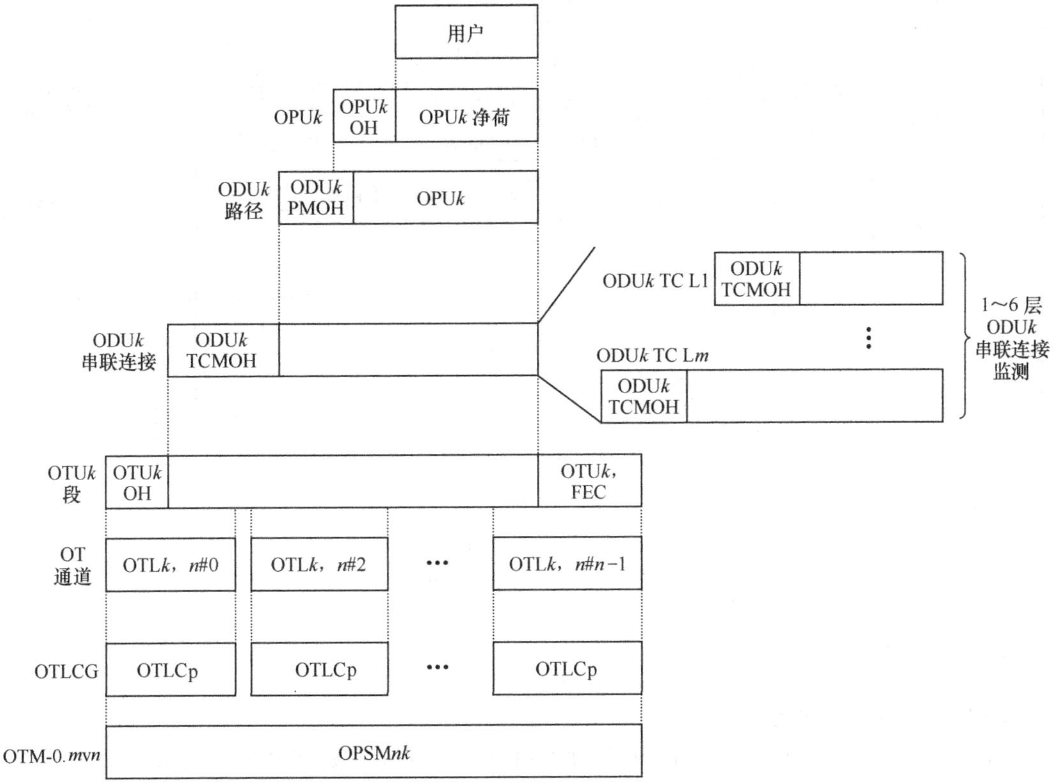

图 3-32 OTM-0.*mvn* 基本信息包含关系

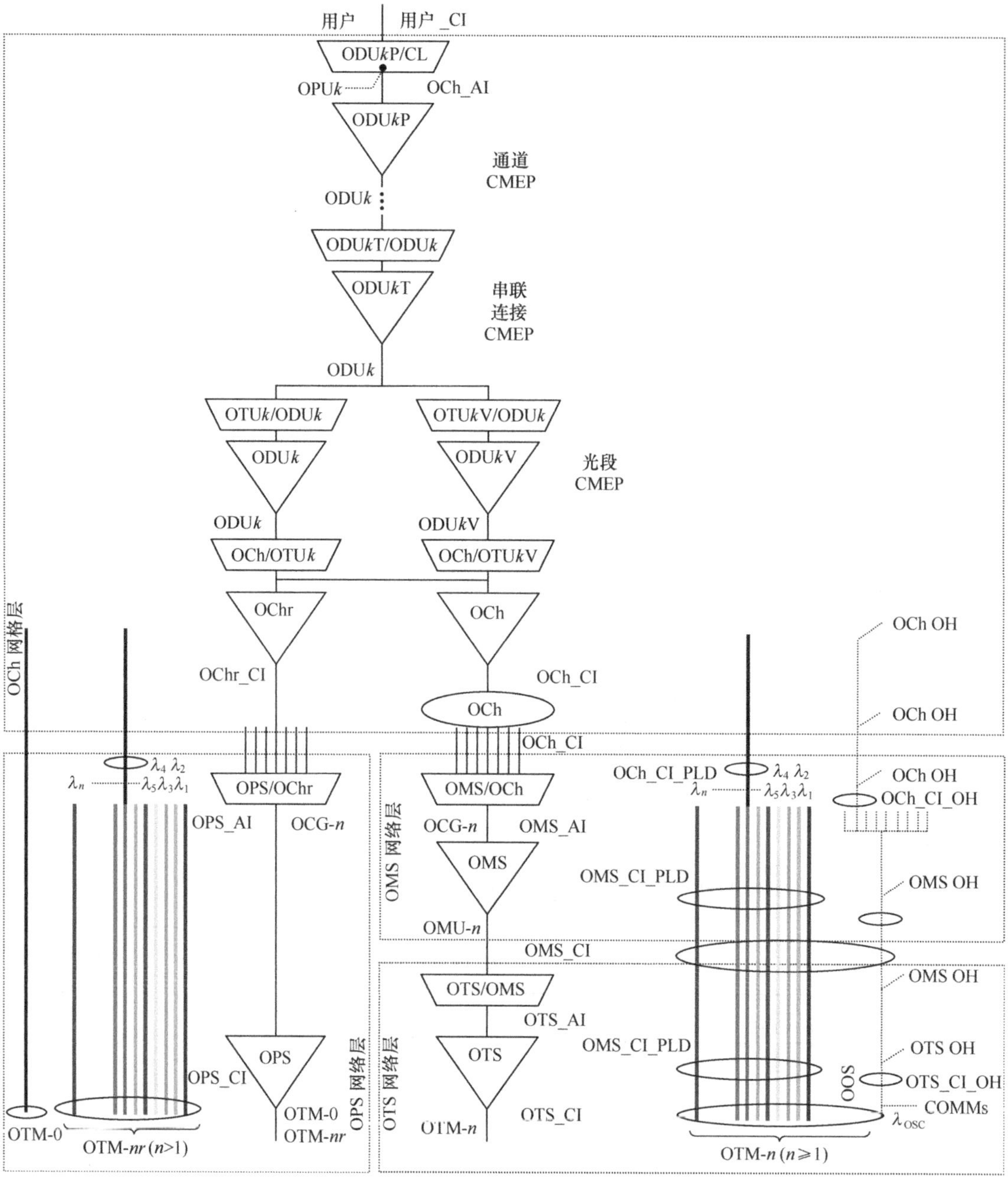

注：图中的模块仅仅用于描述，λ 代表一个光波长。

图 3-33　信息流量关系范例

3.2.2　OTN 的分割

3.2.2.1　OTN 的分域

OTN 传送网络从水平方向可分为不同的管理域，其中单个管理域可以由单个设备商 OTN 设备组成，也可由运营商的某个网络或子网组成，如图 3-34 所示。不同域之间的物理连接称为域间接口（IrDI），域内的物理连接称为域内接口（IaDI）。

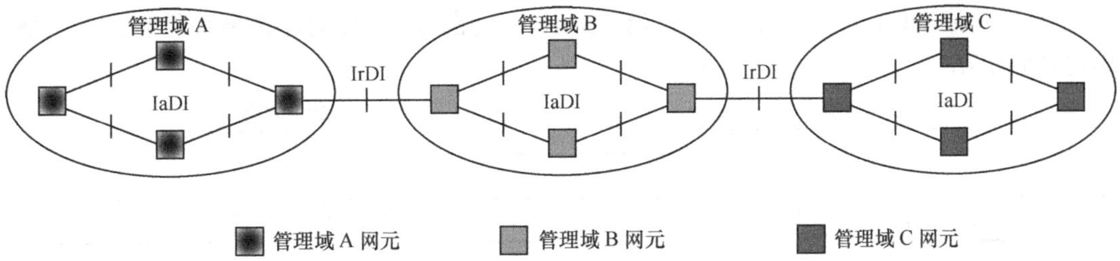

图 3-34　OTN 分域

3.2.2.2　不同管理域的互联互通

IrDI 采用无 3R 的接口尚未规范，IrDI 通过 3R 再生的方式是 IrDI 实现互通唯一可行的途径，具体包括以下 4 种方式。

（1）非 OTN 域通过非 OTN IrDI 和 OTN 域互联

非 OTN 域（如 SDH、以太网等）通过非 OTN IrDI 接口（如 SDH 接口、以太网接口等）和 OTN 域实现互联，在非 OTN IrDI 接口的客户层实现互通。

（2）非 OTN 域通过 OTN IrDI 和 OTN 域互联

非 OTN 域通过 OTN IrDI 接口和 OTN 域实现互联，在 ODU 子层实现互通。

（3）OTN 域通过非 OTN IrDI 互联

OTN 域通过非 OTN IrDI 接口（如 SDH 接口、以太网接口等）实现互联，在非 OTN IrDI 接口的客户层实现互通。

（4）OTN 域通过 OTN IrDI 互联

OTN 域通过 OTN IrDI 接口实现互联，在 ODU 子层实现互通。

3.2.2.3　OTN 域内分割

由于客户数字信号通过 OTN 传送时可能需要 3R 中继，因此，单个的管理域可进一步分割为不同的 3R 中继段。通过不同的 3R 中继段时 OCh 层网络需要终结，具体 3R 的中继功能由客户数字信号到 OCh 适配的源端和宿端来实现，而客户数字信号是否需要终结取决于客户信号的类型。

如果 OCh 客户信号为 OTU*k* 信号，在进行 3R 时需要终结 OTU*k* 子层网络，如图 3-35 所示。此时 OCh 和 OTU*k* 层网络相互重合，即 OTU*k* 数字段构成一个 3R 中继段。

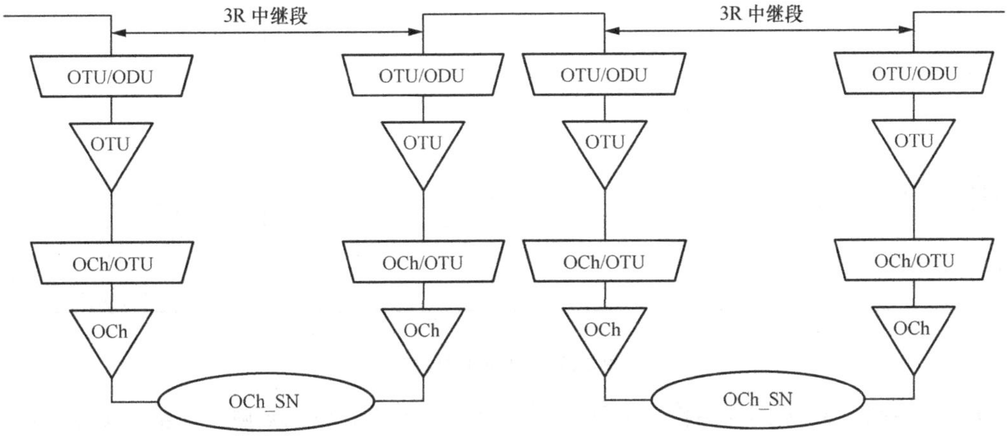

图 3-35　客户信号为数字 OTN 时的 3R 中继段

而对于其他 OCh 的数字客户信号（如 SDH），则在进行 3R 时不需要终结客户层网络，如图 3-36 所示。

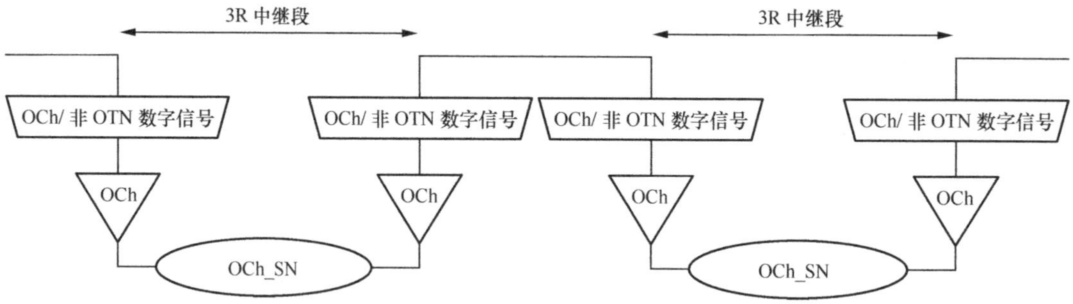

图 3-36　客户信号为非数字 OTN 时的 3R 中继段

对于单个 3R 中继段，实际应用有需要时可进一步分割。例如，当 OCh 层提供灵活路由功能时，就需要对 3R 中继段进行进一步分割。

3.2.3　OTN 帧结构与开销

3.2.3.1　OTN 帧结构

1．OTU*k* 帧结构

OTU*k* 采用固定长度的帧结构，且不随客户信号速率而变化，也不随 OTU1、OTU2、OTU3、OTU4 等级而变化。当客户信号速率较高时，相对缩短帧周期，加快帧频率，而每帧承载的数据信号没有增加。对于承载一帧 10Gbit/s SDH 信号，需要大约 11 个 OTU2 光通道帧，承载一帧 2.5Gbit/s SDH 信号则需要大约 3 个 OTU1 光通道帧。

OTU*k* 帧结构如图 3-37 所示为 4 行 4080 列结构，主要由 3 部分组成：OTU*k* 开销、OTU*k* 净负荷、OTU*k* 前向纠错。图中第 1 行的第 1～14 列为 OTU*k* 开销，其中第 1～8 列被用作 FAS 帧定位，第 2～4 行中的第 1～14 列为 ODU*k* 开销，第 1～4 行的 15～3824 列为 OTU*k* 净负荷，第 1～4 行中的 3825～4080 列为 OTU*k* 前向纠错码。

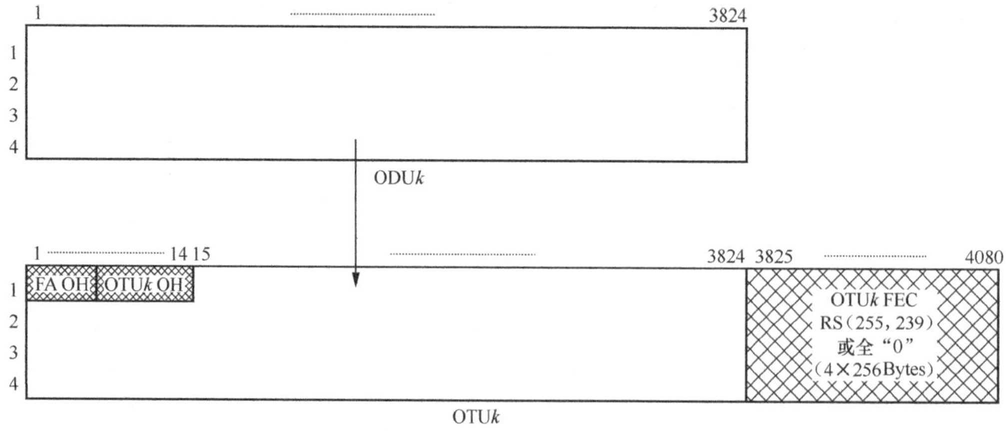

图 3-37　OTU*k* 帧结构图

OTU*k*（*k*=1,2,3,4）的帧结构与 ODU*k* 帧结构紧密相关，OTU*k* 帧结构基于 ODU*k*，另外还附加了 FEC 字段。它是以 8 比特字节为基本单元的块状帧结构，由 4 行 4080 列字节数据组成。OTUk 与 ODUk 相比，增加了 256 列 FEC 字节。OTUk 信号包括 RS（255，239）编码，如果 FEC 不使用，填充全“0”码。当支持 FEC 功能与不支持 FEC 功能的设备互通时（在 FEC 区域全部填充“0”），FEC 功能的设备应具备关掉此功能的能力，即对 FEC 区域的字节不做处理。OTU4 必须支持 FEC。

2．ODUk 帧结构

ODUk（k=0,1,2,2e,3,4）帧结构如图 3-38 所示，为 4 行 3824 列结构，主要由两部分组成：ODUk 开销和 OPUk。第 1～14 列为 ODUk 的开销部分，但第 1 行的 1～14 列用来传送帧定位信号和 OTUk 开销。第 2、3、4 行的（1～14）列用来传送 ODUk 开销。15～3824 列用来承载 OPUk。

3．OPUk 帧结构

OPU k（k=0,1,2,2e,3,4）帧结构如图 3-39 所示，为 4 行 3810 列结构，主要由两部分组成：OPUk 开销和 OPUk 净负荷。OPUk 的 15～16 列用来承载 OPUk 的开销，17～3824 列用来承载 OPUk 净负荷。OPUk 的列编号来自于其在 ODUk 帧中的位置。

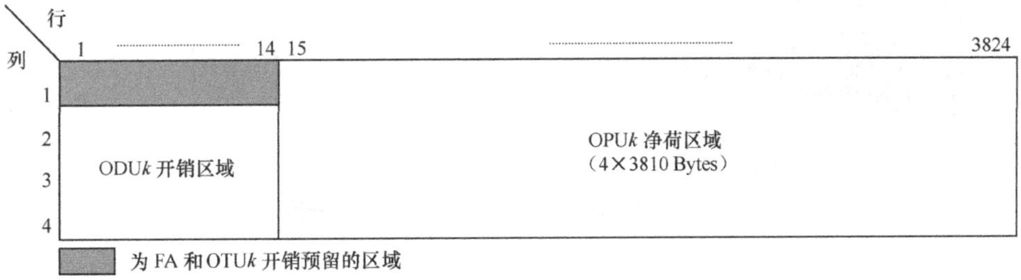

图 3-38　ODUk 帧结构图

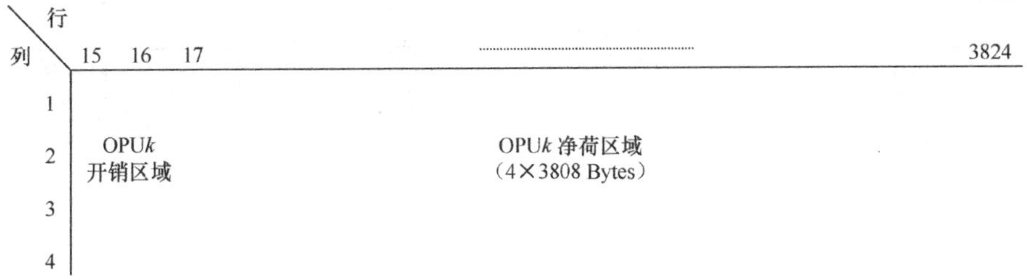

图 3-39　OPUk 帧结构图

3.2.3.2　OTN 开销

3.2.3.2.1　OTUk、ODUk 和 OPUk 开销

OTUk、ODUk 和 OPUk 的开销如图 3-40 和图 3-41 所示。

OPUk OH 信息添加到 OPUk 信息净荷来创建 OPUk，其包括支持客户信号适配的信息。当 OPUk 信号组合和拆分时，OPUk OH 会终结。

ODUk OH 信息添加到 ODUk 信息净荷以创建 ODUk，其包括支持光通路的维护和操作功能。ODUk OH 由负责端到端的 ODUk 通道的开销和 6 个级别的串联连接监控开销组成。在 ODUk 信号组合和拆分时，ODUk 通道 OH 终结。TCM OH 在相应的串行连接的源和宿处分别添加和终结。

OTUk OH 信息是 OTUk 信号结构的一部分，包括用于操作功能的信息，支持在一个或多个光通路连接上进行传送。OTUk OH 在 OTUk 信号信号组合和拆分时终结。

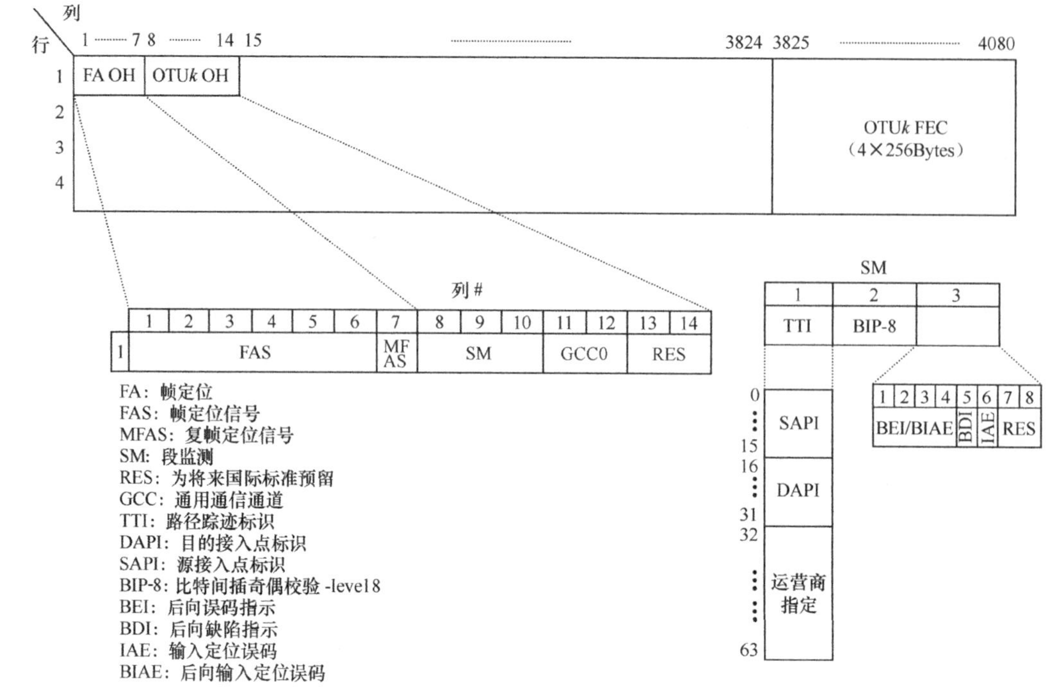

图 3-40　OTU*k* 帧结构，帧定位和 OTU*k* 开销

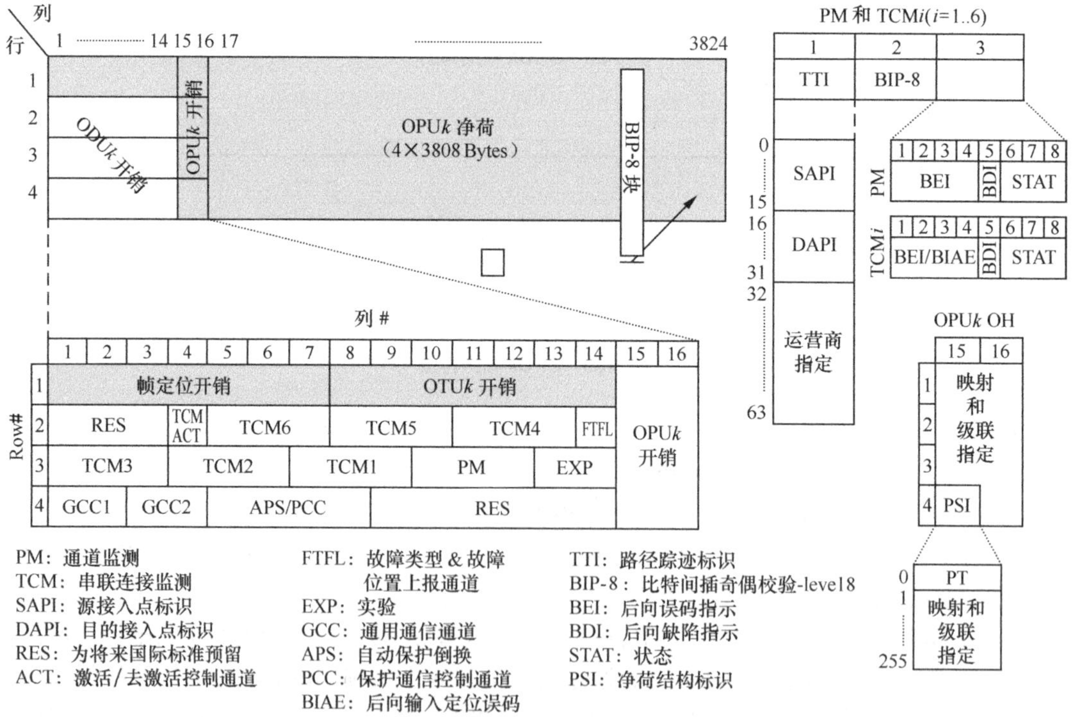

图 3-41　ODU*k* 帧结构，ODU*k* 和 OPU*k* 开销

3.2.3.2.2　OTS、OMS 和 OCh 的开销

OTS、OMS 和 OCh 的开销如图 3-42 所示。

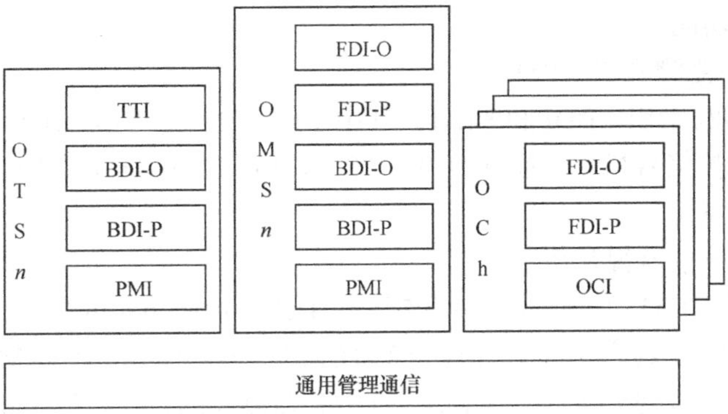

图 3-42　OTSn、OMSn 和 OCh 开销作为 OOS 中的逻辑单元

OCh OH 信息添加到 OTUk 以创建 OCh，其包括支持故障管理的维护功能信息。当 OCh 信号组合和拆分时，OCh OH 被终结。OMS OH 信息添加到 OCG 以创建 OMU，其包含支持光复用段的维护和操作功能的信息。OMS OH 在 OMU 信号组合和拆分时终结。把 OTS OH 信息添加到信息净荷以创建 OTM，其包含支持光传输段的维护和操作功能的信息。OTM 组合和拆分时 OTS OH 被终结。把 COMMS OH 信息添加到信息净荷以创建 OTM，其提供网元之间的综合管理通信。

3.2.3.2.3　开销描述

1．OTUk 开销功能

（1）帧定位字节（FAS）

FAS 由 6 个字节组成，包括 3 个 OA1 和 3 个 OA2，其中 OA1 为“11110110”（F6），OA2 “00101000”（28），它的作用与 SDH 中的 A1 和 A2 字节相同。

（2）复帧定位字节（MFAS）

信号由多帧表示时，其定界需根据复帧定位信号来确认信息的开始，每个 OTUk/ODUk 开销信号可以采用复帧信号指示锁定于基准帧、2 帧、4 帧、16 帧、32 帧等复帧信号。复帧最多可以包含 256 个子帧，复帧中的每一个 OTUk/ODUk 按照 0～255 编号，每一帧比上一帧编号增加 1。

（3）段监测字节（SM）

① TTI 路径踪迹识别包含 16 个字节的源接入点识别符和 16 字节的目的接入点识别符。该字节相当于 SDH 中的 J 字节。

② BIP-8 8bit 间插奇偶校验码用来监控 OPUk 部分的误码情况。

③ BEI/BIAE 指示后向误码指示/后向输入定位误码。BEI 向上游传送 OTUk 段终结宿功能监测到的 BIP-8 错误数，相当于 SDH 中的 REI；BIAE 向上游传送 OTUk 段终结宿功能监测到输入定位错误 IAE 信息。

④ BDI 反向故障指示，用来向上游传送 OTUk 段终结宿功能监测到的信号失效状态。

⑤ IAE 输入帧定界误码，由段连接监视终结点 S-CMEP 进口向对等的 S-CMEP 出口发出的监测到的帧定界信号错误。

（4）通用通信通路（GCC0）

由 2 个字节组成，作为 OTUk 终结点之间的通用通信通路（GCC），可以传送任何信号格式的透明通路。

（5）保留开销（RES）

2．ODU*k* 开销功能

（1）ODU*k* 通路监测开销（PM）

包括 TTI、BIP-8、BEI、BDI 和 STAT，其中 TTI、BIP-8、BEI、BDI 的解释与 OTU*k* SM 相同。STAT 作为维护信号指示，提供 ODU-AIS（111）、ODU-OCI（110）、ODU-LCK（101）和正常（001）几种状态。

（2）TCM 串联连接监视开销

ITU 定义了 6 阶 TCM 串联连接监视开销——TCM*i*(*i*=1～6)。每个 TCM 中都包含了 TTI、BIP-8、BEI、BDI 和 STAT 等开销，完成一个 TCM 段的监测。利用 TCM 开销可以对多运营商/多设备商/多子网环境现分级和分段管理。TCM 监测段的设置可以采用级联方式和嵌套方式，图 3-43 中 B1-B2、B3-B4 是级联方式，A1-A2、B1-B2、C1-C2 是嵌套方式。

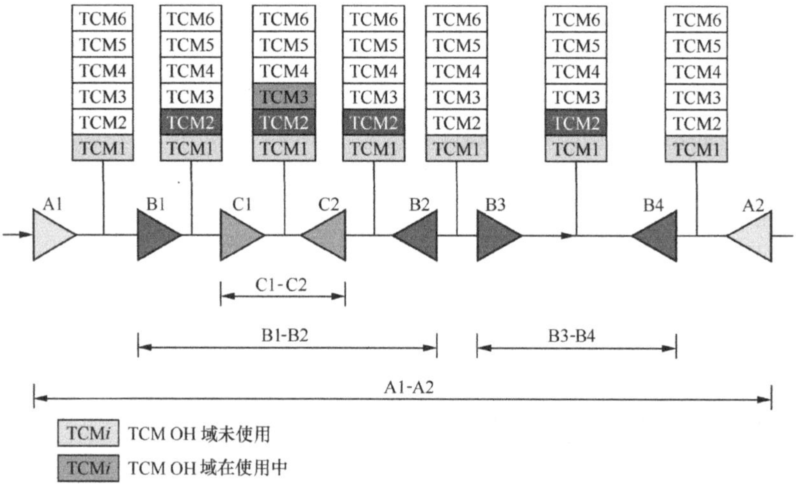

图 3-43 TCM 级联和嵌套

（3）自动保护倒换与保护控制通路（APS/PCC）

3．OPU*k* 开销功能

（1）OPU*k* 净负荷结构指示（PSI）

PSI[0]表示了 OPU*k* 信号的类型，相当于 SDH 中的 C2 字节。

（2）OPU*k* 复用结构指示（MSI）

位于 PSI[2]～PSI[17]，用于指示传送的 ODU 类型和 ODU 支路端口。

（3）调整控制字节（JC）和负调整机会开销（NJO）

3.2.4 OTN 复用与映射结构

图 3-44 和图 3-45 给出了不同信息结构元素之间的关系，并描述了 OTM-*n* 的复用结构和映射（包括波分复用和时分复用）。

图 3-44 描述了用户信号映射到低阶 OPU，标识为“OPU（L）”；OPU（L）信号映射到相关的低阶 ODU，标识为“ODU（L）”；ODU（L）信号映射到相关的 OTU[V]信号或者 ODTU 信号。ODTU 信号复用到 ODTU 组（ODTUG）。ODT UG 信号映射到高阶 OPU，标识为“OPU（H）”。OPU（H）信号映射到相关的高阶 ODU，标识为“ODU（H）”。ODU（H）信号映射

到相关的 OTU[V]。

注：OPU（L）和 OPU（H）具有相同的信息结构，但承载不同的用户信号。ODU（L）和 ODU（H）具有相同的信息结构，但承载不同的用户信号。

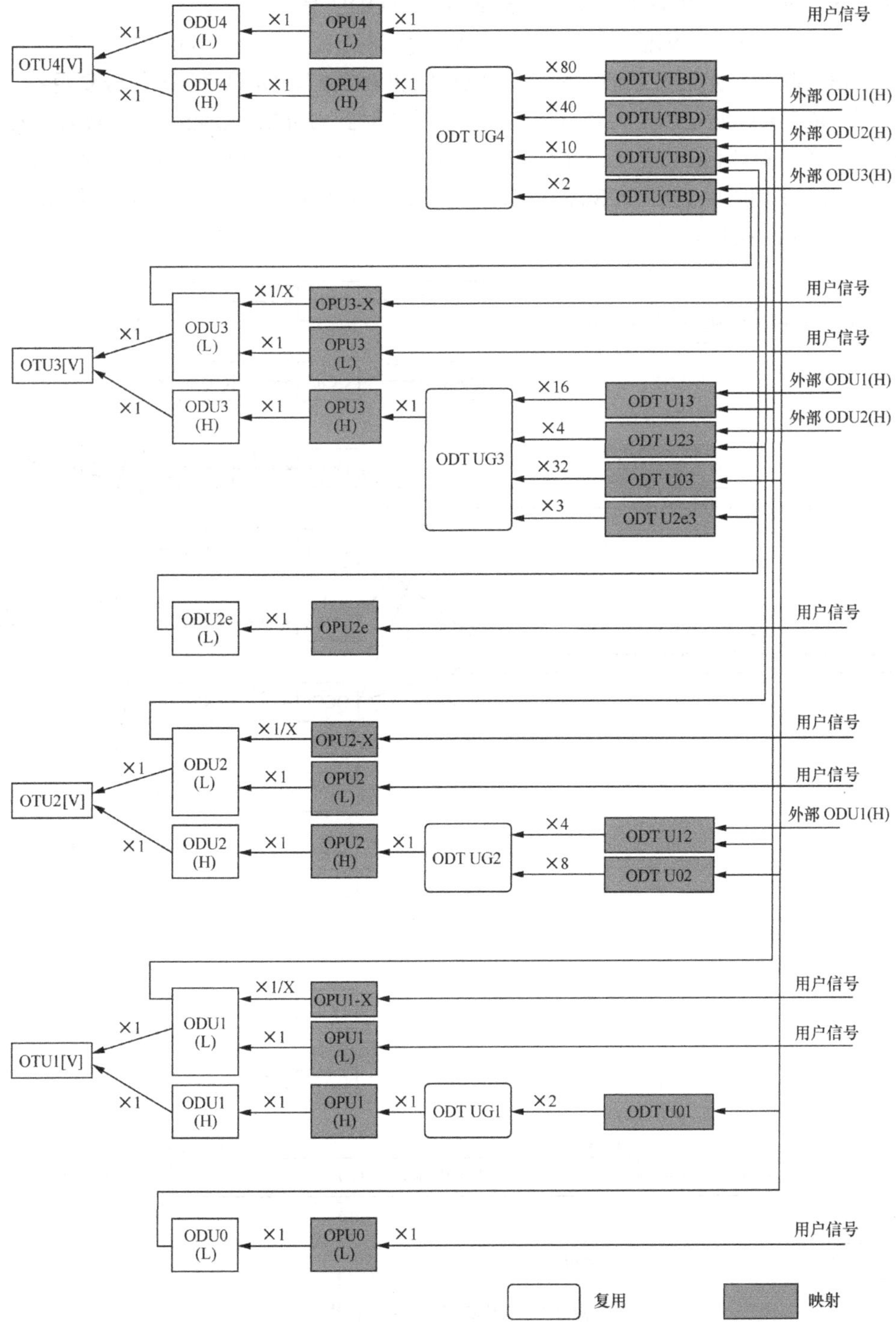

图 3-44　一个管理域中的 OTM 复用和映射结构

图 3-44 同时描述了“外部 ODU（H）”。外部 ODU（H）信号是在本管理域中传送、在另一个管理域中终结的 ODU（H）信号。这种外部 ODU（H）映射到 ODTU 信号，承载 ODU（H）的 ODTU 信号可能和承载 ODU（L）的 ODTU 信号一起复用到 ODT UG 中。这种复用方式满足 G.872 关于在一个管理域中建议只支持单级 ODU 复用的规定。

图 3-45 描述了 OTU[V]信号映射到光通路信号（标识为 OCh 和 OChr）或者 OTL*k.n*。OCh/OChr 信号映射到光通路载波，标识为“OCC 和 OCCr”。OCC/OCCr 信号复用到光载波群，标识为 OCG-*n.m* 或 OCG-*nr.m*。OCG-*n.m* 信号映射到 OMS*n*。OMS*n* 信号映射到 OTS*n*。OTS*n* 信号出现在 OTM-*n.m* 接口。OCG-*nr.m* 信号映射到 OPS*n*。OPS*n* 信号出现在 OTM-*nr.m* 接口。单个 OCCr 信号映射到 OPS0。OPS0 信号出现在 OTM-0.*m* 接口。一组 *n* 路 OPS0 信号出现在 OTM-0.*mvn* 接口。

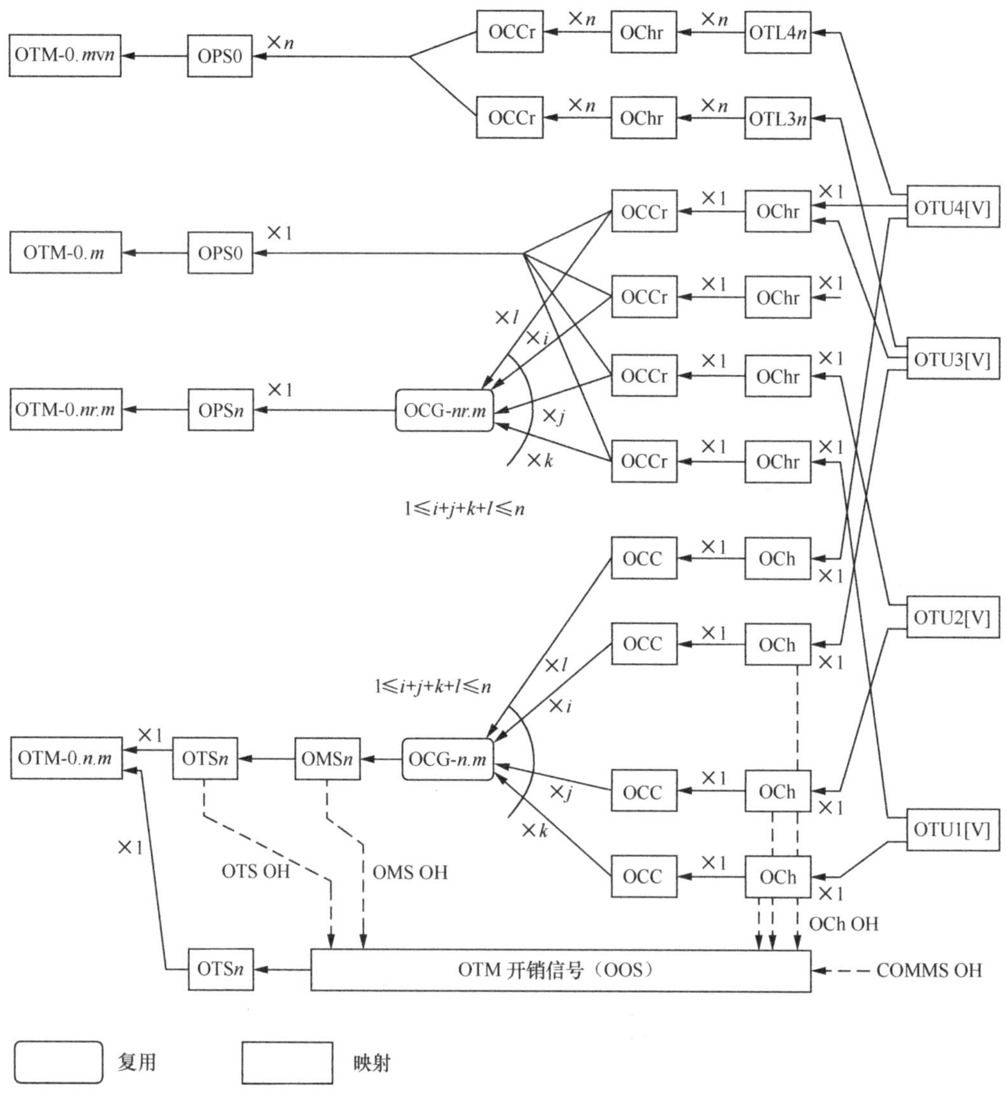

图 3-45　OTM 复用和映射结构

ODU（L）复用到 ODU（H）和 OCh/OChr 复用到 OMS*n*/OPS*n* 在管理域中提供了两级复用的能力。

用户信号或光通路数据单元支路单元群（ODT UG*k*）被映射到 OPU*k*，OPU*k* 被映射到 ODU*k*，ODU*k* 映射到 OTU*k*[V]，OTU*k*[V]映射到 OCh[r]，最后 OCh[r]被调制到 OCC[r]。

3.2.5　OTN 光传送模块

3.2.5.1　简化功能的 OTM（OTM-0.*m*、OTM-0.*mvn*）

相关标准目前为 IrDI 定义了 OTM-*nr.m*、OTM 0.*m* 和 OTM-0.*mvn* 简化功能的 OTM 接口。

OTM-*nr.m* 接口定义有 9 种 OTM *nr* 接口信号：

① OTM-*nr*.1（承载 i（$i \leqslant n$）OTU1[V]信号）；

② OTM-*nr*.2（承载 j（$j \leqslant n$）OTU2[V]信号）；

③ OTM-*nr*.3（承载 k（$k \leqslant n$）OTU3[V]信号）；

④ OTM-*nr*.4（承载 l（$l \leqslant n$）OTU4[V]信号）；

⑤ OTM-*nr*.1234（承载 i（$i \leqslant n$）OTU1[V]，j（$j \leqslant n$）OTU2[V]，k（$k \leqslant n$）OTU3[V]和 l（$l \leqslant n$）OTU4[V]信号，其中 $i+j+k+l \leqslant n$）；

⑥ OTM-*nr*.123（承载 i（$i \leqslant n$）OTU1[V]，j（$j \leqslant n$）OTU2[V]和 k（$k \leqslant n$）OTU3[V]信号，其中 $i+j+k \leqslant n$）；

⑦ OTM-*nr*.12（承载 i（$i \leqslant n$）OTU1[V]和 j（$j \leqslant n$）OTU2[V]信号，其中 $i+j \leqslant n$）；

⑧ OTM-*nr*.23（承载 j（$j \leqslant n$）OTU2[V]和 k（$k \leqslant n$）OTU3[V]信号，其中 $j+k \leqslant n$）；

⑨ OTM-*nr*.34（承载 k（$k \leqslant n$）OTU3[V]和 l（$l \leqslant n$）OTU4[V]信号，其中 $k+l \leqslant n$）。

统称为 OTM-*nr.m*，见图 3-46。

OTM-*nr.m* 接口信号包含 n 个 OCC，其中有 m 个低速率信号，也可能会是少于 m 个的高速率 OCC。

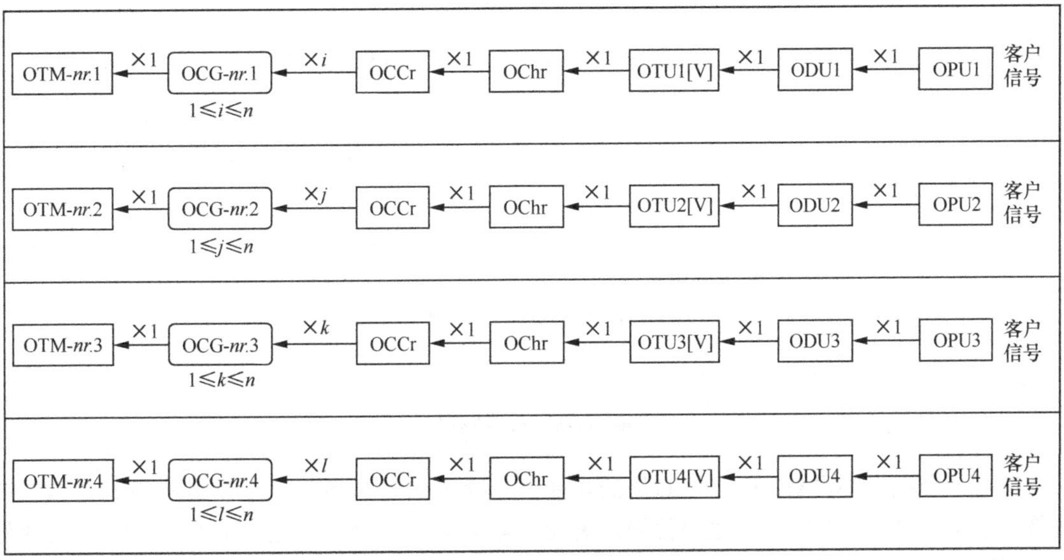

（a）OTM-*nr.m* 接口承载相同的多通路信号

图 3-46　OTM-*nr.m* 结构

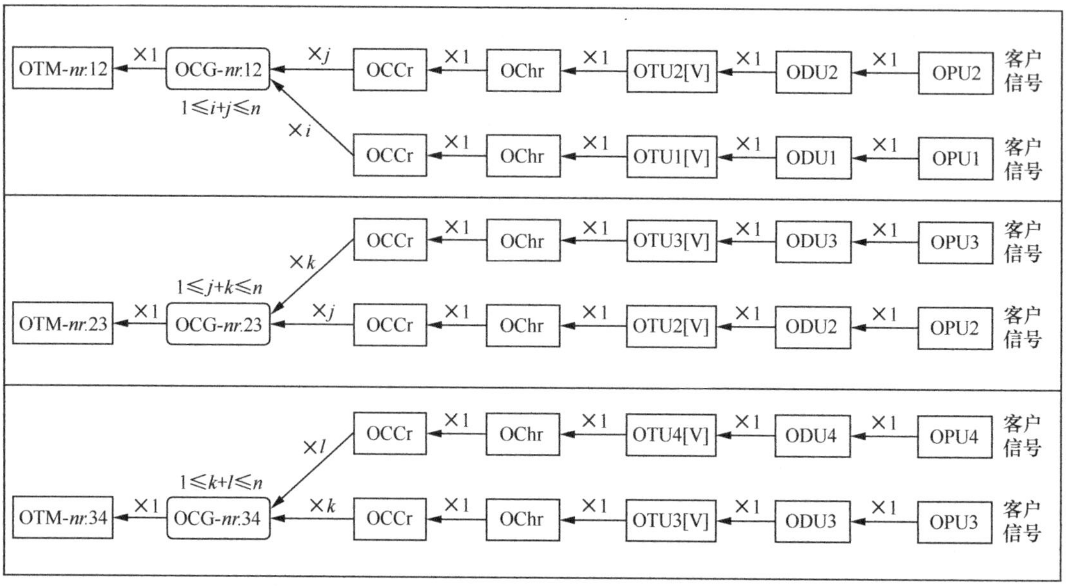

（b）OTM-*nr.m* 接口承载两种不同的多通路信号

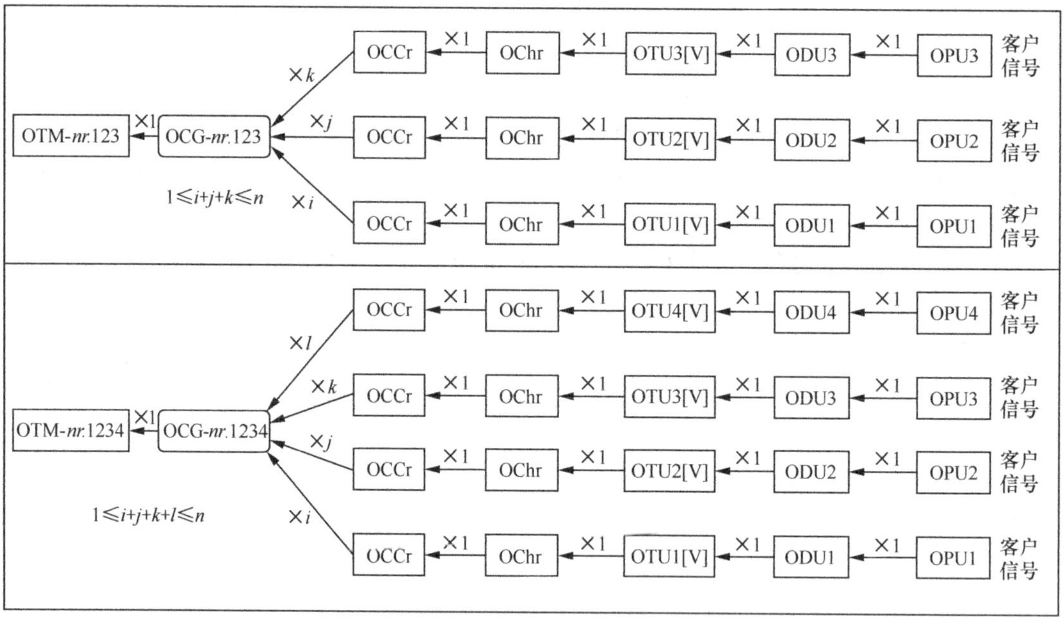

（c）OTM-*nr.m* 接口承载两种以上不同的多通路信号

图 3-46　OTM-*nr.m* 结构（续）

在每一个端点都具有 3R 再生和终结功能的单跨段的光通路上，OTM-0.*m* 支持单波长光通路。定义了 4 种 OTM-0.*m* 接口信号，见图 3-44，每种承载一个包含 OTU*k*[V]信号的单波长光通路：

① OTM-0.1（承载 OTU1[V]）；

② OTM-0.2（承载 OTU2[V]）；
③ OTM-0.3（承载 OTU3[V]）；
④ OTM-0.4（承载 OTU4[V]）。
统称为 OTM-0.*m*。
图 3-47 显示了不同信息结构之间的关系，以及 OTM-0.*m* 的映射方式。

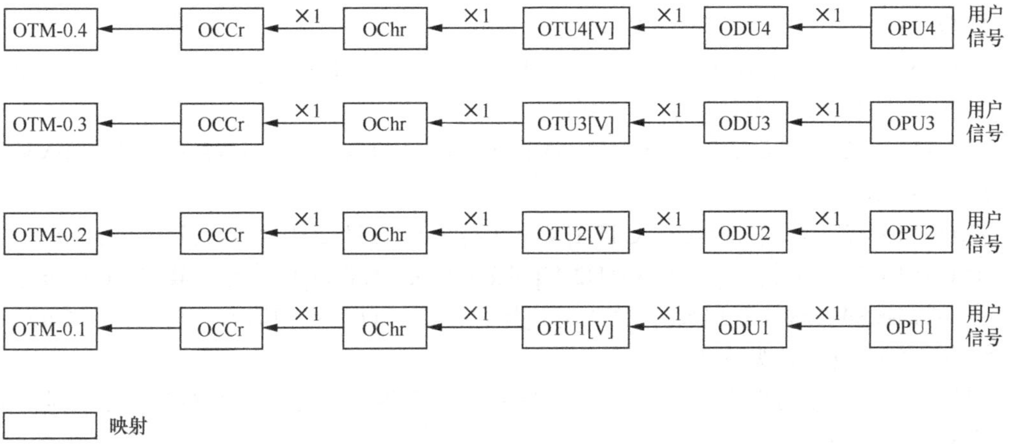

图 3-47　OTM-0.*m* 结构

OTM-0.*m* 信号结构中不需要 OSC 和 OOS。

在每一个端点都具有 3R 再生和终结功能的单跨段的光通路上，OTM-0.*mvn* 支持一个多通道光信号。目前定义了两种 OTM-0.*mvn* 接口信号，见图 3-45，每种承载包含一个 OTU*k*[V] 信号分发到 4 个光通道上的 4 路光信号：

① OTM-0.3v4（承载 OTU3）；

② OTM-0.4v4（承载 OTU4）。

统称为 OTM-0.*mvn*。图 3-48 显示了 OTM-0.3v4 和 OTM-0.4v4 的不同信息结构之间的关系。OTM-0.*mvn* 信号结构中不需要 OSC 和 OOS。

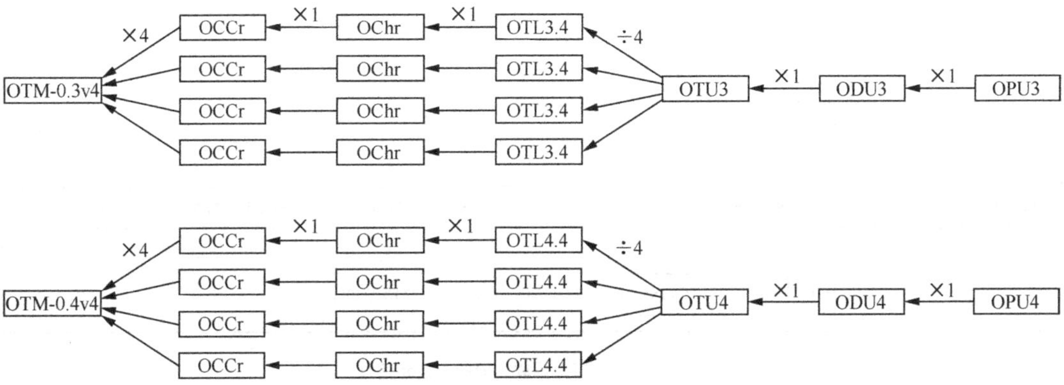

图 3-48　OTM-0.3v4 和 OTM-0.4v4 结构

3.2.5.2 全功能 OTM（OTM-*n.m*）

OTM-*n.m* 接口支持单个或多个光区段内的 *n* 个光通路，接口不要求 3R 再生。

定义有 9 种 OTM-*n* 接口信号：

① OTM-*n*.1（承载 *i*（$i \leqslant n$）OTU1[V]信号）;

② OTM-*n*.2（承载 *j*（$j \leqslant n$）OTU2[V]信号）;

③ OTM-*n*.3（承载 *k*（$k \leqslant n$）OTU3[V]信号）;

④ OTM-*n*.4（承载 *l*（$l \leqslant n$）OTU4[V]信号）;

⑤ OTM-*n*.1234（承载 *i*（$i \leqslant n$）OTU1[V]，*j*（$j \leqslant n$）OTU2[V]，*k*（$k \leqslant n$）OTU3[V]和 *l*（$l \leqslant n$）OTU4[V]信号，其中 $i+j+k+l \leqslant n$）;

⑥ OTM-*n*.123（承载 *i*（$i \leqslant n$）OTU1[V]，*j*（$j \leqslant n$）OTU2[V]和 *k*（$k \leqslant n$）OTU3[V]信号，其中 $i+j+k \leqslant n$）;

⑦ OTM-*n*.12（承载 *i*（$i \leqslant n$）OTU1[V]和 *j*（$j \leqslant n$）OTU2[V]信号，其中 $i+j \leqslant n$）;

⑧ OTM-*n*.23（承载 *j*（$j \leqslant n$）OTU2[V]和 *k*（$k \leqslant n$）OTU3[V]信号，其中 $j+k \leqslant n$）;

⑨ OTM-*n*.34（承载 *k*（$k \leqslant n$）OTU3[V]和 *l*（$l \leqslant n$）OTU4[V]信号，其中 $k+l \leqslant n$）。

统称为 OTM-*n.m*，见图 3-49。

OTM-*n.m* 接口信号包含 *n* 个 OCC，其中有 *m* 个低速率信号和 1 个 OSC，也可能会是少于 *m* 个的高速率 OCC。

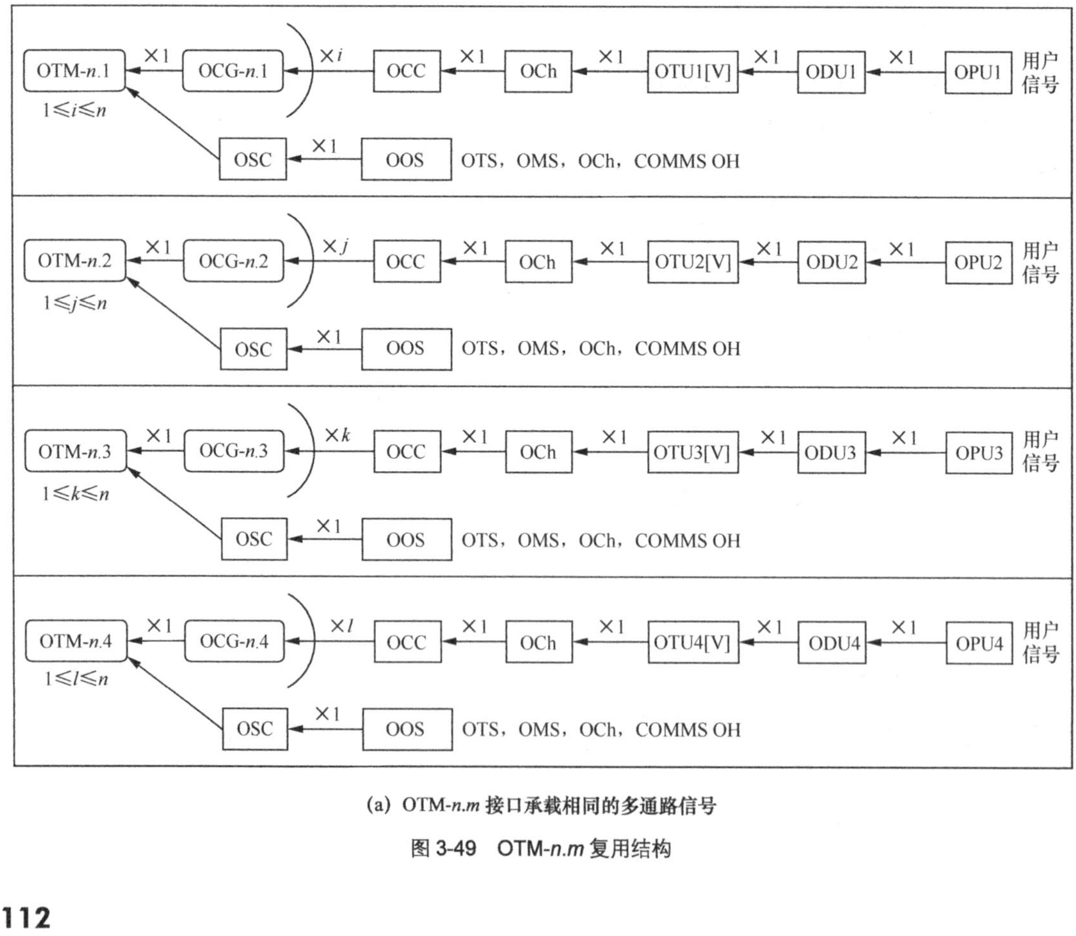

(a) OTM-*n.m* 接口承载相同的多通路信号

图 3-49 OTM-*n.m* 复用结构

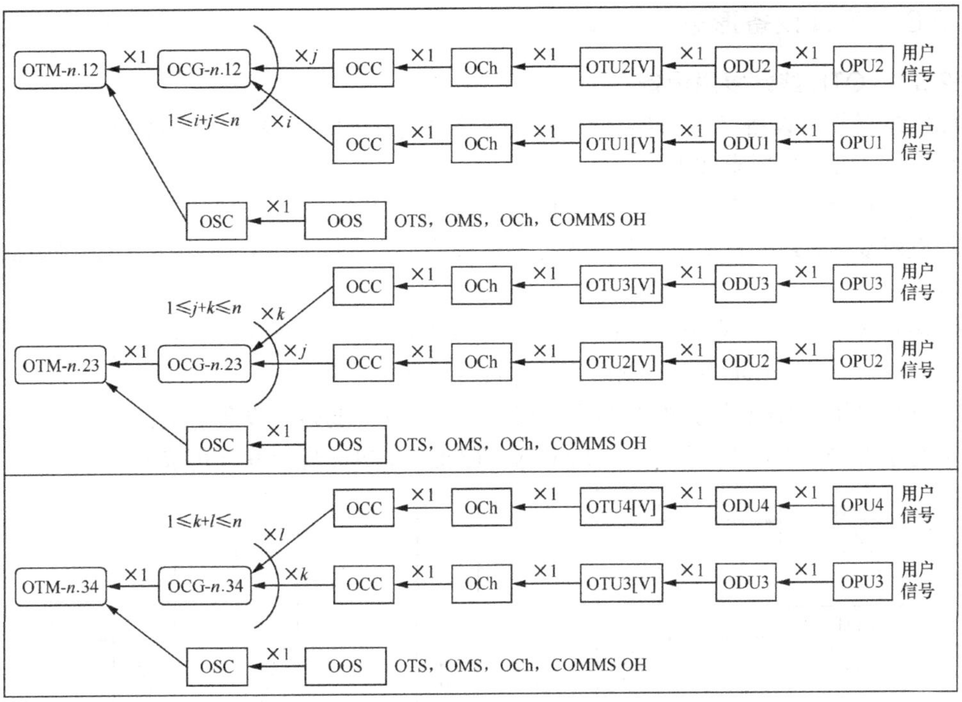

（b）OTM-*n.m* 接口承载两种不同的多通路信号

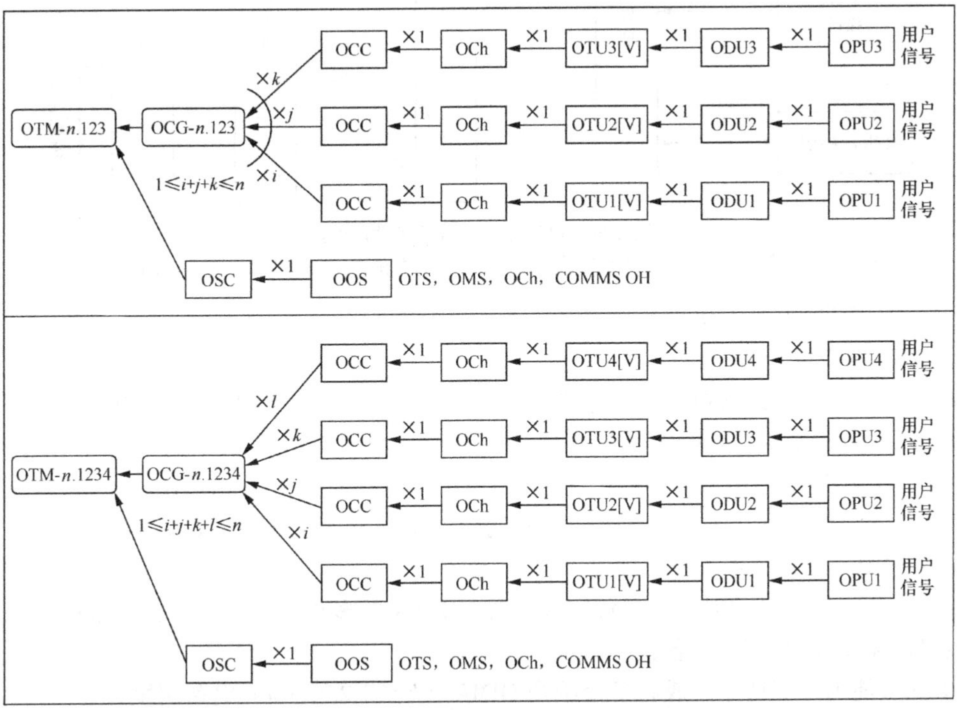

（c）OTM-*n.m* 接口承载两种以上不同的多通路信号

图 3-49　OTM-*n.m* 复用结构（续）

3.2.6 OTN 设备形态

3.2.6.1 OTN 终端复用设备

OTN 终端复用设备指支持电层（ODU*k*）和光层（OCh）复用的 WDM 传输设备，如图 3-50 所示，其基本要求如下：

① 光层复用应符合 YDN 120-1999 的规定；

② 电层复用、OTN 开销处理和告警处理流程应符合 YD/T 1462-2006 和 GB/T 20187-2006 的规定；

③ IrDI 接口的 FEC 应采用 ITU-T G.709 定义的标准 FEC 或者关闭 FEC 方式。支持采用白光 OTU*k* 接口提供 IrDI 用于不同厂商传送设备对接；

④ 支持采用 SDH 和以太网等客户侧接口用于不同厂商传送设备对接；

⑤ 基于 OTN 的反向复用设备（I-MUX）应支持 OPU*k* 虚级联（可选）。

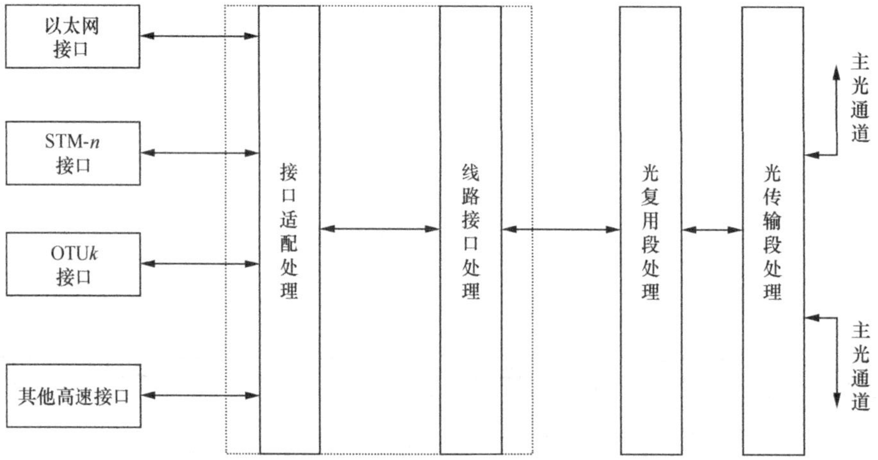

图 3-50 OTN 终端复用设备功能模型

注：图中虚框的含义是部分设备实现方式可采用将接口适配处理、线路接口处理合一的方式完成。

3.2.6.2 OTN 交叉连接设备

1．OTN 电交叉设备

OTN 电交叉设备完成 ODU*k* 级别的电路交叉功能，为 OTN 提供灵活的电路调度和保护能力。OTN 电交叉设备可以独立存在，对外提供各种业务接口和 OTU*k* 接口（包括 IrDI 接口）；也可以与 OTN 终端复用功能集成在一起，除了提供各种业务接口和 OTU*k* 接口（包括 IrDI 接口）以外，同时提供光复用段和光传输段功能，支持 WDM 传输，如图 3-51 所示。

OTN 电交叉设备的基本要求如下。

① 接口能力：提供 SDH、ATM、以太网、OTU*k* 等多种业务接口，及标准的 OTN IrDI 互联接口，连接其他 OTN 设备。

② 交叉能力：支持一个或者多个级别 ODU*k*（*k*=0,1,2,2e,3,4）电路调度。

③ 保护能力：支持一个或者多个级别 ODU*k* 通道的保护，倒换时间在 50ms 以内。

④ 管理能力：提供端到端的电路配置和性能/告警监视功能。

⑤ 智能功能：支持 GMPLS 控制平面，实现电路自动建立、自动发现和保护恢复等功能（可选）。

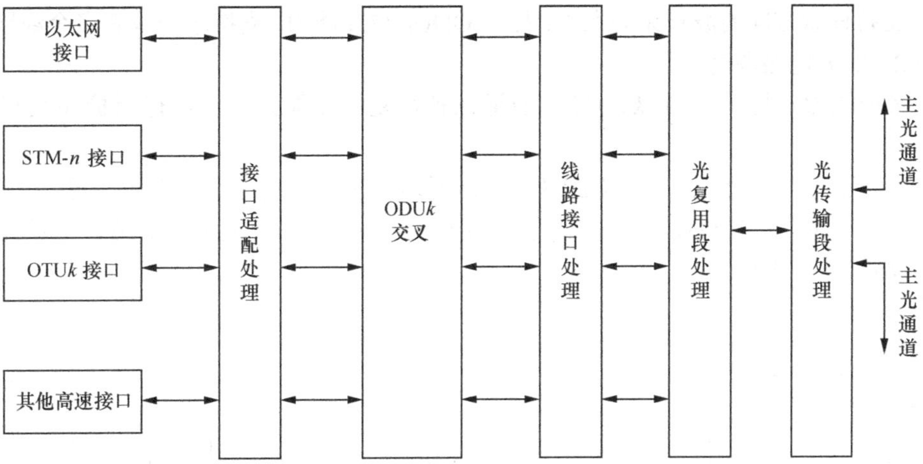

图 3-51　OTN 电交叉设备的功能模型

注：图中虚框的含义是设备实现方式可选为 ODUk 交叉功能与 WDM 功能单元集成的方式。

2．OTN 光交叉设备

OTN 光交叉设备（即 ROADM/PXC）提供 OCh 光层调度能力，实现波长级别业务的调度和保护恢复。ROADM 是光纤通信网络的节点设备，它的基本功能是在波分系统中通过远程配置实时完成选定波长的上下路，而不影响其他波长通道的传输，并保持光层的透明性。功能和要求如下：

① 波长资源可重构，支持两个或两个以上方向的波长重构；

② 可以在本地或远端进行波长上下路和直通的动态控制；

③ 支持穿通波长的功率调节；

④ 在 WDM 环网上应采取措施防止光通道错连，避免造成光信号自环；

⑤ 上游光纤断纤的情况下，不能影响整网未经过故障光纤段的其他业务；

⑥ 波长重构对所承载的业务协议、速率透明；

⑦ 对波长的重构操作不影响其他已存在波长业务的信号质量，不能产生额外的误码；

⑧ 支持本地任意端口的任意波长上下（可选）；

⑨ 支持任意方向在本地任意端口的任意波长上下（可选）；

⑩ 支持波长级广播、组播（可选）；

⑪ 支持本地上下路的功率调节（可选）；

⑫ 支持本地上下路及穿通波长的功率监测（可选）。

3．OTN 光电混合交叉设备

OTN 电交叉设备可以与 OTN 光交叉设备相结合，同时提供 ODUk 电层和 OCh 光层调度能力，波长级别的业务可以直接通过 OCh 交叉，其他需要调度的业务经过 ODUk 交叉，两者配合可以优势互补，又同时规避各自的劣势。这种大容量的调度设备就是 OTN 光电混合交叉设备，见图 3-52。OTN 光电混合交叉设备要求支持如下功能。

① 接口能力：提供 SDH、ATM、以太网、OTUk 等多种业务接口，及标准的 OTN IrDI 互联接口，连接其他 OTN 设备。

② 交叉能力：提供 OCh 调度能力，具备 ROADM 或者 PXC 功能，支持多方向的波长任

意重构、支持任意方向的波长无关上下；提供 ODU*k* 调度能力，支持一个或者多个级别 ODU*k*（*k*=0,1,2,2e,3,4）电路调度。

③ 保护能力：提供 ODU*k*、OCh 通道保护恢复协调能力，在进行保护和恢复时不发生冲突。

④ 管理能力：提供端到端的 ODU*k*、OCh 通道的配置和性能/告警监视功能。

⑤ 智能功能：支持 GMPLS 控制平面，实现 ODU*k*、OCh 通道自动建立，自动发现和恢复等智能功能（可选）。

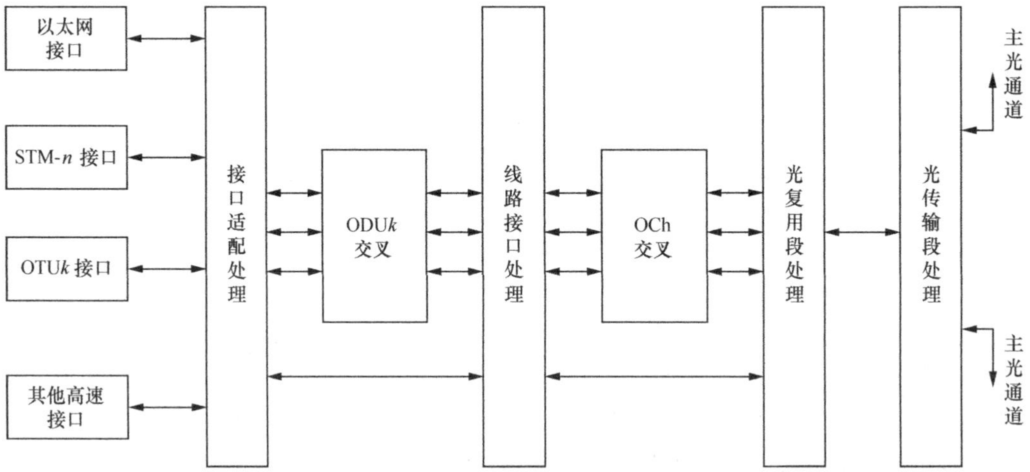

图 3-52　OTN 光电混合交叉调度设备的功能模型

3.3　OTN 保护与应用

对于 OTN 系统来说，由于所传送的业务种类更多，变化性更大，其业务恢复能力也显得尤为重要。网络的保护，一直致力于解决网络的安全性、生存性和可靠性的问题。保护可以在物理层进行，也可以在高层进行。在物理层进行的保护具有保护倒换迅速、反应及时等特点。因此，大部分的保护措施都在物理层进行。

OTN 是基于波分技术发展起来的，波分技术更多地侧重于线路技术，即要求大容量、高速率、长距离的传送。而 OTN 恰恰集成了波分的线路传送技术，同时引入了 OTN 开销、OTN 交叉，增强了对业务的调度能力。换言之，OTN 增强了电的节点处理技术，发挥了波分大容量传输作用。OTN 继承了 WDM 的光层特点，同时增加了电层的交叉调度能力，对光层和电层的业务维护及保护均实现了相应的管理。目前保护中一般采用两个级别的保护，设备级别的保护以及网络级别的保护。设备级别的保护主要发生在互为保护的设备（例如单盘）之间，防止当单元盘出现故障时发生的业务中断。网络级别的保护分为光层和电层的保护。光层主要是基于光通道、光复用段和光线路的保护，主要包括：光通道 1+1 波长/路由保护、光复用段 1+1 保护、光线路 1:1 保护等。电层主要是基于业务层面的保护，主要包括：OCh1+1/*m*:*n*/Ring 保护、ODU*k* 1+1/*m*:*n*/Ring 保护。

3.3.1　光线路保护

OLP（Optical Fiber Line Auto Switch Protection Equipment）为光纤线路自动切换保护装置。光纤自动切换保护系统（简称 OLP）是一个独立于通信传输系统，完全建立在光缆物理链路上的自动监测保护系统。主要特点是：

① 自动切换保护。即在设备发生无光中断后，系统自动将故障光设备快速切换至备用设备，保证业务无阻断。

② 光设备质量实时监测。提供主备设备实时监测，即对主备设备同时进行光功率监测，能有效避免主备设备同时阻断的可能性。

③ 主备设备应急调度。即在主设备无光中断的情况下，将业务通过后台网管中心或设备面板强制调配至备用设备上，无需到现场在 ODF 架上手动调度，既节省时间又安全方便。

现网中典型的 OLP 保护分为两类。

（1）1∶1 保护倒换原理

1∶1 类型的保护倒换设备为选发选收（选择其中的一路作为发送端和接收端）的方式，即传输设备 Tx 口发出的业务光全部经过 OLP 设备经主用路由传输，OLP 单盘上板载一个激光器，稳定持续地发射一个特定波长的光源打向备用路由（如图 3-53 所示），实时监测备用路由的指标。

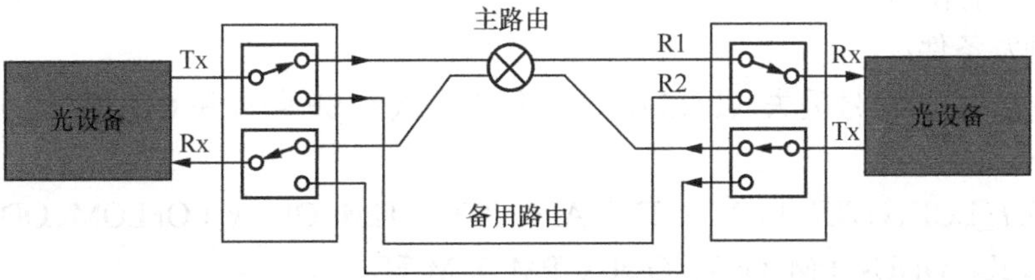

图 3-53　OLP 链路保护 1∶1 保护倒换原理示意图

OLP1∶1 设备检测到线路故障时，需要与对端设备通信后做出判断；两端设备一起切换，才能保证整个线路的切换，来保证业务传输。

（2）1+1 保护倒换

1+1 保护方式为双发选收的方式（两路发送只需要一路接收），即传输设备 Tx 口发出的光经过 OLP 设备后，通过 OLP 的分光器把传输设备的业务光分为相等的 2 路，如图 3-54 所示。

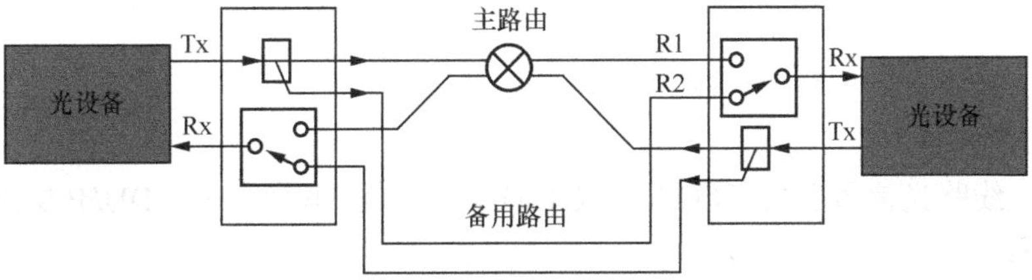

图 3-54　OLP 链路保护 1+1 保护倒换原理示意图

OLP 1+1 设备检测到线路故障时，只需要一端设备切换就能实现整个线路的倒换，不会影响到业务的传输。不需要两端设备通信后做出判断，是否切换线路。

OLP 保护能够有效地防止光缆故障引起的通信中断，在现实故障处理中可以缩短通信中断时间，提高维护效率；实现 50ms 内自动恢复通信；减少线路故障造成的各种损失；增加传输网络或线路的可靠性，提高运营商的服务质量；在保证业务无阻断的前提下任意调度主备工作路由/工作设备；实时监测主备光纤插损/设备光功率。

全国骨干光缆网基本都采用 OLP 的保护方式，对于日常光缆自身老化损坏或者人为损毁的情况，能够较好地维持通信的正常进行。但是实际铺设过程中，备用光缆铺设的线路常常距离工作光缆的距离不够远，一旦出现例如一定规模地质活动，如洪水、火灾，或者核爆、电磁干扰等情况，主备用光缆便会同时失效，这限制了 OLP 对光缆网的保护。OLP 只是对一段光缆的保护，能够在一定程度上提高网络整体的稳定性。从维护方面，集团运维和省公司对 OLP 都有一定的需求，是一种较好的运维手段。

3.3.2 线性保护

3.3.2.1 OCh 保护

1．OCh 1+1 保护

OCh 1+1 保护是采用 OCh 信号并发选收的原理。保护倒换动作只发生在宿端，在源端进行永久桥接。一般情况下，OCh 1+1 保护工作于不可返回操作类型，但同时支持可返回操作，并且允许用户进行配置。

检测和触发条件：

SF 条件：线路光信号丢失（LOS），及 OTU*k* 层次的 SF 条件和 ODU*k*P 层次的 SF 条件，详细告警如下：

LOS、OTU*k*_LOF、OTU*k*_LOM、OTU*k*_AIS、OTU*k*_TIM、ODU*k*_LOFLOM、ODU*k*_PM_AIS、ODU*k*_PM_LCK、ODU*k*_PM_OCI、ODU*k*_PM_TIM 等。

SD 条件：基于监视 OTU*k* 层次及 ODU*k*P 层次的误码劣化（DEG），详细告警如下：OTU*k*_DEG、ODU*k*_PM_DEG 等。

应支持单向倒换，可选支持双向倒换。

2．OCh 1∶*n* 保护

1 个或者多个工作通道共享 1 个保护通道资源。当超过 1 个工作通道处于故障状态时，OCh 1:*n* 保护类型只能对其中优先级最高的工作通道进行保护。OCh 1:*n* 保护支持可返回与不可返回两种操作类型，并允许用户进行配置。OCh 1:*n* 保护支持单向倒换与双向倒换，并允许用户进行配置。不管对于单向倒换还是双向倒换，OCh 1:*n* 保护都需要在保护组内进行 APS 协议交互。

OCh 1∶*n* 保护可以支持额外业务。

检测和触发条件：

SF 条件：线路光信号丢失（LOS），及 OTU*k* 层次的 SF 条件和 ODU*k*P 层次的 SF 条件，详细告警如下：

LOS、OTU*k*_LOF、OTU*k*_LOM、OTU*k*_AIS、OTU*k*_TIM、ODU*k*_LOFLOM、ODU*k*_PM_AIS、ODU*k*_PM_LCK、ODU*k*_PM_OCI、ODU*k*_PM_TIM 等。

SD 条件：基于监视 OTU*k* 层次及 ODU*k*P 层次的误码劣化（DEG），详细告警如下：

OTUk_DEG、ODUk_PM_DEG 等。

3.3.2.2　ODUk SNC 保护

1．ODUk SNC 保护的定义和分类

在 ODUk 层采用子网连接保护（SNCP）。子网连接保护是用于保护一个运营商网络或多个运营商网络内一部分路径的保护。一旦检测到启动倒换事件，保护倒换应在 50ms 内完成。

受到保护的子网络连接可以是两个连接点（CP）之间，也可以是一个连接点和一个终接连接点之间（TCP）或两个终结连接点之间的完整端到端网络连接。

子网连接保护是一种专用保护机制，可以用于任何物理结构（即网状、环状和混合结构），对子网络连接中的网元数量没有根本的限制。

SNCP 可进一步根据监视方式划分如下几种。

① 固有监视 SNC/I：服务器层的路径终接和适配功能确定 SF/SD 条件。

② 非介入监视 SNC/N：非介入式（只读）监测功能用以确定 SF/SD 条件。

③ 端到端 SNC/Ne：使用端到端开销/OAM 监测服务器层的缺陷条件、连续性/连接缺陷条件以及本层网络的误码劣化条件。

④ 子层 SNC/Ns：使用子层开销/OAM 监测服务器层的缺陷条件、连续性/连接缺陷条件以及层网络的误码劣化条件。

⑤ 子层 SNC/S：采用分段子层 TCM 功能确定 SF/SD 条件。它支持服务器层缺陷条件的检测、层网络的连续性/连接缺陷条件以及层网络的误码劣化条件检测。

应支持以下几种 ODUk SNC 保护类型。

2．ODUk 1+1 保护

对于 ODUk 1+1 保护，一个单独的工作信号由一个单独的保护实体进行保护。保护倒换动作只发生在宿端，在源端进行永久桥接，如图 3-55 所示。

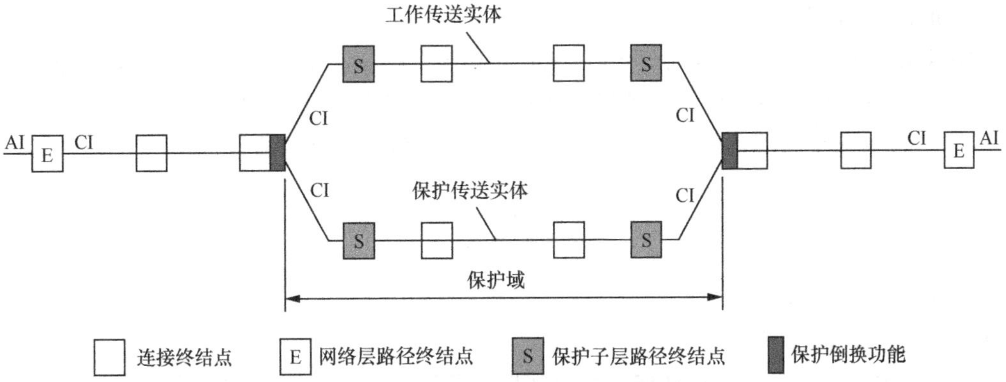

图 3-55　ODUk 1+1 SNC 保护示意图

检测和触发条件：取决于不同的监视类型。

SF 条件：线路光信号丢失（LOS），及 OTUk 层次的 SF 条件和 ODUkP 层次的 SF 条件，详细告警如下：

ODUk SNC/I：

LOS、OTU*k*_LOF、OTU*k*_LOM、OTU*k*_AIS、OTU*k*_TIM。

当存在ODU*j*复接到ODU*k*时，则ODU*j* SNC/I的SF条件还包括：

ODU*k*_PM_AIS、ODU*k*_PM_LCK、ODU*k*_PM_OCI、ODU*k*_PM_TIM等。

ODU*k* SNC/N：

LOS、OTU*k*_LOF、OTU*k*_LOM、OTU*k*_AIS、OTU*k*_TIM；

ODU*k*_TCM*n*_OCI、ODU*k*_TCM*n*_LCK、ODU*k*_TCM*n*_AIS、ODU*k*_TCM*n*_TIM、ODU*k*_TCM*n*_LTC；

ODU*k*_LOFLOM、ODU*k*_PM_AIS、ODU*k*_PM_LCK、ODU*k*_PM_OCI、ODU*k*_PM_TIM等。

ODU*k* SNC/S：

LOS、OTU*k*_LOF、OTU*k*_LOM、OTU*k*_AIS、OTU*k*_TIM；

ODU*k*_TCM*n*_OCI、ODU*k*_TCM*n*_LCK、ODU*k*_TCM*n*_AIS、ODU*k*_TCM*n*_TIM、ODU*k*_TCM*n*_LTC。

当存在ODU*j*复接到ODU*k*时，则ODU*j* SNC/I的SF条件还包括：

ODU*k*_PM_AIS、ODU*k*_PM_LCK、ODU*k*_PM_OCI、ODU*k*_PM_TIM等。

SD条件：基于监视OTU*k*层次及ODU*k*P层次的误码劣化（DEG），详细告警如下：

ODU*k* SNC/I：OTU*k*_DEG；

当存在ODU*j*复接到ODU*k*时，则ODU*j* SNC/I的SD条件还包括：ODU*k*_PM_DEG等。

ODU*k* SNC/N：

OTU*k*_DEG、ODU*k*_PM_DEG、ODU*k*_TCM*n*_DEG等；

ODU*k* SNC/S：

OTU*k*_DEG、ODU*k*_TCM*n*_DEG等。

当存在ODU*j*复接到ODU*k*时，则ODU*j* SNC/I的SD条件还包括：ODU*k*_PM_DEG等。

应支持单向和双向倒换。

应同时支持可返回与不可返回两种操作类型，并允许用户进行配置。

3．ODU*k* *m*:*n*保护

ODU*k* *m*:*n*保护指一个或*n*个工作ODU*k*共享1个或*m*个保护ODU*k*资源，见图3-56。

检测和触发条件：取决于不同的监视类型，具体见ODU*k* 1+1 SNC保护。

支持单向倒换与双向倒换，在这两种倒换方式下，ODU*k* *m*:*n*保护都需要在保护组内进行APS协议交互。

应同时支持可返回与不可返回两种操作类型，并允许用户进行配置。

3.3.3　环网保护

1．OCh SPRing保护

OCh SPRing（光通道共享环保护）只能用于环网结构，如图3-57所示，其中：细实线XW表示工作波长，细虚线XP表示保护波长，粗实线YW表示反方向工作波长，粗虚线YP表示反方向保护波长。

XW与XP可以是在同一根光纤中，也可以是在不同的光纤中，可由用户配置指定。

YW与YP可以是在同一根光纤中，也可以是在不同的光纤中，可由用户配置指定。

XW、XP与YW、YP不在同一根光纤中。

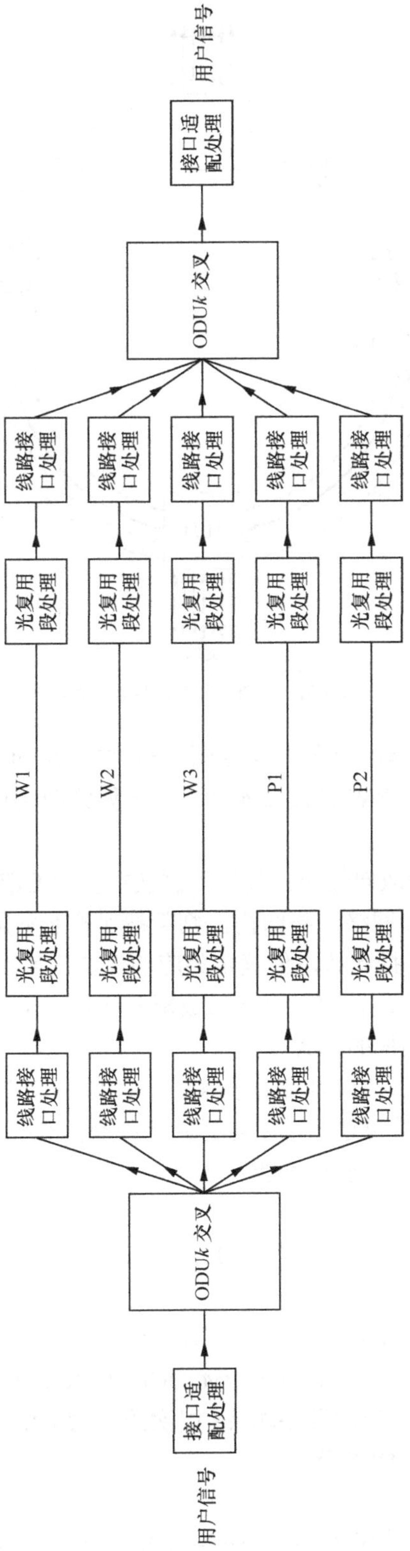

图 3-56　不同光纤路径的 M:N ODU*k* SNCP

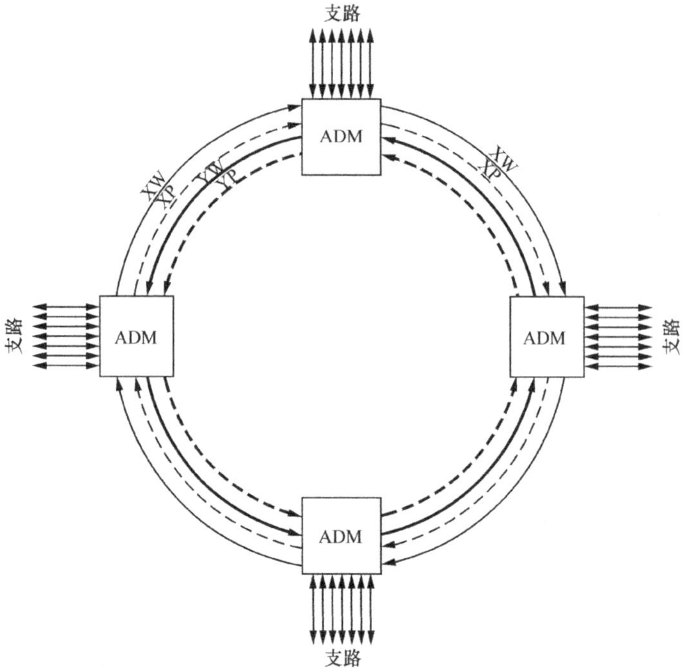

图 3-57　OCh SPRing 组网示意图

对于二纤应用场景，XW 与 YP 的波长相同，XP 与 YW 的波长相同。在不使用波长转换器件的条件下，XW/YP 与 XP/YW 的波长不同。对于四纤应用场景，XW、XP、YW、YP 的波长可以相同。

OCh SPRing 保护仅支持双向倒换。其保护倒换粒度为 OCh 光通道。每个节点需要根据节点状态、被保护业务信息和网络拓扑结构，判断被保护业务是否会受到故障的影响，从而进一步确定出通道保护状态，据此状态值确定相应的保护倒换动作；OCh SPRing 保护是在业务的上路节点和下路节点直接进行双端倒换形成新的环路，不同于复用段环保护中采用故障区段两端相邻节点进行双端倒换的方式。

OCh SPRing 保护需要在保护组内相关节点进行 APS 协议交互。

OCh SPRing 保护同时支持可返回与不可返回两种操作类型，并允许用户进行配置。

OCh SPRing 保护在多点故障要求不能发生错连。

检测和触发条件：

SF 条件：线路光信号丢失（LOS），及 OTU*k* 层次的 SF 条件和 ODU*k*P 层次的 SF 条件，详细告警如下：

LOS、OTU*k*_LOF、OTU*k*_LOM、OTU*k*_AIS、OTU*k*_TIM、ODU*k*_LOFLOM、ODU*k*_PM_AIS、ODU*k*_PM_LCK、ODU*k*_PM_OCI、ODU*k*_PM_TIM 等。

SD 条件：基于监视 OTU*k* 层次及 ODU*k*P 层次的误码劣化（DEG），详细告警如下：

OTU*k*_DEG、ODU*k*_PM_DEG 等。

2．ODU*k* SPRing 保护

ODU*k* SPRing 保护只能用于环网结构，如图 3-58 所示，其中：细实线 XW 表示工作 ODU，细虚线 XP 表示保护 ODU，粗实线 YW 表示反方向工作 ODU，粗虚线 YP 表示反方向保护 ODU。

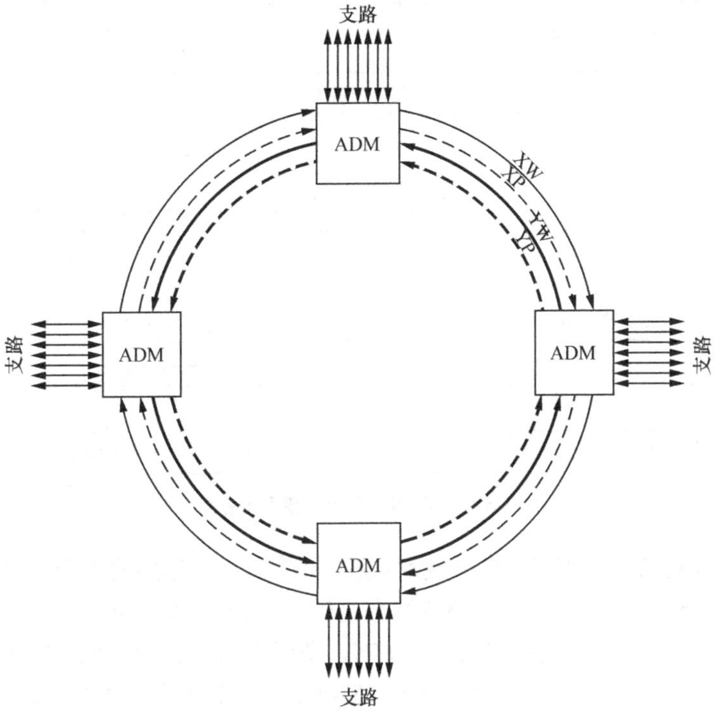

图 3-58　ODU*k* SPRing 组网示意图

XW 与 XP 可以是在同一根光纤中，也可以是在不同的光纤中，可由用户配置指定。

YW 与 YP 可以是在同一根光纤中，也可以是在不同的光纤中，可由用户配置指定。

XW、XP 与 YW、YP 不在同一根光纤中。

ODU*k* SPRing 保护组仅仅在环上的节点对信号质量情况进行检测作为保护倒换条件，对协议的传递也仅仅需要环上的节点进行相应处理。

ODU*k* SPRing 保护仅支持双向倒换，其保护倒换粒度为 ODU*k*。ODU*k* SPRing 保护仅在业务上下路节点发生保护倒换动作。

ODU*k* SPRing 保护需要在保护组内相关节点进行 APS 协议交互。

ODU*k* SPRing 保护同时支持可返回与不可返回两种操作类型，并允许用户进行配置。

ODU*k* SPRing 保护在多点故障要求不能发生错连。

检测和触发条件：

SF 条件：线路光信号丢失（LOS），及 OTU*k* 层次的 SF 条件，详细告警如下：

LOS、OTU*k*_LOF、OTU*k*_LOM、OTU*k*_AIS 等。

SD 条件：基于监视 OTU*k* 层的误码劣化（DEG），详细告警如下：OTU*k*_DEG。

3.4　OTN 管理

3.4.1　OTN 管理需求

OTN 系统的网络管理采用分层管理模式。从逻辑功能上划分，OTN 系统的网络管理主要分为 3 层：网元层、网元管理层和网络管理层。各层之间是客户与服务者的关系，OTN 系统网络管理的分层结构见图 3-59。

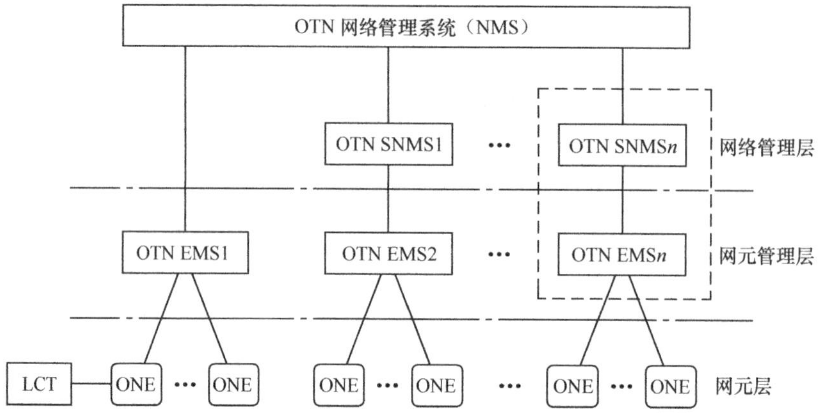

图 3-59　OTN 管理分层模型示意图

网元层主要针对 OTN 物理网元，一般情况下接收网元管理层的管理。网元管理层主要面向 OTN 网元，OTN 网元管理系统（EMS）直接管理控制 OTN 设备，负责对 OTN 中的各种网元的管理和操作。网络管理层主要面向 OTN，负责对所辖管理区域内的 OTN 进行管理，强调端到端的业务管理能力。子网管理系统（SNMS）位于网络管理层。SNMS 或 EMS 可以统一在同一个物理平台上，也可以是独立的系统。SNMS 和 EMS 可以接入更高层次的 OTN 管理系统，实现多厂商全程全网的端到端管理。

根据 OTN 层次结构和设备形态特征，OTN 管理应满足以下管理需求。

1．多层网络管理

OTN 传送平面管理具有多层次管理的特点，在管理上各层之间是客户与服务者的关系。当 OTN 传送平面采用光电混合交叉设备时，应包括光层和电层管理功能，并提供多层网络拓扑视图。

2．交叉连接管理

OTN 支持 OCh 光交叉和 ODU*k*（*k*=0,1,2,3,4）电交叉，OTN 管理需提供相应的交叉连接管理功能。

3．开销管理

OTN 设备具有 OPU/ODU/OTU 层的开销处理监测功能，OTN 管理需提供相应的开销管理功能。

4．端到端业务调度和管理

OTN 支持多种业务的承载，OTN 管理应满足以下业务类型的管理需求。

（1）子波长级（ODU*k*）业务

① 业务带宽：支持 ODU0（1.25G）、ODU1（2.5G）、ODU2（10G）、ODU3（40G）和 ODU4（100G）。

② 业务方向：支持单向、双向、组播和环回。

（2）波长级（OCh）业务

① 承载业务速率：支持 2.5Gbit/s、10Gbit/s、40Gbit/s 和 100Gbit/s。

② 业务方向：支持单向、双向、组播和环回。

5．OCh 和 ODU*k* 的保护管理

OTN 支持基于 OCh 通道和 ODU*k* 通道的 1+1 保护功能，OTN 管理需提供相应的保护管理功能。

6．控制平面管理

根据系统配置，OTN 可支持控制平面功能。

3.4.2 OTN 管理体系结构

与传统的 WDM 设备相比，OTN 的光线路侧系统具有传统 WDM 系统的特性。因此，OTN 管理应具有 WDM 网络管理的功能，两者可以同时存在并纳入统一的管理框架之中。对同一厂家的 OTN 和 WDM 系统可以进行统一的管理框架之中。另外，OTN 管理和 WDM 系统网络管理可以纳入到上层 NMS 中进行管理。OTN 网管的 EMS/NMS 接口功能可以在 WDM 接口功能的基础上实现功能扩展。

图 3-60 所示为 OTN 管理的体系结构。图中，OTN NE 是不同厂商的 OTN 设备，可以是单个设备，也可以是一个单厂商的 OTN 子网。OTN EMS 是由各设备厂商提供的管理系统，可以对本厂商的 OTN 设备进行配置、操作和维护。NMS 可以管理不同设备厂商的 OTN、也可以管理其他传送网络。图 3-60 中与 OTN 管理相关的接口包括 I1～I3。

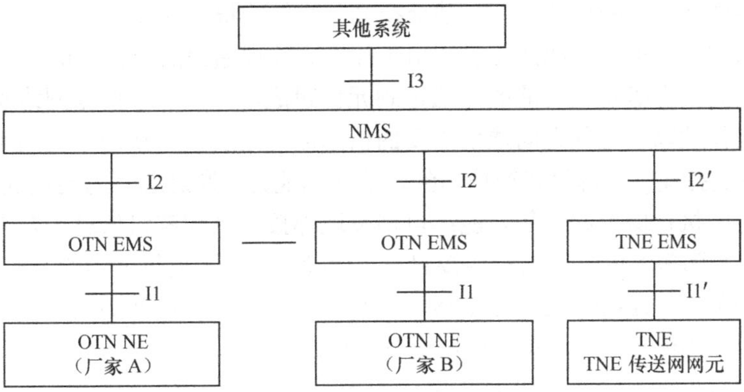

图 3-60 OTN 管理体系结构

I1 为 EMS 和 OTN NE 之间的接口，它属于厂商管理设备的内部接口；I1'为其他传送网网元和传统 EMS 之间的接口。

I2 为各个 OTN EMS 向 NMS 提供的接口，I2′ 为 TNE EMS 与 NMS 之间的接口，通过 I2′ 接入到 NMS 管理之中，以实现其他传送网与 OTN 的统一管理。

I3 为 NM 与其他系统之间的接口，其他系统可能为综合网络管理系统、资源管理系统等。

OTN 管理完成标准管理信息的交换及故障管理、性能管理、配置管理和安全管理。管理对象包括：传送平面（光层网络或/和电层网络）、控制平面、DCN、业务等。网元间通信可采用 GCC，或采用外部数据通信网；网元与网管之间采用外部数据通信网，协议栈可采用 OSI 协议栈或 TCP/IP 协议栈通信。OTN 管理系统功能模块如图 3-61 所示。

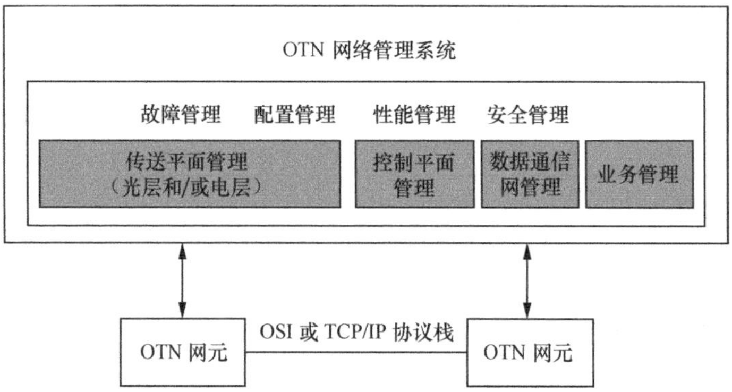

图 3-61 OTN 网络管理系统功能模块

其中，当 OTN 传送平面设备形态为光电混合交叉设备时，OTN 传送平面管理具有多层次管理的特点，主要包括光层和电层网络管理功能。

3.4.3 控制平面技术

OTN 的控制平面应符合 GB/T 21645《自动交换光网络（ASON）技术要求》的要求。ASON 是通过控制平面来完成自动交换和连接控制的光传送网，它以光纤为物理传输媒质，SDH 和 OTN 等光传输系统构成的具有智能的光传送网。ASON 具有呼叫和连接控制、路由和自动发现等功能，以实现智能化网络控制。自动交换光网络结构根据功能可以分为 3 个平面：传送平面、控制平面和管理平面，此外还包括用于控制和管理通信的数据通信网。ASON 的控制平面由提供路由和信令等特定功能的一组控制元件组成，并由一个信令网络支撑。控制平面元件之间的互操作性以及元件之间通信需要的信息流可通过接口获得。控制平面的主要功能包括：通过信令支持建立、拆除和维护端到端连接的能力，通过选路为连接选择合适的路由；网络发生故障时，执行保护和恢复功能；自动发现邻接关系和链路信息，发布链路状态（例如可用容量以及故障等）信息以支持连接建立、拆除和恢复；提供适当的命名和地址机制等。

基于 OTN 技术的 ASON 控制平面应该是可靠的、可扩展的和高效的，控制平面结构不应限制连接控制的实现方式，如集中的或全分布的。

1．对光电混合交叉设备控制平面的基本要求

（1）控制平面应支持以下几种交换能力：时分交换（TDM）、波长交换（LSC）和光纤交换（FSC）；

（2）控制平面在提供波长交换时应具有波长冲突管理能力；

（3）控制平面在建立动态光通道时应具有阻塞处理能力；

（4）支持控制平面实现 GMPLS 的 ITU-T G.709 扩展；

（5）控制平面支持跨层业务的集中路径计算功能，满足多层流量工程的需求；

（6）路由选择需要考虑光层上的一些光学限制，如功率、色散、信噪比等。

2．光层（OCh 层）的 SPC 和 SC 连接应支持的保护恢复类型

（1）OCh 1+1 保护；

（2）OCh 1: n 保护；

（3）OCh 1+1 保护与恢复的结合；

（4）OCh 1: *n* 保护与恢复的结合（可选）；

（5）OCh SPRing 保护与恢复的结合（可选）；

（6）OCh 永久 1+1 保护；

（7）预置重路由恢复；

（8）动态重路由恢复。

3．电层（ODU*k* 层）的 SPC 和 SC 连接应支持的保护恢复类型

（1）ODU*k* 1+1 保护；

（2）ODU*k* *m*：*n* 保护（可选）；

（3）ODU*k* 1+1 保护与恢复的结合；

（4）ODU*k* *m*：*n* 保护与恢复的结合（可选）；

（5）ODU*k* SPRing 保护与恢复的结合（可选）；

（6）ODU*k* 永久 1+1 保护；

（7）预置重路由恢复；

（8）动态重路由恢复。

4．光电混合保护恢复要求

在一个光电混合网络中，当其中的传输线路或节点出现故障时，两层各自的保护和恢复机制必然都会有所响应和动作，此时需要一个良好的机制加以协调和控制。可以采用以下 3 种协调机制。

（1）自下而上：首先在光层进行恢复，若光层无法恢复再转由上层电层进行处理。

（2）自上而下：首先在电层进行恢复，若无法恢复再转由光层进行处理。

（3）混合机制：将上述两种机制进行优化组合以获取最佳的恢复方案。

5．自动发现和链路资源管理

（1）控制平面应该具有发现连接两个节点间光纤的能力。

（2）控制平面应该具备波长资源的自动发现功能，包括：各网元各线路光口已使用的波长资源、可供使用的波长资源。

（3）控制平面应该具有 OTU*k*/ODU*k* 的层邻接发现功能。链路资源管理包括网元内各 OTU 线路光口已使用的 ODU*k* 资源、可供使用的 ODU*k* 资源。

（4）控制平面应支持基于 GCC 开销的 LMP 自动发现和端口校验功能。

（5）除了应支持自动发现功能外，控制平面同时也应支持手工配置。

3.5 可重构的光分插复用器（ROADM）

近年来由于 DWDM 系统的飞速发展，传输带宽早已不再是传输网的瓶颈，相对来讲，大容量业务流量带来的数据管理上的困难正逐渐摆在网络运营商的面前。在网络的核心节点处，节点设备往往需要处理上百个波长信道的上下路或者直通，而且这种庞大的节点信息处理量还会随着信息流的日益增大而有所提高。最初的 WDM 系统属于点对点的链路式系统，大部分的信息处理在终端站（TM）进行，后来出现的 OADM 设备，实现了在光域的波长分离，摆脱了业务上下需要光电转换的束缚，但是由于较为固定的结构形式，使 OADM 只能上下固定数目的选定波长，无法真正实现灵活的可控的光层组网能力，对复杂业务的调度能力

远远达不到网络管理者的要求。为了满足 IP 网络业务的发展需求，一种新的光层网络节点技术——可重构式光分插复用技术 ROADM，为基础承载网的建设开辟了新的道路。

3.5.1 ROADM 应用驱动力

随着全 IP 化的趋势，IPTV、三重播放、P2P 等业务的带宽容量在按照摩尔定律增长，中继带宽膨胀，这些新兴业务的风起云涌让电信运营商看到了商机，也给运营商带来了难题。带宽的增长使得原有的 SDH 技术不堪负荷，SDH 在运营商的网络中开始逐渐淡出和边缘化，在骨干网和城域核心网，IP 化的业务通过路由器直接在 DWDM 上承载成为主流。

早期的 DWDM 在网络中一般只作为刚性大管道出现，起到延伸传输距离和节省光纤的作用，设备类型主要是背靠背 OTM 和固定波长上下的 OADM，这种固定连接的方式组网能力弱，业务的开通和调度全部需要在现场人工进行。

ROADM（Reconfigurable Optical Add/Drop Multiplexer）的初步设想是可以选择性地分插复用一部分需要本地处理的波长通道，通过网管系统对波长业务的上下路或直通进行远程配置，实现任意波长到任意端口的操作。传统 WDM 系统通过 FOADM 来实现固定波长的上下，需要人工现场配置而无法自动调整。ROADM 可以在无需人工现场调配的情况下实现对波长信道的上下路及直通配置。ROADM 技术可以增加波分网络的弹性，使网络管理者远程动态控制波长传输的路径，大大简化初期的网络规划难度；ROADM 设备的灵活性可以充分满足未来数据业务的需求；ROADM 通过提供网络节点的重构能力使得 DWDM 网络可以方便地重构，无需人工操作，极大地提升了工作效率及对网络需求的反应速度，同时有效地降低运营维护成本。

第一个商用化的可重构设备在 20 世纪 90 年代进入市场。目前，尽管 ROADM 的主要市场在城域网，但这些设备最初是为长途应用设计的。相对于长途应用，城域网或区域网对网络成本比较敏感，ROADM 技术初期高昂的成本阻碍了这种技术的大规模应用。近几年来，相关光器件的发展，已经极大地降低了动态 OADM 光网络结构的成本。正因为 ROADM 具有以上优势，国内外运营商开始关注 ROADM 技术的发展并开始规划由 OADM 节点向灵活多变的 ROADM 节点的设备升级。

ROADM 是一个自动化的光传输技术，可以对输入光纤中的波长重新配置路由，有选择性地下路和上路一个或多个波长。ROADM 技术具有以下的技术特点：

① 支持链形、环形、格形、多环的拓扑结构；

② 支持线性（支持 2 个光收发线路和本地上下）和多维（至少支持 3 个以上光收发线路和本地上下）的节点结构；

③ 波长调度的最小颗粒度为 1 个波长，可支持任意波长组合的调度和上下，及任意方向和任意波长组合的调度和上下；

④ 支持上下波长端口的通用性（即改变上下路业务的波长分配时，不需要人工重新配置单板或连接尾纤）；

⑤ 业务的自动配置功能；

⑥ 支持功率自动管理；

⑦ 支持 WASON 功能的物理实现。

可以看到，ROADM 节点相对于传统的光交换设备，在功能方面有了很大的提升，可以看作是 DWDM 网络向真正的智能化网络演进的重要阶梯。一个主要由 ROADM 节点构建的本地/城域 DWDM 网络，极大地改变当前 DWDM 网络的面貌。上述这些技术优势应用后带给运营商的好处是巨大的，ROADM 技术的市场驱动力主要体现在如下几个方面。

（1）波长级业务的快速提供

面对大客户提供波长级业务，只能依托 DWDM 网络，而传统的 DWDM 设备配置主要通过人工进行，费时费力，直接影响业务的开通及对客户新需求的反应速度。而如果网络中主要的节点设备是 ROADM，则在硬件具备的条件下，仅需通过网管系统进行远端配置即可，极大地方便了这种新类型业务的开展。另一方面，随着竞争的白热化，快速开通业务快速占领市场，也可以大大提高运营商自营业务的收益。

（2）便于进行网络规划，降低运营费用

在正确预测业务分布及其发展的基础上，进行合理的网络规划，对于降低网络建设成本、提升网络利用效率和延长升级扩容的间隔有重要影响。但由于对业务分布及其发展进行预测的难度，特别是由于某些特殊事件所引起突发业务的情况的大量存在，网络规划是很困难的，甚至在不少情况下，网络如果不具备灵活重构的能力，则很难高效运行。而 ROADM 正解决了这些问题，它通过提供节点的重构能力，使得 DWDM 网络也可以方便重构，因此对网络规划的要求就可以大大降低，而且应付突发情况的能力也大大增强，使整个网络的效率有很大的提升。

（3）便于维护，降低维护成本

在对网络进行日常维护的过程中，增开业务及进行线路调整，如果采用人工手段，不但费时费力，而且容易出错。而采用 ROADM，绝大多数操作（除必要的插拔单板）通过网管进行，可极大地提高工作效率，从而降低维护成本。

3.5.2　ROADM 的技术实现

本节介绍 ROADM 设备的几种常见的实现方式，ROADM 设备的核心部件是波长选择功能单元，根据该单元的技术不同，大致可以分为基于波长阻断器（WB，Wavelength Blocker）的 ROADM 设备、基于平面波导电路（PLC，Planar Lightwave Circuit）的 ROADM 设备和基于波长选择开关（WSS，Wavelength Selective Switch）的 ROADM 设备 3 种。

随着 ROADM 设备的应用，除了对上下路端口灵活性的要求，本节还将对波长无关、方向无关和竞争无关等几种上下路灵活性功能的常见实现方式进行介绍。

1．基于波长阻断器（WB）的 ROADM 设备

波长阻断器（WB）是一种可以调整特定波长衰耗的光器件，通过调大指定波长通道的衰耗，达到阻断该波道的目的。

可以基于波长阻断器实现两方向 ROADM，其原理参见图 3-62。基于 WB 的 ROADM 方案由以下 3 个部分组成：穿通控制部分（波长阻断器）、下路解复用部分（光耦合器+解复用器）和上路复用部分（复用器+光耦合器）。来自上游的信号光首先经过下路解复用的光耦合器分成两路光信号，一路光信号被送往解复用器作为本地下路波长，另外一路经过波长阻断器，由波长阻断器选择需要继续往下游传递的波长，完成穿通波长的选路和控制；穿通波长在上路耦合器与本地经过复用器复用后的上路信号复用成一路，继续向下游传递。

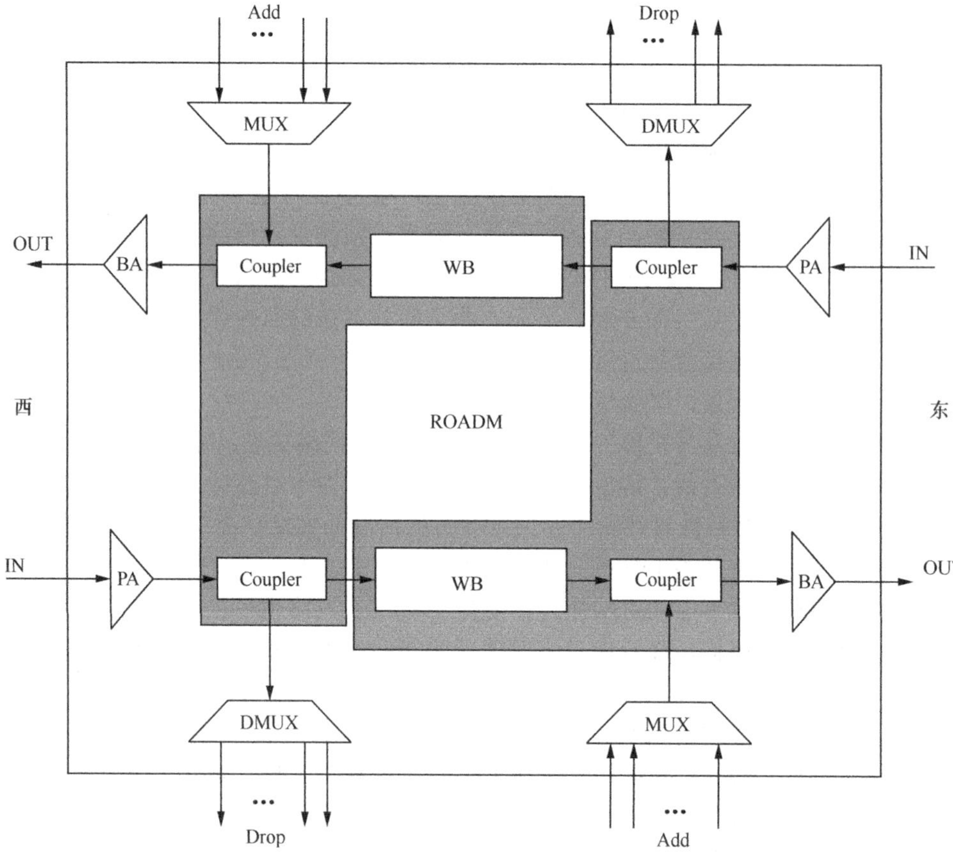

图 3-62　基于 WB 方案的两方向 ROADM 示意图

基于 WB 的 ROADM 可以采用 Drop and Continue 的方式实现波长广播/组播功能。

2．基于平面波导电路（PLC）的 ROADM 设备

平面波导电路(PLC)技术是一种基于硅工艺的光子集成技术，它可以将分波器(DMUX)、合波器（MUX)、光开关等器件集成在一起，从而提高了 ROADM 设备的集成度。

通常基于 PLC 的 ROADM 设备只能支持两方向，其原理如图 3-63 所示，包含下路解复用、穿通及上路复用两个部分。下路解复用结构和 WB 方案完全一致的，它通过一个耦合器将上游传送过来的光信号功分成两路光信号，一路光信号被传送到下路解复用器完成信号的本地下路，另外一路光信号经过穿通及上路复用功能单元，完成穿通通道的选择控制和上路信号的复用，然后向下游传送。与基于 WB 的 ROADM 方案相比，基于 PLC 的 ROADM 方案差异点在于它的穿通和上路复用部分合二为一。

基于 PLC 的 ROADM 可以采用 Drop and Continue 的方式实现波长广播/组播功能。

3．基于波长选择开关（WSS）的 ROADM 设备

波长选择开关（WSS）是随着 ROADM 设备的应用而发展起来一种新型波长选择器件，通常是一进多出或多进一出的形态，称为 $1\times m$ WSS 和 $m\times 1$WSS，两种 WSS 的内部结构完全一致，区别仅在于光信号传输方向。图 3-64 是 1 个最多支持 n 个波长通道的 $1\times m$WSS 原理示意图，它可以将输入端口的 n 个波长任意分配到 m 个输出端口。目前成熟的 WSS 产品最大

支持 1×9 WSS，更大维度的 WSS，例如 1×16、1×20、1×23 等规格也陆续出现，尚待成熟。

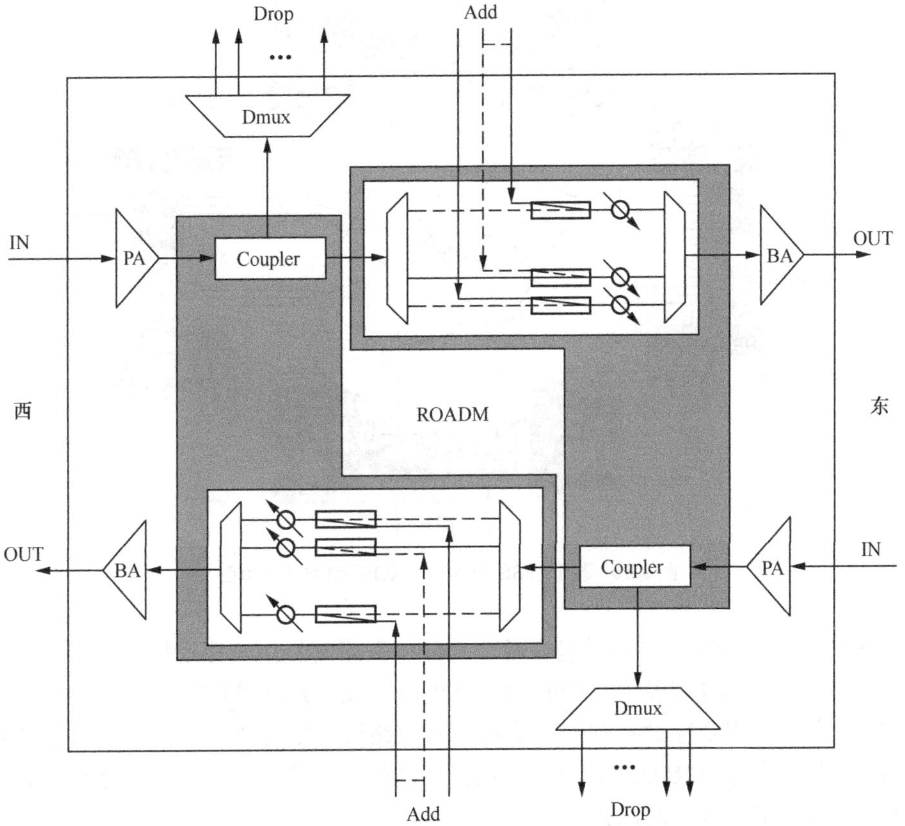

图 3-63　基于 PLC 方案的两方向 ROADM

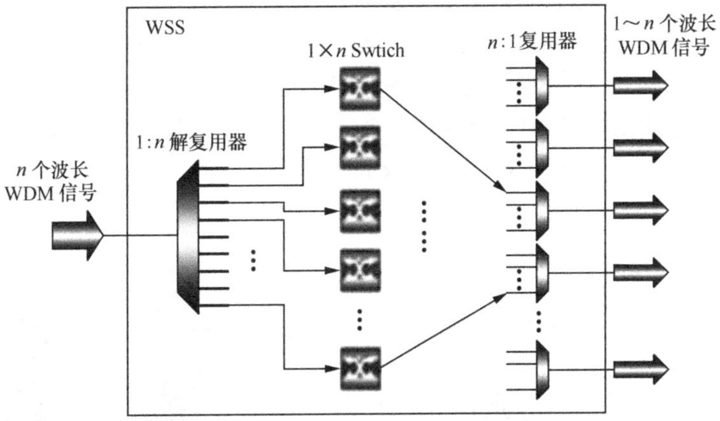

图 3-64　1×*m* WSS 原理示意图

WSS 与 WB 和 PLC 相比，最大的差异是可以支持多方向 ROADM，具备良好的可扩展性，图 3-65 给出了一个基于 WSS 的四方向 ROADM 结构示意图。多方向 ROADM 极大扩展了 ROADM 设备的应用范围，因此基于 WSS 的方案也逐渐成为目前商用 ROADM 设备的主流形态。

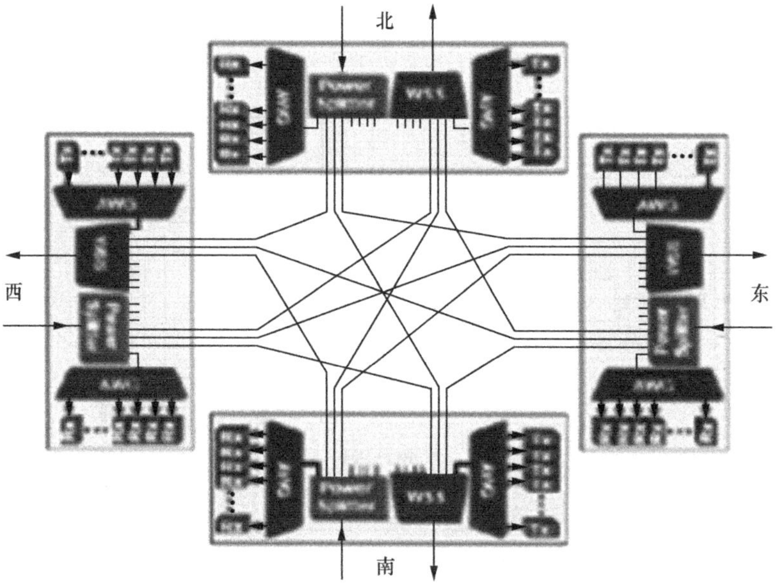

图 3-65　基于 WSS 的四方向 ROADM 结构示意图

基于 WSS 的 ROADM 方案只包含两个部分：下路解复用及穿通控制部分、上路复用及穿通控制部分。下路解复用及穿通控制部分既可以完成本地业务的下路，同时还能对穿通波长进行控制；上路复用及穿通控制部分既可以对上路波长信号进行管理，同时也能对穿通信号进行控制。对于多方向 ROADM 设备，这里穿通控制的含义不仅仅是上下路、直通两种状态的选择，还包括出口方向的选择。

根据两个穿通控制部分选用的器件不同，基于 WSS 的 ROADM 设备可以分成 B&S（Broadcast and Select）和 R&S（Route and Select）两种结构，如图 3-66 所示，两者的区别在于：B&S 结构的下路穿通控制部分采用分光器（Splitter），而 R&S 结构采用了 WSS。B&S 结构的优点是成本低，且天然支持广播/组播，缺点是随着方向数的增加，下路波道的插损快速增长；R&S 结构的优点是插损与方向数基本无关，且可以选择进入下路模块的波道，缺点是成本相对较高，且需要特殊的 WSS 才能支持广播。

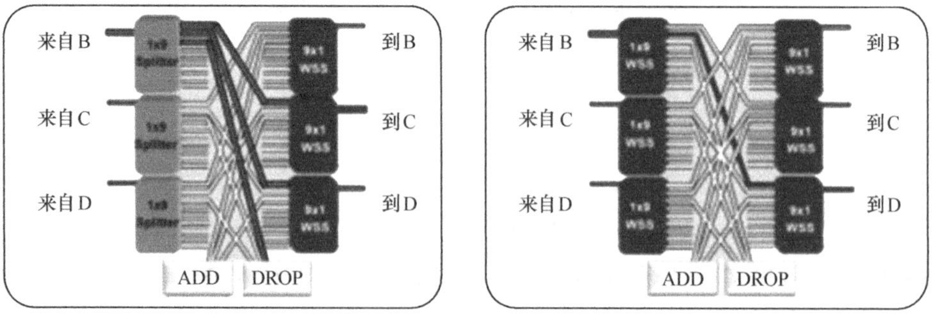

（a）B&S 结构示意图　　（b）R&S 结构示意图

图 3-66　B&S 和 R&S 两种 ROADM 设备结构示意图

目前商用 ROADM 设备多数采用 B&S 结构，未来随着相干光通信技术的普及和对波长无关上下路能力的需要，R&S 结构将取得更多的应用空间。

4．上下路端口灵活性的实现方式

（1）波长无关（Colorless）

上下路端口波长无关特性的实现需要可调谐滤波器和 OTU 支持可调谐波长，目前商用的可调谐滤波器就是 WSS，图 3-67 是基于 WSS 的波长无关上下路模块的典型结构。

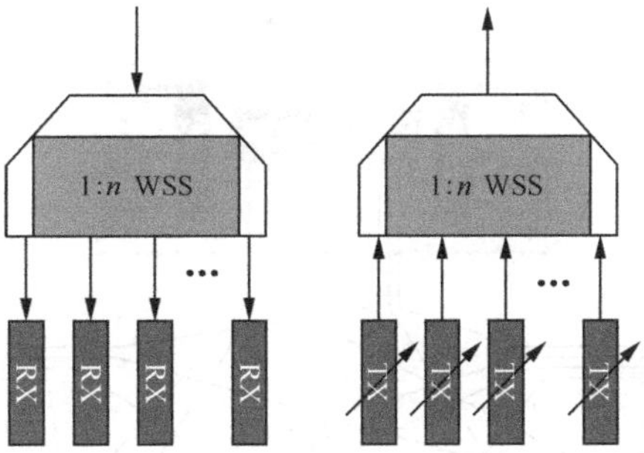

图 3-67 基于 WSS 的波长无关上下路模块结构示意图

基于 WSS 的波长无关上下路模块支持的端口数受限于 WSS 的维度，可以通过 WSS 级联或者分光器加 WSS 级联的方式进行扩展。

但是，随着相干光通信技术在 100Gbit/s WDM 系统中的普及应用，利用相关接收本振激光器与信号光混频时的波长选择特性，可以利用低成本的分光器/耦合器来实现波长无关上下路，如图 3-68 所示。这种结构支持适用于少量上下路端口，分光比过高将造成上下路波长插损过大，同时也将影响到接收性能。若确有必要，可以通过 WSS 下挂多个分光器/耦合器的方式扩展端口数量。

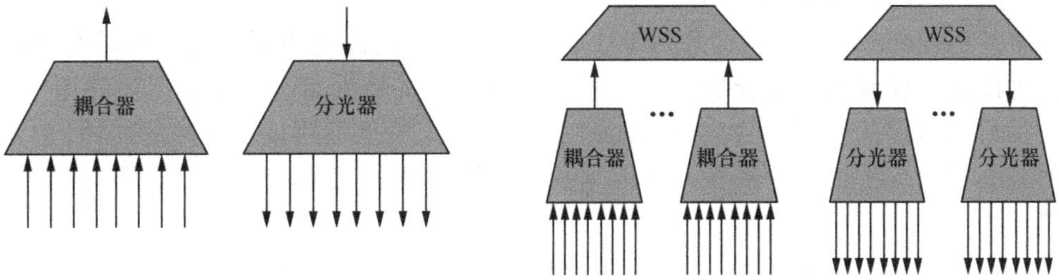

（a）单级上下路模块　　（b）利用 WSS 扩展端口数

图 3-68 用于相干光通信系统的基于分光器/耦合器的波长无关上下路模块结构示意图

（2）方向无关（Directionless）

方向无关特性是实现波长通道端到端路由灵活变化的基本条件，也是基于 ROADM 的光网络实现控制平面自动恢复的基本条件。

实现方向无关有两种思路：一种是多个方向共享上下路模块，其优点是技术简单，成本低廉，缺点是带来新的波长竞争（Contentionless）限制，极端情况下所有方向的某个波长通道只能被一个方向使用，极大地降低了波长资源利用率；二是上下路端口可灵活选择关联方向，其优点是可以同时实现方向无关和竞争无关（Contentionless），没有第一种思路带来的降低波长利用率的缺点，缺点是成本过于高昂，性价比低。目前商用 ROADM 设备普遍采用第一种思路实现方向无关，但是通过大维度 WSS 空闲的维度扩展了上下路模块数量，一定程度上降低了波长冲突的概率，提高了网络资源利用率，如图 3-69 所示，这是目前业界最成熟的多方向 ROADM 方向无关上下路解决方案。第二种思路将结合竞争无关关特性一起介绍。

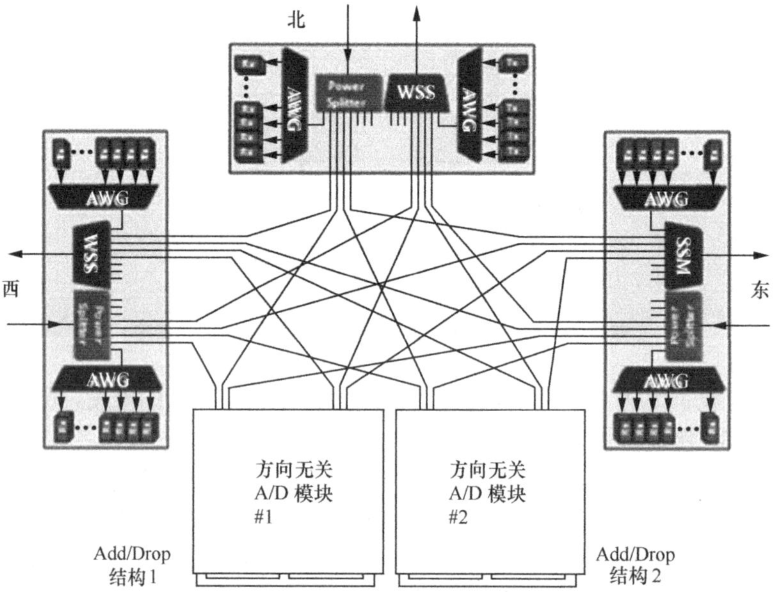

图 3-69　基于 WSS 的 ROADM 设备扩展方向无关上下路模块示意图

（3）竞争无关（Contentionless）

竞争（Contention）是方向无关特性的伴生问题，因此竞争无关特性总是与方向无关特性同时出现，仅具备竞争无关特性，不具备方向无关特性是无意义的。虽然图 3-69 给出了一种目前常用的扩展多方向 ROADM 设备方向无关上下路模块数量的结构，但是这种结构不是真正意义上的竞争无关，原因是业务在模块间的调整需要人工干预，无法实现远程配置。

目前业界比较主流的竞争无关特性实现方式有基于 MCS（广播光开关）的基于大维度 $n\times n$ 光开关两种方案。图 3-70 是一个基于 MCS 实现的八方向方向无关和竞争无关 ROADM 设备的上下路模块部分结构示意图，它提供了 384 个端口，可以实现 8 个方向、96 波、50%波长上下路。图 3-71 给出了一个基于 $n\times n$ 光开关实现的十方向方向无关和竞争无关 ROADM 设备结构示意图，上路和下路各使用了一个 960×960 的大规模光开关，可以实现所有 10 个方向、96 波、100%波长上下路。这两种结构均能够实现波长无关、方向无关、竞争无关的同时支持，即所谓的 C&D&C ROADM。

从目前来看，完全意义的方向无关和竞争无关仅具备技术可行性，过于复杂的结构不仅意味着更高的成本，也意味着性能的劣化和可靠性的下降，所以目前还没有成为商用 ROADM 设备的主流。

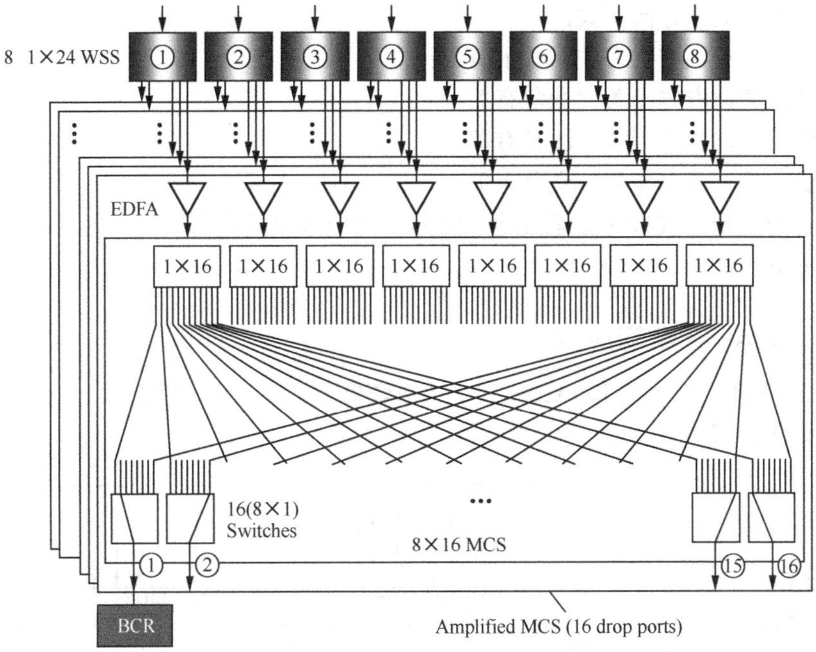

图 3-70　基于 MCS 的方向无关/竞争无关上下路模块结构示意图

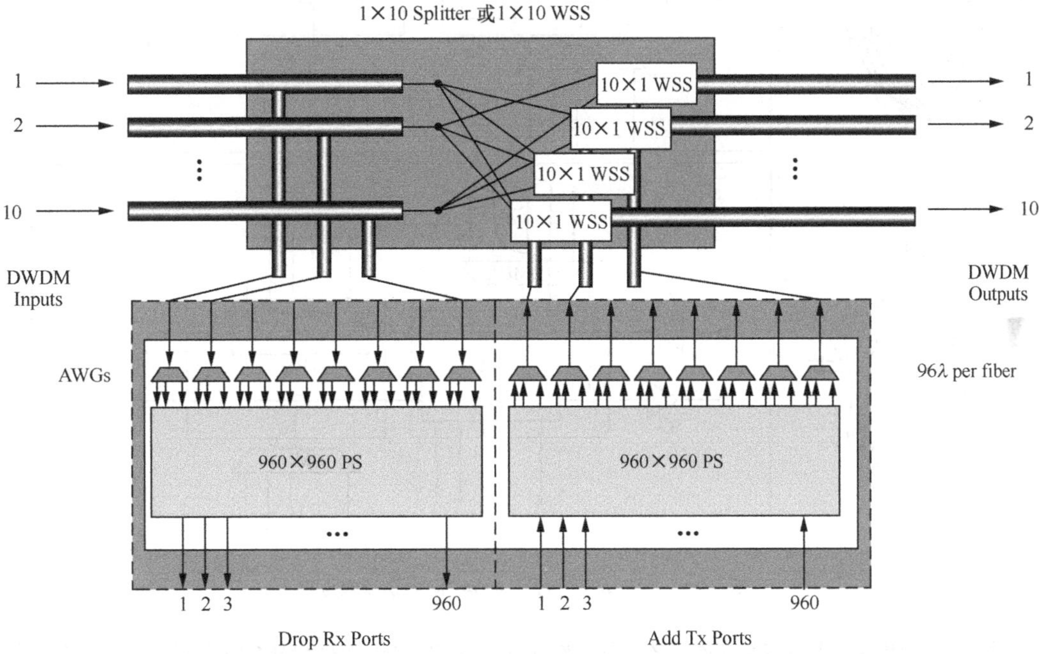

图 3-71　基于 *n*×*n* 光开关的方向无关/竞争无关 ROADM 设备结构示意图

（4）波长无关、方向无关、竞争无关特性的组合

在波长无关、方向无关和竞争无关 3 种特性中，波长无关特性是相对独立的，方向无关和竞争无关是伴生问题，因此存在如下几种组合：

——波长有关、方向有关；

——仅波长无关，方向有关；
——仅方向无关，波长有关，竞争有关；
——波长无关，方向无关，竞争有关；
——方向无关，竞争无关，波长有关；
——波长无关，方向无关，竞争无关。

上述组合的实现方式参考本章描述，实际应用应根据业务需求和网络拓扑，选择合适的上下路端口的灵活性。

3.5.3 ROADM 组网应用

基于 WB 和 PLC 技术的 ROADM 成本相对较低，主要用于二维站点，因此一般在环形组网中应用，如图 3-72 所示。

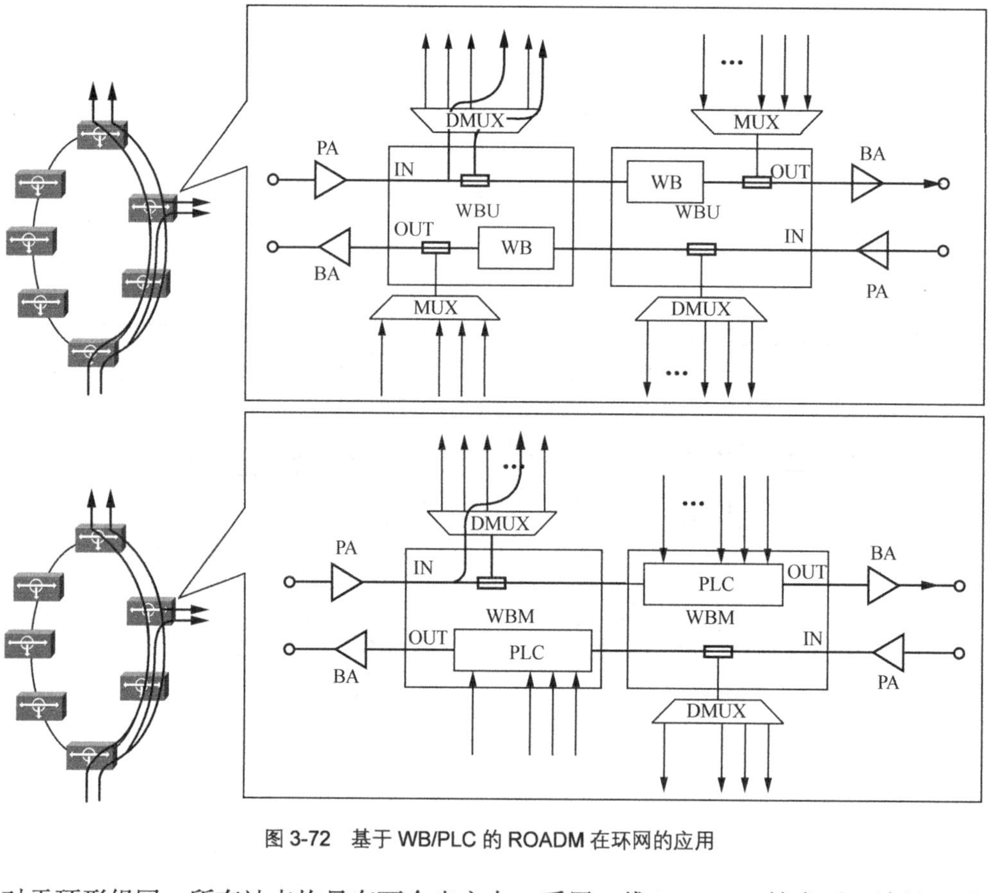

图 3-72 基于 WB/PLC 的 ROADM 在环网的应用

对于环形组网，所有站点均只有两个光方向，采用二维 ROADM 技术后，波长可以在任意节点间自由调度。这样，相比于传统的 OADM 环网，在开通业务时仅需要在源宿站点人工连纤，其他站点不需要人工干预，仅需要在网管上进行设置，降低了维护工作量，缩短了业务开通时间。另一方面，二维 ROADM 与 OADM 环网相比，由于上下路波长可重构，也降低了规划难度，增加了规划的灵活性，节省了预留波道资源，提高了网络的利用率。

基于 WSS 的 ROADM 具有更高的灵活性，可用于二维到多维站点，因此可以应用于环、多环、网状网等各种复杂组网，图 3-73 是 4 维 WSS ROADM 用于田字形组网的典型例子。

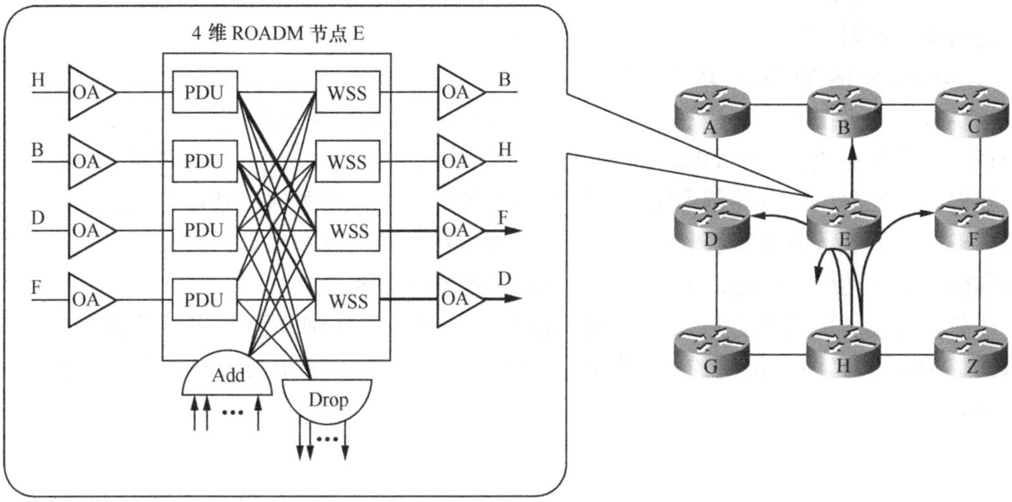

图 3-73　基于 WSS 的多维 ROADM 在网状网中的应用

在网状网应用中，采用多维 ROADM 可以实现波长在各个方向上的调度，对于核心站点 E 来说，经过其的任何波长均可在远端实现灵活的调度，配合本地上下路单元的灵活设计和上下路资源的规划和预留，就可以在远端实现全网的资源重构。

1．ROADM 组网的限制因素

ROADM 组网具备波长级业务重构的灵活性，但由于 ROADM 是一种全光的技术，在应用中也面临着一些挑战。

首先，ROADM 只能以波长为单位调度业务，对网络中大量存在的 GE 等子波长业务的处理效率较低；其次，ROADM 对波长在光域透传，需要面对系统光信噪比、色散、偏振模色散、非线性效应、滤波器损伤等光域的损伤对系统性能的影响；最后，ROADM 如要对业务进行完全无阻的调度，还需要面对波长冲突的问题。

因此，为了提高 ROADM 组网的效率、扩大 ROADM 的应用范围，可以在 ROADM 的应用中引入电层交叉、智能规划、智能控制等功能。

在城域网应用中，往往会出现较多的小颗粒业务，基于 ODU*k* 的电层交叉可以高效地处理 GE 等颗粒的子波长业务的调度问题，但与 ROADM 的光层调度相比，存在着成本和功耗较高、交叉容量难以做大的问题，比较适合于小规模的交叉调度组网，但难于满足网络大规模重构的需求。因此，同时引入 ROADM 和电交叉的光电混合架构，对于大容量的波长级业务通过 ROADM 调度，对于小颗粒的子波长级业务采用电层调度，可以很好地满足复杂网络的调度需求。

对于光域的传输损伤和波长冲突问题，则主要通过网络的规划和控制来规避。通过光域的透明传输来减少网络中的光电转换是光层调度相对于电层调度的一大优势，但在部分应用，尤其是长途干线应用中，往往受网络状况和业务路由所限，无法完全消除网络中的电再生。通过智能规划软件来合理规划业务的路由，减少网络对于光电转换的总体需求，同时权衡光/电转换和网络性能，仅在必要的场景才进行电再生，可以最大限度地减少光/电转换，降低全网的 CAPEX 和 OPEX。另一方面，通过提高硬件系统的传输性能，也可以部分解决传输损伤的问题，例如，光收发模块采用特殊的调制方式，可以消除色散、偏振模色散等参数的影响，提高光信噪比容限等等。

2．加载 ASON 的 ROADM 网络

ROADM 网络在硬件上具备了灵活的调度能力，为加载智能的控制平面提供了硬件基础。ROADM 网络在加载了基于 GMPLS 的 ASON 后，可以实现自动化的业务调度，包括业务的自动发现、自动路由、自动信令等，可以实现快速的业务自动配置和智能化的业务疏导，可以提供多层次的业务服务等级和抗击多点失效的业务自动恢复和保护，可以提供流量工程和负载均衡等等自动化的功能，进一步简化网络的管理和运维。

在前期采用智能的规划软件进行网络规划，加载智能控制平面，同时具备电交叉能力的 ROADM 网络具备非常高的智能性和灵活性，基本可以满足相当长一段时间内的智能组网需求。

第4章 光传送网技术演进

4.1 概述

近年来，数据业务发展非常迅速，特别是宽带、IPTV、视频业务的发展对骨干传送网络提出了新的要求。一方面骨干传送网络要求能够提供海量带宽以适应业务增长，另一方面要求大容量大颗粒的传送网络必须具备高生存性高可靠性，可以进行快速灵活的业务调度和完善便捷的网络维护管理（OAM 功能）。

这样 OTN 作为骨干传送技术，重新被人们所关注。在实现了优化承载 IP 业务及和现网的互通融合之后，OTN 有望焕发新的活力，成为未来传送网的主流技术之一。

相对于传统 OTN，未来传送网的发展要满足宽带化、分组化、扁平化以及智能化的需求。

1．宽带化需求

随着互联网的快速发展，互联网用户数、应用种类、带宽需求等都呈现出爆炸式的增长，以中国为例，未来四五年内干线网流量的年增长率预计会高达 60%～70%，骨干传输网总带宽将从 64Tbit/s 增加到 150Tbit/s 左右，甚至 200Tbit/s 以上。随着“宽带中国·光网城市”计划的实施，以及移动互联网、物联网和云计算等新型带宽应用的强力驱动，迫切需要传送网络具有更高的容量。

OTN（光传送网）标准正不断成熟，支持的业务种类不断丰富，从最初的只能支持 SDH（同步数字体系）业务传送，发展为支持各种速率的以太网信号的透明传送，甚至能够支持灵活的弹性分组数据流业务，为此 OTN 标准引入了诸多技术改进：引入 1.25Gbit/s 级别的光数据单元 ODU0 颗粒以及时钟透明的编码压缩技术支持 GE 业务时钟透明传送；引入 ODU2e 颗粒支持 10GE 业务完全透明传送；引入 ODU4 颗粒支持 100GE 业务完全透明传送；以及基于现有的 ODU3，引入时钟透明的编码压缩技术支持 40GE 业务时钟透明传送；与此同时，引入灵活的 ODUflex 颗粒，支持未来可能的各种客户业务以及分组数据流业务，所有这些标准增强特性很好地适应了客户业务的发展，大大提升了光传送网的业务适配性。

2．分组化需求

所谓分组 OTN，指的是分组和光网络互相融合并统一管理的交换平台，其基于通用信元交叉平台实现，通过通用交叉技术，在业务板卡中将分组、OTN 等各种业务切成信元，通用交叉矩阵对信元进行交换，可以实现分组和 OTN 在同一交叉矩阵中的灵活交叉。分组 OTN 设备的功能模型如图 4-1 所示。

传统的 OTN 设备基于电路交换平台实现，只能对业务进行刚性的汇聚和调度，如果客户侧为非满速率业务，将对网络资源造成一定程度的浪费，而分组 OTN 设备可以认为是对传统 OTN 设备的增强，具备了更强的灵活性，除了对业务进行刚性的汇聚和调度（OTN 功能），还可以对客户侧非满速率的业务进行弹性的汇聚和调度（基于分组功能、统计复用特性）。

对于OTN业务，接入分组OTN设备后，先在客户侧OTN板卡中进行OTN成帧处理，之后将ODU进行信元切片。客户侧 OTN 板卡产生的信元经过背板送到通用交叉矩阵统一进行信元交换，之后通过背板送往线路侧单板。在线路侧单板中，由信元恢复到ODU，最后进行OTN的成帧处理和封装。

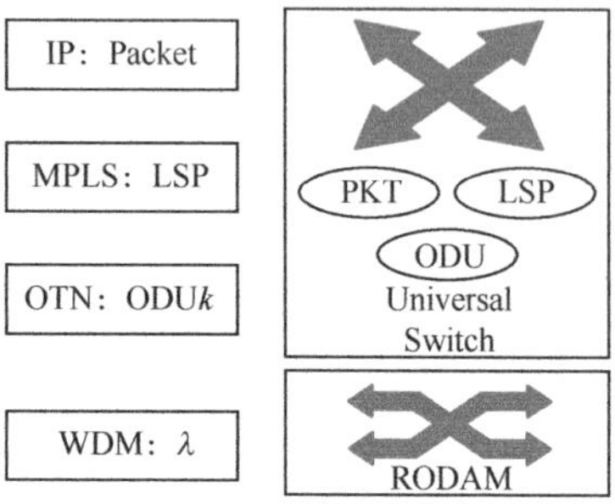

图 4-1　分组 OTN 设备功能模型

对于分组业务，接入分组OTN设备后，先在客户侧PTN板卡中进行分组处理，例如伪线仿真（PW）处理、LSP处理等，之后进行信元切片。客户侧PTN板卡产生的信元经过背板送到通用交叉矩阵统一进行信元交换，通过背板送往线路侧单板。在线路侧单板中，由信元恢复到分组数据，最后进行分组处理，然后完成分组业务到OTN的封装。

分组OTN的线路侧板卡可以有3种：一种是线路侧分组板卡，这种单板只能处理分组业务，分组业务处理后直接封装到高阶ODU，再封装到OTU*k*上线路传输；另一种是线路侧混合板卡，这种单板既可以处理分组业务也可以处理OTN业务，分组业务可以封装到低阶ODU，再与OTN业务一起映射到高阶ODU，再封装到OTU*k*上线路传输；第三种则是线路侧OTN板卡，只处理OTN业务。

分组业务在网络中以ODU传输，在不需要下路进行分组处理的站点，直接进行OTN交叉，此时中间站点可采用线路侧OTN单板；在需要分组处理的站点，需要在线路侧分组板卡或混合板卡中将分组业务从ODU解出，之后进行分组处理和分组交换。

3．扁平化需求

随着宽带业务的进一步发展和LTE的部署，核心、汇聚层带宽需要进一步提升，PTN/IP RAN核心、汇聚层线路速率向40GE发展、接入层线路速率向10GE发展，以满足LTE基站的带宽需求。业务发展也对 OTN 线路单波速率提出了更高的要求，40G、100G 系统可以有效利用现有网络基础设施和已经部署的优质光纤，进一步降低设备空间占用和功耗。

而随着PTN/IP RAN和OTN在城域网的进一步部署，网络层次向扁平化发展，网络业务调度更加高效，运维更加便捷，大致可以划分为两种组网方式，叠加组网和对等组网模型，如图4-2所示。

模型1，目前OTN和PTN/IP RAN完全独立，属于两层网络，采用PTN/IP RAN Over OTN的叠加组网模型，并不是融合型的网络，网络资源利用效率和调度效率相对较低。

模型2，OTN和PTN/IP RAN网络功能和定位上融合，PTN/IP RAN和OTN采用对等组网模型（对接为NNI方式），而不再是PTN/IP RAN over OTN的叠加模型（对接为UNI方式），实现PTN/IP RAN和OTN的全网端到端的运维管理。网络真正实现扁平化的目标，使得OTN和PTN/IP RAN可以相互协同，资源做到统一规划和调度，借助于设备网关的功能达到业务端到端配置、资源统一协调。网关设备完成PTN/IP RAN的PW与OTN的ODU*k*/ODUflex的业务转换，实现PTN/IP RAN与OTN的无缝融合、业务跨域互通、网管互通、端到端OAM和保护功能，提升网络快速运维能力和电信级网络可用性。

模型3，采用PTN/IP RAN和OTN的融合型设备进行组网，在融合的平台上同时传送TDM、Packet和波长业务，而不再采用OTN、PTN/IP RAN两款设备组网，使得网络更加精简、高效。目前业界融合型设备发展趋势分为两种：在城域 OTN 设备上增强分组化能力或者在 PTN/IP RAN 设备上增强大颗粒业务与光层业务调度能力，从而实现业务的统一承载。

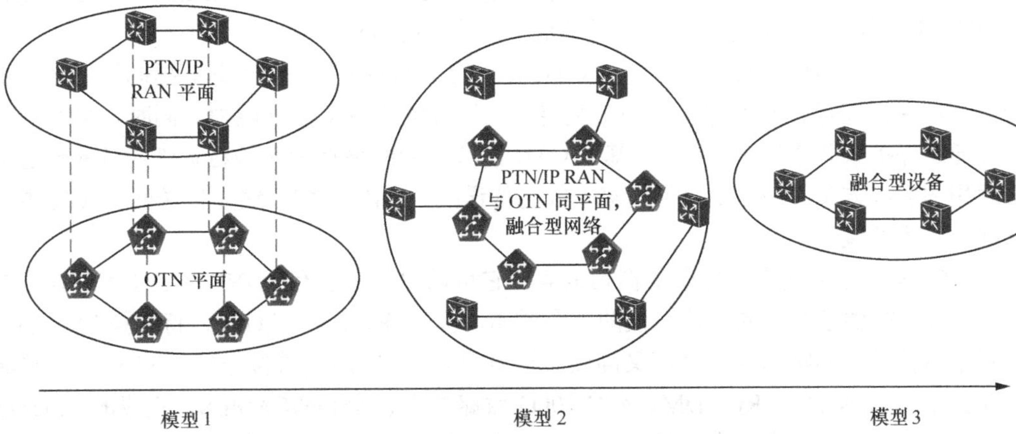

图 4-2　PTN/IPRAN 与 OTN 混合组网模式

大容量、分组化已经成为城域传送网当前最为突出的两大需求，城域的分组传送网、OTN、城域数据网分别有着不同的功能定位，但随着 OTN 在城域的进一步部署，不可避免地会涉及与 PTN/IP RAN 传送网的网络层次重叠和功能重合的问题。OTN 与 PTN/IP RAN 的融合型网络必将成为未来城域传送网的发展趋势。网络层次扁平化，网络调度效率的提升，将会直接降低网络投资，提升运维效率，并提升业务服务质量。

4．智能化需求

传统 SDH 传输网业务调度颗粒小，传送容量有限，对于大颗粒宽带业务的传送需求显得力不从心。传统 WDM 只解决了传输容量，没有解决节点业务调度问题；同时，作为点到点扩展容量和距离的工具，WDM 组网及业务的保护功能较弱，无法满足大颗粒宽带业务高效、可靠、灵活、动态的传送需要。为了摆脱这一困境，新一代基于 OTN 的智能光网络（OTN-based ASON）应运而生。

OTN 是继 PDH、SDH 之后的新一代数字光传送技术体制，它能解决传统 WDM 网络无波长/子波长业务调度能力、组网能力弱、保护能力弱等问题。从 1999 年至今，经过 15 年多的发展，OTN 标准体系已日趋完善。OTN 以多波长传送（单波长传送为其特例）、大颗粒调度为基础，综合了 SDH 的优点及 WDM 的优点，可在光层及电层实现波长及子波长业务的交叉调度，并实现业务的接入、封装、映射、复用、级联、保护/恢复、管理及维护，形成一个以大颗粒宽带业务传送为特征的大容量传送网络。

在 OTN 中采用 ASON/GMPLS 控制平面（λ/ODU*k*/GE 调度颗粒），即构成基于 OTN 的 ASON。基于 SDH 的 ASON 与基于 OTN 的 ASON 采用同一控制平面，可实现端到端、多层次的智能光网络。

基于 OTN 的智能光网络可通过控制平面自动实现 OCh/ODU*k* 连接配置管理，从而使光传送网可动态分配和灵活控制带宽资源、快速生成业务、提供 Mesh 网的保护与恢复、提供网络动态扩展扩容能力、提供多种服务等级，并最终使光传送网成为一个可运营的业务网络。目前，有公司在 GE/10GE 的 G.709 映射机制的基础上，提出了 GE 交叉调度及 GEADM/

GEMADM 的概念，从而使 OTN 设备具备多层面的调度能力，包括波长调度、ODU*k* 调度、GE 调度。同时，还具备对以太帧的二层处理能力，实现基于 VLAN/MAC 的二层汇聚/交换。具体到设备上，多层调度平面—ODU*k*-GE 是可裁减组合，如 λ-ODU1、λ-GE、ODU1-GE、ODU1、GE 等，都可按需要进行组合，以满足不同的应用需求。

多层面调度的互相配合与统一控制，使 OTN 实现更加精细的带宽管理，提高调度效率及网络带宽利用率，满足客户不同容量的带宽需求，增强网络带宽运营能力。同时，可实现不同层面的通道保护或共享保护。目前，基于 OTN 的智能光网络将为大颗粒宽带业务的传送提供非常理想的解决方案，它主要包括国家干线光传送网、省内/区域干线光传送网、城域/本地光传送网等应用领域。

总之，OTN 的主要优点是完全的向后兼容，它可以建立在现有 SONET/SDH 管理功能的基础上。另外，提供了存在的通信协议的完全透明，例如 IP、PoS 和 GFP，特别是 FEC 的实现，使网络运营商的网络运营既经济又高效。构筑面向全 IP 的宽带传送网（BTN），需要集成多种新技术（如 WDM、ROADM、40G/100G 线路传送、ASON/GMPLS、集成的 Ethernet 汇聚能力等），而 OTN 成为整合多种技术的最优化的框架技术。OTN 为 WDM 提供端到端的连接和组网能力；为 ROADM 提供光层互联的规范并补充了子波长汇聚和疏导能力；OTN 有能力支持 40Gbit/s 和未来的 100Gbit/s 线路传送能力，是真正面向未来的网络；OTN 为 GMPLS 的实现提供了物理基础，扩展 ASON 到波长领域；OTN 成为 Ethernet 传输的良好平台，是电信级以太网有竞争力的方案之一。可以预计，在不久的将来，光传送网技术会得到广泛应用，将成为运营商营造优异的网络平台、拓展业务市场的首选技术。

4.2 100Gbit/s OTN 技术

随着云计算、物联网、新型互联网等未来宽带传送需求的强力驱动，100Gbit/s 已经逐渐从幕后的技术研究走向了商用前台，尤其是最近两年国内发展更为迅速。从 100Gbit/s 标准化进展来看，国内标准化组织中国通信标准化协会（CCSA）、国际电信联盟（ITU-T）、国际电气电子工程师学会（IEEE）、光互联论坛（OIF）等均得了明显进展。100Gbit/s 技术和标准最新进展进一步推动了 100Gbit/s 技术步入商用化的进程，如何合理部署 100Gbit/s 成为业界关注的焦点。

4.2.1 100Gbit/s 标准化现状

100Gbit/s 技术的国内标准化工作主要由 CCSA 的传送网与接入网工作委员会（TC6）的传送网工作组（WG1）和光器件工作组（WG4）来制定。最近取得的主要标准进展包括：WG1 完成了“*N*×100Gbit/s 光波分复用（WDM）系统技术要求”的报批稿，以及“*N*×100Gbit/s 光波分复用（WDM）系统测试方法”（报批稿），同时 WG4 已开始开展 100Gbit/s 光模块及组件的标准参数研究。其中“*N*×100Gbit/s 光波分复用（WDM）系统技术要求”中主要规范了 *N*×22dB 传输模型在 G.655 和 G.652 光纤上的关键传输参数规范，同时考虑了系统技术实现的差异性，采用背靠背 OSNR 容限、系统传输距离规则、FEC 纠错前误码率等多种参数量化，目前规范的最远传输能力达到 18×22dB（18×80km，适用 G.652 光纤）和 16×22dB（16×80km，适用 G.655 光纤）。

100Gbit/s 的国际标准主要由 ITU-T、IEEE 和 OIF 等标准组织制定。其中 ITU-T 的 SG15 主要负责光传送网及接入网的标准化工作，其中 Q6 主要负责物理层传输标准的规范工作，Q11 主要负责逻辑层传送标准的规范工作。目前针对 100Gbit/s 的标准化工作主要在 G.682、G.sup39、G.709 等标准中规范，其中 G.682 标准 2013 年已经明确提出进行 100Gbit/s 参数的规范，而 G.sup39 逐步引入 100Gbit/s 技术涉及的一些工程参数考虑，同时 G.709 的 ODU*k* 容器已经支持基于 100Gbit/s 速率的 ODU4。

IEEE 802.3 主要负责以太网物理层规范的制定，目前相关规范标准已经制成完成。其中，802.3ba 主要研究和规范基于 40GE 和 100GE 的物理层规范；802.3bj 主要研究和规范 100Gbit/s 背板和铜缆标准；802.3bm 主要研究和规范基于 25Gbit/s 速率的低功耗和高集成度单模和多模光接口参数。

OIF 的 PLL 主要负责高速模块及器件的规范制定工作，目前已经完成了 100Gbit/s 长距传输模块、相干接收机等实现协议（IA），目前正在进行第二代的 100Gbit/s 长距传输模块和相干接收机的 IA、基于城域应用（中距离）的 100Gbit/s DWDM 传输框架，以及基于 28G 的甚短距离传输的通用电接口（CEI-VSR）等 IA 的制定工作。

从 100Gbit/s 标准化整体进展来看，目前 100Gbit/s 标准基本完善，正在进行进一步提升集成度、降低功耗等相关标准的规范制定过程之中，预计到 2015 年左右新一代的 100Gbit/s 标准化工作也将完成。

4.2.2　100Gbit/s 产业链发展状况

纵观现有的 100Gbit/s 产业格局，现在已经形成了包括路由器、传输、测试仪表、芯片、光模块在内的端到端的产业链，每个环节都有 3 家以上的公司提供主要产品，且整个产业阵营仍在逐步壮大当中。

思科指出，40GE/100GE 的接口标准化及成本降低优势将替代 POS 成为高速接口的主流选择，思科现已推出了 CRS-3 核心路由器以及多样化的边缘 100Gbit/s 路由器。而阿尔卡特朗讯也加大了在核心路由器领域的研发，并率先推出了 7950XRS 核心路由器，同时其 400Gbit/s 网络处理器也确保了其在 100Gbit/s IP 领域的重要地位。

在系统设备商中，华为、中兴、上海贝尔、烽火等厂商都重点参与了国内运营商的 100Gbit/s 系统测试，同时一些领先厂商也承担了多个 100Gbit/s 的现网建设，具备了丰富的 100Gbit/s 应用部署经验。

芯片及光模块方面，Broadcom、高通等厂商都加大了 100Gbit/s 芯片的研发力度，100Gbit/s 的通用芯片已逐步实现流片，而器件及光模块的市场需求也呈现出井喷，JDSU 等器件厂商都已加大了产能投入。

虽然在测试领域，部分性能测试仍未完善，然而 EXFO、思博伦、IXIA、JDSU 等测试厂商都推出了 100Gbit/s 的相关测试仪表，同时亦加大了对于 OSNR 等技术指标测试的投入力度。

4.2.3　100Gbit/s OTN 关键技术

和 40Gbit/s 技术类似，除了支持现有通路间隔（如 100GHz、50GHz）和尽量提高频谱利用率之外，100Gbit/s 的关键技术主要体现在调制编码与复用、色度色散容限、偏振模色散容限、OSNR 容限、非线性效应容限、FEC 等多个方面。

1．调制编码与复用

从实现方式来看，100Gbit/s 的调制格式和复用方式相对 40Gbit/s 而言类型更为丰富，除了基于偏振复用结合多相位调制的调制方式，如偏振复用—（差分）四相相移键控（PDM-（D）QPSK）之外，还包括更多级相位和幅度调制的调制码型，如 8/16 相相移键控（8PSK/16PSK）、16/32/64 级正交幅度调制（16QAM/32QAM/64QAM）等，以及基于低速子波复用的正交频分复用（OFDM）等。这些编码同时也可以和偏振复用技术结合，组合类型非常丰富。另外，从调制编码的解调来看，目前主要可采用两种方式——直接解调和相干解调，其中相干解调主要采用数字信号处理（DSP）技术来实现，这就显著降低了相干通信中对激光器特性的要求。

综合目前系统性能要求、相应功能的实现复杂性和性价比等多种因素考虑，目前对于 100Gbit/s 传输商用设备，业界一般选择的长距传输码型为采用相干接收的 PDM-（D）QPSK。另外，由于模/数转换器（DAC）和 DSP 芯片等处理技术涉及超高速电路处理技术，多个厂商于 2011 年后半年才普遍实现基于 100Gbit/s 信号的实时相干接收处理（阿尔卡特朗讯公司研发实时处理芯片产品提前实现了 1～2 年）。

2．色度色散容限

100Gbit/s 技术的色度色散容限主要依赖于两种途径解决：一是采用多级调制降低波特率，从而等效提高色散容限；二是采用数字（电）域的信号处理进行色散均衡，而 40Gbit/s 技术根据调制码型可以选择多种方式解决（也包含 100Gbit/s 技术采用的方式），典型的如采用传统色散补偿结合可调色散的方式。传统逐段进行色散补偿的方式在 100Gbit/s 基于 DSP 进行色散均衡的系统中并不需要，而且在线路中逐段引入色散补偿将给系统性能造成一定的影响，如图 4-3 所示。

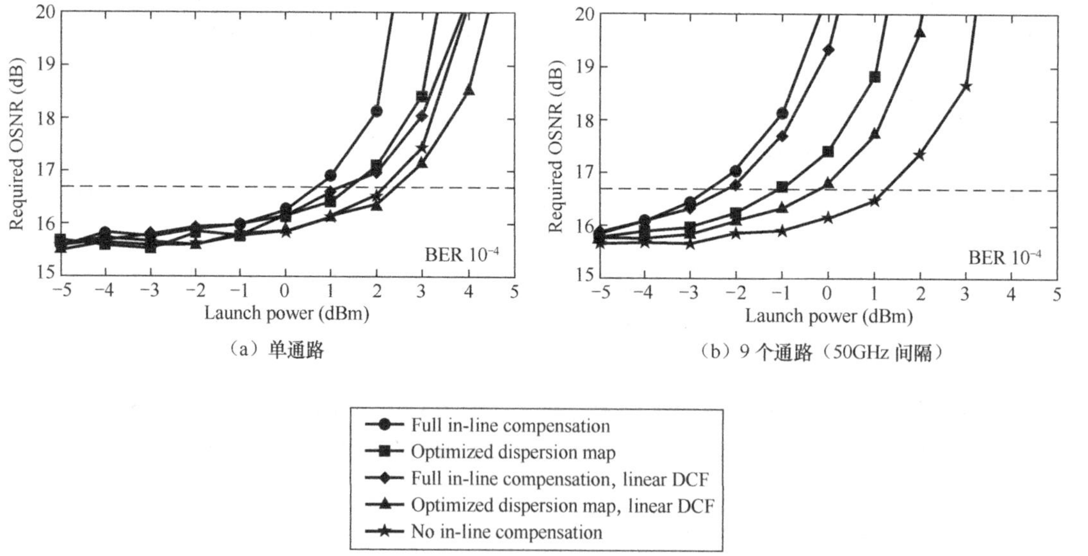

（a）单通路　　（b）9 个通路（50GHz 间隔）

（c）图例

图 4-3　线路色散补偿对于 100Gbit/s PMD-QPSK 系统性能影响

3．偏振模色散容限

对于 PMD 容限，和 CD 容限提高的解决思路类似，100Gbit/s 技术主要采用多级调制、或者多级调制结合电域的信号处理进行 PMD 均衡，如采用 PM-（D）QPSK 直接检测，差分群时延（DGD）最大值（@1dB OSNR 代价）可达到 10ps 左右，而采用相干检测时可达到 75ps 左右。对于采用其他调制格式的，如 OFDM、16QAM、32QAM 等，则支持的差分群时延值更高（由于波特率或子波速率很低）。考虑到实际光纤网络光纤链路的 PMD 特性（实际应用系统 PMD 值一般均小于小于 75ps），100Gbit/s 信号采用 PM-QPSK 和相干接收技术以后，采用线路直接进行 PMD 补偿的必要性已不复存在。

4．OSNR 容限

OSNR 容限是 100Gbit/s 技术的另外一关键参数。对于相同的调制格式，100Gbit/s 相对于 40Gbit/s 的 OSNR 容限要求要提升 4dB 左右，这对于系统实际研发而言挑战性很大。目前采用不同调制格式的 OSNR 容限差异较大，但相同的调制格式另外采用相干接收后可显著提升 OSNR 容限 1～2dB。几种比较典型的码型 OSNR 容限与频谱效率之间的关系如图 4-4 所示。另外，具体容限值由于不同文献可能采用不同的参考定义和具体物理来实现，因而其相对值仅有参考意义。

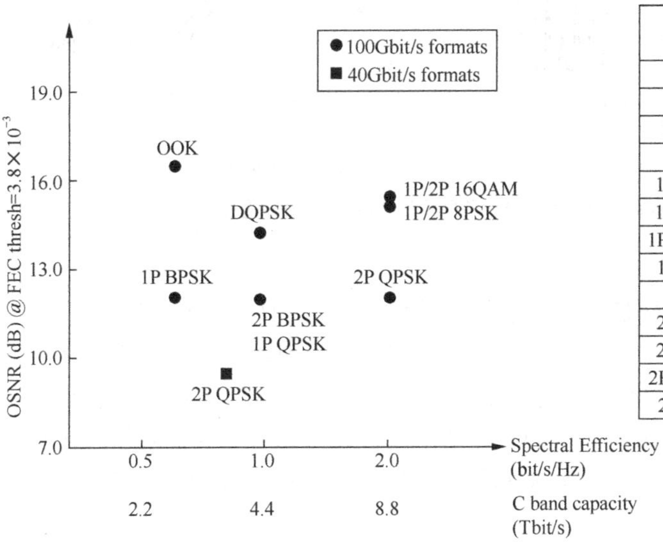

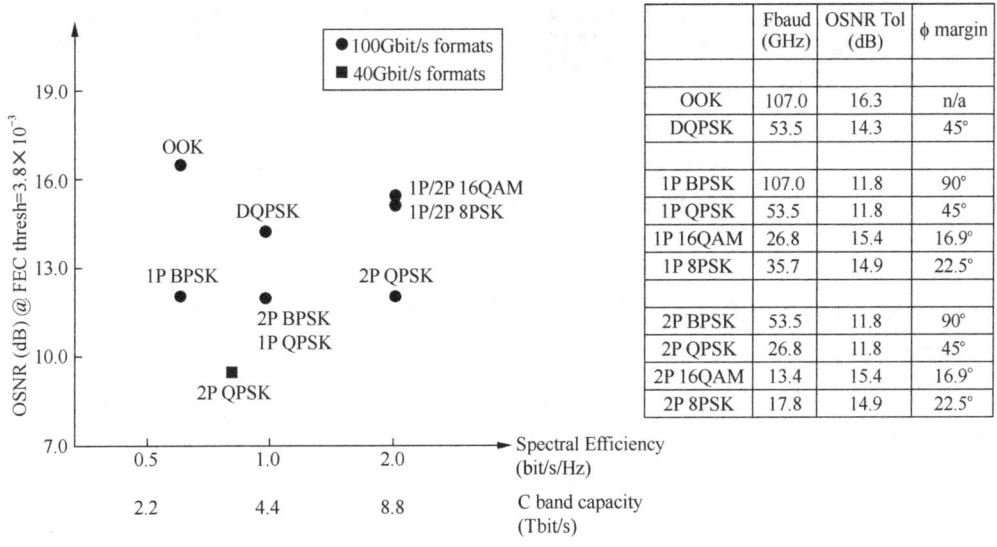

	Fbaud (GHz)	OSNR Tol (dB)	ϕ margin
OOK	107.0	16.3	n/a
DQPSK	53.5	14.3	45°
1P BPSK	107.0	11.8	90°
1P QPSK	53.5	11.8	45°
1P 16QAM	26.8	15.4	16.9°
1P 8PSK	35.7	14.9	22.5°
2P BPSK	53.5	11.8	90°
2P QPSK	26.8	11.8	45°
2P 16QAM	13.4	15.4	16.9°
2P 8PSK	17.8	14.9	22.5°

注：1P 表示单个偏振态，2P 表示偏振复用（双偏振态）。

图 4-4 100Gbit/s 调制码型 OSNR 容限比较

5．非线性效应容限

100Gbit/s 由于采用了多级的相位（幅度）结合偏振复用的调制方式，其非线性效应不但包括自相位调制（SPM）和交叉相位调制（XPM）等效应，同时也包括偏振态变化的非线性效应（光纤双折射效应引起）。另外，由于 100Gbit/s 速率相对于 40Gbit/s 而言，在采用相同调制格式时，比特率和波特率均上升 2.5 倍，其对于非线性效应的容忍特性与 40Gbit/s 有所差异，如图 4-5 所示。另外，对于不同相邻通路的速率的 XPM 效应，100Gbit/s 相对于 40Gbit/s 而言非线性容限要高一些，如图 4-6 所示。

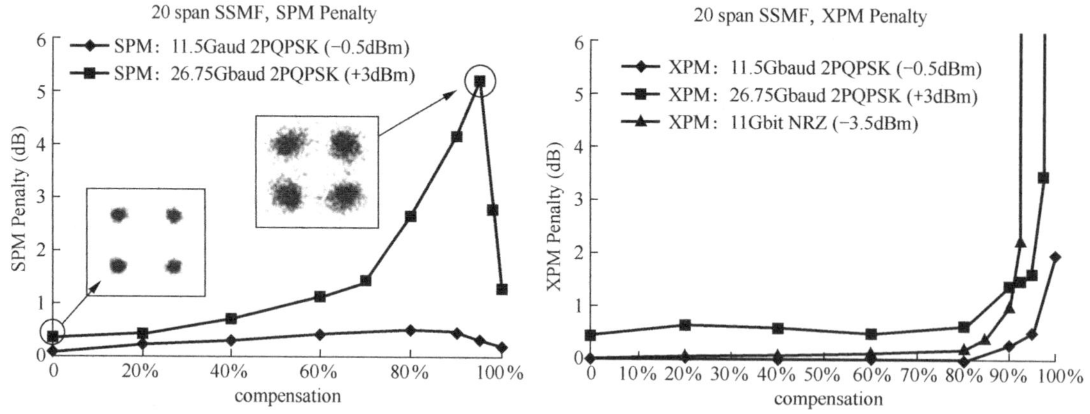

图 4-5　100Gbit/s PDM-QPSK 系统的非线性效应

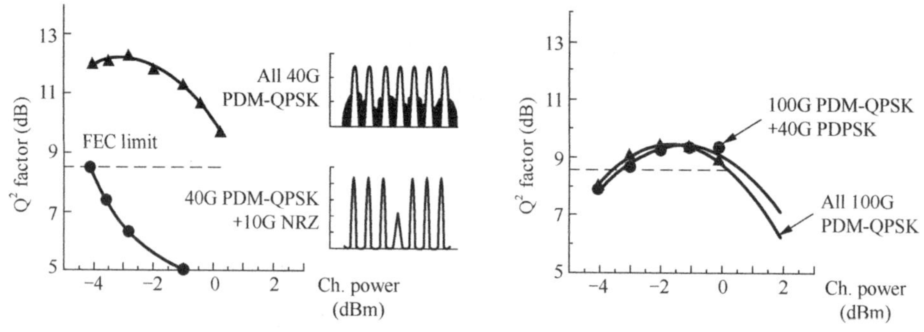

（a）40Gbit/s (10Gbaud)　　（b）100Gbit/s (25Gbaud)

图 4-6　100Gbit/s 与 40Gbit/s 基于不同相邻通路的 XPM 效应比较

6．FEC

FEC 技术引入到高速传输系统后可显著增加系统传输距离，但编码增益与增加 FEC 开销后所带来的代价两者之间需要平衡，同时 FEC 技术还需要考虑到现有芯片实现技术的可行性和兼容性等因素。由于具体实现软硬件技术差异、市场竞争需要等多种因素，目前对于 100Gbit/s 技术仅在域间接口规范采用基于 ITU-T G.709 的 RS（255，239）编码，对于其他更复杂且编码增益更高的编码，目前不同国内外研发机构正在研究，ITU-T 和 OIF 等标准组织也正在进一步地讨论规范化的可能性。

4.2.4　100Gbit/s OTN 组网应用

数据业务和宽带业务的爆发式增长，消耗了大量带宽，承载网面临着严峻的挑战，现有的 10/40Gbit/s 波分系统将不能满足骨干网对大量数据传输的需求。由于调制模式不统一等问题的限制，40Gbit/s 系统的成本下降缓慢，40Gbit/s 产业链的发展状况也不尽如人意。而随着 100Gbit/s 标准的完备和 100Gbit/s 技术的逐步成熟，业界普遍更看好 100Gbit/s 系统的发展前景，认为其在未来将得到广泛的部署和应用，并且会像 10Gbit/s 系统那样，具备较长的生命周期。

相对于 10Gbit/s、40Gbit/s 线路速率而言，100Gbit/s 线路速率能更好地解决运营商日益面临的业务流量及网络带宽持续增长的压力。如图 4-7 所示，100Gbit/s WDM/OTN 系统通常部署在干线网络以及大型本地网或城域网的核心层，用于核心路由器之间的接口互联、大型数据中心间的数据交互、城域网络业务流量汇聚和长距离传输，以及海缆通信系统的大容量长距离传输。100Gbit/s WDM/OTN 系统所具备的大容量、长距离传送特性有利于传送网络的层次进一步扁平化。

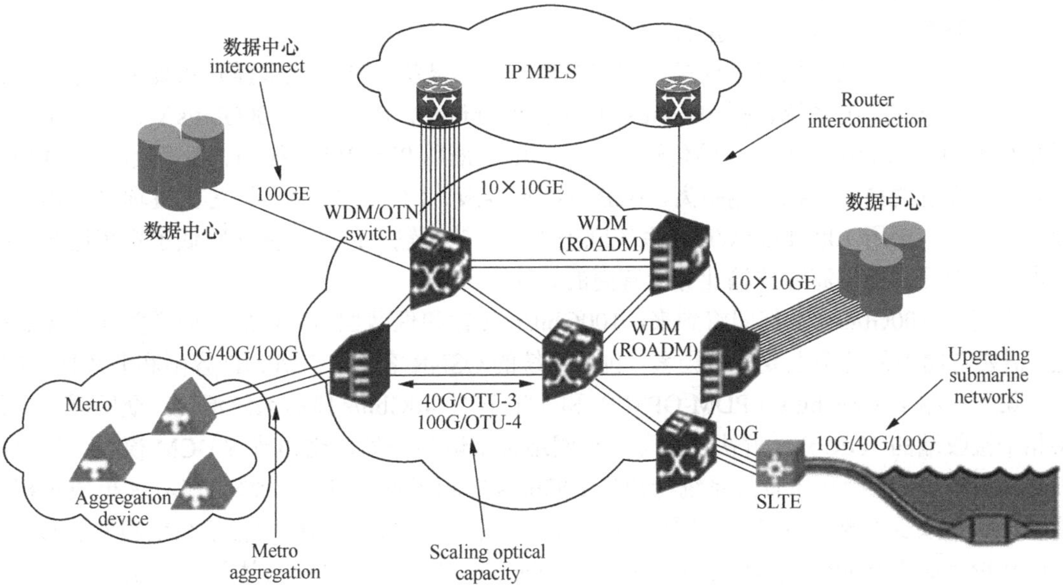

图 4-7 100G 传输应用场景（来源：OVUM）

（1）核心路由器之间的接口互联

随着全 IP 化的进展，骨干网络数据流量主要为核心路由器产生，一般采用 IP over WDM 的方式来完成核心路由器之间的长距离互联。目前核心路由器已支持 IEEE 定义的 10GE、40GE、100GE 接口。现网中核心路由器主要采用 10GE 接口与 WDM 设备互联实现长距离传输。随着 100Gbit/s WDM/OTN 技术的成熟，核心路由器可直接采用 100GE 接口与 WDM/OTN 设备连接，或将此前已大规模部署的 10GE 接口采用 10×10GE 汇聚到 100Gbit/s 的方式进行承载。采用 100Gbit/s WDM/OTN 设备进行核心路由器业务的传输不仅可提供数据业务普遍需要的大容量高带宽，而且可进一步降低客户侧接口数量，满足数据业务带宽高速持续增长的需求。

（2）大型数据中心间的数据交互

近年来互联网、云计算等业务蓬勃兴起，此类业务不仅对带宽的实时要求较高而且对传输时延较为敏感，一般采用数据中心来支持内容的分发。数据中心将数量众多的服务器集中在一起来满足用户需求，采用 100Gbit/s 传输可满足数据中心互联的海量带宽需求，而且可减少接口数量、降低机房占地面积、设备功耗。由于 100Gbit/s WDM/OTN 设备采用相干接收技术，无需配置色散补偿模块，有效降低了传输时延，可以为金融、政府、医疗等对时延较为敏感的用户提供低时延解决方案。

（3）城域网络业务流量汇聚及长距离传输

随着 LTE 网络的部署，以及移动宽带业务、IPTV、视频点播、大客户专线业务的开展，城域网络的带宽压力日趋增长。就移动回传网络而言，LTE 时代不仅基站数量众多而且单基站出口带宽高达 1Gbit/s，固网宽带用户的带宽也将由 10Mbit/s 逐步升级至 100Mbit/s 甚至更高，城域网络的接入、汇聚层单环容量会迅速提升至 10Gbit/s、40Gbit/s。接入、汇聚层节点数量及带宽的攀升促使了在城域核心层需要部署 100Gbit/s WDM/OTN 设备来进行大带宽业务的流量汇聚并与长途传输设备接口。

（4）海缆通信系统的大容量长距离传输

由于海缆传输的投资成本较高，用户希望采用单波提速的方式来提升系统传送容量。目前全球已建设的海缆系统包括 10Gbit/s 和部分 40Gbit/s WDM 系统。100Gbit/s WDM 系统不仅可在 C 波段提供 80×100Gbit/s 的传输容量而且由于采用 PM-QPSK 编码、相干接收、SD-FEC 软判决等先进的技术，在传输距离、B2B OSNR 容限、CD 和 PMD 容限等关键项目上均具有较好的指标。采用 100Gbit/s WDM 系统既提高了海缆传输系统的容量又降低了系统运营维护成本，普遍受到提供海缆传输业务运营商的青睐。

而随着 100Gbit/s 时代即将到来，100Gbit/s 传输和现网如何兼容成为业界关注的焦点问题，需要考虑评估几个主要影响因素，包括系统的 OSNR 容限、CD/PMD 容限和非线性影响。

第一，相干 100Gbit/s（PDM-QPSK）和非相干 10/40Gbit/s 既有系统混传。众所周知，具备相干接收端的 100Gbit/s 解决方案可以给网络带来诸多好处，比如节省 DCM 模块，光层规划更加简单等，然而和原有的系统特别是 10Gbit/s 非相干混传时，原系统的 DCM 模块对相干系统会带来多少影响一直是一个顾虑。实验室测试表明，非相干系统对相干系统额外的 OSNR 上的代价不高于 0.5dB，影响较小，且相干 100Gbit/s 的入纤光功率可达到 1～2dBm，和现有的 10Gbit/s 系统接近，只需 OSNR 参数能同时满足 100Gbit/s 和 10Gbit/s 的设计要求，即可实现兼容混传。

第二，相干 100Gbit/s 和相干 40Gbit/s 系统的混传。对于 40Gbit/s 相干系统，目前业界有两种主流编码技术，一种采用 2 相位调制 PDM-BPSK，码速率为 21.5Gbit/s，入纤功率和 100Gbit/s 相干、10Gbit/s 系统接近，是最容易平滑混传的解决方案；另一种 40Gbit/s 相干采用 4 相位调制 PDM-QPSK，码速率为 11.25Gbit/s，抗非线性较弱，入纤功率较低，和 100Gbit/s 相干兼容混传代价较大，在混传场景时需要慎重设计。

第三，非相干 100Gbit/s（OPFDM）和非相干 10/40Gbit/s 混传。非相干 100Gbit/s 的光层设计参数和既有 10/40Gbit/s 系统接近，影响代价较小，只要在 OSNR 同时满足设计的前提下即可实现混传。

4.3 超 100Gbit/s 技术

随着社会信息化进程的不断推进，以视频传输为代表的新兴业务对带宽需求剧增，现有的骨干光传输系统无法满足日益增长的互联容量需求，迫切要求进一步提升传输容量。基于成本和兼容性等方面的考虑，充分利用已铺设的光纤光缆，在现有光传输系统上通过升级和改造光收发单元以提高单个波长通道传输数据率的方式来提升系统容量，具有最优的性价比和可行性。

DWDM 光传输系统其单通道传输速率经历了从 2.5Gbit/s→10Gbit/s→40Gbit/s 的提升，正在实现从 40Gbit/s→100Gbit/s 的跨越，并酝酿下一代的超 100Gbit/s 光传输系统。目前的

100Gbit/s DWDM 光传输主流方案一般采用相干接收 PM-QPSK 技术，相对于以往的传输速率，其跨越性主要体现在实现技术的一系列重大变革，诸如相位调制、偏振复用、数字相干接收等。

超 100Gbit/s 光传输意在可用频带资源不变的情况下进一步提升单根光纤的传输容量，其关键在于提高频谱资源的利用率和频谱效率。超 100Gbit/s 光传输将继承 100Gbit/s 光传输系统的设计思想，采用偏振复用、多级调制提高频谱效率，采用 OFDM 技术规避目前光电子器件带宽和开关速度的限制，采用数字相干接收提高接收机灵敏度和信道均衡能力。关于下一代超 100Gbit/s 的传输速率目前有两种提法，分别为 400Gbit/s 和 1Tbit/s，但从当前的光传输技术和器件工艺水平来看，400Gbit/s 的可行性更大一些。

4.3.1　超 100Gbit/s 标准化进展

- 400GE 以太网接口标准已在 IEEE 获得正式立项，按照 IEEE 802.3 一般标准制定进程，预计会在 2016—2017 年完成正式化标准。
- ITU-T 在超 100Gbit/s 标准方面主要涵盖 OTN 帧结构以及 Flex Grid ROADM 两个方面，其中超 100Gbit/s OTN 帧结构相关标准规范当前并未正式发布，但业内倾向采用 Flex OTN 帧结构（即将来线路侧支持 OTUflex 信号，速率为 100Gbit/s 整数倍；ODUflex 则会被定义成高阶容器）；Flex Grid ROADM 相关标准则在 2011 年 12 月 ITU-T 全会讨论时对 G.694.1 标准进行修订获得通过。
- OIF 主要对 400Gbit/s 线路侧调制技术、光模块的封装以及模块内部高速电接口展开研究；当前相关技术仍在讨论进行中，综合考虑 400Gbit/s 各种调制码型的频谱效率以及传输距离 400Gbit/s 未来会采用 4SC-PM-QPSK 或 2SC-PM-16QAM；模块内部高速电接口的研究也由 28Gbit/s VSR 转向 56Gbit/s VSR。
- 国内主要由 CCSA 牵头超 100Gbit/s 技术及标准进展的研究，CCSA 已于 2012 年 10 月发布“400Gbit/s/400GE 承载和传输技术研究”相关报告。

在云计算、新型互联网等宽带业务发展的推动下，100Gbit/s 光传输技术国内商用部署节奏明显加快。从 2012 年年底开始，中国电信、中国移动、中国联通三大运营商已启动或正准备启动 100Gbit/s 光传输商用工程招标建设，这标志着我国 100Gbit/s 技术从 2013 年起已正式步入初步规模商用阶段，而速率更高的超 100Gbit/s 技术已逐渐成为业界关注的热点。借鉴高速传输速率以往按照 4 倍或 10 倍增长的历史经验，国内外科研机构几年前就已启动基于 400Gbit/s、1Tbit/s 甚至更高速率的超 100Gbit/s 传输技术研究，伴随着 2013 年 3 月 IEEE 802.3 400GE 标准成功立项，400Gbit/s 已成为近期业界高度聚焦的超 100Gbit/s 技术。

1．业界共推，设备研发及标准均已启动

在 100Gbit/s 正式商用之前，业界主要关注点集中在 100Gbit/s 设备研制、传输性能提升、集成度和功耗进一步优化等方面。伴随着 100Gbit/s 设备商用节奏加快，业界逐渐把超高速光传输技术攻关和新产品研制的重点聚焦在超 100Gbit/s（由于长距传输线路具体速率暂未确定，故采用超 100Gbit/s 笼统表示）的未来发展上。国内的三大光传输设备商从 2012 年左右开始逐步发布了 400Gbit/s、1Tbit/s 等速率实验室样机或正在开展产品研制，部分在国外运营商进行了现网试验，阿朗公司甚至推出了基于 2 载波、400Gbit/s 速率、传输距离可达 500km 量级的超高速传输板卡，同时在法国电信 Orange 进行商用试验。另外，中国电信、中国移动等国内运营商后期均有在实验室或现网进行 400Gbit/s 技术测试验证的计划。从目前公开报道的信息来看，国内外主要光传输设备商现阶段主研的超 100Gbit/s 商用样机主要集中在 400Gbit/s 速率，设备研制难题包括调制格式、复用方式、子载波选择、数字信号处理算法及实现、前向纠错等，力求研制成功低单位成本及能耗、高集成度并满足实际应用需求（包括传输距离、谱效等）的商用化产品，而更高速率的超 100Gbit/s 设备尚处于实验室研究或模型样机研制阶段。

在各厂商研制超 100Gbit/s 设备以争取未来市场先机的同时，高速传输相关标准组织如国际电联（ITU-T）、电气与电子工程师学会（IEEE）、光互联论坛（OIF）以及国内的中国通信标准化协会（CCSA）等非常关注并已启动相应标准工作。ITU-T 的 SG15 的 Q11 和 Q6 组分别开展超 100Gbit/s OTN 帧结构和超 100Gbit/s 物理层标准研究工作。

IEEE 802.3 主要负责高速光以太网的标准化制定工作，2013 年 3 月 400GE 标准项目立项成功，预计 2016—2017 年 400GE 标准化完成。OIF 最近两年也推动多种超高速率接口规范制定，典型包括 56Gbit/s 的多种应用电接口以及 400Gbit/s 长距传输用光模块方案等。

另外，我国的 CCSATC6 技术委员会的 WG1 和 WG4 分别负责光传送设备和光模块标准化工作，近两年分别开展了基于超 100Gbit/s 传输技术及光模块的标准类研究课题，目前整体上都在开展之中。

2．超 100G 技术路线多样，性能和成本平衡至关重要

超 100Gbit/s 主要涉及短距离互联（客户侧）和长距离传输（线路侧）。客户侧技术方面，鉴于 IEEE 已经把速率定位于 400GE，超 100Gbit/s 客户侧的技术选择主要围绕 400Gbit/s 进行，截至 2014 年年底，IEEE 802.3 400GE 项目组已召开了多次会议，讨论的重点依然是关键技术路线的选择，典型如电层通道速率、光层通道速率、FEC（前向纠错编码）选择等。参考 100Gbit/s 低成本实现讨论方案（802.3bm 项目，单模光纤方案目前暂未获通过）并结合未来可预见技术发展等，400GE 接口有多种实现方案，包括 25Gbit/s、50/56Gbit/s 不同的电接口速率、脉冲幅度调制（PAM-*n*）和离散多载波（DMT）等多种基于不同波特率的光接口调制复用方式等。

在线路侧技术方面，前十多年高速传输技术经历了 40Gbit/s 速率多方争优、多种并存的时代后，在 100Gbit/s 速率上又在偏振复用—正交相移键控（DP-QPSK）和相干接收等关键技术路线上趋于统一，而超 100Gbit/s 目前在技术路线选择上又面临 40Gbit/s 当年类似的情形，而且技术路线的选择更为复杂，典型包括正交幅度调制（*n*-QAM）等调制格式、载波个数，以及基于奈奎斯特 WDM、电/光域的正交频分复用（OFDM）线路传输复用方式等。从目前整体发展来看，线路侧近两年可支持商用化产品的 400Gbit/s 技术路线主要重点落在 4 载波的 QPSK（传输距离 1000km 量级）或者 2 载波的 16QAM（传输距离 500km 量级）上，但这并不排除其他方案后来居上情形的出现。

无论是超 100Gbit/s 客户侧还是线路侧，在最终技术路线选择时面临的关键问题，就是如何让性能和成本尽可能在特定阶段接近某种平衡，譬如超 100Gbit/s 客户侧接口就是应用需求要求低成本实现的最明显例子。客户侧传输距离短因而存在多种实现方案，这将导致出现评估哪种方案成本更低的难题，IEEE 802.3bm 项目中 100GE 单模光纤的多种低成本方案目前仍然没有达成共识就是例证。另外，线路侧技术选择主要面临的就是如何权衡传输距离和频谱效率的取舍，但同时频谱效率又会变相地转化到比特成本上，因此实际上也是性能与成本之

间的平衡问题。

3．面临诸多挑战，信号处理最为突出

虽然 40Gbit/s 和 100Gbit/s 尤其是 100Gbit/s 的技术研究及最终商用实现方案选择经验为超 100Gbit/s 技术的未来发展提供了很好的参考，但由于超 100Gbit/s 传输速率一般至少要提升 4 倍或 10 倍，相应参与光电信号处理的光学器件和微电子器件工作带宽显著提升，超 100Gbit/s 在后续发展方面还面临诸多挑战。

第一，多技术路线选择整体上不利于超 100Gbit/s 未来发展。无论是客户侧还是线路侧，超 100Gbit/s 的技术路线都面临多样化竞争方案选择，不像在 100Gbit/s 发展阶段中技术优势明显的 DP-QPSK 和基于数字信号处理（DSP）的相干接收等，目前超 100Gbit/s 技术方案中暂时没有哪种方案明显占优，这种方案多样性在有利于通过竞争来攻关技术难题、探索技术新方向的同时，将产生诸多业内互相竞争的产业链条，在一定程度上会影响超 100Gbit/s 整体产业的成熟进度，类似现象在 40Gbit/s 发展过程中也曾出现。因此，尽快推动超 100Gbit/s 标准化进程至关重要。

第二，未来实际带宽需求量将影响超 100Gbit/s 技术发展节奏。按照思科公司 2012 年预测，2016 年固定互联网带宽需求大约是 2011 年的 3.5 倍，移动数据带宽需求大约是 2011 年的 18 倍，而中国电信预测 2017 年干线网络最大截面传输需求将达 38Tbit/s，基于现有商用的 100Gbit/s 传输技术承载未来巨量带宽需求将面临成本、功耗、机房面积、光缆资源和运维等诸多挑战，而且目前尚未出现相比光纤通信技术容量更大的其他传输技术。因此未来 4～5 年出现超 100Gbit/s 传输需求的可能性较大，但最终实际需求还是要取决于后续实际带宽需求的发展规模，这将直接影响超 100Gbit/s 技术成熟的节奏。

第三，超高速光电处理及芯片实现面临瓶颈。由于无论是客户侧还是线路侧，超 100Gbit/s 速率相对于 100Gbit/s 而言至少增加 4 倍或更高，采用现有技术和芯片工艺在功耗、集成度和成本等方面优势不大，而采用新技术和新工艺等将在调制和编码、系统传输、解调和数字信号相干接收处理等方面面临技术挑战，典型如客户侧高速率（如 50/56Gbit/s）电接口、线路侧高采样率数模/模数转换器（64Gbit/s 以上）、更低功耗超大规模电路 DSP 处理电路、优化线路损伤提升传输距离的 DSP 算法、更高增益 FEC 等。由于超高速光电处理及相关芯片涉及光学和微电子等基础领域，超 100Gbit/s 在频谱效率、传输距离、集成度、成本和功耗等方面还需要大量的技术和工艺创新，才能达到商用化要求水平，这是超 100G 发展目前面临的最突出障碍。

4．尚处于发展初期，未来演进存在多种可能

虽然目前 400Gbit/s 已经出现了商用试验案例，但纵观应用需求、技术路线、标准规范、设备研制等多方因素，超 100Gbit/s 整体上尚处发展初期，后续演进存在多种可能。第一，从客户侧应用需求来看，由于传输速率标准已经确定为 400GE，目前国外大量的 400GE 超高速光互联驱动主要来源于大型和超大型数据中心建设，而我国超 100Gbit/s 首要应用需求则可能出现在干线网络，因此 400GE 技术将同时面临 100～500m、2～10km、40km 等多种应用需求，这将导致后续标准方案更多、方案间竞争更为激烈，最终接口目标距离和传输技术选择有待业界共同推动。第二，从线路侧速率选择来看，目前客户侧选择 400GE 意味着线路侧速率至少是 400Gbit/s 或者更高（包括速率灵活可配置方式）。由于现有方案实现的线路侧 400Gbit/s 技术在传输距离和频谱效率上尚未达成有效平衡，最终线路侧速率的选择将由带宽需求驱动

的节奏（如带宽增速快、应用需求周期短等）、应用场景（如干线或城域等）、技术突破（如出现重大技术创新等）多种因素确定，但近两三年的设备样机研制或现网试验则将主要以 400Gbit/s 为主。第三，从线路侧技术选择上来看，除了继承 100Gbit/s 关键技术本质之外，采用基于奈奎斯特和 OFDM 等多子载波进行反向复用是目前看到可能使用的新技术点，但超 100Gbit/s 具体调制格式（如 DP-16QAM、DP-QPSK 以及其他更复杂的混合调制等）与具体线路传输技术的选择目前尚未明晰，有待业界后续进一步推动。

未来潜在的超宽带应用和技术革新等驱动超 100Gbit/s 成为高速光传输研究热点。从整体发展上来看，超 100Gbit/s 尚处于发展初期，目前尚未确定关键技术特性，但未来两三年传输产品研制则以 400Gbit/s 速率为主，后续演进存在多种可能性，这对于我国而言也是进一步提升超高速光通信技术及产品国际竞争力的绝佳机会。

4.3.2 超 100Gbit/s 关键技术

当 100Gbit/s 传输技术规模部署后，具有更高速率的超 100Gbit/s 波分系统必将成为下一阶段的研究热点。超 100Gbit/s 的关键技术包括灵活调制、相干检测和灵活栅格等重要技术，下面将进一步阐述。

1．灵活调制与相干检测技术

在 10Gbit/s 系统出现之前，光纤传输系统普遍采用的是二进制 OOK 直接调制方式。随着系统速率的提高，双二进制调制、DBPSK 和 DQPSK 等技术得到了广泛应用，从而极大地提高了系统的抗噪性和频谱效率。而在未来的超 100Gbit/s 系统中，随着相干接收的引入，基于多载波调制的 OFDM 技术已趋于成熟。下一代传输系统中的各种先进调制技术如图 4-8 所示。

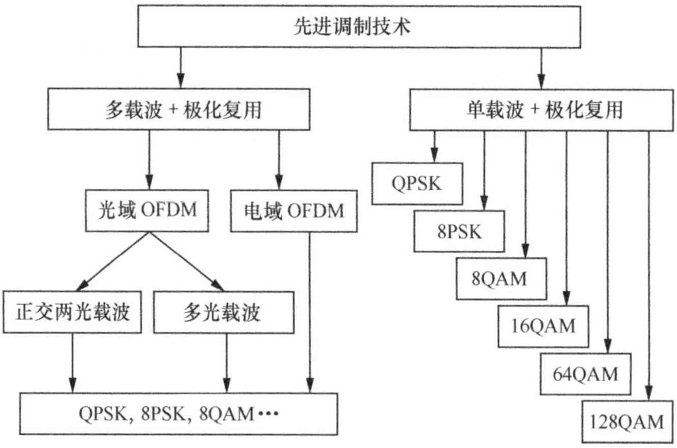

图 4-8　下一代传输系统中的各种先进调制技术

由图 4-8 可知，使用高阶调制手段（如 M 维 PSK 或 M 维 QAM）并与偏振复用技术相配合，可有效地提高频谱利用率。就 100Gbit/s 系统而言，目前普遍采用的是偏振复用正交相移键控（PM-QPSK）调制方式。该方式具有较高的频谱效率，将传输符号的波特率降低为二进制调制的 1/4，并能使光信噪比得到极大的改善，可用强大的 DSP 来处理极化模复用信号。PM-QPSK 信号在接收侧采用相干检测技术，可实现高性能的信号解调。相干检测技术是指信号的解调机制，具体来说就是利用调制信号的载波与接收到的已调信号相乘，然后再通过低通滤波得到调制信号的检测方式。和直接解调、差分解调方式相比，由于相干检测方式所使用的本地激光器的功率要远大于输入光信号的光功率，所以光信噪比可予以极大的改善。特别是相干检测技术能充分地利用强大的 DSP 技术来处理极化模复用信号，可通过后续的数字信号处理补偿并进行信号重构，可还原被传输的信号特性（极化模、幅度、相位）、大幅消除光纤带来的传输损伤，如偏振模色散（PMD）容忍度可达 30ps，无需线路色散补偿就可容忍几万 ps/nm。除了 PM-QPSK 以外，备选的调制技术还有双载波 PM-QPSK、双载波直接检测 DQPSK 及 PM-16QAM 等。但考虑到光纤非线性效应、双载波间的频率间隔和直接检测的 OSNR 门限等因素影响，PM-QPSK 还是 100Gbit/s WDM 系统最适宜的调制格式。

在高速波分系统中引入正交频分复用（OFDM）技术，采用多个正交的子载波来承载超 100Gbit/s 速率数据，不需对大色散进行复杂的补偿就能方便地改变信号的调制格式。相干接收 OFDM-QPSK 系统原理示意见图 4-9。OFDM 的实现流程包括发射端用 DSP 产生的 OFDM 数字信号、经数/模处理（DAC）后的调制光电调制器。发射端 DSP 完成的功能有信号串/并转换、星座映射、IDFT、并/串转换及加循环前缀。接收端经相干检测、模/数处理（ADC）、DSP 处理后恢复出信号。接收端 DSP 完成的功能有串/并转换、DFT、信道估计、信号判决及并/串转换。

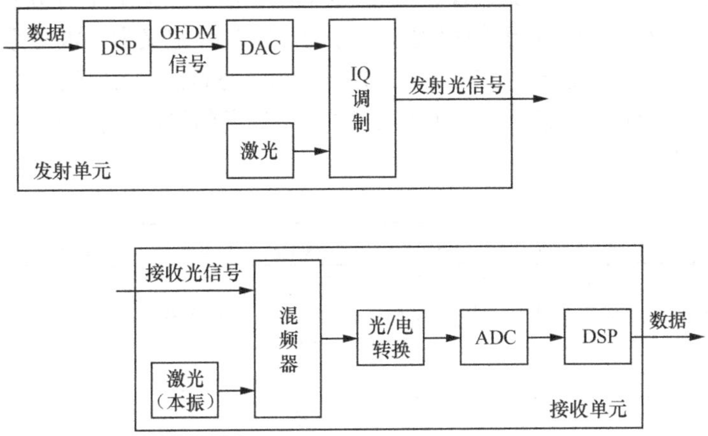

图 4-9 相干接收 OFDM-QPSK 系统原理示意图

就 100Gbit/s WDM 系统而言，PM-QPSK 技术无需线路色散补偿就可容忍几万 ps/nm，相比 OFDM、PM-QPSK 结合相干检测提供了最优化的解决方案，因此是更为合适的传输技术。在超 100Gbit/s 时代，由于 OFDM 相比单载波的 PM-QPSK 增加了循环前缀、训练序列等信息，因此能提供更高的信号波特速率。而对于 OFDM 中每个载波的调制方式，16QAM 和 QPSK 均可选用，但考虑到前者的 OSNR 容忍门限比后者差，所以在长途干线传输中还是应优选 OFDM+PM-QPSK 方案。即使这样，由于光纤非线性效应的影响，其 OSNR 容限还是低于单载波的 PM-QPSK，这直接影响了光信号的传输距离。另外，相干解调需要的高速 DSP，也是 OFDM 技术走向应用的现实障碍。

2. 灵活栅格技术

随着 100Gbit/s 商用时代的到来，科技人员开始转而研究超 100Gbit/s 网络的关键技术。其中首先遇到的问题就是由于频谱效率的提升和 OSNR 的限制，传统的 WDM 网络 50GHz

或 100GHz 的固定信道间隔已无法满足于超 100G 信号的传输要求。高速率调制频谱效率对比见表 4-1。由表 4-1 可知，在 400Gbit/s 和 1Tbit/s 速率要求下，必须对现有定义的固定栅格格式做出扩展。

表 4-1　　高速率调制频谱效率对比

比特速率（Gbit/s）	频谱宽度（GHz）	调制格式（灵活栅格）	固定栅格调制格式（间隔 50GHz）	灵活栅格较固定栅格频谱效率的提升
40	25	DP-QPSK	DP-QPSK	33%
100	37.5	DP-QPSK	DP-QPSK	0%
100	25	PDM-16QAM	PDM-16QAM	33%
400	75	PDM-16QAM	4×100Gbit/s	128%
			2×200Gbit/s	14%
1000	187.5	PDM-16QAM	10×100Gbit/s	150%
			5×200Gbit/s	25%

因此，在 2011 年更新的 ITU-T G.694.1 规范中，已提出了信道中心频率和频宽的可调谐以及灵活控制能力，以致力于实现频谱的按需分配。其具体定义为，波分系统的各个光信道的中心频率为 193.1THz（波长为 1552.52nm）$+n\times0.00625$THz，相邻信道间隔范围为 12.5～100GHz。固定栅格 50GHz 频谱格式和 ITU-T G.694.1 定义的灵活栅格频谱格式分别见图 4-10 和图 4-11。

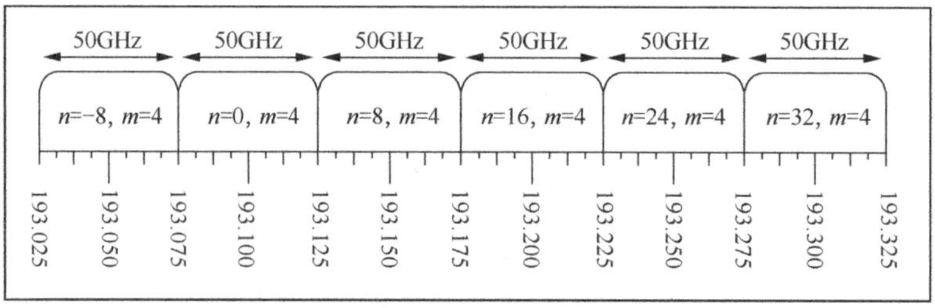

图 4-10　固定栅格 50GHz 频谱格式

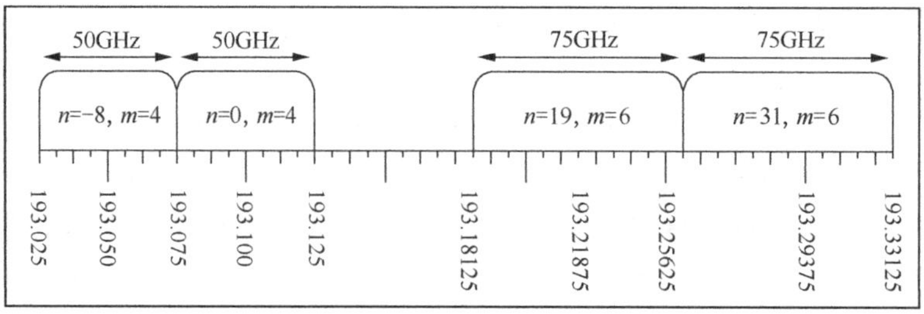

图 4-11　ITU-T G.694.1 定义的灵活栅格频谱格式

灵活栅格技术的引入，使信道频谱宽度脱离了传统 DWDM 网络固定栅格的约束，更适合超 100Gbit/s 信号的传输。信道中心频率和频宽可动态调谐则实现了频谱的按需提供，且更适宜于未来超 100Gbit/s 和 100Gbit/s 信号的混传场景，可有效地兼顾频谱效率和传输距离间的关系。当然，灵活栅格概念才刚刚提出，还涉及许多技术细节问题。近期 ITU-T Q6 和 Q12 工作组正在从传输和网络构架两方面对灵活栅格技术进行完善。正在研究的问题包括基于灵活栅格的载波频谱分配和路由与调制格式的选择等。

超 100Gbit/s 系统引入 OFDM 多载波调制技术后，就会涉及载波频谱的分配问题。目前在载波频谱分配上有连续频谱分配、离散频谱分配和 50GHz 固定栅格 3 种方案。其中：连续频谱分配方案是指给多载波分配一块连续的频谱资源。这样做的好处是子载波间不需要保护间隔，方便于相干接收与解调，具有很高的频谱效率，且目前传输层物理设备较易实现，但可能带来的问题有产生频谱碎片、降低网络资源利用率及提高阻塞率等；离散频谱分配方案是指给各个子载波频率分配多个不连续的频谱块，一个频谱块承载一个或多个载波，不同频谱块间需要保护间隔。该方案的好处是有效地利用了频谱碎片、提高了网络资源利用率，但对传输层光器件要求较高、实现相对困难；50GHz 固定栅格方案是指每个 50GHz 信道放置一个高阶调制、低谱宽子载波，采用反向复用方式。这样可暂不涉及灵活栅格技术，但仍需要每个子载波间具备保护间隔，且从长期来看难以满足传输系统的要求。

引入灵活栅格技术后，还可根据路由的约束条件引入调制格式可调谐的收发信机，并根据路由长度、损伤等情况和频谱一致性原则，对业务进行智能控制和调度，但动态拆建路不能过于频繁，否则会带来大量的频谱碎片问题。

3．100Gbit/s 与超 100Gbit/s 技术的引入策略

数据业务特别是视频和 P2P 应用的迅猛发展，正在引发网络 IP 业务流量的急剧增长。中国电信最新预测报告显示，未来 5 年其骨干 IP 网带宽年增长率将达 40%～50%，骨干传输网总带宽将从 64Tbit/s 至少增加到 120～155Tbit/s 甚至 200Tbit/s 以上。由于长途干线网持续扩容的压力，100Gbit/s 技术已受到国内运营商的高度重视。2012 年国内三大运营商均已开展了针对 100Gbit/s 实际部署而进行的实验室测试，2013 年启动了 100Gbit/s 技术在国内的试商用，到 2014 年国内三大运营商已开始规模部署各自的 100Gbit/s 网络。考虑到 100Gbit/s 技术标准化已较为完善，国内外主流厂商也已有多年的技术积累，100Gbit/s 将会有比 40Gbit/s 更长久的生命周期。而针对超 100Gbit/s 技术，国内外学术机构已经开始前期研究，相关成果在 2011 和 2012 年的 OFC 及 ECOC 会议上已有很多报道。其重点就聚焦在上文所提出的灵活调制、相干检测和灵活栅格等技术方面。

对于超 100Gbit/s 的引入场景，目前主要集中在以下两个方面：第一是 100Gbit/s 在干线网部署后的扩容需求。综合实现难度、投资成本等方面的影响，预计 400Gbit/s 技术会先在部分带宽压力较大的热点线路上进行小规模部署，而 1Tbit/s 技术的应用则相对遥远些；第二是新一代大容量数据中心特别是运营商数据基地的连接需求。由于云计算业务逐步落地，运营商数据中心正在由提供实体的机架、服务器资源向提供虚拟网络资源方向转型，而虚拟资源的分布往往不局限在同一个甚至同一地区的数据中心内部，因此虚拟资源间的交互就对数据中心网络提出了大容量、低延时、高可靠的要求。运营商数据中心基地互联方案见图 4-12。在数据中心内部，未来存储网络与服务器间的数据交互需要超 100GE 的客户侧接口提供支持。而在数据中心外部，大型数据中心基地间的光纤直连则优选 100Gbit/s 或超 100Gbit/s 技术，为传输海量数据提供大容量、低延时管道。

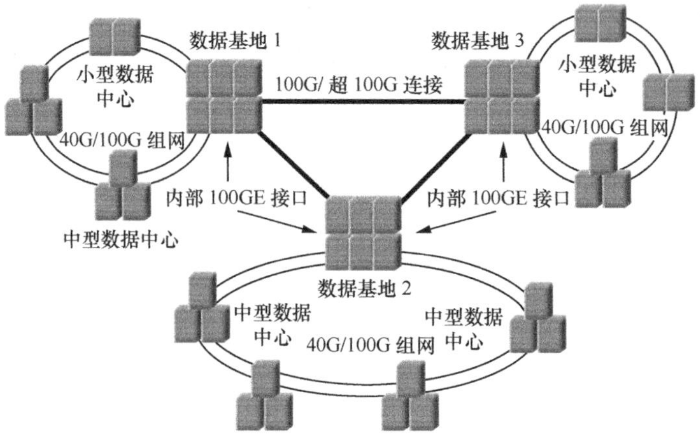

图 4-12　运营商数据中心基地互联方案

4.3.3　超 100Gbit/s 产业化进程

Informa Telecoms and Media 发布的相关报告指出，到 2015 年，超过 55%的网络流量会基于视频业务，而随着 LTE 网络的不断普及，智能设备的增长将呈爆发趋势。为了应对网络流量激增和传输速率需求的大幅增长，100Gbit/s 设备的市场需求和出货量在 2013 年出现井喷式增长。与此同时，400Gbit/s 技术在全球多个运营商开始部署，更为高速的 1T 技术也从实验室走向试点测试。

1．100Gbit/s 普及

云计算、流媒体、移动宽带正在深刻地改变着人们的生活，而所有的这些业务都依赖于光网络的高速传送，带宽洪流与日俱增。在此趋势下，越来越多运营商选择部署更高速率的 100Gbit/s 网络。

Infonetics Research 最新发布的光网络研究报告显示，2013 年第三季度全球光网络设备市场（WDM 和 SONET/SDH）收入为 30.8 亿美元，环比下降 7%、同比下降 1%；但波分环比增长 4%，保持较高水平，其中 100Gbit/s 的收入逼近整体市场的 15%，这超出了 Infonetics 之前较为乐观的 10%市场预测。

报告显示，整体光网络市场依然由华为、阿朗、Ciena、烽火、中兴五家引领，受益于北美波分市场增长，Ciena 在厂商中增长最高，达 9%。同时，报告预计华为将从第四季度中国市场 100Gbit/s 大规模采购中获益。

10Gbit/s 主导了光网络 15 年之久，100Gbit/s 成为传送网最新的速率，100Gbit/s 产业快速发展，走向高度成熟，毫无争议地将成为通信史新的 10 年。国内方面，三大运营商都陆续启动了 100Gbit/s 的系列部署。其中，2013 年，中国移动先后启动两次 100Gbit/s 集采，其 100Gbit/s 骨干网的主要应用场景就是端到端 100Gbit/s 专线需求。

此外，100Gbit/s 时代的到来极大地促进了 100Gbit/s OTN 的发展。咨询公司 Infonetics 的调研报告称，未来 3 年将会有 90%的运营商采用 OTN 组网，在大带宽时代，OTN 扮演的角色越来越重要。随着带宽需求的进一步增长，100Gbit/s 将会继续向省干、城域网络渗透。未来 100Gbit/s 演进将存在分化，分别向追求更强传输性能、追求更低组网成本两个方向发展。

2．400Gbit/s 起步

“超 100Gbit/s 技术曙光已经初现，随着全球 100Gbit/s 系统的规模部署，业界的关注点开始转向 400Gbit/s 和 1Tbit/s 两个超 100Gbit/s 速率。”在某次行业大会上，中国电信集团科技委主任韦乐平表示，这正是运营商骨干网的迫切需要。

目前，业界在超 100Gbit/s 方面也已经展开了广泛的研究，在可以预见的几年内，400Gbit/s 也将拉开规模商用的帷幕。中国移动在 2013 年年底启动了 400Gbit/s 网络的测试工作，同时在 2013 年北京通信展期间，华为、上海贝尔、烽火等企业都展示了其 400Gbit/s 光传输设备。

在产业方面，无论是运营商还是全球主流的设备商，掌握领先的 400Gbit/s 技术，便掌握了未来网络的格局和方向。各大电信设备巨头纷纷提出了各自的 400Gbit/s 方案，400Gbit/s 领域的竞争，将成为华为、思科、阿朗、烽火未来争夺的制高点。

目前网络建设投入和产出之间的剪刀差越来越大，因此，在 400Gbit/s 的时代，如何提升多载波技术的频谱利用效率，以及怎样通过资源的灵活调整提升网络整体频谱利用效率就显得尤为重要。

3．1Tbit/s 来临

随着智能终端覆盖率快速增长和网络商业模式演变，在移动宽带、高清视频和各种云端服务的推动下，给运营商骨干网络带来极大冲击，运营商急需对其骨干网承载能力进行大幅提升，以满足超宽带业务的发展。超大容量集群系统已成为高端路由器市场的重要研究方向。在芯片、工艺、网络、应用、产业链的发展与整合等方面深厚的积累下，1Tbit/s 路由器线卡也即将商用。

1Tbit/s 路由线卡能很好地满足运营商未来部署超大带宽业务的需要，进一步加速高端路由技术的产业化进程。

4.4 分组增强型 OTN-POTN

分组传输网技术将光传送的 OAM、保护、网管技术与 MPLS-TP 数据转发技术进行了融合式的应用创新，在城域层面内有效地传送基站和大客户专线等高价值业务，同时可以考虑在骨干层面引入 PTN，承载跨省专线业务。OTN 作为支持波长和 ODU*k* 大颗粒调度和组网保护的大容量传送节点设备，近年来引入了 ODU*k*（*k*=0,1,2,3,4,flex）、G.HAO 和 GMP 等技术来适应以太网等数据业务的灵活映射和复用，并在 IP 网和光网络的联合组网架构下逐步增强分组处理功能。

在干线、城域网，存在 OTN 和 PTN 设备背靠背组网的应用场景，目的是既解决大容量传送也实现分组业务的高效处理，从便于网络运维、减少传送设备种类和降低综合成本的角度出发，需要将 OTN 和 PTN 的功能特性和设备形态进一步有机融合，分组光传送网（POTN）便应运而生。

4.4.1 POTN 概念

POTN（分组光传送网，Packet Optical Transport Network）是深度融合分组传送和光传送技术的一种传送网，它基于统一分组交换平台，可同时支持 L2 交换（Ethernet/MPLS）和 L1

交换（OTN/SDH），使得 POTN 在不同的应用和网络部署场景下，功能可被灵活地进行裁减和增添。

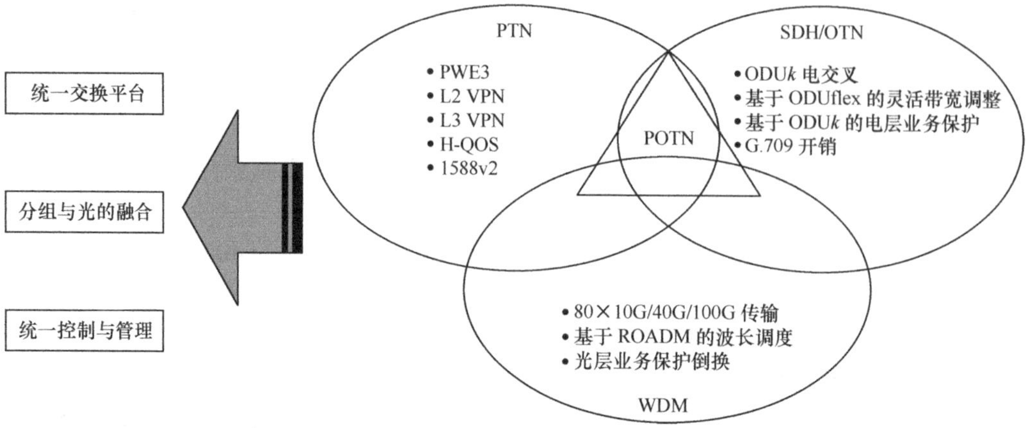

图 4-13　POTN 原理示意图

综合来说，POTN 需具备统一分组交换矩阵、分组和光网络的有机融合、统一控制和管理平面 3 个主要功能特征，具体如图 4-13 所示。

（1）POTN 必须基于统一分组交换平台实现 OTN 和 MPLS-TP/Ethemet 的交换融合，分组和 TDM（ODUk/SDH）业务的交换容量必须能任意调配，这样带来的优点如下。

① 可以有效地解决分组业务/SDH 到 ODUk 隧道的汇聚比问题。

② 可任意调配分组和 TDM 业务的交换容量，使得 POTN 在不同的应用和网络部署场景下，可灵活地被裁减和增添分组或者 TDM 的功能，比如基于统一分组交换下，通过增加或者减少不同交换技术的接口/线路板即可以裁减和增添分组或者 TDM（ODUk/SDH）的容量。

③ 在实现大容量 ODUk 交叉调度时（交叉容量 10Tbit/s 以上）时，仍能支持 ODU0 颗粒的无阻调度。

④ 可以方便地实现 ODUk/VC4 和分组混合调度，即实现 OTN/PTN/SDH 混合设备，减少设备种类，降低功耗和设备空间占用。

⑤ 传送平面必须支持 L2 交换（Ethernet/MPLS-TP/MPLS）在特定节点上的分/插，必须支持 L2/L3 VPN；必须支持 MS-PW 业务，对于 MPLS-TP 业务，POTN 必须支持 MPLS LSP 和 PW 标签交换；对于 Ethernet 业务，POTN 必须支持 C-Tag、S-Tag 交换，可选地支持 l-Tag 交换，可选地支持 PW 直接承载在 ODUk 之上，无需中间的 MPLS-TPLSP 层，必须支持点到点和环网保护，可选地支持共享 MSP 保护。

⑥ 必须支持 L1 交换（OTN/SDH），必须支持点到点和环网保护，可选地支持共享 Mesh 保护必须支持在特定节点的 SDH/ODUk 业务的分/插。

⑦ 必须支持 WDM/DWDM 大容量传输（10G/40G/100G）。

⑧ 应该支持 ROADM/WSON，应该支持在特定节点的波长分/插。

⑨ POTN 的线路侧必须支持 OTU 和以太网接口，以太网接口可用于 POTN 与 PTN/Ethernet 网络互联；OTU 接口支持 OTU2（10G）、OTU3（40G）和 OTU4（100G），支持具有 OTU 接口的 MPLS-TP/Ethernet 线路卡，该情况下分组业务必须映射到 OTU 帧上。

⑩ 应该利用OTN的映射和复用技术，支持Hybrid（混合）线路侧接口，即采用OTN结构化的复用方式实现MPLS-TP/Ethernet管道和电路传输管道的融合传输，在这种情况下，需要支持MPLS-TP/Ethernet到ODUflex的映射。

⑪ 必须支持OTN的单级映射，可选地支持多级复用（建议两级复用即可），多级复用可选地在板级实现，无需设备堆叠支持ODU0/OUD1/ODU2/ODU3/ODU2e/ODUflex/ODU4信号类型。

⑫ ODU*k*经过POTN节点的统一分组交换后，必须从分组中恢复出ODU*k*，同时必须恢复出ODU*k*的时钟频率，要求恢复出的时钟频率的效果必须能做到与OTN的AMP或GMP映射相当。

⑬ POTN必须支持以太网的E-LINE（EPL/EVPL）业务，可选地支持E-LAN（EP-LAN/EVP-LAN）和E-TREE（EP-TREE/EV/EVP-TREE）业务。

⑭ POTN应该支持通过ODU*k*隧道或者波长为以太网提供一个透明的点到点传送通道，POTN无需知道以太网业务的具体信息和地址或应该在POTN节点上支持通过MPLS-TP来传送以太网业务。

⑮ POTN应该支持IP/MPLS客户信号到MPLS-TP的封装映射方式，采用Overlay模式，即将IP/MPLS视为一个以太网业务进行映射。

⑯ 对P路由器Bypass的POTN解决方案必须支持通过VLAN区分分组流量。由于路由器难以保证VLAN的全局性问题后，应该支持通过MPLS Label来区分Bypass流量。

⑰ POTN应该支持三级时钟服务；应该支持通过OSC或者ODU*k*带内方式（使用ODU*k*开销字节或者将1588v2协议报文作为客户业务承载到OPU*k*）传送时间。可选地支持1588v2 over PTP LSP/PW。

⑱ 对于电路接口，POTN应该支持native电路方式进行传送，无需TDM业务的电路仿真功能。

⑲ 大大提升有效带宽和传输中继距离。

⑳ 具备完善的QoS机制，业务层保护能力以及完善的OAM手段，方便故障定位及维护。

㉑ 具备现有网络平滑演进的能力，最大限度保护运营商的现网资源，节省投资。

（2）必须支持GMPLS统一控制平面（MRN/MLN）以及PWE3控制平面；可选地支持通过GMPLS（OSPF-TE/RSVP-TE）来控制PW层。POTN节点应该支持IP/MPLS/MPLS-TE和GMPLS双协议栈，前者可用来控制MPLS-TP的LSP和PW层，后者用来控制ODU*k*和OCH或者PBB-TE。

（3）支持通过统一网管来管理POTN，统一网管应该支持分离的分组和TDM网络视图（比如对于POTN节点，分组和TDM的交换容量可通过分离的视图呈现）。

目前POTN主要涉及ITU-T SG15 WP3的多个工作组，包括Q9、Q10、Q11、Q12、Q13和Q14，主要涵盖了PTN和OTN的传送平面技术、OAM和保护以及网络管理和控制。IETF主要拥有MPLS-TP转发平面技术知识产权，涵盖了MPLS转发平面技术，MPLS-TP的OAM、保护和相关协议。IEEE 802.1涵盖了Ethernet的各种技术，包括802.1Q、802.1ad、802.1ah和802.1qay技术。

基于POTN的架构，Packet和TDM功能可以进行灵活裁剪和组合，因此POTN与PTN

可以完美融合，令 PTN 持续发展；有助于简化网络层次和设备类型，降低综合成本；同时在 OTN 基础上增加分组功能，可以使得 OTN 应用场景更为丰富。

4.4.2 POTN 设备功能模型

POTN 融合了光层（WDM）、OTN 和 SDH 层（可选）、分组传送层（以太网/MPLS-TP）的网络功能，具有对 TDM（ODU*k*）、分组（MPLS-TP 和以太网）的交换调度，并支持多层间的层间适配和映射复用，实现对分组、OTN、SDH（可选）等各类业务的统一和灵活传送功能，并具备传送特征的 OAM、保护和管理功能的网络。

在 ITU-T G.798.1 Appendix IV 和 CCSA《分组增强型光传送网总体技术要求》标准中均对 POTN 的网络分层结构进行了定义，两个标准中均定义了客户业务通过 ETH 到 OTN、MPLS-TP 到 OTN、SDH 到 OTN 的不同的分层架构的处理方式，如图 4-14 所示。

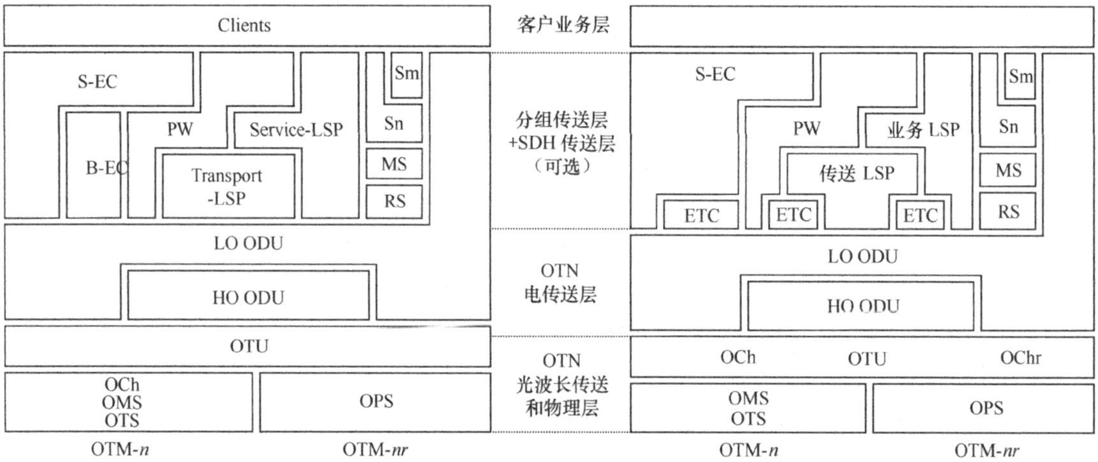

图 4-14 ITU-T 和 CCSA 分别定义的 POTN 网络分层架构

CCSA 定义的 POTN 分层架构相对 ITU-T 定义的标准分层架构，有如下优化。

- 当分组传送层采用以太网技术时，G.798.1 包括 S-EC（PB）和 B-EC（PBB）两种技术，但是在中国运营商网络中，无 PBB 的应用，因此进行了简化，不采用 B-EC（PBB）技术。
- SDH+OTN：SDH 功能（Sm、Sn、MS、RS）为可选。

考虑到多层优化、成本、智能等多方面的需求，结合应用场景，POTN 设备架构可进一步优化，更加贴近网络的发展需求，其中 CES/L2 VPN、IP、L1 业务的封装路径分别优化为：

- CES/L2 VPN-PW-LSP-ODU-OTU-OCH/OMS；
- IP-VPN-LSP-ODU-OTU- OCH/OMS；
- L1-ODU-OTU- OCH/OMS。

1．POTN 转发平面架构

根据 POTN 设备的分层架构，可以细化 POTN 设备转发平面的系统方案，POTN 的转发平面由统一信元交换矩阵为内核，提供 Packet 和 OTU*k* 等多种业务接口类型，支持任意比例的 Packet 和 OTU*k* 的业务混合传送功能，如图 4-15 所示。

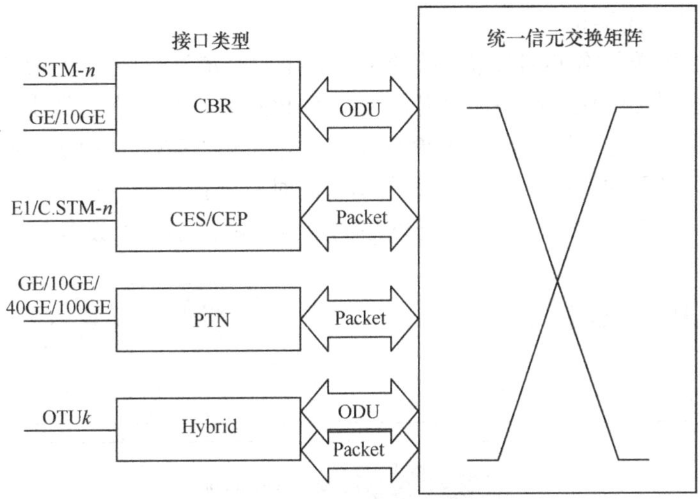

图 4-15　POTN 设备转发平面系统方案

2．POTN 转发平面的统一信元交换

在 POTN 转发平面交换系统的传统设计思路中，存在 TDM（ODU*k*）/Packet 双平面交换系统设计。双平面交换系统虽然设计简单，易于实现，但分组及 TDM（ODU*k*）业务通过不同交换平面，业务组织调度非常不灵活，可扩展性差，存在设备功耗大、OPEX 高等缺陷。

统一信元交换的系统设计业务调度灵活、可扩展性高，可以实现 TDM（ODU*k*）业务及分组业务任意比例混合接入，组网灵活，且统一交换平面可大幅降低设备功耗和体积，符合绿色节能的理念。

因此 POTN 的转发平面需统一信元交换。POTN 的统一信元交换矩阵，将完成所有的分组业务及 ODU*k* 子波长业务的统一信元交换，实现系统各线卡间业务的无阻交叉，实现任意比例的分组业务和 ODU*k* 子波长业务的交换。

为了实现统一信元交换中对于分组业务和 ODU*k* 业务的任意比例的混合接入，OIF 定义了 OPF 标准接口，定义了 ODU*k*-to-Packet 接口实现任意颗粒 ODU*k* 到分组交换网的适配功能，其中 SAR 技术可以有效保序，并去除分组交换网引入的时延抖动。ODU*k*-to-Packet 接口解决了 OTN 和 PTN 业务在统一分组交换网的交叉调度需求，实现 100% Packet 到 100% OTN 的任意比例业务的交换。采用 OPF 标准接口的统一信元交换系统实现超大容量 ODU*k* 交叉调度（容量超 10Tbit/s）的同时支持 ODU0 颗粒的无阻调度，获得更加灵活的调度性能。在使用 OPF 标准接口时更容易实现交换电路的 $m+n$ 的保护方案，提升系统的安全可靠性能。因此 OPF 标准接口为 POTN 的统一信元交换的转发平面提供标准支持。

3．POTN 转发平面的 hybrid 线卡

POTN 转发平面有多种类型的管道，其中 PTN 业务和 ODU*k* 子波长业务的传送管道既要能分别处理，还需支持各管道间的相互转换，需具备端到端部署的能力，实现整网的统一配置、统一调度、统一管理、统一运维。

POTN 转发平面可配备线路侧 hybrid 单板实现 PTN 和 OTN 的融合，线路侧出彩色 $n\times$OTU*k* 光接口信号。PTN 业务和 ODU*k* 子波长业务到同一个 hybrid 线路侧线卡可自由无阻调度，实现 100% Packet 到 100% OTN 的任意比例业务的交换，减少线路侧线卡种类和槽位占用。

4．POTN 控制平面架构

新一代分组化传送网络 POTN 需要具备向 SDN 的平滑演进能力。SDN 的核心理念是控制与转发分离、控制集中化，网络能力开放化。而 POTN 从架构上已经实现了控制与转发、应用分离，在 POTN 上增加控制器及 APP 应用就可以实现 SDN，从而实现网络从封闭到开放性的转变，使得网络更加智能，如图 4-16 所示。同时对外提供开放的北向接口，通过集中式网管和控制器提升网络智能化，简化多层网络的运维，解决多厂家设备对接协调等问题。

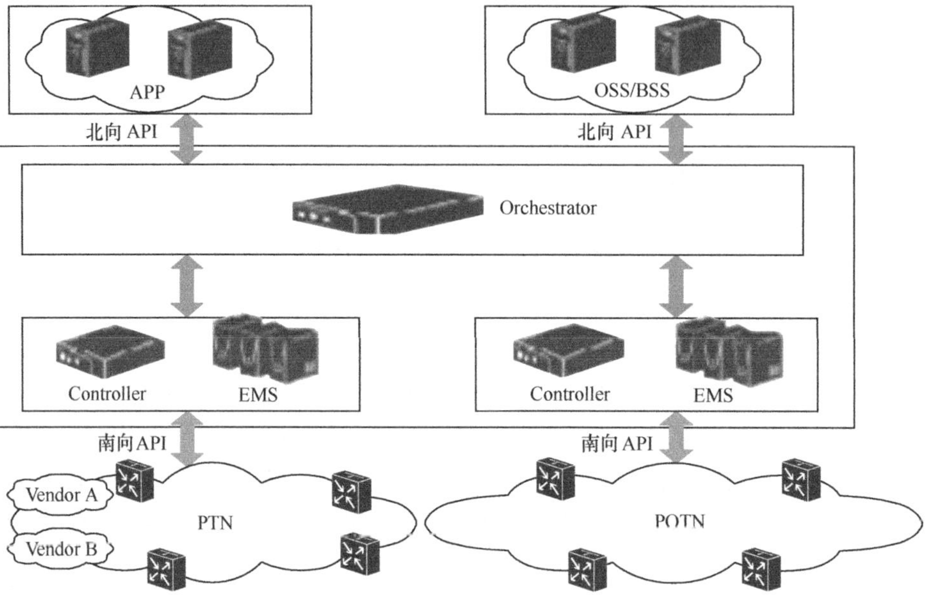

图 4-16　基于 SDN 的 POTN 控制架构

在 SDN 演进方面，运营商现网部署的 PTN 设备，可通过网管集中式控制实现存量设备向 SDN 演进；而对于新建设备，加载 SDN 控制器，使用标准接口进行集中控制。在集中网管和控制器之上，新增协同层进行统一协同，实现 PTN 整网的 SDN 演进。

SDN 控制逻辑集中的特点，使得 SDN 控制器拥有网络全局拓扑和状态，可实施全局优化，提供网络端到端的部署、保障、检测等手段；同时，SDN 控制器可集中控制不同层次的网络，实现网络的多层多域协同与优化，如分组网络与光网络的联合调度，非常适合 POTN 这种分组和光深度融合的设备。另外，通过集中的 SDN 控制器实现网络资源的统一管理、整合后，可以将网络资源虚拟化，即将大颗粒的 POTN 资源虚拟成按需的网络分片，通过规范化的北向接口为上层应用提供服务。

POTN 系统架构分为转发、控制和管理 3 个平面。POTN 在转发平面具备统一交换矩阵，支持 OPF 标准接口，支持 hybrid 线卡实现不同种类的管道的互相转换；POTN 在控制平面具备向 SDN 的平滑演进能力；再加上管理平面实现图形化管理和运维，构成了完整的 POTN 系统架构。

4.4.3　POTN 关键技术

通过上述的 POTN 应用需求和应用场景分析，可得出 POTN 需要研究如下 5 个方面的关键技术。

（1）多层融合的网络协议架构和设备架构：L0/L1 OTN 与 L2 网络技术融合的将涉及 MPLS-TP 和以太网两种分组传送技术，OTN+MPLS-TP 和 OTN+Ethernet 是两种相对独立的应用场景，为了避免网络设备和运维的复杂性，对于一个运营商来说最好仅选择一种 L2 技术，但设备制造商希望通过统一灵活的设备架构来满足这两种不同的应用场景，因此需要研究 POTN 如何支持这两种融合的应用场景。

（2）多层网络保护之间的协调机制：POTN 涉及 OTN 和 MPLS-TP/以太网的两层网络保护。目前常用的多层保护协调机制是在分组层面设置 Holdoff 时间，光缆线路等底层出现故障时，由 OTN 层来实现保护，但在仅分组层面出现故障时，该层 Holdoff 时间仍然有效，导致分组层面保护的业务整体受损时间加长，因此多层保护协调机制需要进行改进。并且，目前城域核心和干线主要是网状网或多环互联的复杂拓扑结构，需要进一步研究在 POTN 中应用共享网状网保护（SMP）技术。

（3）多层网络的 OAM 协调和联动机制：目前 OTN 和分组之间是 Client 和 Server 的关系，一般通过 AIS 和 CSF 实现告警联动，各层均具备完善的 OAM 功能，但有较大程度的重复，需要研究如何避免各层保护和 OAM 重复，以及如何实现 OTN、MPLS-TP、以太网三层的告警关联和压制。

（4）多层网络的统一管控技术：由于 POTN 涉及 L0 波长、L1 的 ODU*k*、L0 的 LSP 或 VLAN/MAC，因此需要研发统一网管来更便捷有效地管理 POTN；研究应用 GMPLS 的多层多域统一控制技术（MLN/MRN）、集中和分布式结合的路由计算单元（PCE）以及 MPLS LSP 和 PWE3 控制协议。由于 POTN 的一个应用场景是实现与 IP 承载网的协同组网，因此在控制平面可能需要研究 POTN 同时支持 IP/MPLS/MPLS-TE 和 GMPLS 的双协议栈，前者用来控制 MPLS-TP 的 LSP 和 PW 层，后者用来控制 ODU*k*、OCh 或以太网。

（5）POTN 的同步技术：由于 PTN 和 OTN 的频率同步实现技术不同，IEEE 1588v2 的时间同步传送方式也存在差异，目前在 PTN 和 OTN 进行联合组网实现时间同步时，通常采用 1pps+TOD 的接口进行互通。因此，需要研究 POTN 端到端组网以及 POTN 与 PTN 联合组网时频率同步以及 IEEE 1588v2 的时间同步组网技术。

4.4.4　POTN 应用场景分析

如图 4-17 所示，POTN 从发展趋势上看更像是全网解决方案，从近期的业务需求及网络现状考虑，POTN 会优先应用在干线、城域汇聚（核心）层，未来逐渐下沉以承载 OLT 上行各类普通家庭宽带业务、专线专网业务。

（1）干线

目前干线主要部署的是路由器、OTN、SDH 以及少量分组传送网，POTN 的 O 主要完成大容量大颗粒长距离的传送功能，P 完成基于 L2/L3 的中小颗粒灵活调度汇聚功能，因此属于 O 强 P 弱的应用模式。干线集团业务及路由器旁路（bypass）应用：除满足干线所有 OTN 需求以及传统的 STM-*n*、FE、GE、10GE 等集团业务接口需求外，也必须实现针对部分业务的 L3 VPN 功能，同时具备中转 P 路由器旁路业务的能力。

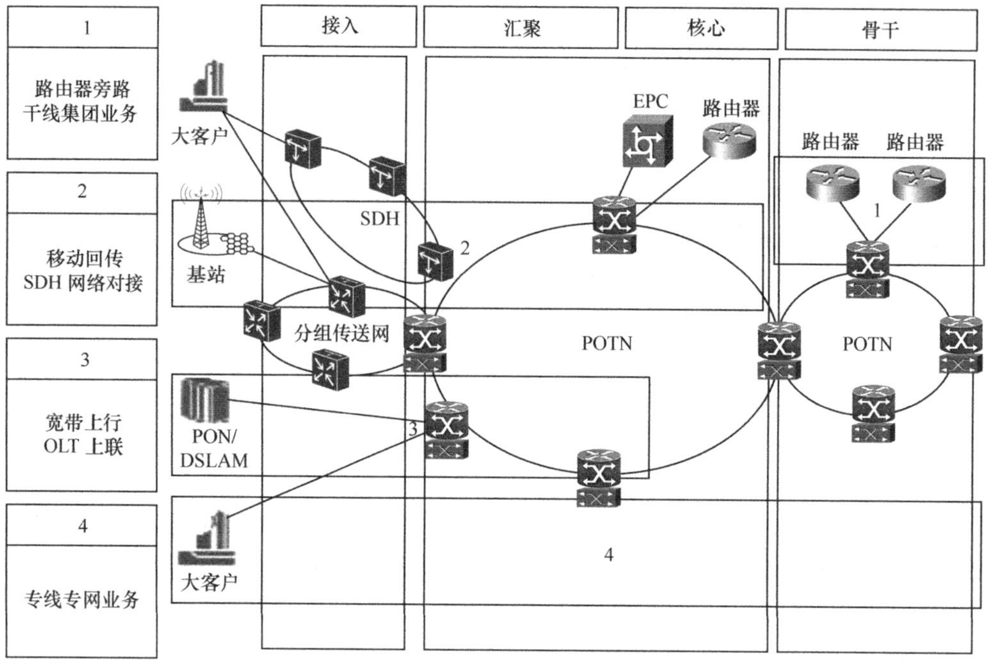

图 4-17　POTN 在各个网络层次的应用场景

（2）城域汇聚（核心）层

城域内的业务及网络情况要比干线复杂，在这个层面对各类中小颗粒业务的灵活调度与汇聚能力要求更高，对 P 的需求占据主导，必须具备 L2 VPN、L3 VPN、以太/VLAN、路由等功能以及高密度 P 类端口单板，而 O 主要完成光纤复用及低成本传送的功能，属于 P 强 O 弱的应用模式。移动回传业务及与 SDH 网络对接：完成 2G、3G、LTE 的移动基站回传功能，并具备对各类小颗粒业务如 E1 等精细化调度的能力，同时实现与现有 SDH 网络在接口、保护、时钟、OAM 等方面的全面对接。

（3）承载 OLT 上行各类普通家庭宽带业务

利用 POTN 中 P 的功能实现对 OLT/DSLAM 上行普通家庭宽带业务的收敛整理，同时采用 OUD0、OUD1 或 OUD2 等封装对大带宽进行低成本传送和调度，应用 POTN 中 O 的功能实现对这些业务的大带宽低成本传送和调度。

（4）专线专网业务

承载集团及普通政企客户的专线或专网业务，具备分组传送网低时延、高可靠性、高灵活性特点的同时，拥有 OTN 超大带宽长距传送能力，可依据客户需求快速支持提供刚性或弹性管道。对于专线与专网业务，可同时使用 P 与 O 的功能，并实现两种管道的任意转换。

第 5 章 光传送网规划与设计

5.1 OTN 概述

OTN 通常也称为 OTH（Optical Transport Hierarchy），是通过 G.872、G.709、G.798 等一系列 ITU-T 的建议所规范的新一代“数字传送体系”和“光传送体系”。

众所周知，传统的传送网是基于语音业务设计和优化的，它提供 2Mbit/s、155Mbit/s 业务的汇聚，具备分插复用、交叉连接、管理监视以及自动保护倒换等功能。随着宽带业务的发展，特别是 VoIP、VoD、IPTV 对带宽的巨大需求，原有传送网越来越难以负担 Multi-Play 时代对大颗粒业务高效率、低成本传送的需求。而传统的 WDM 设备，只是扩展了线路的容量，节省了光纤端口，不具备端到端的业务提供能力。低的传送效率和复杂的维护管理限制了 WDM（波分复用）设备在干线尤其是城域光网络的发展。

全 IP 的演进趋势对传送网的需求，在业务和网络互联接口方面的变化表现得更为直接：传送网的业务接口从先前的 2Mbit/s、155Mbit/s 业务接口演化到目前的 GE、10GE、乃至 100GE 等接口，Ethernet 已经成为具有支配地位的网络接口。

在引入 GFP（通用成帧规程）和数字包封技术之后，传统传送网能够适配 IP/Ethernet 业务，但对于大颗粒的 Ethernet 和 FC（Fiber Channel）业务，基于 VC4 的业务适配使解决方案缺乏效率和成本方面的优势。随着 GE、10GE 等大颗粒业务的增多，传统面向语音业务的传送网越来越力不从心，新一代数字传送和光传送体系 OTN，结合了光域和电域处理的优势，提供巨大的传送容量、完全透明的端到端波长/子波长连接以及电信级的保护，是传送宽带大颗粒业务最优的技术。

从电域看，OTN 保留了许多传统数字传送体系（SDH）行之有效的方面，如多业务适配、分级的复用和疏导、管理监视、故障定位、保护倒换等。同时，OTN 扩展了新的能力和领域，如提供对更大颗粒的 2.5Gbit/s、10Gbit/s、40Gbit/s、100Gbit/s 业务的透明传送的支持，通过异步映射同时支持业务和定时的透明传送，对带外 FEC 的支持，对多层、多域网络连接监视的支持等。

从光域看，OTN 第一次为波分复用系统提供了标准的物理接口（服务于多运营商环境下的网络互连），同时将光域划分成 OCh（光信道层）、OMS（光复用段层）、OTS（光传送段层）3 个子层，允许在波长层面管理网络并支持光层提供的 OAM（运行、管理、维护）功能。为了管理跨多层的光网络，OTN 提供了带内和带外两层控制管理开销。

OTN 集传送和交换能力于一体，是承载宽带 IP 业务的理想平台，具体体现在如下几个方面。

（1）更高的传送容量：单波长带宽扩展到 10G/40G/100G 系统传送和交叉容量扩展到几十个 Tbit/s。

（2）多业务适配和带宽效率：提供更高容量和带宽效率的映射和封装结构 ODU，使 OTN 既能前向兼容 SDH/SONET、ATM 业务，又能高效承载 IP/MPLS、Ethernet、存储和视频等大颗粒业务。

（3）端到端的业务连接和高的 QoS 保障：提供任意的波长和子波长业务的交叉连接、业务疏导、管理监视和保护倒换，提供从城域到长途干线无缝的端到端的连接。

（4）电信级的自动保护/恢复能力：为多层、多颗粒的网络提供低于 50ms 的自动保护倒换。专有或共享保护覆盖了光纤、波长组、波长和子波长等不同级别，可以显著降低数据网络在保护方面的投资。

（5）对 WDM 的优化：传统的波分复用设备包括点到点的 WDM 和城域 OADM 环网，本质上是扩展容量的线路复用技术，而不是组网技术。换言之，WDM 不具有业务疏导和端到端的业务提供能力，而添加了 OTN 功能的 WDM 网络才成为真正意义上的光网络。

（6）能够成功融合多种先进技术：OTN 作为框架技术，可以融合目前多种先进技术，如 100G、ROADM（可重构光分插复用器），ASON/GMPLS 技术。特别的是 OTN 和 GMPLS 的融合，已经成为构筑 IP over Optics 理念的实现手段。

（7）光纤网络的管理者：结束数据设备直连方案对光纤的快速消耗，实现对光纤网络的集中管理、有效监控和合理利用。

构筑面向全 IP 的宽带传送网（BTN），需要集成多种新一代技术，如 WDM、ROADM、100G 线路传送、ASON/GMPLS、集成的 Ethernet 汇聚能力等，而 OTN 成为整合多种技术的框架技术。OTN 为 WDM 提供端到端的连接和组网能力；为 ROADM 提供光层互连的规范并补充了子波长汇聚和疏导能力；OTN 有能力支持 100Gbit/s 和未来的超 100Gbit/s 线路传送能力，是真正面向未来的网络；OTN 为 GMPLS 的实现提供了物理基础，扩展 ASON（自动交换光网络）到波长领域；OTN 成为 Ethernet 传输的良好平台，是电信级以太网有竞争力的方案之一。

早在 2006 年 12 月的 ITU 香港世界电信展上，华为首次展示了 OSN 系列 OTN 设备，成为全球第一款集成全部 WDM 能力的智能 OTN 传送和交换系统，引起海、内外运营商的广泛关注。随后，华为在 2007 年 3 月欧洲 C5 论坛上进行了全球正式商用发布，5 月在江苏电信举办 OTN 的全球现场会。如今，OTN 设备已经实现了在国内和海外的主流运营商的规模部署，其稳定性、可靠性得到了较充分地验证。

新一代 OTN 设备结合了 WDM 的容量、长距传输和 OTN 的灵活性、可管理性的优势；系统支持 80 个光通道，单波长最大带宽为 100G，整个系统容量达到 8T。

新一代 OTN 传送和交换设备提供对 IP/Ethernet 业务的友好支持，提供透明传送和基于 Ethernet 的汇聚两种模式，允许 FE、GE、10GE/40GE 业务任意的复用、交换。对于 IPTV 业务特别设计了基于波长和 GE 颗粒流量的广播或组播能力。

新一代 OTN/GMPLS 网络允许运营商端到端快速部署业务，彻底解决了传统 WDM 设备缺乏 OAM 能力、OPEX 高昂的问题：任意的波长、子波长交叉连接替代了传统的背靠背连接，高度自动化的网络替代了繁重和复杂手工操作，也避免了不必要的低级人为失误。OTN/GMPLS 网络允许运营商直接在光网络设备上开展 Ethernet（EPL、EVPL）以及存储（FC、ESCON、FICON 以及 GE）等专线业务，从而减低了对多种层叠网络设备的依赖，通过可运营的光网络直接提供了更高品质、更低成本的具有电信级可靠性的专线业务，从而令运营商获得了新的投资获利机会。

ITU-T 从 1998 年左右就启动了 OTN 系列标准的制定，到 2003 年 OTN 主要系列标准已基本完善，如 OTN 逻辑接口 G.709、OTN 物理接口 G.959.1、设备标准 G.798、抖动标准 G.8251、保护倒换标准 G.873.1 等。另外，对基于 OTN 的控制平面和管理平面，ITU-T 也和基于 SDH 的控制平面和管理平面一起完成了相应的主要规范。国内对 OTN 技术的发展也颇为关注，中国通信标准化协会已完成了 2 个 OTN 行标（等同 G.709 和 G.959.1）和 1 个国标（等同 G.798），同时还完成了 ROADM 技术要求和 OTN 总体要求等 OTN 行标的编写。OTN 技术除了在标准上日臻完善之外，近几年在设备和测试仪表等方面也是进展迅速。

随着业务高速发展的强力驱动和 OTN 技术及其实现的成熟，OTN 技术目前已规模应用于运营商的商业网络。国外运营商对传送网络的 OTN 接口的支持能力已提出明显需求，而实际的网络应用当中则以 ROADM 设备类型为主，这主要与网络管理维护成本和组网规模等因素密切相关。国内运营商对 OTN 技术的发展和应用也颇为关注，从 2007 年开始，中国电信集团、中国联通集团和中国移动集团等已经在省际骨干网和省内干线或城域网络陆续开始部署了基于 OTN 技术的商用网络，组网节点有基于电层交叉的 OTN 设备，也有基于 ROADM 的 OTN 设备。随着运营商 OTN 部署规模的日益增大，对 OTN 的合理规划和设计将对运营商建设高效、智能的 OTN 起着尤为重要的作用。

5.2　OTN 规划基本要素

随着人类社会信息化速率的加快，对通信的需求也呈高速增长的趋势；由于光纤传输技术的不断发展，在传输领域中光传输已占主导地位。光纤存在巨大的频带资源和优异的传输性能，是实现高速率、大容量传输的最理想的传输媒质。光纤通信是传输技术的革命性进步，其诞生已有近 30 年的历史，直到今天还没看到任何一种新的技术能够取而代之。据统计，目前 80%以上的信息是通过光通信系统传递的。

光纤通信系统问世以来，一直向着两个目标不断发展。一是延长中继（再生）距离，二是提高系统容量，也就是所谓的向超高容量和超长距离两个方向发展。从技术角度看，限制高速率、大容量光信号长距离传输的主要因素是光纤衰减、光信噪比、色散和非线性效应。

20 世纪 80 年代，1550nm 波段光传输系统处于初始发展阶段，传输速率为 2.5Gbit/s 及以下，无电中继距离主要受链路损耗限制，典型长度为 40～50km。从 20 世纪 90 年代开始，随着掺铒光纤放大器（EDFA）的研制成功和光中继站的应用，人们成功地克服了链路损耗问题，使得 2.5Gbit/s 光信号的无电中继距离提高到 1000km，但同时链路色散又成为限制传输距离和调制速率增加的主要因素。对于 10Gbit/s 信号而言，色散受限长度仅为 60km 左右。色散补偿概念的提出和色散补偿光纤的成功应用，将 10Gbit/s 光信号的无电中继距离进一步提升到 640km 左右。此时光信号的 OSNR 受限问题（主要是由光放大器的噪声及传输链路损耗引起），以及光纤非线性效应对长途传输系统性能的危害性又暴露出来了。采用低噪声光放大技术（如分布式拉曼放大器）和新型编码技术（RZ 码），可有效控制上述受限因素的危害，并进一步将无电中继传输距离提高到 4000km。但是，随着传输距离的进一步提高，偏振模色散（PMD）的影响又凸显出来了，并成为 40Gbit/s 传输系统设计中非常重要的一个限制因素。

总的来说，对传输距离为640km及以上的WDM/OTN光传输系统来说，目前对系统性能和传输距离造成限制的主要物理因素有光纤衰减、光信噪比（OSNR）、色散效应和光纤非线性效应，这些因素同时也是我们进行OTN规划时必须要考虑的基本要素。

5.2.1 光纤衰减

光波在光纤中传输时，随着传输距离的增加而光功率逐渐下降，这就是光纤的传输损耗，即光纤衰减。形成光纤损耗的原因很多，有来自光纤本身的损耗，也有光纤与光源的耦合损耗以及光纤之间的连接损耗。而光纤本身损耗大致包括两类：吸收损耗和散射损耗。图5-1给出了光纤本身损耗的分类。

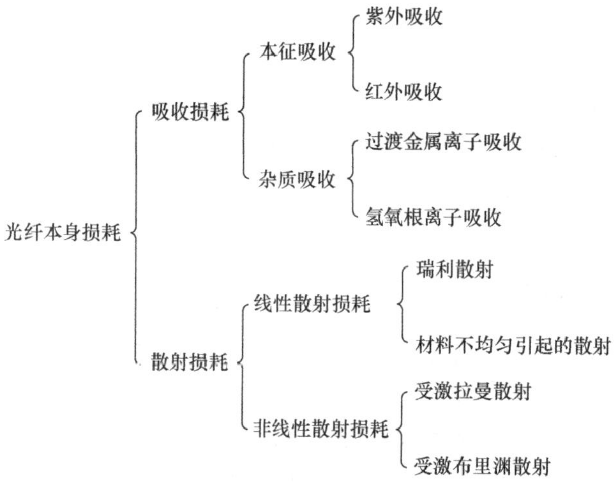

图5-1 光纤损耗分类

吸收损耗是由制造光纤材料本身以及其中的过渡金属离子和氢氧根离子（OH^-）等杂质对通过光纤材料的光的吸收而产生的损耗，前者是由光纤材料本身的特性所决定的，称为本征吸收损耗。本征吸收损耗在光学波长及其附近有两种基本的吸收方式。在短波长区，主要是紫外吸收的影响；在长波长区，红外吸收起主导作用。

除本征吸收以外，还有杂质吸收，它是由材料的不纯净和工艺不完善而造成的附加吸收损耗。影响最严重的是过渡金属离子吸收和水的氢氧根离子吸收。

由于光纤的材料、形状及折射指数分布等的缺陷或不均匀，光纤中传导的光因散射而产生的损耗称为散射损耗。散射损耗可分为线性散射损耗和非线性散射损耗两大类。线性散射损耗主要包括瑞利散射和材料不均匀引起的散射，非线性散射主要包括受激拉曼散射和受激布里渊散射等。

瑞利散射是由光纤材料的折射率随机性变化而引起的，是一种最基本的散射过程，属于固有散射。同时也是本征散射损耗。而因为结构的不均匀性以及在制作光纤的过程中产生的缺陷也可能使光线产生散射，从而引起损耗。

除光纤本身损耗两种主要损耗（即吸收损耗和散射损耗）之外，引起光纤损耗的还有光纤弯曲产生的损耗以及纤芯和包层中的损耗等。

掺铒光纤放大器（EDFA）的研制成功，使光纤衰减对系统的传输距离不再起主要限制作用。

5.2.2 光信噪比

光信噪比（OSNR）是光纤信号与噪声的比值。在 WDM 系统中，OSNR 能够较准确地反映传输信号的质量。一般对于 10Gbit/s 信号接收端要求 OSNR 在 25dB 以上（没有前向纠错 FEC 时），光信噪比 OSNR 在 WDM 系统发送端一般为 35～40dB，但是经过第一个放大器后，OSNR 将会有比较明显的下降，以后每经过一个光放大器 EDFA，OSNR 都将继续下降，但下降的幅度会越来越小。OSNR 劣化的原因在于光放大器在放大信号、噪声的同时，还引入了新的 ASE 噪声，也就是放大器的自发辐射噪声，从而使得总噪声水平提高，OSNR 下降。

在 WDM 系统中，噪声的主要来源是光纤放大器。对于掺铒光纤放大器而言，噪声的主要来源是放大的自发辐射噪声（ASE）。光纤放大器在对光信号进行放大时，伴随着对自发辐射光的放大，它不仅会消耗大量反转粒子数，限制光放大器的增益和输出功率，而且构成了掺铒光纤放大器的附加噪声源。因此，有效地抑制 ASE 噪声便成为实现高性能掺铒光纤放大器的关键。

所有的光放大器都会带来额外的噪声。在 EDFA 中，铒离子周围的电子从基态被泵浦到激发态。在光信号穿过掺铒光纤时，前者从受激发的电子中抽取能量，信号也随之通过受激辐射放大。但是，电子会自发地回落到基态，同时随机辐射出光子。掺铒光纤的前端随机辐射生成的光子可在光纤的后部分获得放大。这种额外噪声可以由噪声系数（NF）描述，由于光放大器不但能对输入的光信号和 ASE 噪声进行相同增益的放大，而且还会额外增加一部分 ASE 噪声功率，这种噪声还会沿着传输光纤路径积累起来。显然，沿着传输光纤路径，OSNR 值是逐步降低的。

另一种噪声来源于信号的反射，由于存在有双重瑞利散射，以及光纤连接器、熔接头对信号有反射效应，应使用拉曼放大器系统，对这些效应要严格控制。

在超长距离 WDM 系统中，级联的光放大器的个数可能会达到几十个甚至上百个，而产生于光放大器的 ASE 噪声将同信号光一样重复一个衰减和放大周期。进来的 ASE 噪声在每个放大器中均经过放大，并且叠加在本地放大器所产生的 ASE 噪声上，所以总 ASE 噪声功率就随着光放大器数目的增多而大致成比例增大，使光放进入饱和状态，信号功率则随之减小。如果不加以控制，噪声功率可能超过信号功率。

对于一个带光放大的传输链路，作为衡量系统性能最终手段的接收端比特误码率（BER）直接与接收端的 OSNR 有关，其他条件不变，OSNR 越大，则 BER 越低。以 10Gbit/s 接收机为例，在背靠背（无传输）配置下接收消光比 10dB 的光信号，为获得 10^{-12} 的 BER 所要求的最小 OSNR 的典型值为 14～15dB，因此 10Gbit/s 传输系统接收机处的 OSNR 必须大于这一数值，以保证 BER 小于 10^{-12}。这一 OSNR 的数值成为传输系统的“OSNR 容限”。在 WDM 传输系统中 OSNR 容限是衡量系统性能最重要的光学指标之一。其他条件不变的情况下，传输系统的 OSNR 容限越低，系统性能越优异。图 5-2 所示为 10Gbit/s 光信号 OSNR 背靠背原始

BER 特性曲线比较。

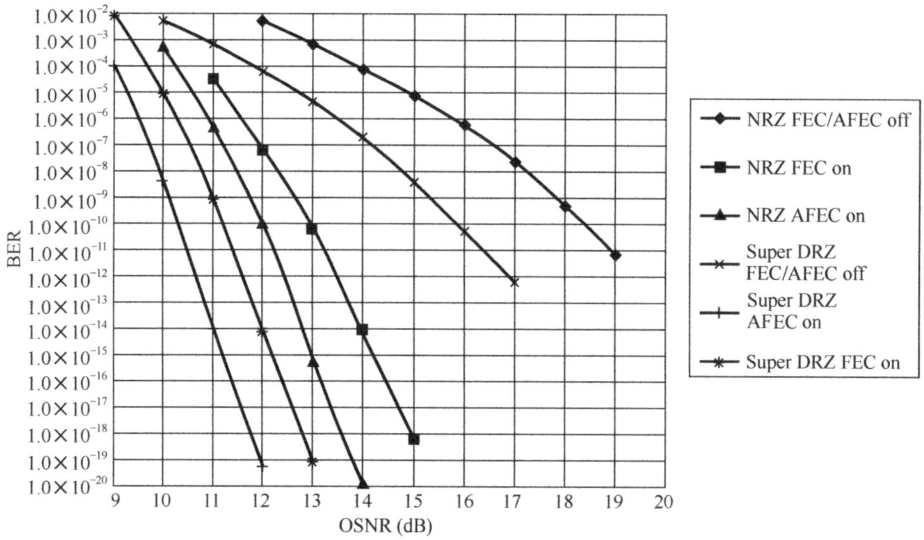

图 5-2　10Gbit/s 信号 OSNR 与误码率的关系曲线图

显然，OSNR 最终也会对传输距离造成限制。利用一个简单公式可以估计典型的带光放大的传输链路的 OSNR。假设每段光纤的损耗相同，每段光纤使用的光放大器增益和噪声指数也相同，则在经过 *n* 段光纤传输后，光信号的 OSNR 为

OSNR=58dB+入纤光功率−NF−每跨段损耗−10log（跨段数目）

假设：单信道入纤光功率 0dBm，每个放大器的噪声指数为 6dB，每个 80km 光纤跨段损耗为 22dB，一个 8 跨段光放大传输链路给出的接收端 OSNR 约为 21dB。考虑到 10Gbit/s 收发机在背靠背配置中的典型 OSNR 容限为 14～15dB。因此，在不计入传输代价时，上例中的传输系统具有大于 6dB 的系统余量。

从前面的公式可以看出，为使传输距离更长，同时保持足够的 OSNR，可增加入纤光功率，入纤光功率增加 3dB 可将传输距离延长一倍。然而，一味地提高入纤光功率会引发较大的非线性效应，反而不利于超长距离的传输。

延长传输距离可采用两种方法：降低 OSNR 容限，如采用前向纠错（FEC）技术、码型技术等，或采用低噪声光放大器，延缓 OSNR 的劣化，如拉曼放大技术等。

5.2.3　色散

当一个光脉冲从光纤中输入，随着在光纤中的传输而逐渐变形，并且光脉冲也由于进一步的传输而被展宽，这主要是光脉冲的前端和后端在光纤中传输的距离不一致，导致脉冲变宽。当脉冲展宽到与相邻的脉冲发生重叠时，就会导致信号之间的干涉，结果增加了传输系统的误码率，这种现象称为色散。

光纤的色散是引起光纤带宽变窄的主要原因，光纤带宽变窄会限制光纤的传输容量，同时，也限制了光信号的传输距离。

光纤的色散可以分为下面 3 类。

（1）模间色散：在多模光纤中，即使是同一波长，不同模式的光由于传播速度的不同而引起的色散称为模式色散。

（2）色度色散：是指光源光谱中不同波长在光纤中的群延时差所引起的光脉冲展宽现象。

（3）偏振模色散：单模光纤中实际存在偏振方向相互正交的两个基模。当光纤存在双折射时，这两个模式的传输速度不同而引起的色散称为偏振模色散。

模间色散又称为模式色散，是由在多模光纤（MMF）中不同模式的传输速率不同而引起的。这种效应影响了信号在多模光纤中的传输距离，但是模间色散不影响 WDM 和 OTN 系统的网络设计，因为目前 WDM 和 OTN 系统中使用的是单模光纤（SMF）。

第二种类型的色散是色度色散，也是光纤中最重要的一种色散。它是由硅的折射指数随频率变化，即光纤的纤芯和包层之间的功率分布随频率变化而造成的。正是由于这两个因素导致了一个信道中的波长谱线的各个部分的传输速率不同。色度色散的定义是光源光谱中不同波长在光纤中的群时延差所引起的光脉冲展宽现象，主要由材料色散、波导色散组成。材料色散：由于光纤材料本身的折射指数 n 和波长 λ 呈非线性关系，从而使光的传播速度随波长而变化，这样引起的色散称为材料色散。波导色散：光纤中同一模式在不同的频率下传输时，其相位常数不同，这样引起的色散称为波导色散。其中，材料色散和波导色散都属于频率色散。在多模光纤中，模式色散和频率色散都存在，且模式色散占主导地位。而在单模光纤中只传输基膜，因此没有模式色散，只存在频率色散（包括材料色散和波导色散）。色度色散是由发射源光谱特性和光纤色度色散共同导致的、制约传输容量的效应。

色散主要用色散系数 $D(\lambda)$表示。色散系数一般只对单模光纤来说，包括材料色散和波导色散，统称色散系数。色散系数的定义：每公里的光纤由于单位谱宽所引起的脉冲展宽值，与长度呈线性关系。其计算公式为：$\sigma=\delta\lambda*D*L$ 其中：$\delta\lambda$ 为光源的均方根谱宽，$D(\lambda)$为色散系数，L 为长度，现在的单模光纤色散系数一般为 20ps/（nm・km）.，光纤长度越长，则引起的色散总值就越大。色散系数越小越好，因色散系数越小，根据上式可知，光纤的带宽越大，传输容量也就越大。所以，传输 2.5Gbit/s 以上光信号时，要考虑光纤色散对传输距离的影响，最好采用零色散的 G.653 光纤传输，但光纤色散为零时，传输 WDM 波分光信号会产生四波混频等非线性效应，所以色散要小，但不能为零，最终采用 G.655 光纤来传输 10Gbit/s 的光信号和 WDM 波分复用信号。

色散是限制光信号传输的一个主要因素。单波长速率越高，对色散控制要求也越高。40Gbit/s 系统的色散容限只有 10Gbit/s 系统的 1/16，也就是说，这种容限与信号速率的平方成反比。色散使光信号产生畸变的原因有两个：一是发射机的寄生啁啾与色散的混合效应，另一个是光纤中的克尔效应与色散的混合，即光纤的非线性效应。为了减少信号畸变的影响，应使光信号波长处的色散为零，但这又与减少四波混频的要求相矛盾。为了解决这一矛盾，可以采用色散管理技术，使传输中采用的光纤色散值正负交替，系统总的色散为零。色散斜率使 WDM 系统不同波道的色散不同，导致系统性能下降。减少色散斜率的方法是在接收端加入色散均衡设备进行补偿，以及在系统中进行色散补偿，如采用光纤布拉格光栅色散补偿器等。

第三种色散是偏振模色散（PMD，Polarization Mode Dispersion）。随着单模光纤在测试中应用技术的不断发展，特别是集成光学、光纤放大器以及超高带宽的非零色散位移单模光纤即 ITU-T G.655 光纤的广泛应用，光纤衰减和色散特性已不是制约长距离传输的主要因素，偏振模色散特性越来越受到人们的重视。偏振是与光的振动方向有关的光性能，我们知道光在单模光纤中只有基模 HE11 传输，由于 HE11 模由相互垂直的两个极化模 HE11x 和 HE11y 简并构成，在传输过程中极化模的轴向传播常数 βx 和 βy 往往不等，从而造成光脉冲在输出端展宽现象。如图 5-3 所示。

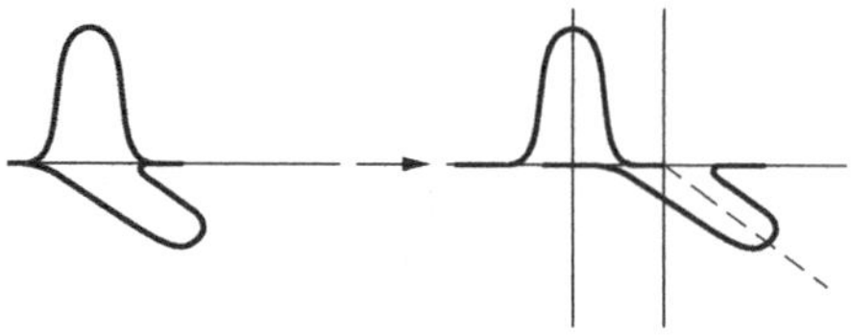

图 5-3　PMD 极化模传输图

因此，两极化模经过光纤传输后由于群速度时延差不同而导致信号展宽，这个时延差就称为偏振模色散。PMD 用群速度时延差（单位为 ps）来表示，或者根据光纤的长度归一化为 ps/$\sqrt{\text{km}}$。由于上述 PMD 是由随机因素引起的，故 PMD 具有随机统计的特性，与具有确定性的色度色散不同，任意一段光纤的 PMD 是一个服从 Maxwllian 分布的随机变量。其瞬时 PMD 值随波长、时间、温度、移动和安装条件的变化而变化，研究表明长距离光纤的 PMD 具有随长度平方根而变化的关系，因而 PMD 的单位为 ps/$\sqrt{\text{km}}$。

光纤是各向异性的晶体，一束光入射到光纤中被分解为两束折射光，这种现象就是光的双折射，如果光纤为理想的情况，是指其横截面无畸变，为完整的真正圆，并且纤芯内无应力存在，光纤本身无弯曲现象，这时双折射的两束光在光纤轴向传输的折射率是不变的，跟各向同性晶体完全一样，这时 PMD=0。但实际应用中的光纤并非理想情况，由于各种原因使 HE11 两个偏振模不能完全简并，产生偏振不稳定状态。

造成单模光纤中光的偏振态不稳定的原因，有光纤本身的内部因素，也有光纤的外部因素。

1．内部因素

由于光纤在制造过程中存在着芯不圆度，应力分布不均匀，承受侧压，光纤的弯曲和扭转等，这些因素将造成光纤的双折射。光在单模光纤中传输，两个相互正交的线性偏振模之间会形成传输群速度差，产生偏振模色散。同时，由于光纤中的两个主偏振模之间要发生能量交换，即产生模式偶合。当光纤较长时，由于偏振模随机模偶合对温度、环境条件、光源波长的轻微波动等都很敏感，故模式偶合具有一定随机性，这决定了 PMD 是个统计量。但 PMD 的统计测量的分布表明，其均值与光纤的双折射有关，降低光纤的 PMD 及其对环境的敏感性，关键在于降低光纤的双折射。

2．外部因素

单模光纤受外界因素影响引起光的偏振态不稳定，是用外部双折射表示的。由于外部因素很多，外部双折射的表达式也不能完全统一。外部因素引起光纤双折射特性变化的原因，在于外部因素造成光纤新的各向异性。例如，光纤在成缆或施工的过程中可能受到弯曲、扭绞、振动和受压等机械力作用，这些外力的随机性可能使光纤产生随机双折射。另外，光纤有可能在强电场和强磁场以及温度变化的环境下工作。光纤在外部机械力作用下，会产生光弹性效应；在外磁场的作用下，会产生法拉第效应；在外电场的作用下，会产生克尔效应。所有这些效应的总结果，都会使光纤产生新的各向异性，导致外部双折射的产生。

以上两种因素都可能使单模光纤产生双折射现象，但由于外部因素的随机性和不可避免性，所以在实际应用中人们非常重视对内部因素的控制尽量减小光纤双折现象。

当技术上逐步解决了损耗和色度色散的问题后，光传输系统传输速率越来越高，无中继的距离越来越长的情况下，PMD 的影响成了必须考虑的主要因素。在以前的数字和模拟通信系统中，当数据传输率较低和距离相对较短时，PMD 的影响可以忽略不计。随着传输系统速率越来越高、传输距离越来越长，特别是 10Gbit/s 及更高速率的系统中，PMD 开始成为限制系统性能的重要因素。PMD 引起数字信号的脉冲展宽，对高速系统容易产生误码，限制了光纤波长带宽使用和光信号的传输距离。

因此，在新建光缆线路、开通长距离系统、现有光缆线路升级系统等情况下，必须测量 PMD 值。网络规划者在设计链路时最有效的方法是：通过现场实地测量光缆链路的 PMD 值，在此基础上充分考虑 PMD 的影响，预留足够的 PMD 富余度。

5.2.4　非线性效应

随着光纤放大器的应用，光传输系统中光信号的传输距离越来越长。更长的传输距离和光纤放大器输出的高功率，使得光纤非线性效应日益显著。在光传输系统中，只要使用的光功率足够低，就可以假设这个光系统是线性的。因此，当发射机发出的功率很低时，就可以认为折射指数和光纤的衰减是不依赖于功率的变化而变化的。在高速率系统中，为了增加中继距离而提高发射光功率时，光纤的非线性效应开始出现。

光纤的非线性效应是指在强光场的作用下，光波信号和光纤介质相互作用的一种物理效应。光纤中的非线性效应包括：① 散射效应（受激布里渊散射 SBS 和受激拉曼散射 SRS 等）；② 与克尔效应相关的影响，即与折射率密切相关（自相位调制 SPM、交叉相位调制 XPM、四波混频效应 FWM），其中四波混频、交叉相位调制对系统影响严重。

1．散射影响

散射影响包括受激布里渊散射（SBS）和受激拉曼散射（SRS）。

受激布里渊散射（SBS）是由光纤中的光波和声波的作用引起的，SBS 使部分前向传输光向后传输，消耗信号功率。

在所有的光纤非线性效应中，SBS 的阈值最低，约为 10mW，且与信道数无关。因为 SBS 阈值随着光源线宽的加宽而升高，用一小的低频正弦信号调制光源很容易提高其阈值。因此，虽然 SBS 是最容易产生的非线性效应，但也很容易克服。在使用窄谱线宽度光源的强度调制系统中，一旦信号光功率超过 SBS 门限，将有很强的前向传输信号光转化为后向传输。SBS 门限与激光器线宽成正比，线宽越窄，门限功率越低。SBS 限制了光纤中可能传输的光功率。前向传输功率逐渐饱和，而后向散射功率急剧增加。解决方法一般是，设置光源线宽明显大于布里渊带宽或者信号功率低于门限功率。SBS 效应不仅会带给系统噪声，而且会造成信号的一种非线性损伤，限制入纤功率的提高，并降低系统的信噪比，严重限制传输系统性能的提高。SBS 效应是一种窄带效应，一般由光信号中的载波分量引起，可采用载波抑制或展宽载波光谱进行抑制。

受激拉曼散射（SRS）是光波和光纤中的分子振动作用引起的：强光信号输入光纤引发介质中的分子振动，分子振动对入射光调制后产生新的光频，从而对入射光产生散射。SRS 的增益带宽约为 100nm，SRS 可引起 WDM 的信道耦合，产生串扰。SRS 阈值取决于信道数、信道间隔、信道平均功率和再生距离。单信道 SRS 阈值约为 1W，远大于 SBS 的阈值，在目前的光网络中可以不考虑 SRS 的影响。SRS 效应是一种宽带效应，短波长信道可以逐次泵浦许多较长波长信道，而且这种信道间能量的转移和放大作用还与比特图形有关，并以光功率串扰的方式降低信号的信噪比，损害系统的性能。

2．克尔效应

若入射光功率较高，会导致介质的折射率与入射光的光强有关，会大大改变入射光在介质中的传输特性，这就是克尔效应。与克尔效应相关的影响包括自相位调制（SPM）、交叉相位调制（XPM）、四波混频（FWM）等。SPM 是指信号光功率的波动引起信号本身相位的调制；XPM 是指在光纤中同时传播的每一个不同频率的光束通过光纤的非线性极化率而影响其他频率光束的有效折射率并对后者产生相位调制；FWM 是指两个或 3 个光波结合，产生一个或多个新的波长。

SPM 使光脉冲的频谱展宽。对于强度调制—直接检测系统（IM-DD），相位调制不会影响系统性能。但是，当 SPM 与色散共同作用时，频谱展宽会导致时域的脉冲展宽。光纤的大模场面积可减小 SPM。当光纤的色散为零或很小时，也可以减小 SPM 对系统性能的影响。在一定条件下，SPM 会对系统性产生有利的作用。SPM 与激光器啁啾或光纤的正色散作用，可以在时域压缩光脉冲，从而延长色散限制距离。由于 SPM 对正色散光纤中光脉冲的压缩作用，在色散补偿光放大系统中，存在一定残余色散的系统将会比完全色散补偿系统的性能优越，研究不同入纤功率下各种光纤传输系统的残余色散与系统性能的关系，对于优化色散补偿非常有益。

光强度变化导致相位变化时，SPM 效应将逐渐展宽信号的频谱。在光纤的正常色散区中，由于色度色散效应，一旦 SPM 效应引起频谱展宽，沿着光纤传输的信号将经历较大的展宽。不过在异常色散区，光纤的色度色散效应和 SPM 效应可能会互相补偿，从而使信号的展宽会小一些。

XPM 可引起信道间串扰，导致脉冲波形畸变。信道越密集，传输跨段数越多，XPM 效应对 WDM 系统的影响越大。XPM 发生于多信道系统，是指一个信道对其他信道的相位产生的调整作用。

FWM 亦称四声子混合，是光纤介质三阶极化实部作用产生的一种光波间耦合效应，是因不同波长的两三个光波相互作用而导致在其他波长上产生所谓混频产物，或边带的新光波，这种互作用可能发生于多信道系统的信号之间，可以产生三倍频、和频、差频等多种参量效应。在 DWDM 系统中，当信道间距与光纤色散足够小且满足相位匹配时，四波混频将成为非线性串扰的主要因数。当信道间隔达到 10GHz 以下时，FWM 对系统的影响将最严重。

FWM 对 DWDM 系统的影响主要表现在：① 产生新的波长，使原有信号的光能量受到损失，影响系统的信噪比等性能；② 如果产生的新波长与原有某波长相同或交叠，从而产生严重的串扰。四波混频 FWM 的产生要求要求各信号光的相位匹配，当各信号光在光纤的零色散附近传输时，材料色散对相位失配的影响很小，因而较容易满足相位匹配条件，容易产生四波混频效应。

非线性效应是一个很复杂的过程，目前还没有直接的补偿方式。降低信号的发射光功率，或改善传输媒质使用大有效面积光纤，或利用色散效应，都会对非线性效应有所抑制。为了减小非线性效应的影响，应该把每个信道的光功率限制在 SBS 和 SRS 的门限值之下，此外还可以使用不相等的信道间隔，这样可以避免由四波混频产生的新波长。

色散对于克服光纤非线性效应起着关键作用。要减小 SPM 和 XPM 的影响，色散必须要小；要减小 XPM 和 FWM 的作用，色散又必须足够大，以减小或消除互作用的信道间的相位匹配；同时，要尽量减小再生中继器之间的色散积累，以避免线性色散代价。

对于光纤非线性效应，一般可通过降低入纤光功率、采用新型大孔径光纤、拉曼放大技术、色散管理、奇偶信道偏振复用等方法加以抑制。采用特殊的码型调整技术，也可以有效地提高光脉冲抵抗非线性效应的能力，增加非线性受限传输距离。

5.3　OTN 设计

5.3.1　系统制式

1．网络模型与结构

假设参考光通道（如图 5-4 所示）最长为 27 500km，跨越 8 个域，包括 4 个骨干运营商域（BOD）（每个中继国一个）和 2 个本地运营商域（LOD）—区域运营商域（ROD）对。LOD 和 ROD 关联于国内部分，BOD 关联于国际部分。域之间的边界为运营商网关（OG）。

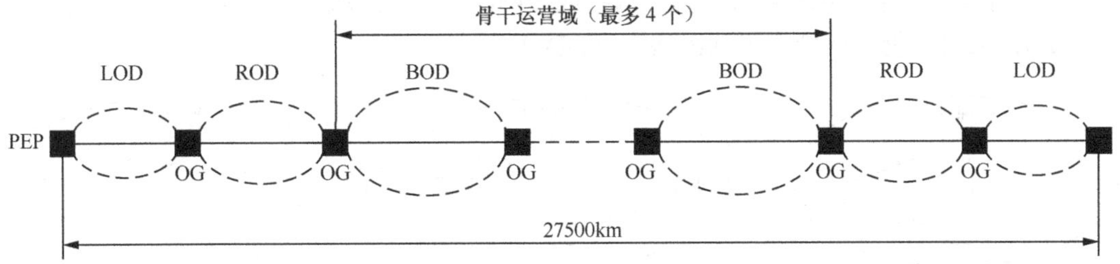

图 5-4　假设参考光通道

OTN 分为传送层、管理层和控制层（可选）3 个层面。OTN 的控制层为可选项，通过控制层提供网络的智能特性，根据业务服务等级，实现基于控制层的自动恢复和保护。当 OTN 不配置控制层时，在传送层提供业务的保护。

OTN 传送层网络从垂直方向分为光通路（OCh）层网络、光复用段（OMS）层网络和光传输段（OTS）层网络 3 层，相邻层之间是客户/服务者关系（见图 5-5）。

光通路层（OCh）网络通过光通路路径实现接入点之间的数字客户信号的传送，其特征信息包括与光通路连接相关联并定义了带宽及信噪比的光信号和实现通路外开销的数据流，均为逻辑信号。OCh 层可以被划分为 3 个子层网络：光通路子层网络、光通路传送单元（OTU*k*，*k*=1,2,3,4）子层网络和光通路数据单元（ODU*k*，*k*=0,1,2,2e,3,4）子层网络，其中 OTU*k* 和 ODU*k* 子层采用数字封装技术实现，相邻子层之间具有客户/服务者关系，ODU*k* 子层若支持复用功能，可继续递归进行子层划分。

光复用段（OMS）层网络通过 OMS 路径实现光通路在接入点之间的传送，其特征信息包括 OCh 层适配信息的数据流和复用段路径终端开销的数据流，均为逻辑信号，采用 *n* 级光复用单元（OMU-*n*）表示，其中 *n* 为光通路个数。光复用段中的光通路可以承载业务，也可以不承载业务，不承载业务的光通路可以配置或不配置光信号。

光传输段（OTS）层网络通过 OTS 路径实现光复用段在接入点之间的传送。OTS 定义了物理接口，包括频率、功率和信噪比等参数，其特征信息可由逻辑信号描述，即 OMS 层适配信息和特定的 OTS 路径终端管理/维护开销，也可由物理信号描述，即 *n* 级光复用段和光监控通路，具体表示为 *n* 级光传输模块（OTM-*n*）。

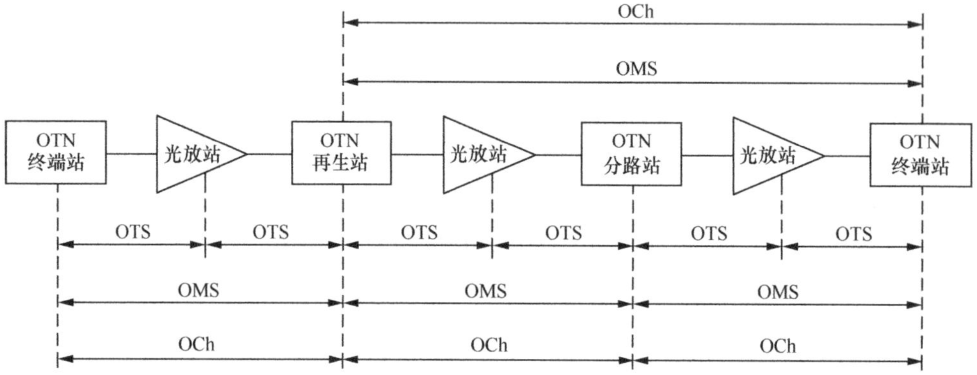

图 5-5　OTN 分层

OTN 从水平方向可分为不同的管理域（如图 5-6 所示），其中单个管理域可以由单个设备商 OTN 设备组成，也可由运营商的某个网络或子网组成。不同域之间的物理连接采用域间接口（IrDI），域内的物理连接采用域内接口（IaDI）。

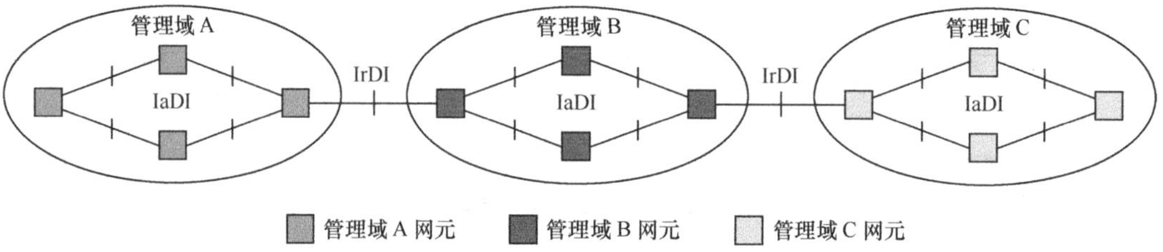

图 5-6　OTN 分域

OTN 技术可应用于长途网和本地/城域网，可采用线形、环形、树形、星形和网状型等多种拓扑组网。常见的组网结构如图 5-7 所示。

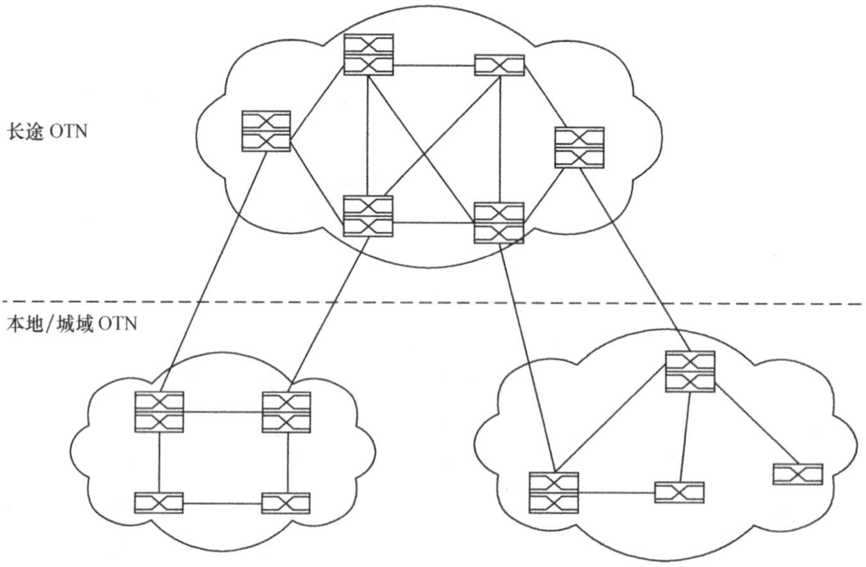

图 5-7　OTN 组网结构

2．系统速率与复用结构

OTN 信号在网络节点处的 OTU/ODU 类型及比特率等级应符合表 5-1 和表 5-2 中的规定。

表 5-1　OTU 类型和比特率等级

OTU 类型	OTU 标称比特速率	OTU 比特速率容差
OTU1	255/238×2488320kbit/s	$\pm 20\times 10^{-6}$
OTU2	255/237×9953280kbit/s	
OTU3	255/236×39813120kbit/s	
OTU4	255/227×99532800kbit/s	

表 5-2　ODU 类型和比特率等级

ODU 类型	ODU 标称比特速率	ODU 比特速率容差
ODU0	1 244 160kbit/s	$\pm 20\times 10^{-6}$
ODU1	239/238×2 488 320kbit/s	
ODU2	239/237×9 953 280kbit/s	
ODU3	239/236×39 813 120kbit/s	
ODU4	239/227×99 532 800kbit/s	
ODU2e	239/227×10 312 500kbit/s	$\pm 100\times 10^{-6}$

OTN 信号基本复用结构的要求详见第 3 章，OTN 客户信号应包括 STM16/64/256、OTU*k*（*k*=1,2,3）、GE/10GE WAN/10GE LAN 等，客户信号的映射应满足 YD/T 1990-2009《光传送网（OTN）网络总体技术要求》。

3．网络参考点及网络接口

OTN 中光网元（ONE）通用参考点的定义应符合图 5-8 的要求。

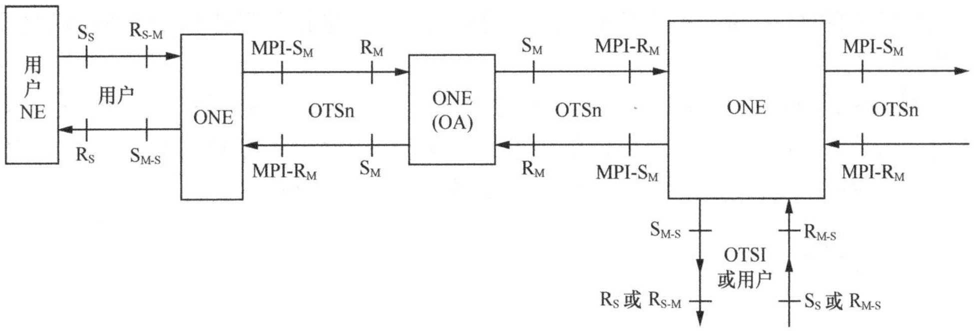

图 5-8　光网元通用参考点

图中参考点定义如下：

S_S（单通路）参考点位于用户网元发射机光连接器之后；R_S（单通路）参考点位于用户网元接收机光连接器之前；

MPI-S（单通路）参考点位于每个光网元单通路输出接口光连接器之后（“M-S”表示从多通路系统中出来的单通路信号）；

MPI-R（单通路）参考点位于每个光网元单通路输入接口光连接器之前（“S-M”表示从

单通路信号进入多通路系统中）；

MPI-S_M（多通路）参考点位于光网元传送输出接口光连接器之后；MPI-R_M（多通路）参考点位于光网元传送输入接口光连接器之前；S_M参考点位于多通路线路 OA 输出光连接器之后；R_M参考点位于多通路线路 OA 输入光连接器之前。

网络接口主要包括网络节点接口、网管接口、公务接口、外同步接口（可选）和用户使用者接口（可选）。

网络节点接口包括域内接口（IaDI）和域间接口（IrDI）。IrDI 接口在每个接口终端应具有 3R 处理功能。

网管接口应符合下列要求。

（1）北向接口：OTN 网管系统应提供与上层网管系统之间的接口功能，通过该接口与上层网管系统相连。北向接口应符合 CORBA 或 CMISE 的规范。

（2）南向接口：OTN 网管系统应提供与被管理网元之间的接口功能，通过该接口网管系统可对网元实施管理。

外同步接口（包括输入和输出）可选择 2048kHz 和 2048kbit/s。应优先选用 2048kbit/s，具体接口要求应符合 ITU-T G.703 建议，帧结构应符合 ITU-T G.704 建议要求。

OTN 域间光接口分为单通路和多通路域间光接口，域间单通路和多通路域间光接口分类及参数应满足 YD/T 5208-2014《光传送网（OTN）设计暂行规定》。

5.3.2　传送平面网络规划

（1）业务路由规划应确定业务的保护恢复方式，设置网络中所有业务的工作路由和保护路由，计算网络链路的占用和空闲容量。

（2）网络波长规划应根据业务需要对波道进行规划，设置业务路由的波长。

（3）网络性能规划应根据光纤类型、光缆长度、光交叉节点的设置等条件，对所有可能路由的光传输性能（OSNR、残余色散、纠错前误码率等）进行仿真计算，结果应满足 WDM 系统的传输性能要求。

（4）网络统计分析应对各节点配置信息进行分析，分析节点端口资源占用情况；统计分析各光放段长度、衰减、色散和 DGD 值，各复用段 OSNR 值、残余色散和 DGD 值，各复用段工作波道、保护波道和空闲容量情况，各链路容量及利用率情况。

5.3.3　传输系统设计

1．规模容量的确定

OTN 在本地网和干线网的应用一方面是满足业务对带宽不断增加的需求，一方面是满足业务安全的需求。虽然网络上有不少 2.5Gbit/s 速率业务需求，但以 2.5Gbit/s 速率作为 OTN 的线路侧速率在满足上述两方面的需求上带宽明显不足。因此 OTN 系统线路侧单波速率应以 10Gbit/s 及以上为主。

波道容量：长途传输网宜以 80 波及以上为主，本地传输网宜以 80 或 40 波为主。

系统上各个节点交叉容量的选取应结合其应用场景、业务需求预测以及网络冗余的需要进行选择和配置。

OTN 系统应用在长途传输网时，电交叉连接设备应支持 ODU0/1/2/3 的交叉连接，应用在本地/城域网时，电交叉连接设备应至少支持 ODU0/1/2 的交叉连接，在有业务需求的情况下，也应支持 ODU3 的交叉连接。

2．光纤光缆选择

作为光传输网络物理平台基础的光缆在网络的建设成本（CAPEX）和维护成本（OPEX）具有举足轻重的地位，特别是其中光纤的选择对于未来传输系统的升级和扩容更是具有决定性的影响。在新技术飞速发展的今天，WDM 及 OTN 系统的传输速率不断增长，波长间隔不断加密，使用光纤的带宽不断扩大，无电中继传输距离不断增长，这些都对光纤参数提出了更高的要求。因此，对于网络运营者来说，光纤光缆的选择是一项十分慎重的任务。光纤的选择不仅要考虑当前的应用情况，更要考虑未来技术的发展。在 OTN 系统设计时，光纤的选择要遵循以下原则：

OTN 传输系统可选用 G.652 光纤或 G.655 光纤。OTN 传输系统中，同一光放段内应使用同类型的光纤，同一个光复用段内宜使用同类型的光纤。

OTN 系统应用在长途传输网时，在资源允许的情况下，宜配置同缆备用纤芯。

3．网络组织

OTN 管理域

同一运营商内部不同厂商的 OTN 设备应单独组织 OTN 管理域，多厂家 OTN 管理域间应通过具有 3R 功能的 IrDI 接口互通。

OTN 传输网的网络拓扑

（1）OTN 传输网的基本拓扑类型为线形、环形和网状网 3 种，网络拓扑应根据网络覆盖区域光缆网络结构、节点数量、节点间的业务关系确定。

（2）网络节点的设置应根据网络覆盖范围的地域关系、传输需求综合考虑。

OTN 传输系统组成

（1）OTN 传输系统主要由终端复用设备、电交叉连接设备、光交叉连接设备、光电混合交叉连接设备、光线路放大设备组成，可根据系统设计需要选择。

（2）OTN 中每个光复用段间线路传输系统的设计应符合《YD/T 5092-2010 光缆波分复用传输系统工程设计规范》中的相关规定。

4．局站设置

OTN 传输系统包括终端站、再生站、分路站、光放站 4 种类型。

局站设置应根据网络拓扑、网络组织、维护体制和维护条件、系统设备性能、光纤性能情况合理选择并设定站型。

5．波道及电路组织

波道组织应根据业务预测和网络结构，结合网络现状及发展规划进行编制。

波道组织在编制过程中应遵循以下原则。

（1）波道组织应以满足近期业务需求为主，并考虑一定的冗余，用于网络保护和维护的需要。

（2）波道的使用宜从小序号开始向上排列顺序使用。

（3）不同光复用段的波道配置宜采用同序号的波道。

（4）当采用不同速率的波道在线路侧混传时，不同速率的波道宜安排在不同的波段。

电路组织应根据业务预测和波道组织，结合网络现状及发展规划进行编制。

电路组织在编制过程中应遵循以下原则。

（1）电路组织应以满足近期业务需求为主，并考虑一定冗余，用于网络维护的需要。

（2）电路组织可根据系统中不同速率级别的光通道波道的终端和转接情况做出具体安排。

（3）同一环内不同复用段的电路配置宜采用同序号的波道和时隙。

（4）两点间的电路安排应优先选用最短路径，同时兼顾各段波道截面的均匀性。

（5）在不影响网络灵活调度的前提下，应尽量组织较高速率的通道转接。

（6）电路组织应根据电信运营商要求考虑安全性要求。

（7）电路转接宜采用 OTN 接口格式。

6．交叉连接设备配置

OTN 交叉连接设备配置包括电交叉连接设备配置和光交叉连接设备配置。

（1）电交叉连接设备配置原则

设备配置应考虑维护使用和扩容的需要。

设备数量应按传输系统及波道组织进行配置。设备的交叉连接容量应适当考虑业务发展的需要。

OTN 电交叉连接设备应以子架为单元配置保护和恢复用的冗余波道，并适当预留一定数量的业务槽位以备网络调整等使用。应尽量避免或减少一个局站或节点内不同子架间的业务调度，在必须进行跨子架进行业务调度时，子架间的互联宜采用客户侧接口，在客户侧接口不支持 ODU*k* 的复用功能时，也可采用线路侧接口，接口速率应采用设备支持的最高速率以简化互联链路的管理。

OTN 电交叉连接设备一般采用支线路分离的 OTU，客户侧接口的配置数量和类型应根据业务需求确定，并考虑适当冗余。

客户侧业务板卡的配置应在满足各类业务需要的基础上，种类尽量少，以简化网络配置和减少维护备品备件的数量。

各速率业务和线路板光模块宜采用可热插拔的光模块。

维护备件的配置应满足日常维护的基本需要，原则上应保证重要单元盘不缺品种。

（2）光交叉连接设备配置原则

设备配置应考虑维护使用和扩容的需要。

设备数量应按传输系统及波道组织进行配置。

OTN 光交叉连接设备的维度数应根据当期预测的光线路方向数配置。

同一维度的板卡应适当集中排列。

维护备件的配置应满足日常维护的基本需要，原则上应保证重要单元盘不缺品种。

5.3.4 网络保护

（1）OTN 保护可选用以下方式

线性保护包括基于 ODU*k* 的 SNC 保护和基于 OCh 的 1+1 或 1: *n* 保护，可用于各种类型的网络结构中。

环网保护包括 ODU*k* 环网保护（ODU*k* SPRing）和光波长共享保护（OCh SPRing）。

在 OTN 中，除了上述保护方式外，也可在光线路系统上采用基于光放段的 OLP 和基于光复用段的 OMSP 保护方式，但在应用中应注意线路保护和 OTN 保护的协调和波道组织上的差异。

（2）OTN 倒换性能要求

对于 1+1 保护类型，一旦检测到启动倒换事件，保护倒换应在 50ms 内完成。对于环网保护类型，在同时满足如下条件的基础上，一旦检测到启动倒换事件，保护倒换应在 50ms 内完成：

① 单跨段故障，且节点处于空闲状态；

② 光纤长度小于 1200km，节点数少于等于 16 个；

③ 没有额外业务。

（3）线性保护不受网络拓扑结构的限制，可用于各种类型的网络结构中，环网保护可适用于环网和网状网拓扑结构中。

（4）在选择保护方式时，要综合考虑 OTN 网络拓扑、业务颗粒度和业务的可靠性要求选择合适的保护方式。通过对各种保护方式的比较分析，并结合工程设计实践经验。建议在选择 OTN 保护方式时遵循以下基本原则。

① 网络拓扑结构：不同的保护方式适用于不同的网络拓扑结构。应根据网络的实际拓扑结构选择适宜的保护方式。

② 业务颗粒度：不同的保护方式适用于不同的业务颗粒度。根据目前的 OTN 设备水平，ODU*k* SPRing 方式主要适用于 2.5Gbit/s 及其以下颗粒业务的保护。随着 OTN 设备水平的不断提高，其电交叉矩阵容量将越来越大。届时 ODU*k* SPRing 方式可能会适用于更大颗粒业务的保护。

③ 可靠性要求：不同保护方式的保护效果是不同的，应根据业务的可靠性要求选择适宜的保护方式。

④ 保护成本：在网络拓扑、业务颗粒度和可靠性要求确定的条件下，应尽量选择保护成本相对较低的保护方式。

5.3.5　辅助系统设计

OTN 辅助系统的设计目前主要包括网络管理系统的设计和公务联络系统的设计。OTN 本身为非同步网络，但随着 OTN 的广泛应用和 SDH 技术逐步退出应用，OTN 传送时钟频率和时间同步信息的功能是必需的，但目前对 OTN 传送时钟频率和时间同步信息的功能和实现方式尚在研究当中。

（1）网管系统

OTN 的网络管理系统应符合 YD/T 5113-2005《WDM 光缆通信工程网管系统设计规范》和 YD/T 1990-2009《光传送网（OTN）网络总体要求》第 12 章网络管理的相关规定。

（2）DCN 组织

在 OTN 中，DCN 的具体实现有光监控通道（OSC）、电监控通道（ESC）和带外 DCN 3 种可选方式，建议优先选用 OSC 方式。

在没有光放站的 OTN 中，可考虑 ESC 方式组织 DCN。

在网络规模较大，网元数量太多，OSC、ESC 通道带宽不够的情况下，可考虑采用带外 DCN 方式。

带外 DCN 必须与业务网络本身相互独立，以提高网络的安全性。

带外 DCN 设备应采用支持 VLAN 功能的以太网交换机、具有 3 层功能的以太网交换机或路由器。

（3）公务联络系统

工程的站间公务联络系统设置，应符合下列规定：一般设置一个公务联络系统，用于所有局站间的公务联络。在网络规模大、覆盖区域广、管理层级多的情况下，可设置两个公务联络系统，一个用于终端站、再生站、分路站间的公务联络；另一个用于所有局站间的公务联络。同一站点的两个公务系统应能够通过一部公务话机实现。对于设置有网元管理系统及子网管理系统的局站，公务联络信道应延伸至网管室。

公务联络系统应具备选址呼叫方式、群址呼叫方式和广播呼叫方式。

5.3.6 控制平面设计

（1）控制平面基本结构和功能要求应满足 GB/T 21645.1-2008《自动交换光网络（ASON）技术要求》。

（2）控制平面应有执行保护和恢复功能。

对于光层（OCh 层）的 SPC 和 SC 连接，应支持以下保护恢复类型：

- OCh 1+1 保护；
- OCh 1: *n* 保护；
- OCh 1+1 保护与恢复的结合；
- OCh 1: *n* 保护与恢复的结合（可选）；
- OCh SPRing 保护与恢复的结合（可选）；
- OCh 永久 1+1 保护；
- 预置重路由恢复；
- 动态重路由恢复。

对于电层（ODU*k* 层）的 SPC 和 SC 连接，应支持以下保护恢复类型：

- ODU*k* 1+1 保护；
- ODU*k* *m*：*n* 保护（可选）；
- ODU*k* 1+1 保护与恢复的结合；
- ODU*k* *m*：*n* 保护与恢复的结合（可选）；
- ODU*k* SPRing 保护与恢复的结合（可选）；
- ODU*k* 永久 1+1 保护；
- 预置重路由恢复；
- 动态重路由恢复。

在一个光电混合网络中，当其中的传输线路或节点出现故障时，两层各自的保护和恢复机制必然都会有所响应和动作，此时需要一个良好的机制加以协调和控制。可以采用以下 3 种协调机制。

① 自下而上：首先在光层进行恢复，若光层无法恢复再转由上层电层进行处理。

② 自上而下：首先在电层进行恢复，若无法恢复再转由光层进行处理。

③ 混合机制：将上述两种机制进行优化组合以获取最佳的恢复方案。

（3）控制平面自动发现功能应满足下列要求。

① 应具有发现连接两个节点间光纤的能力。

② 应具备波长资源的自动发现功能，包括：各网元各线路光口已使用的波长资源、可供使用的波长资源。

③ 应具有 OTU*k*/ODU*k* 的层邻接发现功能。

④ 应支持基于 GCC 开销的 LMP 自动发现和端口校验功能。

⑤ 除了应支持自动发现功能外，控制平面同时也应支持手工配置。

（4）控制平面应支持以下几种交换能力：时分交换（TDM）、波长交换（LSC），控制平面在提供波长交换时应具有波长冲突管理能力。

（5）控制平面协议的选取应满足 GB/T 21645.1-2008《自动交换光网络（ASON）技术要求》。

5.3.7　光传输距离计算

OTN 的传输距离计算可参照 WDM 传输系统工程的再生段/光放段距离的计算方法。

1．WDM 传输系统工程的再生段/光放段距离的计算

在工程的实际应用中，各种情况不一，有的光放段段落长度比较均匀，有的光放段长度不会很固定且不均匀，同时可能在局部中继段落略微超长，或光复用段中的光放段数量也稍有增加。因此，在工程系统设计中，应按以下 3 个步骤进行。

第一步：按规则设计法，即直接套用 WDM 传输系统的光接口应用代码，此时实际的光放段数量及光放段损耗不超过应用代码所规定的数值。

第二步：采用简单信噪比计算法，当实际的光放段比较均匀，但光复用段中的光放段数量比应用代码要求的数量略有增加，或在限定的光放段数量内，个别段落的线路衰耗超过应用代码所要求的衰耗范围时，将采用简易的信噪比计算公式进行系统计算，以保证系统性能。

第三步：在上述两种计算方法均不符合系统信噪比性能的情况下，如光复用段中某一光放段的衰耗比较大，要采用专用系统计算工具计算 OSNR 来确定。

以上 3 种计算方应在工程实施前通过模拟仿真系统来验证。

（1）规则设计法（又称为固定衰耗法）

规则设计法适用于段落比较均匀的情况，即利用色散受限式（5-1）及保证系统信噪比的衰耗受限式（5-2），分别计算这二式后，取其较小值。

$$L=\frac{D_{\text{sys}}}{D} \tag{5-1}$$

式中：L——色散受限的再生段长度（km）；

D_{sys}——MPI-S、MPI-R 点之间光通道允许的最大色散值（ps/nm）；

D——光纤线路光纤色散系数（ps/（nm·km））。

$$L=\sum_{i=0}^{n}[(A_{\text{span}}-\sum A_{\text{c}})\div(A_{\text{f}}+A_{\text{mc}})] \tag{5-2}$$

式中：L——保证信噪比的衰减受限的再生段长度（km）；

n——WDM 系统应用的应用代码所限制的光放段数量；

A_{span}——最大光放段衰耗，其值应小于并等于 WDM 系统采用的应用代码所限制的段落衰耗（dB）；

$\sum A_c$——MPI-S、MPI-R′点或 S′、R′或 S′、MPI-R 间所有连接器衰减之和（dB），一般按 0.5dB/个考虑；

A_f——光纤线路光纤衰减常数（dB/km，含光纤熔接衰减）；

A_{mc}——光纤线路维护每千米余量（dB/km）。当光放段/再生段长度为 75～125km 时，按 0.04dB/km 计算；再生段长度<75km 时，Mc 取 3dB；再生段长度>75km 时，Mc 取 5dB。

（2）简易的信噪比计算法

当规则设计法不能满足实际应用的要求时，可采用色散受限式（5-1）及简易的信噪比计算式（5-3）进行系统设计，即利用保证色散受限和系统的信噪比来确定再生段/光放段的长度。此方法适用光放段衰耗差别不太大的情况。

$$ONSR_N = 58 + (P_{out总} - 10\log M) - N_f - A_{span} - 10\lg N \quad (5\text{-}3)$$

式中：$OSNR_N$——N 个光放段后的每通路光信噪比（dB）；

$(P_{out总} - 10\log M)$——在 MPI-S 点每通路的平均输出功率（dBm）；

$P_{out总}$——在 MPI-S 点总的平均输出功率（dBm）；

M——通道数量；

N_f——光放大器的噪声系数；

A_{span}——最大光放段损耗（dB）；

N——光放段的数量。

在光信噪比（OSNR）的计算中，取光滤波器带宽 0.1nm，在每个光放段 R′点及 MPI-R 点的各个通路的 OSNR 满足指标的情况下，由光放段损耗来决定光放段的长度，也确定了通过几个 OA 级联的再生段长度。

（3）专用系统计算工具计算

在上述两种均不能满足系统 OSNR 的情况下，要采用专用系统计算工具计算 OSNR 来确定。上述 3 种计算方法都应在工程实施前通过模拟仿真系统来验证。

2．工程系统设计时的其他注意事项

工程系统设计还应考虑的技术措施及注意事项如下。

① 拉曼放大器可以用于个别站段间距超长或衰耗过大、加站困难的特殊段落。

② 常规 FEC 或超强 FEC 的使用。

③ 工程初期的光放大器配置和局站设置，应按系统终期传输容量考虑，为系统升级扩容提供方便条件。

④ WDM 传输系统应能够适应一定程度的线路衰减变化，当线路衰减变化时自动调整光放大器的输出功率使得系统工作在最佳状态。

⑤ WDM 传输系统的波道分配和应用应根据设备技术特点和电信业务经营者的情况，遵循一定的规律。

⑥ 在光终端复用设备和光放大器上，主光通道应有用于不中断业务检测的接口（仪表可以接入），允许在不中断业务的情况下，对主光通道进行实时检测。

⑦ 在光终端复用设备和光放大器上，能获得每个光通路的光功率和光信噪比数据，并可将相应数据送到网管系统中，在网管系统中可以查看相应的物理量。

5.4　光纤光缆测试

随着光通信技术的飞速发展，光纤传输系统的容量也在迅速提高，目前在国内的一级、二级干线传输网及部分专网中大量采用以 10Gbit/s、40Gbit/s、100Gbit/s 为基础速率的密集波分复用（DWDM）系统。

对于光通信系统来说，传输介质影响单波长速率为 10Gbit/s 及以上的 DWDM 系统的参数主要有 3 个：衰减、色度色散和偏振模色散。因此，在组建 10Gbit/s 及以上速率的 DWDM 波分系统时，必须对光缆纤芯上述 3 个指标进行精确的测试。高速波分系统建设离不开光纤基础数据的测试，这对于整个光纤通信网络的规划和设计具有重要的意义。实际光纤测试方法有采用光纤光功率计和光接收器的双端测试方法，也有采用光时域分析仪（OTDR）的单端测试方法。虽然光纤光功率计和光接收器测试方法可以迅速地得知光纤的衰耗信息，但其测试时所记录的光纤信息较简单，所以实际波分系统设计时为更为全面地获得光缆纤芯的信息常采用 OTDR 作为光纤测试的主要工具。

5.4.1　光纤测试需求

针对实际 10Gbit/s、40Gbit/s 和 100Gbit/s 高速波分系统建设时对光纤测试指标的不同需求，结合实际商用产品的特点，表 5-3 总结了这 3 种高速率波分系统工程建设时对光纤衰耗要求、光纤残余色散要求、光纤偏振模色散要求和光纤非线性容忍的要求程度（其中 10Gbit/s 为直接接收系统，40Gbit/s 分为非相干和相干系统，100Gbit/s 为相干接收系统）。

表 5-3　　10Gbit/s、40Gbit/s 和 100Gbit/s 不同高速波分系统对光纤指标的不同需求

	10Gbit/s（非相干）	40Gbit/s（非相干）	40Gbit/s（相干）	100Gbit/s（相干）
光纤衰耗要求	高	高	高	较高
光纤残余色散要求（ps/nm）	（±）1200～1600	（±）400～800	（±）5000～8000	（±）29000～120000
光纤偏振模色散容限（ps）	约 10	2.5～6	约 18	20～90
光纤非线性容忍性	较高	较高	高	良好

由表 5-3 可知，40Gbit/s（非相干）高速率波分系统对光纤残余色散和光纤偏振模色散的要求很高，这符合实际 40Gbit/s（非相干）波分系统建设时采用色散补偿模块总体补偿后对每个信道再分别进行电域上的光纤色散补偿的特点。同时，40Gbit/s（非相干）波分系统也对光纤偏振模色散的要求很高，导致也必须在系统设计时考虑。然而，40Gbit/s（相干）、100Gbit/s（相干）由于在接收端采用了 DSP 算法技术使得光纤色散和偏振模色散可以得到较好的补偿，所以在相干波分系统建设时可以不考虑光纤色散和偏振模的影响。因此，在波分系统前期建设论证时，光缆的光纤测试指标显得尤为重要。

5.4.2 光纤测试内容

在实际工程中，需要对影响传输系统设计的光纤各项性能指标都进行精确的测试。由于现有大部分传输系统的工作波长都是 1550nm 窗口，故一般工程中光纤的测试选定光纤工作波长为1550nm 窗口，测试内容包括：

① 中继段光纤长度；

② 中继段光纤衰减；

③ 中继段光纤色度色散（CD）；

④ 中继段光纤偏振模色散（PMD）。

5.4.3 光纤测试方法

1．中继段光纤长度的测试

图 5-9 是光纤中继段长度及衰减的测试示意图。

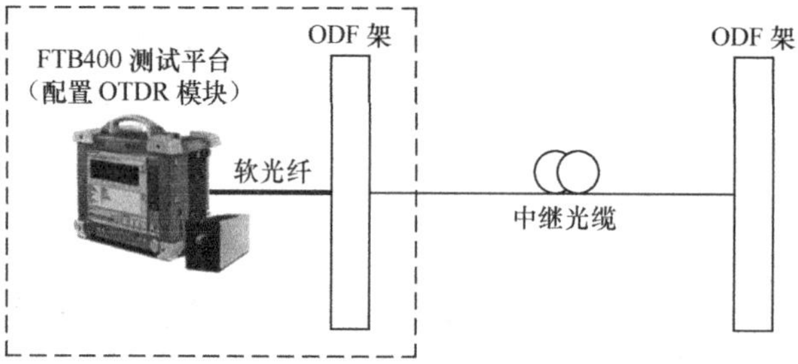

图 5-9 光纤中继段长度及衰减测试示意图

测试时，利用带有连接器（FC/PC）的光纤连接 OTDR 和光纤。

光纤折射率是影响中继段长度测试准确性的重要参数，测试时使用光纤厂家提供的数值。测试完成后从 OTDR 的事件列表（Event Table）中得到光纤的中继段长度，测试所使用的软光纤长度为 3～5m，此长度对测试的影响可忽略不计。

2．中继段衰减的测试

一般光纤衰减测试采用 OTDR 法，所测中继段衰减包含中间段 ODF 上连接器插入损耗；不包含仪表近端 ODF 上连接器的插入损耗。

OTDR 法测试光纤中继段衰减的测试示意图与光纤中继段长度的测试示意图相同。

测试完成后从 OTDR 的事件列表（Event Table）中可直接得到线路中光缆的衰减，此衰减包含中间段 ODF 上连接器插入损耗；不包含仪表近端 ODF 上连接器的插入损耗。

3．中继段色度色散的测试

光纤的色度色散简称色散（CD），是指光脉冲在光纤中传输过程中，不同频率（或波长）的光的传输速度（称为群速度）不同，而导致的时延，从而导致脉冲展宽的现象。

目前，进行 CD 测试的方法包括时延法及相移法。时延法测试的准确性依赖于脉冲的波形，由于短脉冲的展开和畸变，使之难于确定其确切的到达时刻，因此采用时延法测试 CD 相对来讲不够精确。而相移法是通过高度精确的相移得到时延，这种技术比脉冲时延测量方法要精确得多。本文中使用的 EXFO FTB400 综合测试平台及 EXFO FTB-5800B CD 测试模块采用相移法进行 CD 测试。

图 5-10 为光纤中继段色度色散的测试示意图，图中的发送端为 EXFO FLS-5834 高功率宽带光源（C、L、或 C+L 波带）；接收端为 EXFO FTB400 综合测试平台及 EXFO FTB-5800B CD 测试模块构成的测试系统。测试模块以及宽带光源与 ODF 之间用软光纤连接。

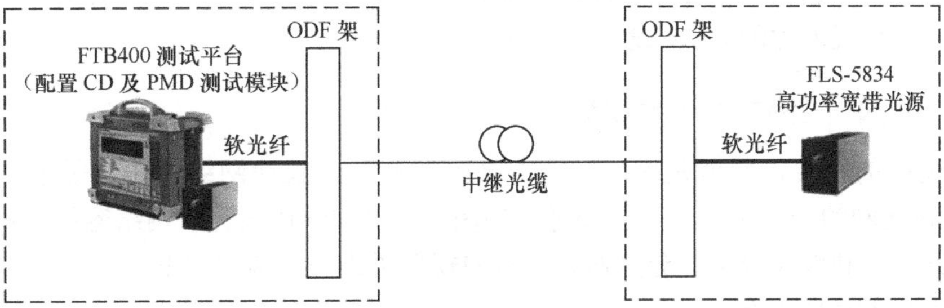

图 5-10　光纤中继段色度色散和偏振模色散测试示意图

测试中两端软光纤长度均为 3～5m，其 CD 值相当小，因此它对测试的影响可以忽略不计。

4．中继段偏振模色散的测试

在单模光纤中传输的光脉冲由两个相互正交的极化模构成，在理想状态下，这两个极化模的传输速度相同，但实际上它们的速度有细小的差别，这就是 PMD（Polarization Mode Dispersion）。速度的差异表现在传输时间上又称为差分群时延（Differential Group Delay），简称 DGD。

PMD 的存在会使光脉冲信号展宽，这与色散的特性有些类似，但 PMD 是一个随时间变化的统计变量；PMD 会使接收的眼图信号变窄，使系统的误码率（BER）变大，从而影响传输信号的质量。

目前，进行 PMD 测试的方法包括：固定分析法（Fixed Analyzer），测试方法可以使用一台光谱仪加宽谱光源；干涉法，其中包括传统的干涉法（TINTY）和扩展干涉法（GINTY）；斯托克斯（Stokes）参数分析法（SPE），包括琼斯矩阵法（JME）和邦加球法（PSA），上述几种方法在实际工程中都应用，经过大量的试验证明，特别是架空光缆，采用扩展干涉法进行光纤测试，测试数据重复性较好。本书中使用的 EXFO FTB400 综合测试平台及 EXFO FTB-5500B PMD 测试模块采用扩展干涉法进行 PMD 测试。

图 5-10 为光纤中继段偏振模色散的测试示意图，图中的发送端为 EXFO FLS-5834 高功率宽带光源（C、L、或 C+L 波带）；接收端为 EXFO FTB400 综合测试平台及 EXFO FTB-5500B PMD 测试模块构成的测试系统。测试模块以及宽带光源与 ODF 之间用软光纤连接。

测试中两端软光纤长度均为 3～5m，其 DGD 值相当小，因此它对测试的影响可以忽略不计。

5.5　n×100Gbit/s WDM/OTN 干线传输系统规划与设计

当前通信网业务的主体已经由传统的 TDM 业务转为 IP 业务，为了更好地承载 IP 数据业务，光传送技术一直在发展各种 IP 承载技术，如 PTN、IP RAN 等。而在干线传输网层面传统的 DWDM 在组网能力和波长业务调度方面均比较固定，灵活性远不能真正高效地承载 IP 业务，OTN 技术则可以较好地解决大颗粒 IP 业务的灵活承载问题。

OTN 系统可以说是 DWDM 的发展与面向全光网技术的过渡技术，在产品形态上 OTN 以 DWDM 为基础平台，增加了 OTH 交换模块和 G.709 接口。在工程应用中，早期的 OTN 设备主要应用于本地网、城域网。近一年来，随着 OTN 设备在电交叉能力上的提升，在干线中也开始使用具备电交叉能力的 OTN 设备。

5.5.1 OTN 干线传送网的规划

干线传输网的主要作用就是完成各业务节点的业务在长途网络中传送需求，为了实现 OTN 在干线传输网的合理规划，主要要考虑的因素包括中继段设计、网络容量选择、设备选用、保护方式选择和波长分配，分别对各因素的规划思路简要阐述如下。

1．OTN 中继段的设计

OTN 是源于 DWDM 的技术体制，在光域上 OTN 与 DWDM 基本没有什么差异，所以 OTN 在中继段的设计上完全可以照搬 DWDM 成熟的经验，重点需要考虑的是线路的衰减、色散，系统的非线性效应、OSNR 预算以及不同波长速率的系统容限等，同时也要结合实际的线路条件和各节点的机房条件。当然，由于 OTH 电交叉单元的加入，OTN 中大量的业务在 OTN 节点上完成了天然的电再生过程，所以 OTN 干线的中继段设计比往往比传统的 DWDM 更简单。

2．网络容量选择

网络容量一方面要确定波长数，另一方面要确定单波长的速率。用一句话来概括，“网络容量的选择，要结合现有业务的速率，网络中最大复用段的波长数量，以及面向未来的可扩展能力进行多方面考虑”。

3．节点 OTN 设备带宽需求

采用大容量 OTN 技术构建海量带宽资源池，可以很好地满足海量增长的业务需求。OTN 海量带宽资源池涉及支线路分离的系统架构、T 比特 OTN、单波 100G、光电集成 PID、WSON 等多种技术。简言之，其通过支线路分离的架构，实现了业务和波长的解耦，解决了网络规划难的问题；通过 T 比特的大容量电层调度和 WSON，实现了快速响应和端到端的安全可靠；通过单波 100G 技术，实现了超大容量和低比特成本；通过引入丰富的开销和提供完善的保护，减轻了维护的压力。

4．保护方式选择

OTN 的保护方式非常丰富，在工程应用中，最主要采用的保护方式有基于业务层的保护，基于光层的 OCh（1+1）、OMSP 和 OLP（1∶1、1+1）保护，以及基于电层 ODU*k* SNC（1+1）和 ODU*k* SPRing 保护。不同的保护方式特点不同，我们在选择 OTN 的保护方式时，一定要分析业务对于保护的需求是什么。一般的规律是：SDH 业务（如 10G、2.5G 环网业务）采用基于业务层的保护，集中式专线业务（如 GE、10GE、2.5G 专线业务）采用电层 ODU*k* SNC（1+1）保护，分布式专线业务采用电层 ODU*k* SPRing 保护。当然，考虑到电交叉单元容量的问题，也可以适当的选用光层的 OCh 和 OMSP 保护。

5．波长规划思路

OTN 的波长规划思路与 DWDM 相类似，但有所不同，总之，OTN 波长规划综合了 DWDM

波长规划和 SDH 时隙规划两者的特点。笔者通过多个工程设计的实践，总结了一套较为容易掌握的规划思路：

OTN 波长规划可以从速率的级别、保护方式和是否跨环业务 3 个维度来逐级规划各类业务在 OTN 的分布。基本的规律如下：

速率的级别：按由高到低的顺序，即既有 100G 又有 40G 或者 10G 波道的时候，则先规划 100G 业务波道；

保护方式：按业务层保护、复用段环保护（如 ODU*k* SPRing）和子网连接保护（如 ODU*k* SNC（1+1））顺序；

是否跨环业务：按先环内业务再跨环业务顺序进行规划。

通过以上思路进行的波道规划不论是在设计环节还是在工程应用环节均较为清晰，不易出现波长混乱的问题。同时由于一个工程往往是分多期建设，在实际工程设计中可以考虑给不同的业务类型按波长编号先进行预留式规划，比如省干应用时，如 1～10 号波长规划为 10G SDH 业务，11～15 号波长规划为 10GE 业务，16～20 号波长规划为 2.5G 波长租用业务，其余波道规划为 GE 业务。

6．ROADM 应用

干线容量较大，节点方向较多，目前运营商绝大多数采用传统 WDM 和 OTN。局站设置和管理维护等不宜做较大调整，目前使用 ROADM 存在规划困难、设计复杂的问题，而且当前容量也不能满足需求，建议在小范围或者规模较小的省内干线使用。以电交叉为基础的 OTN 有较大优势，运营商在新建 WDM 时可以采用完全兼容传统 WDM 的 OTN 设备，通过白光口解决不同厂家之间和与现有 WDM 系统的互联互通问题。

5.5.2　*n*×100Gbit/s WDM/OTN 干线传输系统工程设计

5.5.2.1　系统设计方法

从第 4 章 100G OTN 关键技术分析来看，PM-QPSK 调制技术、相干接收技术与软、硬判决技术的结合，能够将系统背靠背 OSNR 容限降低至与 10G、40G 系统相当的程度；同时，采用基于电域的 DSP 方法，可在 100G 系统上实现高达 40 000～60 000ps/nm 的色散容限，以及 25～30ps 的 PMD 容限，色散（CD/PMD）效应也不再成为限制系统传输距离的因素。

因此，从某种程度上讲，100G WDM 系统是一个衰耗受限系统，如何在系统设计中妥善解决光纤及设备器件衰耗并尽可能降低由此引入的系统代价，从而提高系统 OSNR 及 Q 值余量，将成为工程设计的关键。

1．光放段衰减取定

通常情况下，系统中的衰减包含光纤衰减、光纤熔接衰减、光纤富余度及 ODF 连接器衰减等。其中每光放段光缆衰减富余度按 3～5dB 计取。除此之外，在系统设计时还应考虑 OLP 及 OMSP 应用引入的插损及设备侧连接器引入的插损。

2．系统设计指标要求

100G WDM 系统设计时，限制系统传输距离主要有 3 个因素：系统 MPI-R_m 点的通道最小 OSNR、系统 PMD 和系统残余色散。MPI-R_m 点的系统通道最小 OSNR 值需要根据单通道波长进入光纤的光功率值大小来预算。100G WDM 系统由于采用的是相干检测的 PM-QPSK

调制码型，从前文可以看出，系统的PMD容限和系统残余色散容限很大，基本不会限制目前100G WDM系统的传输距离。因此，对于100G系统来说，限制系统传输距离的主要因素就只有线路衰减了。

为解决系统衰耗受限，常用的方法有增加发射机光功率、提高接收机灵敏度、改善光放大器性能等，但受器件水平及非线性代价影响，应结合光复用段局（站）设置、光纤衰耗情况，采用不同判决方式的OTU板卡，结合《N×100G光波分复用（WDM）系统技术要求》，系统设计指标要求如下。

（1）系统OSNR。小于等于12跨段时，如采用硬判决，则最小OSNR值大于18.5dB；如采用软判决，则最小OSNR值大于16.5dB。大于12跨段时，如采用硬判决，则最小OSNR值大于19dB；如采用软判决，则最小OSNR值大于17dB。

（2）纠错前误码率。如采用硬判决，光通道最大纠前误码率小于7×10^{-5}；如采用软判决，光通道最大纠前误码率小于10^{-3}。

（3）入纤光功率。为避免入纤光功率过大而产生的非线性代价，对于G.652光纤要求系统单波入纤功率小于或等于+1dBm，对于G.655光纤要求系统单波入纤功率小于或等于0dBm。

（4）放大器噪声系数。为提高系统OSNR值，要求光放板噪声系统NF小于5.5dB。

3．保护方式的确定

常用的光层面保护分为基于光放段的光线路保护（OLP）和基于光复用段的保护（OMSP）两种，都要求提供不同路由的光纤对WDM的线路进行保护。虽然色散对于100G WDM系统已不再是受限因素，但由于OLP系统在同一光放段的主、备用路由上共用光放板卡，对主备用光缆的衰耗差仍有一定限制。而光复用段（OMSP）保护是在2条线路上建设2套系统平台，引入的信号衰减可根据需要灵活配置光放板卡，系统实现相对比较简单。

因此，在主、备用光缆衰耗差不大的情况下，可灵活选择OLP或OMSP；否则，为降低系统实现难度，建议使用OMSP保护。

5.5.2.2 中国电信100Gbit/s试验网设计方案及特点

1．实验目的及内容

2012年年底至2013年年初，中国电信进行了100G WDM高速传输系统现网试验，主要目的是分析现网部署100G WDM系统的可行性，验证设备和系统成熟度，掌握新技术/新设备/新方案在现网环境下的真实性能，评估其稳定性。同时积累工程建设和运行维护经验，完善企业标准。具体包括：

（1）100G WDM传输系统关键技术验证。主要包括PM-QPSK编码调制技术、DSP及相干接收技术及其对系统色散容忍改善效果、FEC判决增益效果客户侧接口在100G WDM系统中的应用验证，以及系统指标测量及维护手段在100G WDM系统中的应用验证。

（2）100G WDM设备和系统成熟度验证。验证100G WDM设备组成中合波器、分波器、放大器、波长转换器相关的技术指标，验证100G WDM传输系统相关网络性能指标，评估100G WDM传输系统成熟度。

（3）超长跨段技术验证。适当引入超长跨段，验证100G WDM系统超长跨段能力。

（4）OMSP保护技术验证。在光缆资源丰富段落设置OMSP保护，验证100G WDM系统的光复用段保护技术及倒换时间。

（5）互联互通验证。验证多厂商之间 100G WDM 设备通过 OTU 的互联互通能力；验证 100G WDM 设备和目前主流厂商路由器 100G 端口的互联互通能力。

2．实验段落选定

目前，中国电信对 100G 中继链路的需求主要出现在南方 IP 业务量较大的省（市），为保证试验成果的落地，本次试验选择在网络业务需求迫切、技术能力较强的省（市）进行。因此，本次试验选择在湖北、安徽、江苏、浙江和上海等省（市）节点建设 2 套 80×100G WDM 系统：武汉、合肥、南京、杭州 100G DWDM 系统（系统 1），上海、无锡、南京、杭州、上海 100G DWDM 系统（系统 2），作为本项目的试验段落。

3．系统设计要求及特点

（1）光纤型号选取

上述段落均有多条光缆可供选用。从理论角度分析，100G WDM 系统中 G.655 光纤的非线性效应更为明显，在同等网络配置情况下，如 G.655 光纤能够满足系统开通要求，则 G.652 光纤更无问题。考虑到现网光缆的实际情况，本次试验系统 1 全程采用 G.652 光缆，系统 2 全程采用 G.655 光缆，以同时验证两种类型光缆的传输性能。各光放段衰减按设计规范取定。

（2）网络结构

为验证 100G WDM 系统超长跨段能力，同时满足 ROADM 调度测试需求和试验期间的波道链接改变需求，本次试验两个试验系统主要业务节点均配置为 ROADM 站点。系统 1 设置 5 个 OTM/ROADM 站、18 个 OA 站，全长约 1290km；系统 2 设置 5 个 OTM/ROADM 站、13 个 OA 站，全长约 1065km。

为验证 100G WDM 系统中光复用段保护技术（OMSP）的倒换功能及性能（倒换时间），系统 1 在南京—宜兴间设置 OMSP 保护，主用路由使用 G.652 光纤，备用路由使用 G.655 光纤。

（3）系统设计要求

为适应未来网络技术发展要求，本次试验工程要求全部采用 OTN 平台设备，支持 OTN 电交叉连接设备的配置，OTN 电交叉连接设备的功能和性能应符合《OTN 系统技术规范》中的相关要求。

为满足在设备寿命期内对所有波道进行功率均衡和优化的需要，本次工程要求所有 OTM 站、OADM 站配置动态光功率均衡板卡（如 VMUX 等）；如复用段超过 8 个跨段（不含 8 跨），除在 OTM 站和 OADM 站配置 VMUX 外，还必须在光复用段的中间一个光放站点配置 WSS 进行波道功率均衡，以提高系统性能。本工程不建议使用拉曼放大器，不建议采用大功率放大器，尤其不应为优化光放站设置而采用大功率放大器。

（4）设备配置

本次试验工程要求所配置 ROADM 设备具备支持 80 波上下能力，同时提供 5 波以上波长无关上下波能力，方向无关/竞争无关特征可选。同时支持波长在 C 波段 80 波范围内可调。为了验证 100G WDM 超长距离传输性能，本试验项目需要 80 波满配，至少 20 波为 100G 波道，其余为填充波道，同时为了减少混传代价，填充波道要求采用 40Gbit/s DQPSK 码型。20 个 100G 波道中 15 个波长仅用于 ULH 传输性能试验，另 5 个波道用于其他各项测试内容。对于 100G 波道，为了进行多种类型 100G 板卡的应用试验，支线路合一/支线路分离、OTU/TMUX、10×10G TMUX、2×40G TMUX 等各种类型板卡按等比例配置。

（5）客户侧接口

目前，IEEE、ITU-T 等标准化组织及产业联盟定义的 100G 接口类型见表 5-4。

表 5-4　　100G 接口类型表

定义组织	接口类型	特征
IEEE	100G Base-CR10	10 根同轴电缆×10.3125Gbit/s，传输距离 7m
	100G Base-SR10	10 根多模光纤×10.3125Gbit/s，工作光波长为 850nm，传输距离 100m
	100G Base-LR4	4 波长×25.78125Gbit/s，1310nm 波长窗口、间隔 20nm 的 4 波长以 WDM 方式复用在一个光端口内，传输距离为 10km
	100G Base-ER4	4 波长×25.78125Gbit/s，1310nm 波长窗口、间隔 20nm 的 4 波长以 WDM 方式复用在一个光端口内，传输距离为 30km、40km
ITU-T	OTU4	定义了 OTU4 帧格式，同时还定义了多种低速信号到 OTU4 的映射复用以及 100GE 到 OTU4 的映射；低阶 ODU 到 ODU4 的跨级映射，使小颗粒业务到 100G 的复用成为可能，能够充分利用带宽
MSA	10×10GE	10 波长×10.3125Gbit/s，1550nm 波长窗口、间隔 8nm 的 10 波长以 WDM 方式复用在一个光端口内，传输距离为 2km、10km、40km

为满足后期业务开通及设备维护要求，本试验工程对网络接口要求如下。

① 100G WDM 设备与路由器设备间采用 100G Base-LR4 型光接口对接。

② 不同系统的 100G WDM 设备间采用 100G OTU4 型光接口转接。

另外，本次现网试验在测试过程中采用了集团 NOC 集中配置网管进行测试的方案，验证了集约化网管系统对新技术的管理能力。总而言之，本次现网试验良好的示范效果加强了中国电信的业界领导力，同时实现了以应用和维护为中心，试验成果具备确实可行的落地性能力。

第 6 章 OTN 传输性能

6.1 OTN 假设参考光通道

参考模型使用操作域的观点，而非国内和国际部分。定义的域类型有 3 种——本地运营商域（LOD）、区域运营商域（ROD）和骨干运营商域（BOD）。域之间的边界称为运营商网关（OG）。为与 ITU-T G.826 和 ITU-T G.828 相一致，LOD 和 ROD 关联于国内部分，而 BOD 关联于国际部分。为继续与 ITU-T G.826 和 ITU-T G.828 保持一致，总共 8 个运营商域将使用 4 个 BOD（每个中继国一个）和 2 个 LOD-ROD 对。因此，假设参考光通道（HROP）在本地运营商产生和终结；HROP 经过了区域运营商和骨干运营商。

假定参考光通道为 27 500km 长的通道，跨越共 8 个域，如图 6-1 所示。

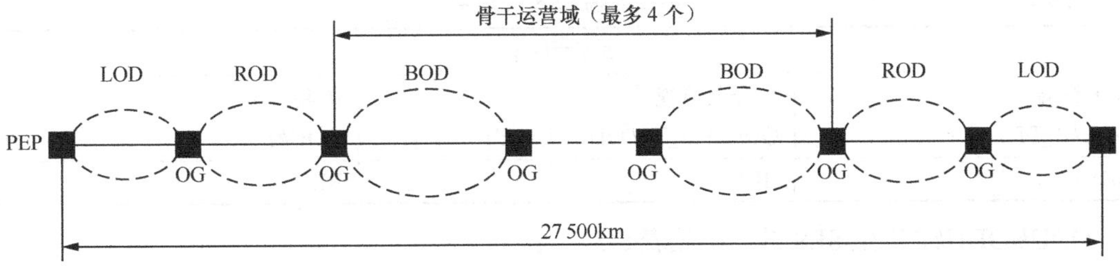

图 6-1 假定参考光通道

6.2 误码性能

6.2.1 误码性能评估参数

OTN 采用基于块误码方式进行在线业务性能测量；ODU*k* 通道误码性能评估基于可用时间内发生的事件数。主要参数有误块（EB）、严重误块秒（SES）、背景误块（BBE）、严重误码秒比（SESR）（可选）、背景块误码比（BBER）等。

导致近端或远端 SES 的缺陷见表 6-1 和表 6-2。

表 6-1 导致近端 SES 的缺陷

近端缺陷		
通道终端 ODU*k*P_TT	非介入监视 ODU*k*Pm_TT/ ODU*k*Tm_TT	串联连接 ODU*k*T_TT
OCI①	—	OCI②
AIS	—	AIS

续表

近端缺陷		
通道终端 ODU*k*P_TT	非介入监视 ODU*k*Pm_TT/ ODU*k*Tm_TT	串联连接 ODU*k*T_TT
—	—	IAE
LCK	—	LCK
—	—	LTC
PLM	—	—
TIM	—	TIM

① 上面缺陷仅仅是通道缺陷，段缺陷会引起通道层的 AIS 缺陷，如 OCh LOS、OTU*k* LOF、OTU*k* AIS、OTU*k* TIM 以及 OTM LOS 等。

② 通道没有完全建立将包含 ODU*k*-OCI 信号（如通道建立期间）。

注：1．以上近端缺陷引起近端 SES 时，远端性能事件计数不会增加，即认为无误码运行。当大于 15%的误码块导致的近端 SES，远端性能将继续评估；近端缺陷引起的 SES 不允许远端可靠性评估。特别需要注意，当缺陷引起的近端 SES 与远端 SES 一致时，远端事件的评估将不准确，如 SES 或不可用。该问题不可避免，由于现象出现的概率小，实际情况中可以忽略。

2．关于每个路径终端宿功能的缺陷引起的性能监控描述参考 ITU-T G.798。

表 6-2　　导致远端 SES 的缺陷

远端缺陷		
通道终端 ODU*k*P_TT	非介入监视 ODU*k*Pm_TT/ ODU*k*Tm_TT	串联连接 ODU*k*T_TT
BDI	BDI	BDI

ODU*k*/ODU*k*T 产生 SES 的门限见表 6-3。

表 6-3　　严重误块秒门限

比特率（kbit/s）	通道类型	SES 门限（1s 内的误块数）
1 244 160	ODU0	FFS
2 498 775	ODU1	3064
10 037 273	ODU2	12 304
40 319 218	ODU3	49 424
104 794 445	ODU4	FFS

6.2.2　端到端误码性能目标

表 6-4 规定了 27 500km HROP 的端到端误码性能目标数值。SESR 和 BBER 假设使用了标准的 ITU-T G.709/Y.1331 FEC。适用于真实通道的实际目标值根据表 6-4 导出，使用后面详细描述的分配原则。通道的各个方向应独立满足所有参数的分配目标。换句话说，如果在给定评估周期结束时，通道任一方向的任一参数超过分配的目标，则该通道未能满足要求。本要求应理解为需满足的长期目标值，典型的测试评估周期是 30 天（1 个月）。

表 6-4　　27500km 国际 ODUk HROP 端到端误码性能目标

名义比特率（kbit/s）	通道类型	块/秒	SESR	BBER
1 244 160	ODU0	FFS	FFS	FFS
239/238×2 488 320	ODU1	20 421	0.002	4×10^{-5}
239/237×9 953 280	ODU2	82 026	0.002	10^{-5}
239/236×39 813 120	ODU3	329 492	0.002	2.5×10^{-6}
239/227×99 532 800	ODU4	FFS	FFS	FFS

注：1．ODUk（k=0，1，2，3，4）的块大小与 ODUk 帧大小相等，为 4×3824×8 = 122 368bit。

2．EDC 采用 1×BIP-8 码，OPUk 净荷（4×3 808×8bit）加上 OPUk 开销（4×2×8bit），总共 4×3 810×8 = 121 920bit。

3．这些值为四舍五入值。

6.2.3　端到端性能目标分配

对于 3 种类型的运营商域，使用下述块分配：

① 对于骨干运营商域，块分配为 5%；

② 对于区域运营商域，块分配为 5%；

③ 对于本地运营商域，块分配为 7.5%。

此外，还对各个运营商域给出了额外的基于距离的分配。此距离基础的分配基于空中路由距离和路由因子的乘积，为每 100km 0.2%。此基于距离的分配添加到块分配上，以得出运营商域的总分配。

对于各个运营商域，路由因子的规定如下：

① 如果 2 个 OG 之间的空中路由距离<1000km，则路由因子为 1.5；

② 如果 2 个 OG 之间的空中路由距离≥1000km 且<1200km，则被计算的路由长度取值为 1 500km；

③ 如果 2 个 OG 之间的空中路由距离≥1200km，则路由因子为 1.25。

注：单个运营商可能跨越多个域，例如一个 LOD、一个 ROD 和一个 BOD。在这种情况下，运营商的分配为各种域的分配之和。

6.2.4　误码维护性能可用性目标

ODUk HROP 端到端维护性能目标为 ITU-T G.8201 规定的 SESR、BBER 值的 50%，见表 6-5。

表 6-5　　ODUk HROP 维护性能目标

通道类型	比特率	块/秒	SESR	BBER
ODU0	1.24Gbit/s	FFS	FFS	FFS
ODU1	2.5Gbit/s	20 420	10^{-3}	2×10^{-5}
ODU2	10Gbit/s	82 025	10^{-3}	5×10^{-6}
ODU3	40Gbit/s	329 492	10^{-3}	1.25×10^{-6}
ODU4	105Gbit/s	FFS	FFS	FFS

对于BOD/ROD/LOD 3种运营商，误码性能目标分配原则与ITU-T G.8201相同，但对于运营商之间的两个OG之间的区域（IOD），则按照ITU-T M.2401规定固定分配0.1%的配额，不再额外按距离再分配。另外，OTU*k*段的性能目标无规定。

6.3 以太网性能

以太网相关性能指标应满足表6-6中的要求。

表6-6　以太网性能指标

性能参数	指标要求	备注
过载分组丢失率	0.01%	暂定
长期分组丢失率	0	测试24小时
突发间隔	最小帧间隔	
转发速率	用户端口速率和SDH链路速率之间的较小者	
时延	≤100μm	64Bytes长数据帧
LCAS	恢复时间待定	LCAS动态调节链路带宽（虚级联容量）业务应无损伤，即无分组丢失；被动LCAS虚级联保护和恢复有少量分组丢失
WLAN	单节点不小于256个VLAN	支持802.1Q VLAN标签，要求支持双层VLAN标签
差分时延	指标待定	
地址缓存能力	≥4096个	单模块
MAC地址学习速度	≥1000个/秒	

6.4 光信噪比要求

光信噪比（OSNR，Optical Signal Noise Ratio）是指光在链路传输过程中光信号与光噪声的功率强度之比。当光信号OSNR大于某一阈值时，接收机才能有效地将承载信息的光符号从光强度噪声中但对于包含相位调制的光符号，足够的OSNR仅是光符号能够被接收并检测的必要条件。除了OSNR以外，采用相位调制的光传输必须考虑非线性噪声的影响。

另外，在DWDM系统中通过引入EDFA可以解决光功率受限的问题，但是EDFA在放大光信号的同时也放大了系统中的噪声，加之EDFA本身存在较大的自发辐射噪声（ASE，Amplified Spontaneous Emission），因此沿着光纤传输路径，系统的OSNR指标是逐步劣化的。对于不同的网络，OSNR的要求不同，我国的国家通信行业标准YD/T 5092-2010中规定各种情况下的OSNR标准。在DWDM工程设计时，应以我国通信行业标准规定的指标作为衡量DWDM系统OSNR的标准，当然必要时也可以要求得更为严格一些。具体来说，DWDM系统工程各光放段及复用段在测试带宽为0.1nm时，各光通路在MPI-RM点的光信噪比，应符合表6-7至表6-10的要求。

表 6-7　　32/40×10Gbit/s WDM 系统光通道信噪比指标

跨段损耗	8×22dB	6×22dB	3×33dB	3×27dB
光通路信噪比（dB）	22	25	20	25

注：8×22dB、3×33dB 参数仅适用于采用常规带外 FEC 的 WDM 系统。

表 6-8　　80×10Gbit/s WDM 系统光通道信噪比指标

跨段损耗	N×22dB	M×30dB
光通路信噪比（dB）	20（18）	20（18）

注：该数值是采用带外 FEC 的 WDM：括号内数值为采用超强带外 FEC 的 WDM 系统。

表 6-9　　40/80×40Gbit/s WDM 系统光通道信噪比指标

跨段损耗	N×W（dB）	8×22	16×22		8×22	12×22			16×22
通路数	个	40			80				
调制格式	——	ODB/PSBT	RZ-AMI	NRZ-DPSK	ODB/PSBT	P-DPSK1	RZ-DQPSK	P-DPSK	DP-QPSK
光通路信噪比[1、2]	dB	21	19.5	18.5	21	19	18.5	19	15.5

注：1. 大于 12×22dB 跨段的 MPI-RM 点每通路最小光信噪比为接收机光信噪比容限（EOL）加上 5dB OSNR 系统代价和余量；跨段数小于或等于 12×22dB 跨段则加上 4.5dB OSNR 系统代价和余量。

2. 实际工程中如果部分波长通道不满足 MPI-R_M 点每通路最小光信噪比要求，可采用接收机光信噪比容限（EOL）（即实际测试的 BTB OSNR BOL 值加上 0.5dB）加上 4.5dB 或者 5dB OSNR 系统代价和余量进行系统设计。

表 6-10　　80×100Gbit/s WDM 系统光通道信噪比指标（无 DCM）

应用代码	——	M80.100G50-18A-0-652（C）	M80.100G50-14A-0-652（C）	M80.100G50-16A-0-655（C）	M80.100G50-10A-0-655（C）
跨段损耗	N×W（dB）	18×22	14×22	16×22	10×22
通路数	个	80			
调制格式	——	偏振复用（差分）正交相移键控			
光通路信噪比[注]	dB	18	19.5	18	19

注：小于或等于 12×22dB 的系统 OSNR 裕量指标为 4.5dB，大于 12×22dB 的系统 OSNR 裕量指标为 5dB。

6.5　抖动性能

众所周知，在电层网络，如 PDH 和 SDH 网络中，定时性能中的抖动与漂移是十分重要的网络性能。在 OTN 中，由于各种设备，如 3R 再生器——即具有整形（Reshaping）、再定时（Retiming）和再生（Regenerating）3 种功能的再生器、客户信号映射/去映射设备以及解同步设备等抖动和漂移的产生和抖动转移特性的影响，在传输通道形成抖动和漂移的积累。过大的抖动和漂移将会严重影响数字信号（如出现误码、帧失位及其他问题）和模拟基带信号（如不希望的相位调制）的传输质量。这些损伤引起的最终问题与设备及所承载的业务有关。因此必须将抖动和漂移的最大幅度，在网络接口对最小抖动和漂移容限进行限制，以保证所传输信号的质量，并为设备的设计提供依据。而所说的网络限值与网络所承载的业务无关。为此，ITU-T 开发、并于 2001 年 10 月通过了有关 OTN 抖动性能的新建议 G.8251《光传送网（OTN）内抖动与漂移的控制》，它是光传送网性能指标的第一个建议。它规范了在 OTN 的任何网络节点接口（NNI，Network Node Interface）都不得超过的抖动和漂移的最大网络限值，以及在基于 OTN 的相关设备接口的最小抖动和漂移容限及最大抖动产生要求，满足上述要求的不同供应商提供的设备才能实现互操作并保证网络性能。

ITU-T 又在 2002 年 4 月日内瓦会议上又对 G.8251 做了比较大的修改，其中重要的变动有两点；一是考虑到 G.8251 所定义和面对的是 OTN 的网络环境，而 G.8251 中的 SDH 的痕迹太重，因此将其中所有有关 STM-*n* 的提法都以 CBR*X*（恒定比特率）代替，以更好地体现 OTN 承载客户的广泛性。二是在 G.709 建议中增加了 ODU*k* 复用功能的情况下，G.8251 也增加了对 ODU*k* 复用的抖动描述，采用 ODU*k* 复用+2/+1/0/−1 调整与目前时钟的定义和缓存器的大小仍相兼容，因此目前定义的 G.8251 抖动指标依然适用于 ODU*k* 复用的网络环境中。随着 40Gbit/s 业务应用发展的驱动，基于 OTU3 接口 OTTN 抖动指标于 2008 年 5 月最终确定。另外，40GE 和 100GE 也逐渐成为 OTN 的主要客户业务，基于传送 40GE 和 100GE 的 OTL3.4 和 OTL4.4 接口的抖动要求在 2010 年 6 月的 SG15 全会上同意进行相关参数的研究，目前正在进一步研究当中。O.173 是测试 OTN 抖动的设备（仪表）功能要求，在 2007 年版本中基本稳定，在 2010 年 6 月的全会上通过了 O.173 的增补 1 文件（主要针对 G.8251 的新版本内容修订）。

6.5.1 抖动对数字通信的影响

抖动是指数字信号的各有效瞬间相对于其理想参考时间位置短时间的、非积累性的偏离，可形象地理解为码元出现的时刻随时间频繁地变化，如同码元在时间域上发抖一样。定时抖动使再生倍号产生一个位置调制，它不但使再生判决瞬间信噪比恶化，而且还反映到再生后的信号中，传到下一个中继器，抖动沿中继链往下积累，从而限制了通信距离。

定时抖动对网络的性能损伤表现在以下几个方面。

① 对数字编码的模拟信号，在解码后数字流的随机相位抖动使恢复后的样值具有不规则的相位，从而造成输出模拟信号的失真，形成所谓的抖动噪声。

② 在再生器中，定时的不规则性使有效判决点偏离接收眼图的中心，从而降低了再生器的信噪比余度，直至发生误码。

③ 在光同步数字传送网中，像同步复用器等配有缓存器的网元，过大的输入抖动会造成缓存器的溢出或取空，从而产生滑动损伤（注：抖动的幅度一般都比较小，不至于出现缓存器的溢出或取空，但可能会使读、写时刻不正确而造成缓存内容的读出错误。

抖动对各类业务的影响不同。数字编码的语音信号能够耐受很大的抖动，允许均方根抖动达 1.4μs。然而，由于人眼对相位变化的敏感性，数字编码的彩色电视的抖动的容忍性就差得多，例如 PAL 制彩色电视信号所允许的峰—峰抖动值大约仅为 5ns。这 5ns 的峰—峰值抖动对于 155.520Mbit/s 的传输速率来说，相当于 0.78 UI 的峰—峰值抖动，指针调整抖动会导致彩色副载波相位的快速变化，严重时会引起明显色彩变化，甚至丢失同步。为对付这类相位变化，不仅需要仔细的网同步设计，而且需要 SDH 设备和图像编码器都具有对付指针调整的能力。此外，用户小交换机也对指针调整抖动十分敏感，特别是用

2Mbit/s 净负荷作定时参考时，指针调整抖动会使本地时钟失去同步，因此应尽量避免用 SDH 上携带的净负荷作定时参考。

6.5.2　OTN 接口输出抖动和漂移

OTU*k* 接口按照 G.798 的规定，在 OCh/OTU*k* 适配功能以下，例如位于 3R 中继器（宿端）的输入或 3R 中继器（源端）的输出。OTU*k* 接口的最大容许抖动见表 6-11。表中所要求的指标是用该表中所规定的相应带宽的测试滤波器经 60s 以上的时间测试都不许超过的限值。而且该限值在任何工作条件下以及在所测接口前面的设备数无论有多少，均必须满足。

表 6-11　OTU*k* 接口允许的最大输出抖动

接口类型	测量带宽		峰—峰抖动值（*U*Ipp）
	低通（kHz）	高通（MHz）	
OTU1	5	20	1.5
	1000	20	0.15
OTU2	20	80	1.5
	4000	80	0.15
OTU3	20	320	6
	16000	320	0.18
OTU4	FFS	FFS	FFS
	FFS	FFS	FFS

实际上，最大允许抖动限值与下面将给出的最小允许输入抖动容限有非常密切的关系。首先，最大允许抖动限值与所有设备输入端口的最小允许输入抖动容限是一致的。其次，测量最大允许抖动限值所用的滤波器的截止频率与最小允许输入抖动容限模板的拐角点频率也是一致的。也就是说，输入口必须能承受上游输出给它的、在相应频点的、在限值范围内的最大抖动。

OTU*k* 网络接口不是同步接口，ODU*k* 时钟不是造成漂移的主要因素，因此不需要定义漂移指标。

6.5.3　OTN 接口抖动和漂移容限

OTU*k* 接口的抖动容限指出了在不引起任何告警、不引起时钟恢复锁相环的任何滑动和失锁及当光通道有等效 1dB 代价、不引起任何过量误码的前提下，输入端口应可承受的相位噪声的最小值。

1．OTUl 的抖动容限

图 6-2 给出了 OTU1 接口的输入正弦抖动容限的模板，相应的拐角点频率及对应的限值数在表 6-12 中给出。频率大于或等于 5kHz 的锁相环能容忍图 6-2 中斜率为–20dB/10 倍频程、介于 500Hz 与 5kHz 之间的抖动和漂移，它也可以容忍从该斜率区延伸到较低频率的抖动和漂移，因为这样的抖动和漂移在锁相环带宽之内。OTU1 接口必须容忍这样的抖动和漂移，但对于低于 500Hz 的频率没有测量抖动容限的必要。

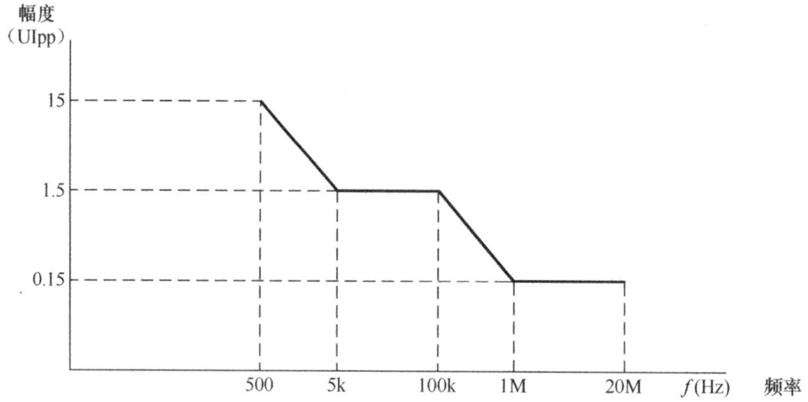

图 6-2　OTU1 输入正弦抖动容限

表 6-12　**OTU1 输入正弦抖动容限**

频率 f（Hz）	峰—峰抖动值（UIpp）
500<f≤5k	$7500 f^{-1}$
5k<f≤100k	1.5
100k<f≤1M	$1.5\times10^5 f^{-1}$
1M<f≤20M	0.15

2．OTU2 的抖动和漂移容限

表 6-13　**OTU2 输入正弦抖动容限**

频率 f（Hz）	峰—峰抖动值（UIpp）
2k<f≤20k	$3.0\times10^4 f^{-1}$
20k<f≤400k	1.5
400k<f≤4M	$6.0\times10^5 f^{-1}$
4M<f≤80M	0.15

图 6-3 给出了 OTU2 接口的输入正弦抖动容限的模板，相应的拐角点频率及对应的限值数分别在表 6-13 中给出。

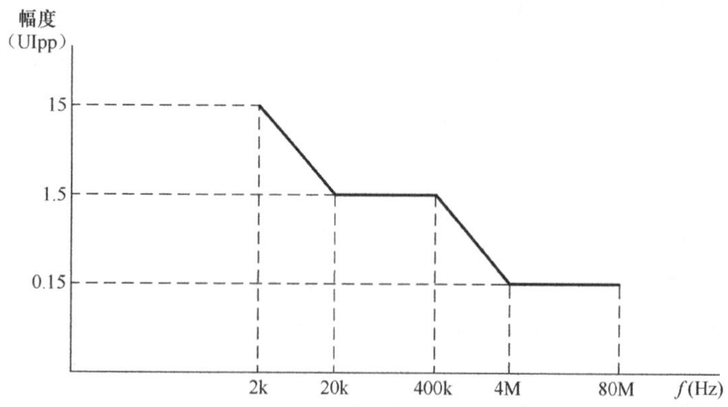

图 6-3　OTU2 输入正弦抖动容限

频率大于或等于 20kHz 的锁相环能容忍图 6-3 中斜率为–20dB/10 倍频程，介于 2kHz 与 20kHz 之间的抖动和漂移，它也可以容忍从该斜率区延伸到较低频率的抖动和漂移，因为这样的抖动和漂移在锁相环带宽之内。OTU2 接口必须容忍这样的抖动和漂移，但对于低于 2kHz 的频率，没有测量抖动容限的必要。

3．OTU3 的抖动和漂移容限

图 6-4 给出了 OTU3 接口的输入正弦抖动容限的模板，相应的拐角点频率及对应的限值数分别在表 6-14 中给出。

表 6-14　　OTU3 输入正弦抖动容限

频率 f（Hz）	峰—峰抖动值（UIpp）
8k<f≤20k	$1.2\times10^{5}f^{-1}$
20k<f≤480k	6.0
480k<f≤16M	$2.88\times10^{6}f^{-1}$
16M<f≤320M	0.18

频率大于或等于 20kHz 的锁相环能容忍图 6-4 中斜率为–20dB/10 倍频程、介于 8kHz 与 20kHz 之间的抖动和漂移，它也可以容忍从该斜率区延伸到较低频率的抖动和漂移，因为这样的抖动和漂移在馈相环带宽之内。OTU3 接口必须容忍这样的抖动和漂移，但对于低于 8kHz 的频率，没有测量抖动容限的必要。

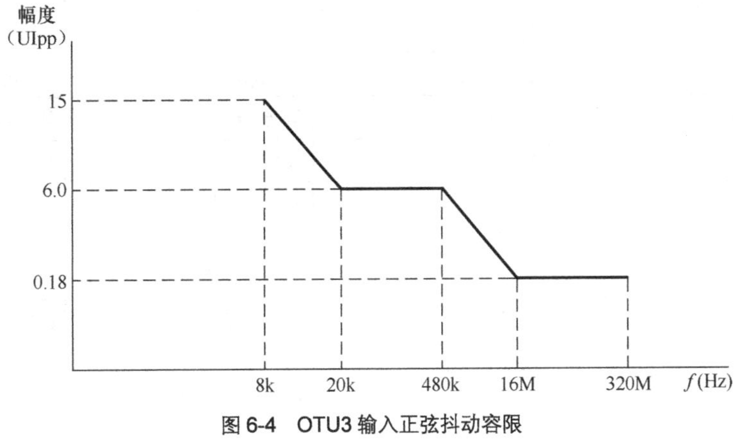

图 6-4　OTU3 输入正弦抖动容限

6.6　ODUk 时钟要求

6.6.1　ODUk 时钟分类

基于 OTN 设备的 OTU 单元根据不同的应用场景共定义 ODCa、ODCb、ODCr 和 ODCp 等 4 类不同的时钟。

① ODCa：用于将 SDH 客户信号异步映射进 ODUk。

② ODCb：用于将 SDH 客户信号比特同步映射进 ODUk。

③ ODCr：用于 3R 再生。

④ ODCp：用于恒定比特速率信号（如 SDH 信号）的解映射。

其中，ODCa 和 ODCb 为发送端 OTU 产生的线路侧信号提供定时，ODCr 为 3R 再生器产生的线路信号提供定时，ODCp 为已解映射的 CBR 客户信号（包括 SDH 信号）提供定时。针对不同的时钟类型，分别有不同的抖动性能要求，见表 6-15。

表 6-15 **ODUk 时钟类型（ODC）比较**

	ODCa	ODCb	ODCr	ODCp
原子功能	ODUkP/CBRx-a_A_So ODUkP/ATM_A_So ODUkP/GFP_A_So ODUkP/NULL_A_So ODUkP/PRBS_A_So ODUkP/非特定比特流_A_So	ODUkP/CBRx-b_A_So	OTUk/ODUk_A_So 和 OTUk/ODUk_A_Sk（这些原子功能时钟集中在单个 ODCr）	ODUkP/CBRx_A_Sk
频率精度	±20ppm	±20ppm	±20ppm	±20ppm
支持自由运行模式	是	是	是	是
支持锁定模式	否	是	是	是
支持保持模式	否	否	否	否
迁入范围	NA	±20ppm	±20ppm	±20ppm
迁出范围	NA	±20ppm	±20ppm	±20ppm
抖动产生	表 6-16	表 6-16	表 6-16	表 6-17
漂移产生	NA	NA①	NA	NA②
抖动容限	NA	G.825	表 6-12，图 6-2（OTU1） 表 6-13，图 6-3（OTU2） 表 6-14，图 6-4（OTU3）	表 6-12，图 6-2（OTU1） 表 6-13，图 6-3（OTU2） 表 6-14，图 6-4（OTU3）
漂移容限	NA	G.825	6.1/G.8251	6.1/G.8251
抖动转移	NA	最大带宽： ODU1：1kHz ODU2：4kHz ODU3：16kHz 最大增益：0.1dB（ODU1，2，3）	最大带宽： OTU1：250kHz OTU2：1000kHz OTU3：4000kHz 最大增益：0.1dB（OTU1，2，3）	最大带宽： 300Hz（ODU1，2，3） 最大增益：0.1dB（ODU1，2，3）
当输入信号丢失的时钟输出	AIS（CBR 客户信号） OTUk 帧无影响 OTUk 频率无变化	AIS（CBR 客户信号） OTUk 帧无影响 OTUk 初始频率跳变≤9ppm	AIS（OTUk） OTUk 允许帧冲击 允许的 OTUk 临时频偏>20ppm	AIS（CBR 客户信号） 频偏≤20ppm

① 因为 ODCb 的带宽相对较宽，ODCb 的漂移产生与输入的 CBR（如 SDH）客户信号漂移相比可以忽略；
② ODCp 的固有漂移产生与解映射的漂移产生相比可以忽略。

6.6.2　ODU*k* 时钟固有抖动产生

当输入信号没有抖动时，ODCa、ODCb、ODCr 输出信号在 60s 测试周期内的输出抖动不超过表 6-16 中的指标要求。

表 6-16　OTU 抖动产生指标（ODCa、ODCb 和 ODCr）

接口类型	指标名称	测量带宽		峰峰抖动值（UIpp）
		低通（Hz）	高通（Hz）	
ODU1/OTU1	B1	5k	20M	0.3
	B2	1M	20M	0.1
ODU2/OTU2	B1	20k	80M	0.3
	B2	4M	80M	0.1
ODU3/OTU3	B1	20k	320M	1.2
	B2	16M	320M	0.14
ODU4/OTU4	B1	FFS	FFS	FFS
	B2	FFS	FFS	FFS

ODCp 抖动产生要求保证 OTU*k* 帧固定开销不会引入多余的输出抖动，具体规定见表 6-17。

表 6-17　OTU 抖动产生指标（ODCp）

接口类型	指标名称	测量带宽		峰峰抖动值（UIpp）
		低通（Hz）	高通（Hz）	
CBR2G5 ODU1	B1	5k	20M	1.0
	B2	1M	20M	0.1
CBR10G ODU2	B1	20k	80M	1.0
	B2	4M	80M	0.1
CBR40G ODU3	B1	80k	320M	1.0
	B2	16M	320M	0.14
ODU4	B1	FFS	FFS	FFS
	B2	FFS	FFS	FFS

6.6.3　ODU*k* 时钟抖动容限

ODCa 处于自由运行状态，不需要定义抖动和漂移容限；

ODCb 满足与 STM-*n* 信号相同的抖动和漂移容限（ODU*k*P/CBRx-b_A_So 源输入），见 ITU-T G.825 规定；

ODCr、ODCp 与 OTU*k* 网络接口输入抖动和漂移容限相同。

6.6.4　ODU*k* 时钟抖动转移特性

ODCa 无抖动转移特性的要求；ODCp 时钟的 3dB 带宽不超过 300Hz，且最大增益峰值应为 0.1dB。在输入抖动容限模板的情况下 ODCb 和 ODCr 的抖动传递函数应在图 6-5 所示曲线的下方。

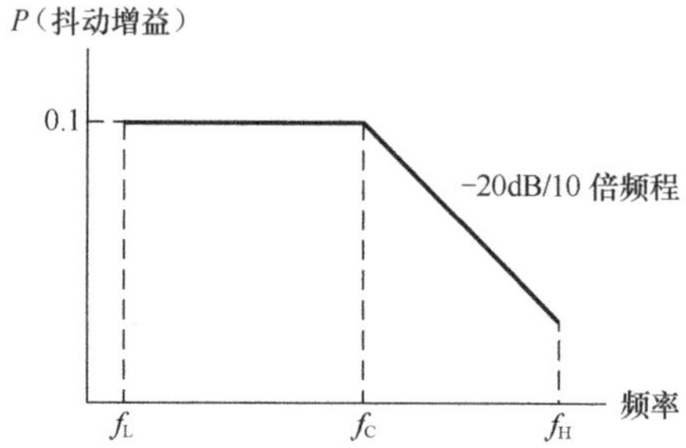

图 6-5　OTU 抖动转移特性（ODCb，ODCr）

其参数值见表 6-18 和表 6-19。

表 6-18　抖动转移特性指标（ODCb）

接口类型	测量带宽			抖动增益 *P*（dB）
	f_L（Hz）	f_C（kHz）	f_H（kHz）	
ODU0	FFS	FFS	FFS	FFS
ODU1	10	1	100	0.1
ODU2	40	4	400	0.1
ODU3	160	16	1600	0.1
ODU4	FFS	FFS	FFS	FFS

表 6-19　抖动转移特性指标（ODCr）

接口类型	测量带宽			抖动增益 *P*（dB）
	f_L（kHz）	f_C（kHz）	f_H（MHz）	
OTU1	2.5	250	20	0.1
OTU2	10	1000	80	0.1
OTU3	40	4000	320	0.1
OTU4	FFS	FFS	FFS	FFS

第 7 章 OTN 设备安装与测试技术

本章对光传送网（OTN）设备安装与测试技术进行介绍，主要包括：OTN 设备的安装、OTN 系统参考点定义、开销及维护信号测试、光接口测试、抖动测试、网络性能测试、OTN 设备功能测试、保护倒换测试、网管功能验证和控制平面测试等。适用的设备类型包括 OTN 终端复用设备和 OTN 交叉连接设备，其中 OTN 交叉设备主要包括 OTN 电交叉设备、OTN 光交叉设备和 OTN 光电混合交叉设备。

7.1 OTN 设备安装

7.1.1 机房环境

需要关注的方面包括：

① 机房内严禁存放易燃、易爆等危险物品；

② 孔洞位置、尺寸应满足设计要求；

③ 孔洞封堵必须采用不低于楼板耐火等级的不燃烧材料封堵；

④ 机房楼面等效均布活荷载、室内温度、机房照明、防尘、防静电和防鼠应满足 YD5003-2010《通信建筑工程设计规范》的相关规定。

7.1.2 铁架安装

（1）槽道和走线架的安装应符合下列要求。

① 槽道和走线架的平面位置应符合设计平面位置要求，偏差不得超过 50mm。

② 列槽道和列走线架应成一条直线，水平偏差不得超过 3‰。高度符合设计要求。

③ 连固件连接应牢固、平直、无明显弯曲；电缆支架应安装端正、牢固，间距均匀。

④ 主槽道（主走线架）宜与列槽道（列走线架）立体交叉，高度符合设计要求。

⑤ 列间撑铁应在一条直线上，两端对墙加固应符合设计要求。

⑥ 吊挂安装应垂直、牢固，位置符合设计要求，膨胀螺栓打孔位置不宜选择在机房主承重梁上，确实避不开主承重梁时，孔位应选在距主承重梁下沿 120mm 以上的侧面位置。

⑦ 铁件的漆面应完整无损，如需补漆，其颜色与原漆色应基本一致。

（2）光纤护槽的安装应符合下列要求。

① 光纤护槽宜采用支架方式，并安装在电缆支铁或槽道（走线架）的梁上。

② 安装完毕的光纤护槽应牢固、平直、无明显弯曲。

③ 光纤护槽在槽道内的高度宜与槽道侧板上沿基本平齐，尽量不影响槽道内电缆的布放，在主槽道和列槽道过度处和转弯处可用圆弧弯头连接。

④ 光纤护槽的盖板应方便开合操作，位于列槽道内的部分，侧面应留出随时能够引出光纤的出口；出口宜采用喇叭状对接，以防转弯处伤及光纤。

（3）机架安装应符合下面要求。

① 各种机架的安装位置应符合设计要求，其偏差不大于 10mm。

② 各种机架的安装应端正牢固，垂直度偏差不应超过机架高度的 1.0‰。

③ 列内机架应相互靠拢，机架间隙不应大于 3mm 并保持机架门开关顺畅；机面应平直，每米偏差不大于 3mm，全列偏差不大于 15mm。

④ 机架应采用膨胀螺栓对地加固，机架顶部宜采用夹板（或 L 形铁）与列槽道（列走线架）上梁加固。所有紧固件应拧紧适度，同一类螺丝露出螺帽的长度宜基本保持一致。

⑤ 在铺设了防静电地板的机房安装设备，设备下面应安装机架底座，底座安装应满足设备安装要求。

⑥ 机架的抗震加固应满足设计要求。

⑦ 设备端子板的位置、安装排列顺序及各种标识应符合设计要求。

⑧ 光纤分配架（ODF）上的光纤连接器安装应牢固，方向一致，盘纤区固定光纤的零件应安装齐备。

⑨ 机架和部件以及它们的接地线应安装牢固。防雷地线与设备保护地线安装应符合设计要求。

（4）设备子架安装应符合下面要求。

① 设备子架安装位置应符合设计要求。

② 子架与机架的加固应牢固、端正，符合设备装配要求，不得影响机架的整体形状和机架门的顺畅开合。

③ 子架上的饰件、零配件应装配齐全，接地线应与机架接地端子可靠连接。

④ 子架内机盘槽位应符合设计要求，插接件接触良好，空槽位宜安装空机盘或假面板。

（5）光纤连接线布放应满足下面要求。

① 光纤连接线布放路由应符合设计要求，收信、发信排列方式应符合维护习惯。

② 不同类型纤芯的光纤连接线外皮颜色应满足设计要求。

③ 光纤连接线宜布放在光纤护槽内，应保持光纤顺直，无明显扭绞。无光纤护槽时，光纤连接线应加穿光纤保护管，保护管应顺直绑扎在电缆槽道内或走线架上，并与电缆分开放置。

④ 光纤连接线从护槽引出宜采用螺纹光纤保护管保护。

⑤ 严禁用电缆扎带直接捆绑无套管保护的光纤连接线，宜用扎线绑扎或自粘式绷带缠扎，绑扎松紧适度。

⑥ 光纤连接线活接头处应留一定的富余，余长应依据接头位置等情况确定，一般不宜超过 2m。光纤连接线余长部分应整齐盘放，曲率半径应不小于 30mm。

⑦ 光纤连接线必须整条布放，严禁在布放路由中间做接头。

⑧ 光纤连接线两端应粘贴标签，标签应粘贴整齐一致，标识应清晰、准确、文字规范。

（6）通信电缆的布放和成端应符合下面要求。

① 电缆的规格程式应符合设计要求。

② 电缆的布放路由、走向应符合设计要求。

③ 电缆在槽道内或走线架上布放应顺直，捆扎牢固，松紧适度，没有明显的扭绞。

④ 电缆成端处应留有适当富余量，成束缆线留长应保持一致。

⑤ 电缆开剥尺寸应与缆线插头（座）的对应部分相适合，成端完毕的插头（座）尾端不应露铜。

⑥ 芯线焊接应端正、牢固、焊锡适量，焊点光滑、圆满、不成瘤形。

⑦ 屏蔽网剥头长度应一致，并保证与连接插头的接线端子外导体接触良好。

⑧ 组装好的电缆、电线插头（座），应配件齐全、位置正确、装配牢固。

（7）电力电缆/线布放安装应符合下列要求。

① $10mm^2$ 及以下的单芯电力线宜采用打接头圈方式连接，打圈绕向与螺钉固紧方向一致，铜芯电力线接头圈应镀锡，螺钉和接头圈间应安装平垫圈和弹簧垫圈。

② $10mm^2$ 以上的单芯电力电缆应采用铜鼻子连接，铜鼻子的材料应与电缆相吻合。

③ 铜鼻子的规格必须与电源线规格一致，剥露的铜线长度适当，并保证铜缆芯完整接入铜鼻子压接管内，严禁损伤和剪切铜缆芯线。

④ 安装在铜排上的铜鼻子应牢靠端正，采用合适的螺栓连接，并安装齐备平垫圈和弹簧垫圈。铜鼻子压接管外侧应采用绝缘材料保护，正极用红色、负极用蓝色、保护地用黄色。

⑤ 电力电缆芯线与地线间的绝缘电阻应满足设计要求。

（8）网管设备安装应符合下列要求。

① 网管设备安装位置应符合设计要求。

② 网管设备的操作终端盒显示器等应摆放平稳、整齐。

③ 网管设备供电方式和电源保护方式应满足设计要求。

7.1.3　电源及告警功能检查

供电条件应符合的规定包括：电源电压范围应满足设备使用要求，列柜或电源柜的熔丝容量应符合设计要求，设备主用和备用电源盘之间的倒换应满足设计要求。另外，设备告警功能应符合设计要求，具体见表 7-1。

表 7-1　告警功能检查

序号	告警功能检查项目
1	电源故障
2	机盘故障
3	机盘缺失
4	信号丢失（LOS）
5	接收 AIS
6	信号劣化（$BER>1.00\times10^{-6}$）
7	信号误码率超过门限（$BER>1.00\times10^{-3}$）
8	激光器自动关闭（ALS）

7.2 OTN 单机设备测试

7.2.1 OTN 设备基本形态

OTN 设备有 4 种形态，分别为 OTN 终端复用设备、OTN 电交叉设备、OTN 光交叉设备、OTN 光电混合交叉设备，各种形态的 OTN 设备系统参考点定义如图 7-1 至图 7-4 所示。

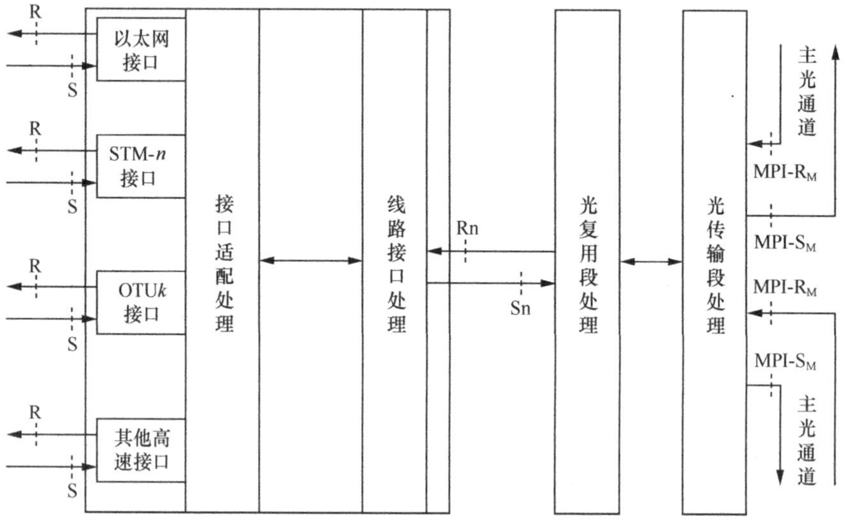

注：图中虚框的含义是部分设备实现方式可采用将接口适配处理、线路接口处理合一的方式完成。

图 7-1 OTN 终端复用设备系统参考点

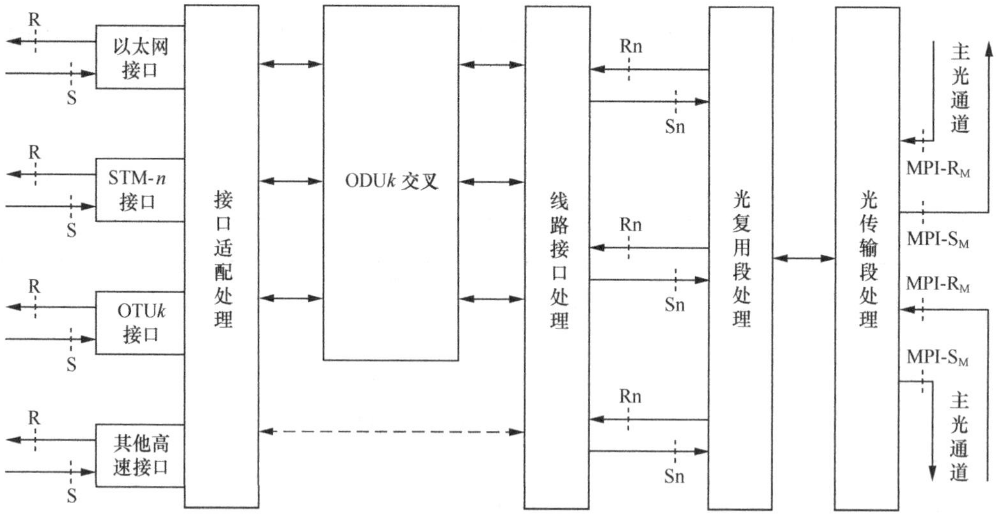

注：图中虚框/虚线的含义是设备实现方式可选为 ODUk 交叉功能与 WDM 功能单元集成的方式。

图 7-2 OTN 电交叉设备系统参考点

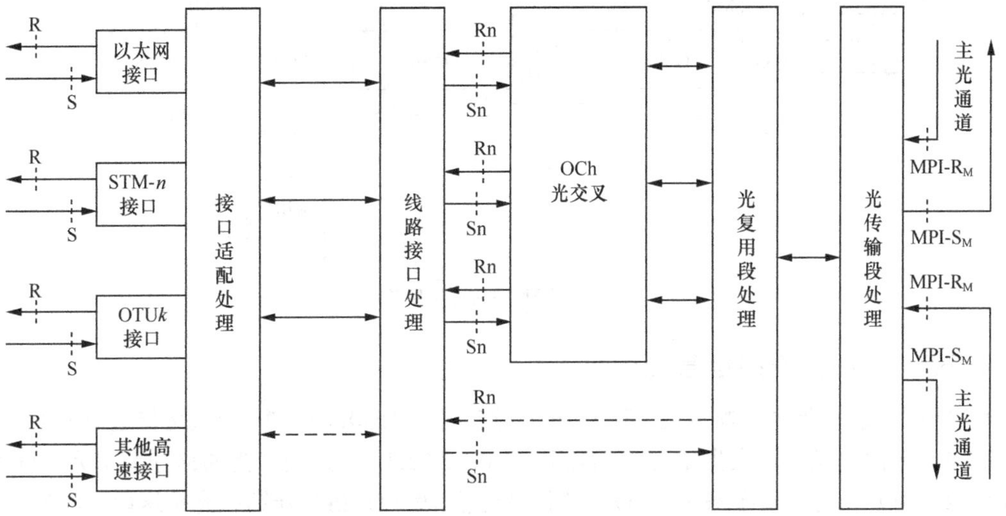

注：图中虚线的含义是设备实现方式可选为终端复用功能与光交叉功能功能单元集成的方式。

图 7-3　OTN 光交叉设备系统参考点

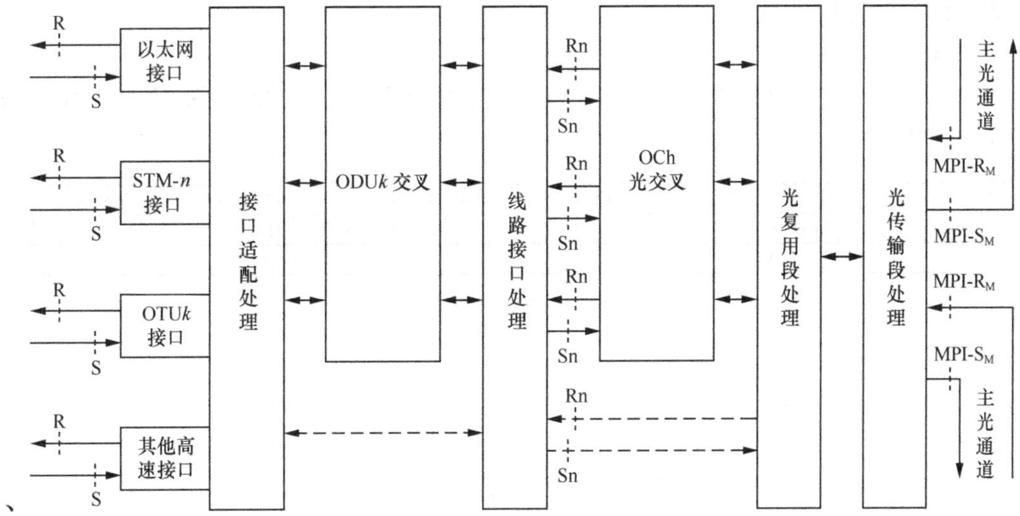

注：图中虚线的含义是设备实现方式可选为终端复用功能与光电混合交叉功能功能单元集成的方式。

图 7-4　OTN 光电交叉设备系统参考点

图 7-5 中参考点定义如下：

S（单通路）参考点位于用户网元发射机光连接器之后；

R（单通路）参考点位于用户网元接收机光连接器之前；

MPI-S_M（多通路）参考点位于光网元传送输出接口光连接器之后；

MPI-R_M（多通路）参考点位于光网元传送输入接口光连接器之前；

SM 参考点位于多通路线路 OA 输出光连接器之后；

RM 参考点位于多通路线路 OA 输入光连接器之前。

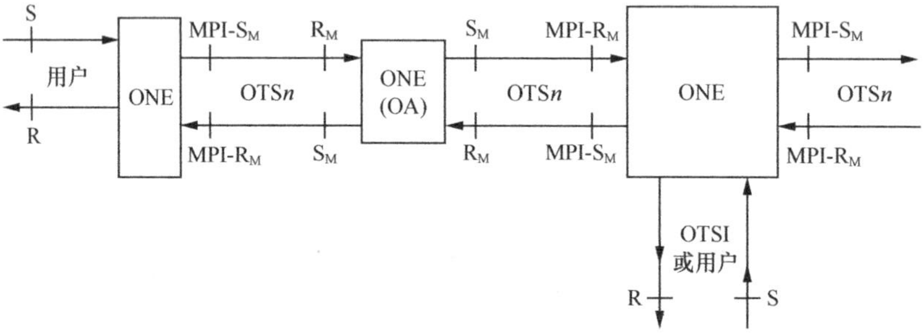

图 7-5　OTN 系统通用参考点

7.2.2　开销及维护信号测试

OTN 帧开销主要包括帧定位（FAS）和复帧定位（MFAS）开销、光通路传送单元（OTU*k*，*k*=1,2,3,4）开销、光通路数据单元（ODU*k*，*k*=0,1,2,2e,3,4）开销、光通路净荷单元（OPU*k*，*k*=0,1,2,2e,3,4）开销、光通路（OCh）开销、光复用段（OMS）开销和光传送段（OTS）开销等。OTN 维护信号包括 OTU*k*（*k*=1,2,3,4）维护信号、ODU*k*（*k*=0,1,2,2e,3,4）维护信号、客户维护信号、OCh 维护信号、OMS 维护信号和 OTS 维护信号等。

7.2.2.1　帧定位开销

1．FAS

在 OTU*k* 开销中定义了 6 个字节的 FAS 信号，如图 7-6 所示。OA1 为“11110110”，OA2 是“00101000”。

<table>
<tr><td colspan="8">FAS OH 字节 1</td><td colspan="8">FAS OH 字节 2</td><td colspan="8">FAS OH 字节 3</td><td colspan="8">FAS OH 字节 4</td><td colspan="8">FAS OH 字节 5</td><td colspan="8">FAS OH 字节 6</td></tr>
<tr><td>1</td><td>2</td><td>3</td><td>4</td><td>5</td><td>6</td><td>7</td><td>8</td><td>1</td><td>2</td><td>3</td><td>4</td><td>5</td><td>6</td><td>7</td><td>8</td><td>1</td><td>2</td><td>3</td><td>4</td><td>5</td><td>6</td><td>7</td><td>8</td><td>1</td><td>2</td><td>3</td><td>4</td><td>5</td><td>6</td><td>7</td><td>8</td><td>1</td><td>2</td><td>3</td><td>4</td><td>5</td><td>6</td><td>7</td><td>8</td><td>1</td><td>2</td><td>3</td><td>4</td><td>5</td><td>6</td><td>7</td><td>8</td></tr>
<tr><td colspan="24">OA1</td><td colspan="24">OA2</td></tr>
</table>

图 7-6　FAS 开销结构

（1）测试配置

测试配置如图 7-7 所示。测试仪表为 OTN 分析仪。

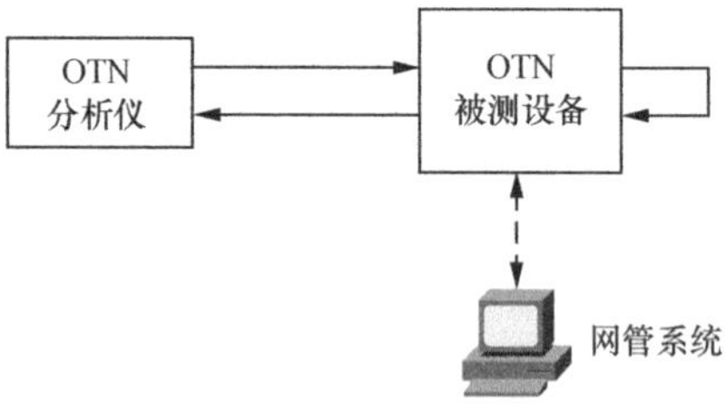

图 7-7　帧定位开销测试配置

（2）测试步骤

① 如图 7-7 所示连接测试配置。

② 当设备正常运行时，OTN 分析仪应无任何告警和误码。OTN 分析仪接收到的帧定位字节为 OA1=11110110 或 F6（Hex），A2=00101000 或 28（Hex）。

③ OTN 分析仪向被测设备连续发送有差错的帧定位字节，观察被测设备网管是否上报

帧丢失（LOF）告警。

④ OTN 分析仪停止发送有差错的帧定位字节，观察被测设备网管上报 LOF 告警是否消失。

（3）注意事项

① OTN 被测设备接口需要配置为标准 OTU*k* 模式，其中设备 FEC 设置应与仪表相同。

② 开销测试配置中 OTN 分析仪与 OTN 被测设备的互联接口、环回接口为 S/R 或 Sn/Rn。

2．MFAS

MFAS 位于 OTU*k*/ODU*k* 开销的第 1 行第 7 列。MFAS 占用 1 个字节，其值将随着每个 OTU*k*/ODU*k* 帧而增加，可提供多达 256 帧的复帧。测试配置如图 7-7 所示。测试仪表为 OTN 分析仪。

（1）测试步骤

按照下述步骤进行测试。

① 如图 7-7 所示连接测试配置。

② 当设备正常运行时，OTN 分析仪应无任何告警和误码。

③ OTN 分析仪向被测设备连续发送有差错的复帧定位字节，观察被测设备网管是否上报复帧丢失（LOM）告警。

④ OTN 分析仪停止发送有差错的帧定位字节，观察被测设备网管上报 LOM 告警是否消失。

（2）注意事项

OTN 被测设备接口需要配置为标准 OTU*k* 模式，其中设备 FEC 设置应与仪表相同。

7.2.2.2　OTU*k* 开销及维护信号测试

OTU*k*（*k*=1,2,3,4）开销包括段监视（SM）、通用通信通路（GCC0）和两个保留字节（RES），其中 SM 包括路径踪迹标识（TTI）、比特交叉奇偶校验-8（BIP-8）、后向差错指示（BEI）、后向输入定位误码（BIAE）、后向缺陷指示（BDI）、输入定位误码（IAE）和两个保留比特（RES），GCC0 具体格式未规范。OTU*k*（*k*=1,2,3,4）的维护信号为 OTU*k*-AIS。

1．SM-TTI 和 SM-BDI

SM-TTI 为段监视路径踪迹标识，SM 采用 1 个字节通过复帧来传送 64Bytes 的 TTI。SM-BDI 为段监视后向缺陷指示，采用单个比特来传送在上游方向段终结宿功能处检测到的信号失效状态。

（1）测试配置

测试配置如图 7-8 所示。测试仪表为 OTN 分析仪。

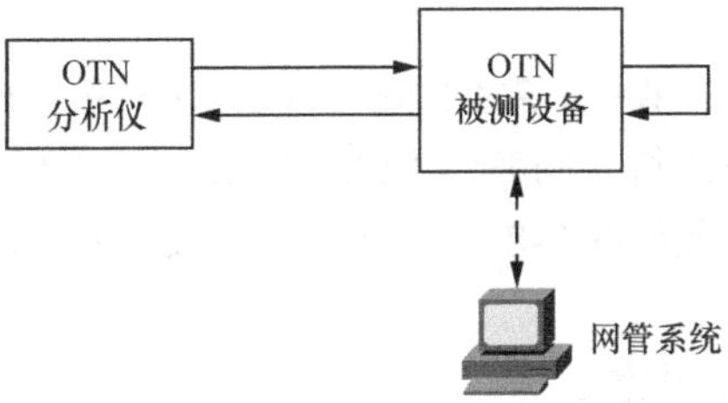

图 7-8　OTU*k* 开销/维护信号测试配置

（2）测试步骤

① 如图 7-8 所示连接测试配置。

② 当设备正常运行时，OTN 分析仪应无任何告警和误码。

③ OTN 分析仪向被测设备发送人工指定的 SM-TTI 标识符，观察被测设备接收到的 SM-TTI 是否与 OTN 分析仪发送的相一致。

④ 通过网管设置设备检测 SM-TTI 的方式为源接入点标识符（SAPI）、宿接入点标识符（DAPI）或者 SAPI 结合 DAPI 中的一种，OTN 分析仪向被测设备发送与设备期望值不一致的 SM-TTI 标识符，观察被测设备网管是否上报 SM-TIM 告警，同时 OTN 分析仪显示 SM-BDI 告警。

⑤ OTN 分析仪发送与设备期望值一致的 SM-TTI 标识符，观察被测设备网管上报的 SM-TIM、OTN 分析仪显示的 SM-BDI 告警是否消失。

⑥ 依次修改设备检测 TTI 方式为其他两种方式，重复步骤④～⑤。

⑦ OTN 分析仪向被测设备发送 SM-BDI，观察被测设备网管是否上报 SM-BDI。

⑧ 修改被测设备发送的 SM-TTI 标识符，观察 OTN 分析仪接收到的 SM-TTI 是否与被测设备的设置值一致。

（3）注意事项

OTN 被测设备接口需要配置为标准 OTU*k* 模式，其中设备 FEC 设置应与仪表相同。

2．SM-BIP8 和 SM-BEI

SM-BIP8 为段监视比特交叉奇偶校验-8，SM 采用 1 个字节来表示误码检测编码。SM-BEI 为段监视后向误码指示，SM 采用 4 个比特共同表示 BEI 和 BIAE（该 4bit 为“1011”时表示 BIAE，此时 BEI 统计无效）。测试配置如图 7-8 所示。测试仪表为 OTN 分析仪。

（1）测试步骤

① 如图 7-8 所示连接测试配置。

② 当设备正常运行时，OTN 分析仪应无任何告警和误码。

③ OTN 分析仪向被测设备发送若干个 SM-BIP8 误码，观察被测设备接收到的 SM-BIP8 误码是否与 OTN 分析仪发送的相一致，同时查看 OTN 设备仪显示的 SM-BEI 误码个数与发送的 SM-BIP8 误码个数是否相等。

④ OTN 分析仪向被测设备发送若干个 SM-BEI 误码，观察被测设备接收到的 SM-BEI 误码个数是否与 OTN 分析仪发送的相一致。

（2）注意事项

① OTN 被测设备接口需要配置为标准 OTU*k* 模式，其中设备 FEC 设置应与仪表相同。

② 测试过程中 OTN 分析仪和被测设备的 IAE 字节比特值均为“0”。

3．SM-IAE 和 SM-BIAE

SM-IAE 为段监视输入定位误码，SM 采用 1 个比特来表示 IAE。SM-BIAE 为段监视后向输入定位误码，SM 采用 4 个比特共同表示 BIAE 和 BEI（该 4 比特为“1011”时表示 BIAE，此时 BEI 统计无效）。测试配置如图 7-8 所示。测试仪表为 OTN 分析仪。

（1）测试步骤

① 如图 7-8 所示连接测试配置。

② 当设备正常运行时，OTN 分析仪应无任何告警和误码。

③ OTN 分析仪向被测设备发送 SM-IAE，观察被测设备是否在网管显示 IAE 状态（段监视输入定位误码秒（SM-IAES）性能统计），同时查看 OTN 设备仪是否上报 SM-BIAE 状态。

④ OTN 分析仪向被测设备发送 SM-BIAE，观察被测设备是否在网管上报 BIAE 状态（段监视后向输入定位误码秒（SM-BIAES）性能统计）。

（2）注意事项

OTN 被测设备接口需要配置为标准 OTU*k* 模式，其中设备 FEC 设置应与仪表相同。

4．OTU*k*-AIS

OTU*k*-AIS 为 OTU*k* 层维护信号，是采用 PN-11 编码的通用维护信号。测试配置如图 7-8 所示。测试仪表为 OTN 分析仪。

（1）测试步骤

① 如图 7-8 所示连接测试配置。

② 当设备正常运行时，OTN 分析仪应无任何告警和误码。

③ OTN 分析仪向被测设备发送 OTU*k*-AIS，观察被测设备是否在网管上报 OTU*k*-AIS。

（2）注意事项

OTN 被测设备接口需要配置为标准 OTU*k* 模式，其中设备 FEC 设置应与仪表相同。

7.2.2.3　ODU*k* 开销及维护信号测试

ODU*k*（*k*=0,1,2,2e,3,4）开销包括通路监视（PM）、串联连接监视（TCM_i，*i*=1～6，下同）、通用通信通路（GCC1 和 GCC2）、自动保护倒换/保护通信通路（APS/PCC）、故障类型和故障定位报告通信通路（FTFL）、实验字节（EXP）和保留字节（RES）等。其中，PM 包括 TTI、BIP-8、BDI、BEI 和状态（STAT），TCM_i 包括 TTI、BIP-8、BDI、BEI/BIAE、STAT 和激活（ACT），GCC1/GCC2、APS/PCC、FTFL、EXP、ACT 等具体格式未规范。ODU*k*（*k*=0,1,2,2e,3,4）的维护信号包括 ODU*k*-AIS、ODU*k*-LCK 和 ODU*k*-OCI。

1．PM 开销之 PM-TTI 和 PM-BDI

PM-TTI 为通道监视路径踪迹标识，PM 采用 1 个字节通过复帧来传送 64Bytes 的 TTI。PM-BDI 为通道监视后向缺陷指示，采用单个比特来传送在上游方向段终结宿功能处检测到的信号失效状态。

（1）测试配置

测试配置如图 7-9 所示。测试仪表为 OTN 分析仪。

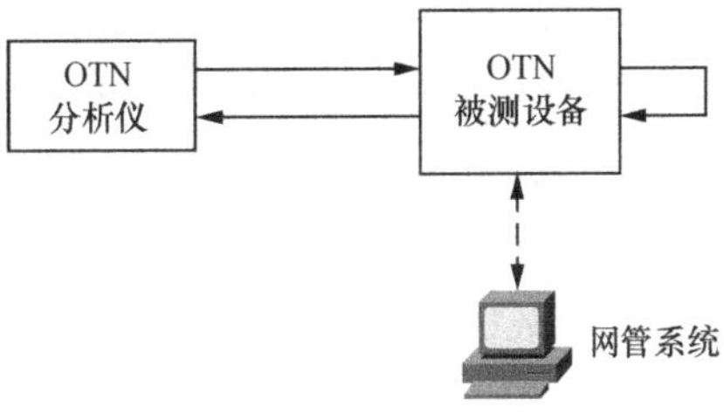

图 7-9　ODU*k*（*k*=1,2,2e,3,4）开销测试配置

（2）测试步骤

① 如图 7-9 所示连接测试配置。

② 当设备正常运行时，OTN 分析仪应无任何告警和误码。

③ OTN 分析仪向被测设备发送人工指定的 PM-TTI 标识符，观察被测设备接收到的 PM-TTI 是否与 OTN 分析仪发送的相一致。

④ 通过网管设置设备检测 PM-TTI 的方式为源接入点标识符（SAPI）、宿接入点标识符（DAPI）或者 SAPI 结合 DAPI 中的一种，OTN 分析仪向被测设备发送与设备期望值不一致的 PM-TTI 标识符，观察被测设备网管是否上报 PM-TIM 告警，同时 OTN 分析仪显示 PM-BDI 告警。

⑤ OTN 分析仪停止发送与设备期望值不一致的 PM-TTI 标识符，观察被测设备网管上报的 PM-TIM，OTN 分析仪上报的 PM-BDI 告警是否消失。

⑥ 依次修改设备检测 TTI 方式为其他两种方式，重复步骤④～⑤。

⑦ OTN 分析仪向被测设备发送 PM-BDI，观察被测设备网管是否上报 PM-BDI。

⑧ 修改被测设备发送的 PM-TTI 标识符，观察 OTN 分析仪接收到的 PM-TTI 是否与被测设备的设置值一致。

（3）注意事项

① OTN 被测设备接口需要配置为标准 OTU*k* 模式，其中设备 FEC 设置应与仪表相同。

② 对于 ODU2e 的 PM 开销的测试，OTN 被测设备接口可配置为 OTU2e 模式或其他支持 ODU2e 的接口，其中设备 FEC 设置应与仪表相同。

③ 被测 OTN 接口对于 PM 子层终结时才会回告告警。

2．PM 开销之 PM-BIP8 和 PM-BEI

PM-BIP8 为段监视比特交叉奇偶校验-8，PM 采用 1 个字节来表示误码检测编码。PM-BEI 为段监视后向误码指示，PM 采用 4 个比特表示 BEI。测试配置如图 7-9 所示。测试仪表为 OTN 分析仪。

（1）测试步骤

① 如图 7-9 所示连接测试配置。

② 当设备正常运行时，OTN 分析仪应无任何告警和误码。

③ OTN 分析仪向被测设备发送若干个 PM-BIP8 误码，观察被测设备接收到的 PM-BIP8 误码是否与 OTN 分析仪发送的相一致，同时查看 OTN 设备仪显示的 PM-BEI 误码个数与发送的 PM-BIP8 误码个数是否相等。

④ OTN 分析仪向被测设备发送若干个 PM-BEI 误码，观察被测设备接收到的 PM-BEI 误码个数是否与 OTN 分析仪发送的相一致。

（2）注意事项

① OTN 被测设备接口需要配置为标准 OTU*k* 模式，其中设备 FEC 设置应与仪表相同。

② 对于 ODU2e 的 PM 开销的测试，OTN 被测设备接口可配置为 OTU2e 模式或其他支持 ODU2e 的接口，其中设备 FEC 设置应与仪表相同。

③ 被测 OTN 接口对于 PM 子层终结时才会回告误码。

3．PM 开销之 PM-STAT

PM-STAT 是通道监视的状态开销，PM 采用 3 个比特共计可表示 8 种通路状态，其中包括正常通路状态（“001”）、3 种维护信号（“111”，ODU*k*-AIS；“101”，ODU*k*-LCK；“110”，ODU*k*-OCI），其余 4 种状态为预留。测试配置如图 7-9 所示。测试仪表为 OTN 分析仪。

（1）测试步骤

① 如图 7-9 所示连接测试配置。

② 当设备正常运行时，OTN 分析仪应无任何告警和误码。

③ OTN 分析仪向被测设备发送 PM-STAT 为“111”码，观察被测设备网管是否上报 PM ODU*k*-AIS 维护状态，同时 OTN 分析仪是否显示 PM-BDI 告警。

④ OTN 分析仪向被测设备发送 PM-STAT 为“101”码，观察被测设备网管是否上报 PM ODU*k*-LCK 维护状态，同时 OTN 分析仪是否显示 PM-BDI 告警。

⑤ OTN 分析仪向被测设备发送 PM-STAT 为“110”码，观察被测设备网管是否上报 PM ODU*k*-OCI 维护状态，同时 OTN 分析仪是否显示 PM-BDI 告警。

（2）注意事项

① OTN 被测设备接口需要配置为标准 OTU*k* 模式，其中设备 FEC 设置应与仪表相同。

② 对于 ODU2e 的 PM 开销的测试，OTN 被测设备接口可配置为 OTU2e 模式或其他支持 ODU2e 的接口，其中设备 FEC 设置应与仪表相同。

③ 被测 OTN 接口对于 PM 子层终结时才会回告告警。

4．TM 开销之 TCM_i-TTI 和 TCM_i-BDI

TCM_i-TTI 为串联连接监视路径踪迹标识，TCM_i 采用 1 个字节通过复帧来传送 64Bytes 的 TTI。TCM_i-BDI 为串联连接监视后向缺陷指示，采用单个比特来传送在上游方向段终结宿功能处检测到的信号失效状态。测试配置如图 7-9 所示。测试仪表为 OTN 分析仪。

（1）测试步骤

① 如图 7-9 所示连接测试配置。

② 当设备正常运行时，OTN 分析仪应无任何告警和误码。

③ OTN 分析仪向被测设备发送人工指定的 TCM_i-TTI 标识符，观察被测设备接收到的 TCM_i-TTI 是否与 OTN 分析仪发送的相一致。

④ 通过网管设置设备检测 TCM_i-TTI 的方式为源接入点标识符（SAPI）、宿接入点标识符（DAPI）或者 SAPI 结合 DAPI 中的一种，OTN 分析仪向被测设备发送与设备期望值不一致的 TCM_i-TTI 标识符，观察被测设备网管是否上报 TCM_i-TIM 告警，同时 OTN 分析仪是否显示 TCM_i-BDI 告警。

⑤ OTN 分析仪停止发送与设备期望值不一致的 TCM_i-TTI 标识符，观察被测设备网管上报的 TCM_i-TIM，OTN 分析仪上报的 TCM_i-BDI 告警是否消失。

⑥ 依次修改设备检测 TTI 方式为其他两种方式，重复步骤④～⑤。

⑦ OTN 分析仪向被测设备发送 TCM_i-BDI，观察被测设备网管是否上报 TCM_i-BDI。

⑧ 修改被测设备发送的 TCM_i-TTI 标识符，观察 OTN 分析仪接收到的 TCM_i-TTI 是否与被测设备的设置值一致。

（2）注意事项

测试时应注意下述事项：

OTN 被测设备接口需要配置为标准 OTU*k* 模式，其中设备 FEC 设置应与仪表相同。对于 ODU*k*（*k*=0,1,2,2e,3,4）的 TCM_i-TTI/TCM_i-BDI 测试，应注意：TCM_i 共 6 级，根据设备支持情况选择测试级别；测试时 TCM_i 模式为“运行模式”，若为其他模式，则 OTN 接口不会回告告警。

5．TM 开销之 TCM_i-BIP8 和 TCM_i-BEI

TCM_i-BIP8 为段监视比特交叉奇偶校验-8，TCM_i 采用 1 个字节来表示误码检测编码。TCM_i-BEI 为段监视后向误码指示，TCM_i 采用 4 个比特共同表示 BEI 和 BIAE（该 4bit 为“1011”时表示 BIAE，此时 BEI 统计无效）。测试配置如图 7-9 所示。测试仪表为 OTN 分析仪。

（1）测试步骤

① 如图 7-9 所示连接测试配置。

② 当设备正常运行时，OTN 分析仪应无任何告警和误码。

③ OTN 分析仪向被测设备发送若干个 TCM_i-BIP8 误码，观察被测设备接收到的 TCM_i-BIP8 误码是否与 OTN 分析仪发送的相一致，同时查看 OTN 设备仪显示的 TCM_i-BEI 误码个数与发送的 TCM_i-BIP8 误码个数是否相等。

④ OTN 分析仪向被测设备发送若干个 TCM_i-BEI 误码，观察被测设备接收到的 TCM_i-BEI 误码个数是否与 OTN 分析仪发送的相一致。

（2）注意事项

① OTN 被测设备接口需要配置为标准 OTU*k* 模式，其中设备 FEC 设置应与仪表相同。

② TCM_i 共 6 级，根据设备支持情况选择测试级别。

③ 测试时 TCM_i 模式为“运行模式”，若为其他模式，则 OTN 接口不会回告误码。

6．TM 开销之 TCM_i-STAT 和 TCM_i-BIAE

TCM_i-STAT 是串联连接监视的状态开销，TCM_i 采用 3 个比特共计可表示 8 种通路状态，其中包括无源串联连接（“000”）、正常通路状态（“001”）、IAE（“010”）；3 种维护信号（“111”，ODU*k*-AIS；“101”，ODU*k*-LCK；“110”；ODU*k*-OCI），其余两种状态为预留。TCM_i 采用 4 个比特共同表示 BEI 和 BIAE（该 4 比特为“1011”时表示 BIAE，此时 BEI 统计无效）。测试配置如图 7-9 所示。测试仪表为 OTN 分析仪。

（1）测试步骤

① 如图 7-9 所示连接测试配置。

② 当设备正常运行时，OTN 分析仪应无任何告警和误码。

③ OTN 分析仪向被测设备发送 TCM_i-STAT 为“000”码，观察被测设备网管是否上报 TCM_i 串联连接丢失（LTC）告警，同时 OTN 分析仪是否显示 TCM_i-BDI 告警。

④ OTN 分析仪向被测设备发送 TCM_i-STAT 为“111”码，观察被测设备网管是否上报 TCM_iODU*k*-AIS 维护状态，同时 OTN 分析仪是否显示 TCM_i-BDI 告警。

⑤ OTN 分析仪向被测设备发送 TCM_i-STAT 为“101”码，观察被测设备网管是否上报 TCM_iODU*k*-LCK 维护状态，同时 OTN 分析仪是否显示 TCM_i-BDI 告警。

⑥ OTN 分析仪向被测设备发送 TCM_i-STAT 为“110”码，观察被测设备网管是否上报 TCM_iODU*k*-OCI 维护状态，同时 OTN 分析仪是否显示 TCM_i-BDI 告警。

⑦ OTN 分析仪向被测设备发送 TCM_i-STAT 为“010”码，观察被测设备网管是否上报串联连接监视后向输入定位误码秒（TCM_i-IAES）性能统计，同时 OTN 分析仪是否显示 TCM_i-BIAE 状态。

⑧ OTN 分析仪向被测设备发送 TCM_i-BIAE，观察被测设备网管是否上报 TCM_i-BIAES 性能统计。

（2）注意事项

① OTN 被测设备接口需要配置为标准 OTU*k* 模式，其中设备 FEC 设置应与仪表相同。

② TCM_i 共 6 级，根据设备支持情况选择测试级别。

③ 测试时 TCM_i 模式为“运行模式”，若为其他模式，则 OTN 接口不会回告告警/误码。

7.2.2.4 OPU*k* 开销测试

OPU*k* 开销由包含净荷类型（PT）的净荷结构标识（PSI）、与级联相关的开销和映射客户信号进 OPU*k* 净荷相关的开销（如调整控制和机会比特等）。PSI 为净荷结构标识开销，OPU*k*

采用 1 个字节并结合 ODU*k* 复帧（共计 256 帧）来表示，其中 PSI[0]为 PT，PSI[1]～PSI[255]为映射和级联相关开销。

1．测试配置

测试配置如图 7-10 所示。测试仪表为 OTN 分析仪。

2．测试步骤

（1）如图 7-10 所示连接测试配置。

（2）当设备正常运行时，OTN 分析仪应无任何告警和误码。

（3）OTN 分析仪向被测设备分别发送不同的 PT 类型，观察被测设备接收到 PT 类型是否与 OTN 分析仪发送的相一致。

（4）OTN 分析仪向被测设备发送与设备不同的 PT 类型，观察被测设备网管是否上报净荷失配（PLM）告警。

（5）配置 OTN 分析仪和 OTN 被测设备采用相同的 ODU*k* 复用结构（如 4 个 ODU1 复用到 ODU2），OTN 分析仪和 OTN 被测设备应无任何告警和误码。

（6）OTN 分析仪在信号复用结构中的较低阶 ODU*k*（如 ODU1）中连续发送有差错的帧定位字节，观察被测设备网管是否上报 LOFLOM 告警。

（7）修改 OTN 分析仪发送的信号复用结构中 ODU 类型或端口编号与被测设置配置不一致，观察被测设备网管是否上报复用结构标识适配（MSIM）告警。

3．注意事项

测试时应注意下述事项。

（1）OTN 被测设备接口需要配置为标准 OTU*k* 模式，其中设备 FEC 设置应与仪表相同。

（2）对于与复用结构相关开销的测试，根据 OTN 设备支持的复用结构类型选择。

（3）PSI 中与映射和级联相关其他开销的测试待研究。

7.2.2.5　恒定比特速率客户维护信号

恒定比特速率客户维护信号为基于 PN-11 编码重复序列的通用 AIS 维护信号。

1．测试配置

测试配置如图 7-11 所示。测试仪表为 SDH 分析仪。

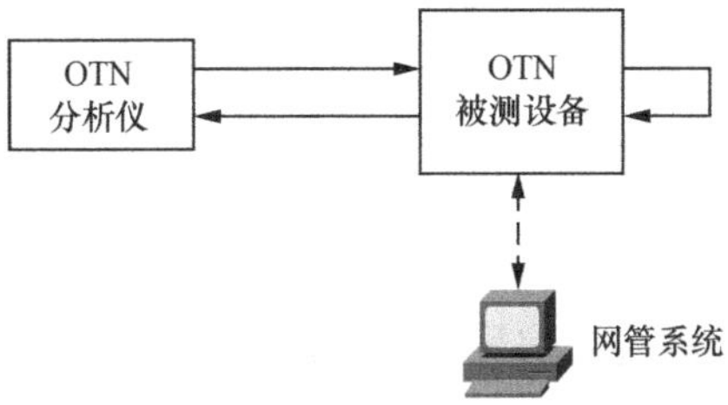

图 7-10　OPU*k* 开销测试配置

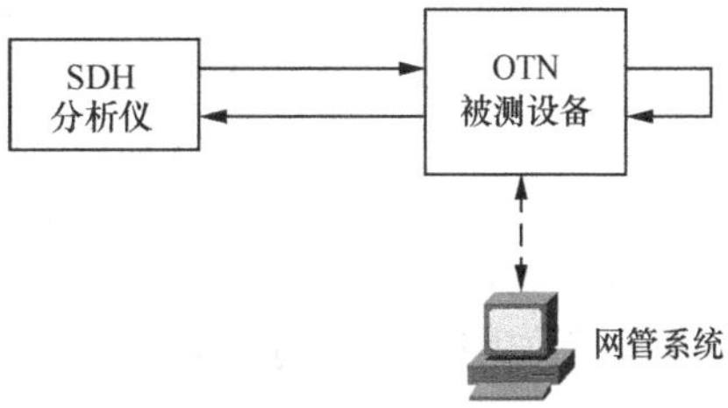

图 7-11　恒定比特速率客户维护信号测试配置

2．测试步骤

按照下述步骤进行测试。

（1）如图 7-11 所示连接测试配置。

（2）当设备正常运行时，SDH 分析仪应无任何告警和误码。

（3）关闭 SDH 分析仪激光器或拔掉 SDH 分析仪的发送光纤，SDH 分析仪应接收到 LOF 告警。

7.2.2.6 光层开销和维护信号测试

光层开销包括光通路（OCh）开销、光复用段（OMS）开销和光传送段（OTS）开销。OCh 开销包括前向缺陷指示—净荷（FDI-P）、前向缺陷指示—开销（FDI-O）和开放连接指示（OCI）；OMS 开销包括前向缺陷指示—净荷（FDI-P）、前向缺陷指示—开销（FDI-O）、后向缺陷指示—净荷（BDI-P）、后向缺陷指示—开销（BDI-O）和净荷丢失指示（PMI）；OTS 开销包括后向缺陷指示—净荷(BDI-P)、后向缺陷指示—开销(BDI-O)和净荷丢失指示(PMI)。

光层维护信号包括光通路(OCh)维护信号、光复用段(OMS)维护信号和光传送段(OTS)维护信号。OCh 维护信号包括 OCh-FDI-P、OCh-FDI-O 和 OCh-OCI；OMS 维护信号包括 OMS-FDI-P、OMS-FDI-O 和 OMS-PMI；OTS 维护信号包括 OTS-PMI。

7.2.3 光接口测试

7.2.3.1 S/R 点光接口测试

1．平均发送光功率

指参考点 R 处由发射机耦合到光纤的平均功率。

（1）测试配置

测试配置如图 7-12 所示，测试仪表为信号发生器和光功率计，其中信号发生器可根据业务接口选择 SDH、OTN 或数据网络分析仪等。

图 7-12 平均发送光功率测试配置

（2）测试步骤

① 如图 7-12 所示连接好测试配置，并将 OTN 设备设为正常工作状态。

② 待光功率计读数稳定后，从光功率计上读出功率值并记录。

（3）注意事项

① 功率计选择正确的波长窗口。

② 若 OTN 被测设备接口默认或可设置发送伪随机比特序列（PRBS），则信号发生器在测试中可不配置。

2．传输脉冲形状（眼图模板）

发送信号波形以眼图模板的形式规定了发送机的光脉冲形状特性，包括上升时间、下降时间、脉冲过冲及振荡等。

（1）测试配置

测试配置如图 7-13 所示，测试仪表为信号发生器和通信信号分析仪，其中信号发生器可根据业务接口选择 SDH、OTN 或数据网络分析仪等。

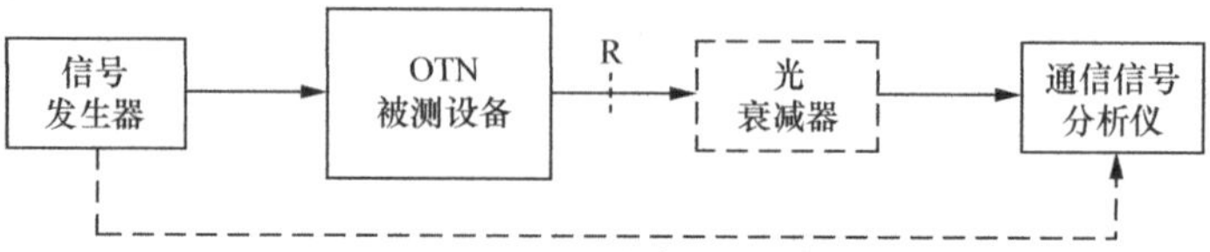

图 7-13 传输脉冲形状（眼图模板）/消光比测试配置

（2）测试步骤

① 如图 7-13 所示连接好测试配置。

② 调整光衰减器，使通信信号分析仪的输入光功率处于它的动态范围内。

③ 调整通信信号分析仪，开启与被测信号相对应的内部参考接收机滤波器。待波形稳定后，调出通信信号分析仪内存储的相应眼图模板，通过调整，与波形对准。

④ 等待波形采样点累计至少 1000 次以后，保存并记录结果。

⑤ 对于以太网信号，关闭滤波器后，从通信信号分析仪读出上升时间、下降时间和输出抖动，采样点不小于 1000 个。

（3）注意事项

通信信号分析仪一般不支持 40Gbit/s 光接口的时钟恢复功能，其同步信号由被测设备电接口或者专门的 40Gbit/s 时钟恢复模块提供。

3．消光比

消光比是指在最坏反射条件时，全调制条件下，逻辑“1”平均光功率与逻辑“0”平均光功率的比值。测试配置如图 7-13 所示，测试仪表为信号发生器和通信信号分析仪，其中信号发生器可根据业务接口选择 SDH、OTN 或数据网络分析仪等。

（1）测试步骤

① 如图 7-13 所示连接好测试配置。

② 调整光衰减器，使通信信号分析仪的输入光功率处于它的动态范围内。

③ 调整通信信号分析仪，待波形稳定后，采样点累计至少 1000 次，保存并记录消光比的数值。

（2）注意事项

测试时通信信号分析仪内部参考接收机的滤波器关闭。

4．激光器工作波长

是指在参考点 R 处发出的光信号的实际中心波长。

（1）测试配置

测试配置如图 7-14 所示，测试仪表为信号发生器和光谱分析仪，其中信号发生器可根据业务接口选择 SDH、OTN 或数据网络分析仪等。

（2）测试步骤

① 如图 7-14 所示连接好测试配置，光谱分析仪分辨带宽设置为 0.1nm 或者更小。设定光谱仪显示的波长范围，调节光谱仪的幅度标尺，使波形以适当的幅度显示在屏幕的中间，以便于观察和读数。

② 设定光谱仪显示的波长范围，读出并记录峰值处的波长值。

（3）注意事项

若 OTN 被测设备接口默认或可设置发送 PRBS，则信号发生器在测试中可不配置。

5．最大均方根谱宽（σ_{rms}）

最大均方根谱宽是发光二极管（LED）和多纵模（MLM）激光器的光谱特性参数。σ^2_{rms}表示规定光谱积分区内的总功率，积分区的边界功率相当于主峰跌落 20～30dB。

（1）测试配置

测试配置如图 7-15 所示，测试仪表为信号发生器和光谱分析仪，其中信号发生器可根据业务接口选择 SDH、OTN 或数据网络分析仪等。

图 7-14 激光器工作波长测试配置

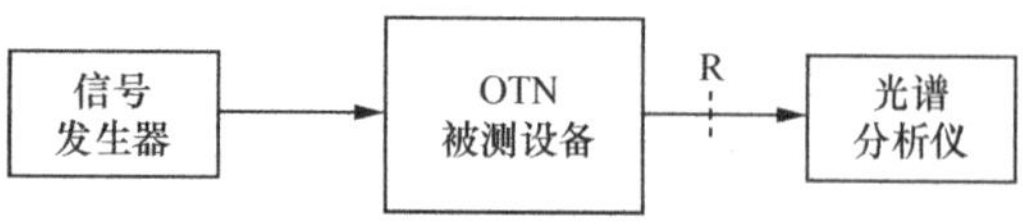

图 7-15 光谱测试配置

（2）测试步骤

① 如图 7-15 所示连接好测试配置，设置光谱分析仪工作模式为 LED 或 MLM 激光器，光谱分析仪分辨带宽设置为 0.1nm 或者更小。

② 设定光谱仪显示的波长范围，调节光谱仪的幅度标尺，使波形以适当的幅度显示在屏幕的中间，以便于观察和读数。

③ 设定光谱仪显示的波长范围，读取并计算均方根谱宽值，

$$\sigma_{\mathrm{rms}}=\sqrt{\int_{\lambda_1}^{\lambda_2}(\lambda-\lambda_0)^2\cdot\rho(\lambda)\mathrm{d}\lambda\Big/\int_{\lambda_1}^{\lambda_2}\rho(\lambda)\mathrm{d}\lambda}$$

其中，λ_1 和 λ_2 为主峰功率跌落 20～30dB 时对应的波长值。对于支持自动测量均方根谱宽值的光谱分析仪，则可直接读取。

（3）注意事项

① 若 OTN 被测设备接口默认或可设置发送 PRBS，则信号发生器在测试中可不配置。

② 该测试项仅适用于 LED 和 MLM 激光器光源。

6．最大−20dB 谱宽（σ_{-20}）

指相对于光信号最大峰值功率跌落 20dB 时的最大全宽。

（1）测试配置

测试配置如图 7-15 所示，测试仪表为信号发生器和光谱分析仪，其中信号发生器可根据业务接口选择 SDH、OTN 或数据网络分析仪等。

（2）测试步骤

① 如图 7-15 所示连接好测试配置，设置光谱分析仪工作模式为 DFB，光谱分析仪分辨带宽设置为 0.1nm 或者更小。

② 设定光谱仪显示的波长范围，调节光谱仪的幅度标尺，使波形以适当的幅度显示在屏幕的中间，以便于观察和读数。

③ 将光标定位在主纵模的峰值处，找到相对于峰值跌落 20dB 处，并读出此时的光谱宽度。对于支持自动测量−20dB 谱宽的光谱分析仪，则可直接读取。

（3）注意事项

① 若 OTN 被测设备接口默认或可设置发送 PRBS，则信号发生器在测试中可不配置。

② 该测试项仅适用于单纵模（SLM）激光器光源。

7．最小边模抑制比（SMSR）

指最坏发射条件时，全调制条件下主纵模的平均光功率与最显著边模的光功率之比。测试配置如图 7-15 所示，测试仪表为信号发生器和光谱分析仪，其中信号发生器可根据业务接

口选择 SDH、OTN 或数据网络分析仪等。

（1）测试步骤

① 如图 7-15 所示连接好测试配置，设置光谱分析仪工作模式为 DFB，光谱分析仪分辨带宽设置为 0.1nm 或者更小。

② 设定光谱仪显示的波长范围，调节光谱仪的幅度标尺，使主纵模和边模以适当的幅度显示在屏幕上，以便于观察和读数。

③ 调整纵向光标，分别读出主纵模和最大边模的平均峰值光功率，计算两功率（单位为 dBm）之差即得到边模抑制比的数值（单位为 dB）。对于支持自动测量 SMSR 的光谱分析仪，则可直接读取。

（2）注意事项

① 若 OTN 被测设备接口默认或可设置发送 PRBS，则信号发生器在测试中可不配置。

② 该测试项仅适用于 SLM 激光器光源。

8．接收机灵敏度

指误码率达到 10^{-12} 时在参考点 S 处的平均接收光功率的最小值。

（1）测试配置

测试配置如图 7-16 所示，测试仪表为误码分析仪、光功率计和光可调衰减器，其中误码分析仪可根据业务接口选择 SDH、OTN 或数据网络分析仪等。

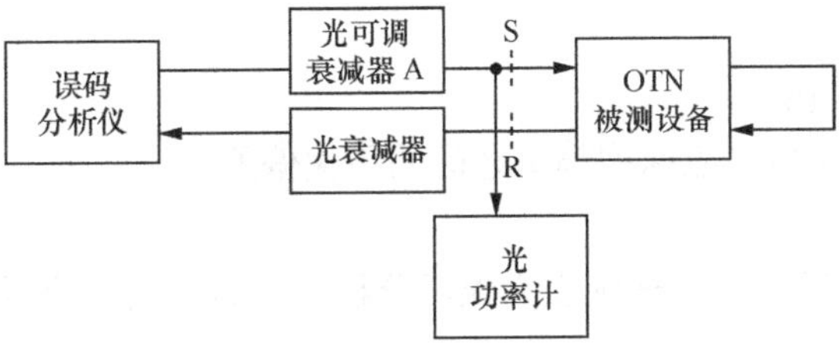

图 7-16　接收机灵敏度测试配置

（2）测试步骤

① 如图 7-16 所示连接好测试配置，确认误码分析仪接收到合适的光功率；

② 调整光可调衰减器 A，使得误码分析仪的误码显示在 10^{-7} 左右；

③ 调整光可调衰减器 A，分别测试误码显示为 10^{-8}、10^{-9}、10^{-10}、10^{-11} 时参考点 S 所对应的光功率值；

④ 按照外推法（如最小二乘法），在双对数坐标纸（纵坐标应取两次对数，横坐标为线性）上画出接收光功率—误码率的对应曲线，$BER=10^{-12}$ 所对应的光功率即为接收灵敏度。

（3）注意事项

对于业务接口为以太网情况，可采用误码均匀分布下误码率与分组丢失率的一般关系进行转换，即：分组丢失率=1–（1–*BER*）*n*，其中 *n* 为以太网帧的比特数。

9．接收机过载功率

指误码率达到 10^{-12} 时在参考点 S 处平均接收光功率的最大可接受值。测试配置如图 7-16 所示，测试仪表为误码分析仪、光功率计和光可调衰减器，其中误码分析仪可根据业务接口选择 SDH、OTN 或数据网络分析仪等。

（1）测试步骤

① 如图 7-16 所示连接好测试配置，确认误码分析仪接收到合适的光功率。

② 调整光可调衰减器 A，使得 S 点的光功率值为过载功率值，如果此时误码分析仪无误码或误码率小于等于 10^{-12}，则记录过载功率小于当前设置功率值。

③ 如需测试过载功率精确值，可进一步降低光可调衰减器 A 的衰减值，直到误码率接近但小于 10^{-12} 为止。

（2）注意事项

对于业务接口为以太网情况，可采用误码均匀分布下误码率与分组丢失率的一般关系进行转换，即：分组丢失率=1–（1–*BER*）*n*，其中 *n* 为以太网帧的比特数。

10．接收机反射系数

指在参考点 S 处的反射光功率与入射光功率之比。

（1）测试配置

测试配置如图 7-17 所示，测试仪表为光反射（回损）测试仪。

（2）测试步骤

如图 7-17 所示连接好测试配置，根据 S 点实际接入信号波长将光反射（回损）测试仪的波长设置在合适接收窗口（850nm、1310nm、1550nm 等），校准好光反射（回损）测试仪。

将 OTN 被测设备接口设为非上电状态，待仪表读数稳定后，从光反射（回损）测试仪上读出反射系数并记录。

11．光输入口允许频偏

指允许输入信号频率与对应标称频率之间的最大偏差。

（1）测试配置

测试配置如图 7-18 所示，测试仪表为误码分析仪，其中误码分析仪可根据业务接口选择 SDH、OTN 或数据网络分析仪等。

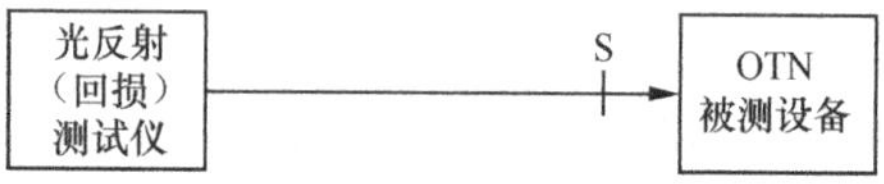

图 7-17　反射系数测试配置

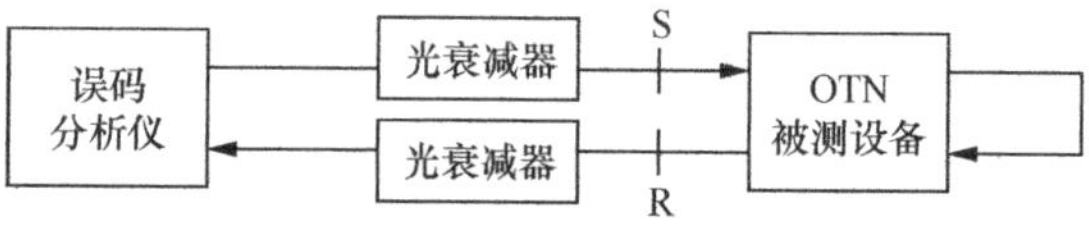

图 7-18　允许频偏测试配置

（2）测试步骤

① 如图 7-18 所示连接好测试配置。

② 误码分析仪逐渐增加发送信号频率与对应标称频率之差，直到误码分析仪出现任何告警或误码，记录出现告警或误码之前的频偏值。

③ 误码分析仪逐渐减少发送信号频率与对应标称频率之差，直到误码分析仪出现任何告警或误码，记录出现告警或误码之前的频偏值。

（3）注意事项

对于误码分析仪不支持更大频偏的情形，记录其不出现告警和误码时的最大可设置值，但该值至少应大于不同业务接口要求的频偏值。

7.2.3.2　Sn/Rn 点光接口测试

1．平均发送光功率

指参考点 Sn 处由发射机耦合到光纤的平均功率。

（1）测试配置

测试配置如图 7-19 所示，测试仪表为信号发生器和光功率计，其中信号发生器可根据业务接口选择 SDH、OTN 或数据网络分析仪等。

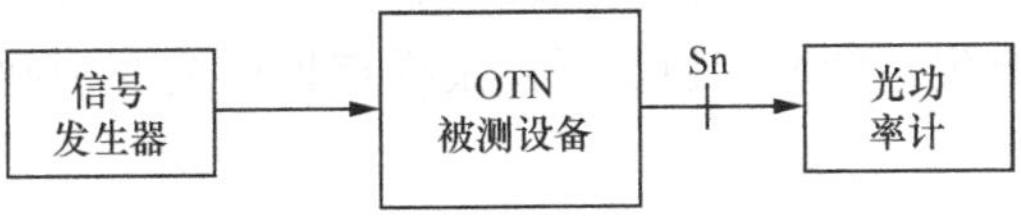

图 7-19　平均发送光功率测试配置

（2）测试步骤

① 如图 7-19 所示连接好测试配置，并将 OTN 设备设为正常工作状态。

② 待光功率计读数稳定后，从光功率计上读出功率值并记录。

（3）注意事项

① 功率计选择正确的波长窗口。

② 若 OTN 被测设备接口默认或可设置发送 PRBS，则信号发生器在测试中可不配置。

2．传输脉冲形状（眼图模板）

发送信号波形以眼图模板的形式规定了发送机的光脉冲形状特性，包括上升时间、下降时间、脉冲过冲及振荡等。

（1）测试配置

测试配置如图 7-20 所示，测试仪表为信号发生器和通信信号分析仪，其中信号发生器可根据业务接口选择 SDH、OTN 或数据网络分析仪等。

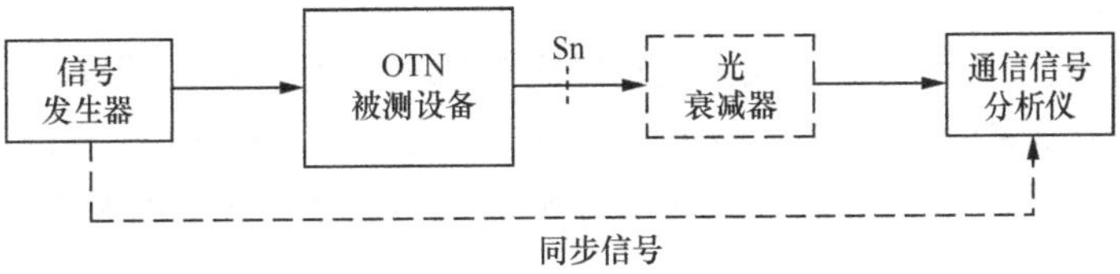

图 7-20　传输脉冲形状（眼图模板）/消光比测试配置

（2）测试步骤

① 如图 7-20 所示连接好测试配置。

② 调整光衰减器，使通信信号分析仪的输入光功率处于它的动态范围内。

③ 调整通信信号分析仪，开启与被测信号相对应的内部参考接收机滤波器。待波形稳定后，调出通信信号分析仪内存储的相应眼图模板，通过调整，与波形对准。

④ 等待波形采样点累计至少 1000 次以后，保存并记录结果。

⑤ 对于以太网信号，关闭滤波器后，从通信信号分析仪读出上升时间、下降时间和输出抖动，采样点不小于 1000 个。

（3）注意事项

若 OTN 被测设备接口默认或可设置发送 PRBS，则信号发生器可仅用于提供同步信号。

3．消光比

消光比是指在最坏反射条件时，全调制条件下，逻辑“1”平均光功率与逻辑“0”平均光功率的比值。测试配置如图 7-20 所示，测试仪表为信号发生器和通信信号分析仪，其中信号发生器可根据业务接口选择 SDH、OTN 或数据网络分析仪等。

（1）测试步骤

① 如图 7-20 所示连接好测试配置。

② 调整光衰减器，使通信信号分析仪的输入光功率处于它的动态范围内。

③ 调整通信信号分析仪，待波形稳定后，采样点累计至少 1000 次，保存并记录消光比的数值。

（2）注意事项

① 测试时通信信号分析仪内部参考接收机的滤波器关闭。

② 若 OTN 被测设备接口默认或可设置发送 PRBS，则信号发生器可仅用于提供同步信号。

4．中心频率（波长）及偏移

中心频率（波长）是指在参考点 Sn 处发出的光信号的实际中心频率（波长）。中心频率（波长）偏移是指标称中心频率与实际中心频率（波长）之差，其中包含了光源啁啾、信号带宽、SPM 的展宽以及温度和老化的影响。

（1）测试配置

测试配置如图 7-21 所示，测试仪表为信号发生器和多波长计，其中信号发生器可根据业务接口选择 SDH、OTN 或数据网络分析仪等。

（2）测试步骤

① 如图 7-21 所示连接好测试配置，光谱分析仪分辨带宽设置为 0.1nm 或者更小。

② 设定多波长计显示的频率（波长）范围，读出并记录峰值处的中心频率（波长）值。

③ 标称中心频率（波长）与测试中心频率（波长）之差即为中心频率（波长）偏移。

（3）注意事项

① 若 OTN 被测设备接口默认或可设置发送 PRBS，则信号发生器在测试中可不配置。

② 测试过程可以灵活选择波长（nm）或频率（THz）为量纲进行测试。

③ 波长/频率经与多波长计校准的光谱分析仪也可进行测试中心频率，测试方法与采用多波长计相同。

④ 对于一些双（多）峰值的调制码型光谱，中心频率（波长）采用双（多）峰值的平均值计算光谱的中心频率（波长）。

5．最大-20dB 谱宽（σ_{-20}）

指相对于光信号最大峰值功率跌落 20dB 时的最大全宽。

（1）测试配置

测试配置如图 7-22 所示，测试仪表为信号发生器和光谱分析仪，其中信号发生器可根据业务接口选择 SDH、OTN 或数据网络分析仪等。

图 7-21　中心频率（波长）及偏移测试配置

图 7-22　光谱测试配置

（2）测试步骤

① 如图 7-22 所示连接好测试配置，设置光谱分析仪工作模式为 DFB，光谱分析仪分辨带宽设置为 0.1nm 或者更小。

② 设定光谱仪显示的波长范围，调节光谱仪的幅度标尺，使波形以适当的幅度显示在屏幕的中间，以便于观察和读数。

③ 将光标定位在主纵模的峰值处，找到相对于峰值跌落 20dB 处，并读出此时的光谱宽度。对于支持自动测量–20dB 谱宽的光谱分析仪，则可直接读取。

（3）注意事项

① 若 OTN 被测设备接口默认或可设置发送 PRBS，则信号发生器在测试中可不配置。

② 对于一些双（多）峰值的调制码型光谱，可同时采用左右两边峰值计算–20dB 谱宽。

6．最小边模抑制比（SMSR）

指最坏发射条件时，全调制条件下主纵模的平均光功率与最显著边模的光功率之比。测试配置如图 7-22 所示，测试仪表为信号发生器和光谱分析仪，其中信号发生器可根据业务接口选择 SDH、OTN 或数据网络分析仪等。

（1）测试步骤

① 如图 7-22 所示连接好测试配置，设置光谱分析仪工作模式为 DFB，光谱分析仪分辨带宽设置为 0.1nm 或者更小。

② 设定光谱仪显示的波长范围，调节光谱仪的幅度标尺，使主纵模和边模以适当的幅度显示在屏幕上，以便于观察和读数。

③ 调整纵向光标，分别读出主纵模和最大边模的平均峰值光功率，计算两功率（单位为 dBm）之差即得到边模抑制比的数值（单位为 dB）。对于支持自动测量 SMSR 的光谱分析仪，则可直接读取。

（2）注意事项

① 若 OTN 被测设备接口默认或可设置发送 PRBS，则信号发生器在测试中可不配置。

② 对于一些双（多）峰值的调制码型光谱，对于左右两边峰值分别测试 SMSR 并取其中最小值。

7．接收机灵敏度

指误码率达到 10^{-12} 时在参考点 Rn 处的平均接收光功率的最小值。

（1）测试配置

测试配置如图 7-23 所示，测试仪表为误码分析仪、光功率计和光可调衰减器，其中误码分析仪可根据业务接口选择 SDH、OTN 或数据网络分析仪等。

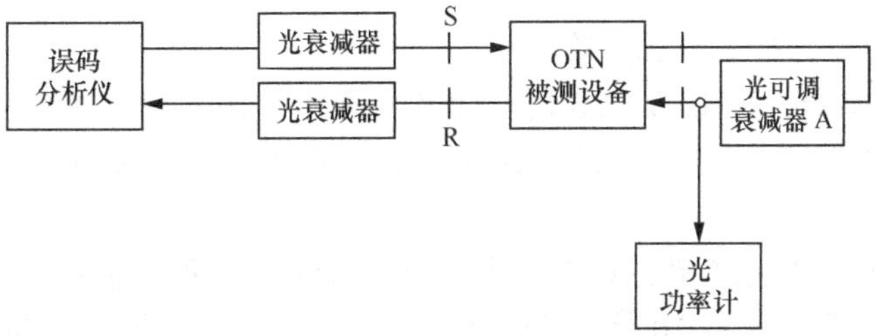

图 7-23　接收灵敏度测试配置

（2）测试步骤

① 如图 7-23 所示连接好测试配置，确认误码分析仪接收到合适的光功率。

② 调整可调光衰减器 A，使得误码分析仪的误码显示在 10^{-7} 左右。

③ 调整可调光衰减器 A，分别测试误码显示为 10^{-8}、10^{-9}、10^{-10}、10^{-11} 时参考点 S 所对应的光功率值。

④ 按照外推法（如最小二乘法），在双对数坐标纸（纵坐标应取两次对数，横坐标为线性）上画出接收光功率—误码率的对应曲线，BER=10^{-12} 所对应的光功率即为接收灵敏度。

（3）注意事项

① 对于业务接口为以太网情况，可采用误码均匀分布下误码率与分组丢失率的一般关系进行转换，即：分组丢失率=1–（1–*BER*）*n*，其中 *n* 为以太网帧的比特数。

② FEC 按照正常工作模式配置；

③ 对于 40Gbit/s 接口，在特定条件下（如大批量测试等）也可直接记录仪表误码率为 10^{-12}（或者临界无误码，观察时间持续 4min 以上）时对应的光功率值。

8．接收机过载功率

指误码率达到 10^{-12} 时在参考点 Rn 处平均接收光功率的最大可接受值。

（1）测试配置

测试配置如图 7-23 所示，测试仪表为误码分析仪、光功率计和光可调衰减器，其中误码分析仪可根据业务接口选择 SDH、OTN 或数据网络分析仪等。

（2）测试步骤

① 如图 7-23 所示连接好测试配置，确认误码分析仪接收到合适的光功率。

② 调整可调光衰减器 A，使得 Rn 点的光功率值为过载功率值，如果此时误码分析仪无误码或误码率小于等于 10^{-12}，则记录过载功率小于当前设置功率值。

③ 如需测试过载功率精确值，可进一步降低可调光衰减器 A 的衰减值，直到误码率接近但小于 10^{-12} 为止。

（3）注意事项

对于业务接口为以太网情况，可采用误码均匀分布下误码率与分组丢失率的一般关系进行转换，即：分组丢失率=1–（1–*BER*）*n*，其中 *n* 为以太网帧的比特数。

9．光信噪比容限

指误码率达到 10^{-12} 时在参考点 Rn 处光信噪比的最小值。

（1）测试配置

测试配置如图 7-24 所示。误码分析仪可根据业务接口选择 SDH、OTN 或数据网络分析仪等。

（2）测试步骤

① 如图 7-24 所示连接好测试配置。

② 调整可调衰减器 A 和 B，测试误码分析仪误码 10^{-8}、10^{-9}、10^{-10} 所对应测试通路的 OSNR 值，采用外推法（如最小二乘法）计算出误码率 10^{-12} 所对应的 OSNR 值，即为 OSNR 容限值。

（3）注意事项

对于 40Gbit/s 及其以上速率的 OSNR 容限测试方法，可采用直接误码观察法进行测试，即测试误码分析仪误码显示为 10^{-12}（或临界无误码，观察时间持续 4min 以上）时所对应的测试通路的 OSNR 值为 OSNR 容限值。

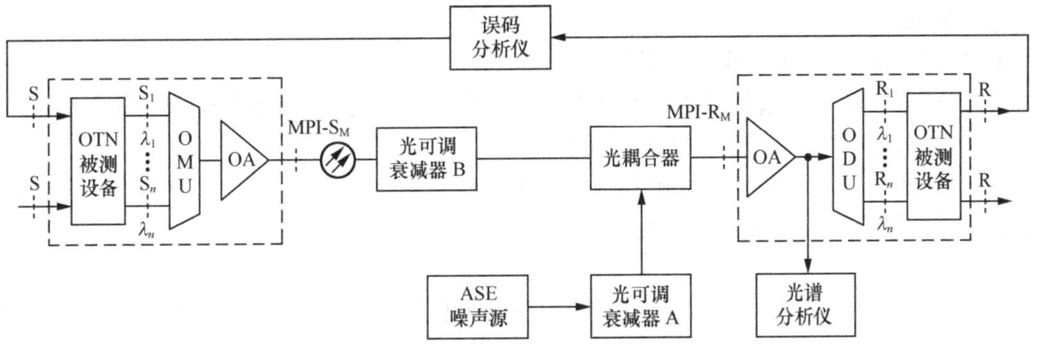

图 7-24　光信噪比容限测试配置

10．FEC 增益

指参考接收机误码率达到 10^{-12} 时，FEC 功能打开和关闭时参考接收机所要求的（光/电）信噪比的差值，一般采用光信噪比衡量。由于 FEC 功能打开时有可能导致线路速率增加，实际的编码增益应该减去由于速率增加产生的“增益”，即为编码净增益。

（1）测试配置

测试配置如图 7-24 所示。误码分析仪可根据业务接口选择 SDH、OTN 或数据网络分析仪等。

（2）测试步骤

① 如图 7-24 所示连接好测试配置。

② 关闭 FEC 功能，测试 OSNR 容限，记录为 $OSNR_{OFF}$，线路速率记录为 B_{OFF}。

③ 打开 FEC 功能，测试 OSNR 容限，记录为 $OSNR_{ON}$，线路速率记录为 B_{ON}。

④ FEC 编码增益为 $OSNR_{OFF}-OSNR_{ON}+10\times\lg(B_{OFF}/B_{ON})$，单位为 dB。

11．接收机反射系数

指在参考点 Rn 处的反射光功率与入射光功率之比。

（1）测试配置

测试配置如图 7-25 所示，测试仪表为光反射（回损）测试仪。

（2）测试步骤

① 如图 7-25 所示连接好测试配置，根据 Rn 点实际接入信号波长将光反射（回损）测试仪的波长设置在合适接收窗口（1550nm），校准好光反射（回损）测试仪。

② 并将 OTN 被测设备接口设置为非上电状态，待仪表读数稳定后，从光反射（回损）测试仪上读出反射系数并记录。

12．光输入口允许频偏

指允许输入信号频率与对应标称频率之间的最大偏差。

（1）测试配置

测试配置如图 7-26 所示，测试仪表为误码分析仪，其中误码分析仪选择 OTN 分析仪。

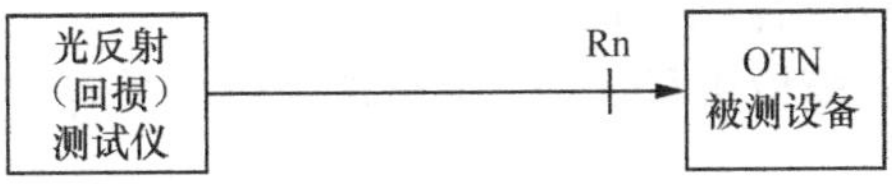

图 7-25　反射系数测试配置

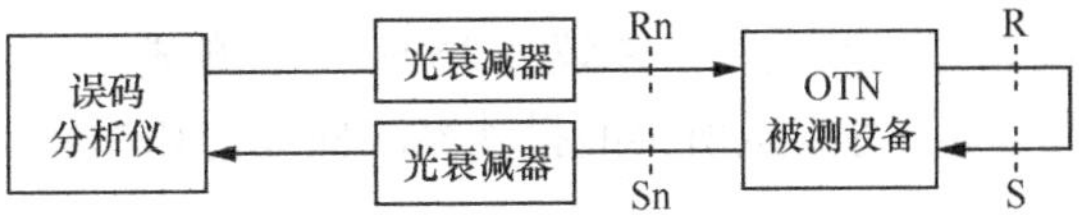

图 7-26　允许频偏测试配置

（2）测试步骤

① 如图 7-26 所示连接好测试配置。

② 误码分析仪逐渐增加发送信号频率与对应标称频率之差，直到误码分析仪出现任何告警或误码，记录出现告警或误码之前的频偏值。

③ 误码分析仪逐渐减少发送信号频率与对应标称频率之差，直到误码分析仪出现任何告警或误码，记录出现告警或误码之前的频偏值。

（3）注意事项

对于误码分析仪不支持更大频偏的情形，记录其不出现告警和误码时的最大可设置值，但该值至少应大于 OTU*k* 接口要求的频偏值。

7.2.4　抖动测试

1．输入抖动容限

指参考点 S 或 Rn 处光接口可容忍的最低水平的相位噪声，应满足无告警、失锁和滑码，无误码，以及功率代价小于 1dB 3 个条件。

（1）测试配置

测试配置如图 7-27 所示，测试仪表为抖动分析仪，其中抖动分析仪可根据 OTN 设备接口选择支持抖动功能分析的 SDH 或 OTN 分析仪。

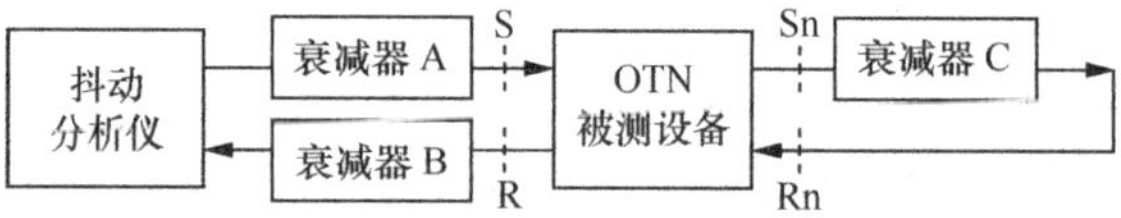

（a）OTN 设备测试接口为 S 点

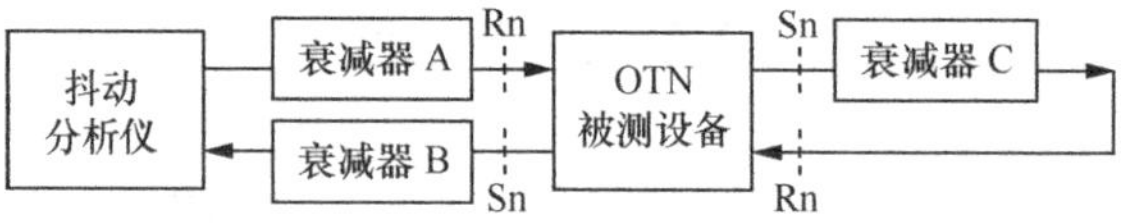

（b）OTN 设备测试接口为 Rn 点

图 7-27　输入抖动容限测试配置

（2）测试步骤

① 按图 7-27 所示连接好测试配置。

② 调节光衰减器 A、B 和 C 的衰减，使抖动分析仪和 OTN 设备接口的信号功率在抖动测试的动态范围内，测试信号的 PRBS 选择为 $2^{23}-1$ 或更长，通道层信号结构选择为 VC-4 最大连续级联（对于 SDH 信号）或 ODU*k*（对于 OTN 信号，选择最大 *k* 值）。

③ 设置抖动分析仪为内部定时方式，在抖动分析仪上激活抖动容限的测试项，选择 ITU-T G.825（对于 SDH 信号）或 ITU-T G.8251（对于 OTN 信号）的抖动容限模板，并设置合适的测试频率点数目（建议为 15～25 个测试点），启动仪表开始自动测试。

④ 将测试所得的抖动容限曲线与该相应的抖动容限模板进行比较，判定是否合格并存储结果。

（3）注意事项

① 对于 STM-256 或 OTU3 信号，较早生产的仪表可能没有内置满足 ITU-T G.825 或 ITU-T G.8251 的输入抖动容限模板，需人工编辑符合标准的模板。

② 对于 Sn/Rn 点的测试，抖动分析仪需要支持不同的传输码型。

③ 对于 OTU*k* 接口，测试时应设置为标准 OTU*k* 接口，且 FEC 设置与抖动分析仪相同。

④ 对于 OTU*k* 接口，目前仅可测试时钟类型为 ODCr。

⑤ Sn/Rn 点的抖动测试仅适用于中继型 OTU。

该测试项不适用于以太网接口。

2．抖动产生

指在无输入抖动时，参考点 R 或 Sn 处光接口输出的固有抖动，一般观察或测量的周期为 60s。

（1）测试配置

测试配置如图 7-27 所示，测试仪表为抖动分析仪，其中抖动分析仪可根据 OTN 设备接口选择支持抖动功能分析的 SDH 或 OTN 分析仪。

（2）测试步骤

① 按图 7-27 所示连接好测试配置。

② 调节光衰减器 A、B 和 C 的衰减，使抖动分析仪和 OTN 设备接口的信号功率在抖动测试的动态范围内，测试信号的 PRBS 选择为 $2^{23}-1$ 或更长，通道层信号结构选择为 VC-4 最大连续级联（对于 SDH 信号）或 ODU*k*（对于 OTN 信号，选择最大可支持 *k* 值）。

③ 设置抖动分析仪为内部定时方式，在抖动分析仪上激活抖动产生的测试项，选择测试信号所对应的抖动测量滤波器。

分别测试 B1 和 B2 值，连续进行不少于 60s 的测量，读出并记录最大峰—峰值。

（3）注意事项

① 对于 OTU*k* 接口，测试时应设置为标准 OTU*k* 接口，且 FEC 设置与抖动分析仪相同。

② 对于 Sn/Rn 点的测试，抖动分析仪需要支持不同的传输码型。

③ 对于 OTU*k* 接口，目前仅可测试时钟类型为 ODCr。

④ Sn/Rn 点的抖动测试仅适用于中继型 OTU。

该测试项不适用于以太网接口。

3．抖动传递函数

指设备输出信号的抖动与所加输入信号的抖动之比依抖动频率变化的关系。

（1）测试配置

测试配置如图 7-28 所示，测试仪表为抖动分析仪，其中抖动分析仪可根据业务接口选择支持抖动功能分析的 SDH 或 OTN 分析仪。

（2）测试步骤

① 按图 7-28 所示连接好测试配置。

② 设置抖动分析仪为内部定时方式，测试信号的 PRBS 选择为 $2^{23}-1$ 或更长，通道层信号结构选择为 VC-4 最大连续级联（对于 SDH 信号）或 ODU*k*（对于 OTN 信号，选择最大可支持 *k* 值），在抖动分析仪上选择抖动传递函数的测试项，选择 ITU-T G.783（对于 SDH 信号）或 ITU-T G.8251（对于 OTN 信号）的抖动传函模板，并设置合适的测试频率点数目（建议为

15～25 个测试点）。

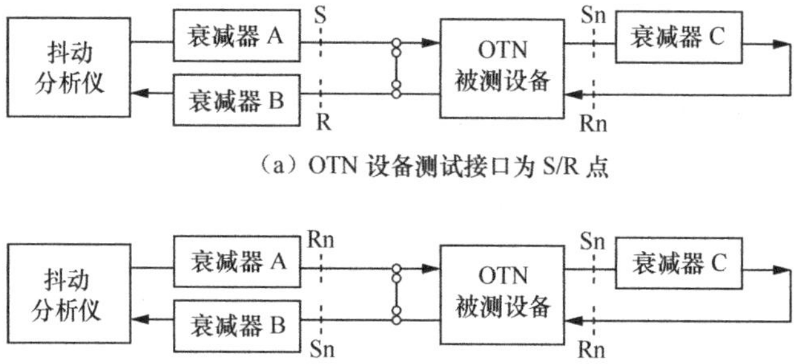

（a）OTN 设备测试接口为 S/R 点

（b）OTN 设备测试接口为 Sn/Rn 点

图 7-28 抖动传递函数测试配置

③ 首先断开被测设备，用短路光纤将抖动分析仪自环，调整光衰减器使抖动分析仪的接收信号功率在抖动测试的范围内，启动抖动传函的自动校准。

④ 校准完毕后，连接好被测设备，调整光衰减器 A、B、C 使抖动分析仪和 OTU 的接收信号功率在抖动测试的范围内，启动抖动传函的自动测试。

⑤ 将测试所得的抖动传递函数曲线与该相应的抖动传函模板进行比较，判定是否合格并存储结果。

（3）注意事项

① 对于 OTU*k* 接口，测试时应设置为标准 OTU*k* 接口，且 FEC 设置与抖动分析仪相同。

② 对于 OTU*k* 接口，目前仅可测试时钟类型为 ODCr。

③ 本测试项目仅适用于 OTN 设备接口为再生器功能（无交叉连接等功能）。Sn/Rn 点的抖动测试仅适用于中继型 OTU。

该测试项不适用于以太网接口。

7.2.5 OTN 设备功能测试

7.2.5.1 客户信号映射

1．SDH 业务之 STM-16

指 OTN 设备对于 STM-16 业务接入适配能力，即 STM-16 到 OPU1/ODU1 的映射功能。

（1）测试配置

测试配置如图 7-29 所示，测试仪表为 SDH 分析仪和 OTN 分析仪。

（2）测试步骤

① 按图 7-29 所示连接好测试配置，配置 OTN 被测设备和 OTN 分析仪之间的接口为 OTU1。

② 配置被测设备 STM-16 到 OPU1 的业务映射方式为以下方式的其中一种：异步 CBR 映射、比特同步 CBR 映射。

③ 检查 SDH 分析仪和 OTN 分析仪是否有告警和误码。

（3）注意事项

① 对于 OTU*k* 接口，测试时应设置为标准 OTU*k* 接口，且 FEC 设置与 OTN 分析仪相同。

② 若测试步骤②中的两种映射方式都支持，则分别测试。

2．SDH 业务之 STM-64

指 OTN 设备对于 STM-64 业务接入适配能力，即 STM-64 到 OPU2/ODU2 的映射功能。

（1）测试配置

测试配置如图 7-30 所示，测试仪表为 SDH 分析仪和 OTN 分析仪。

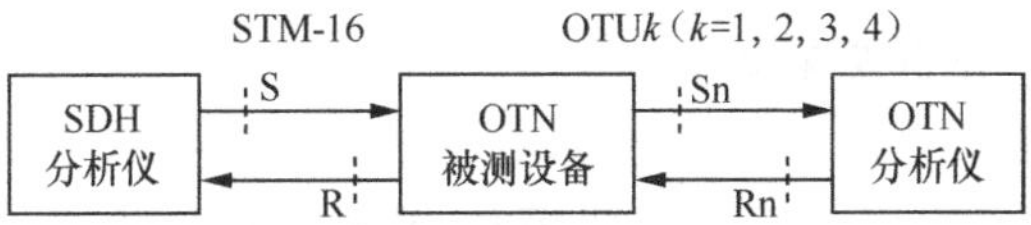

图 7-29　STM-16 业务映射测试配置

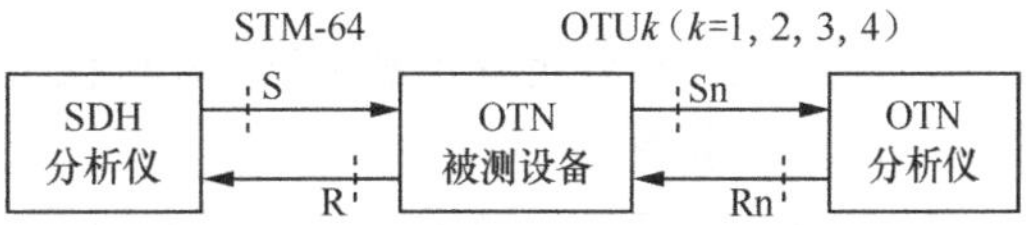

图 7-30　STM-64 业务映射测试配置

（2）测试步骤

① 按照下述步骤进行测试。

② 按图 7-30 所示连接好测试配置，选择 OTN 被测设备和 OTN 分析仪之间的接口为 OTU2。

③ 配置被测设备 STM-64 到 OPU2 的业务映射方式为以下方式的其中一种：异步 CBR 映射、比特同步 CBR 映射。

④ 检查 SDH 分析仪和 OTN 分析仪是否有告警和误码。

（3）注意事项

① 对于 OTU*k* 接口，测试时应设置为标准 OTU*k* 接口，且 FEC 设置与 OTN 分析仪相同。

② 若测试步骤②中的两种映射方式都支持，则都需要测试。

3．SDH 业务之 STM-256

指 OTN 设备对于 STM-256 业务接入适配能力，即 STM-256 到 OPU3/ODU3 的映射功能。

（1）测试配置

测试配置如图 7-31 所示，测试仪表为 SDH 分析仪和 OTN 分析仪。

（2）测试步骤

① 按图 7-31 所示连接好测试配置，选择 OTN 被测设备和 OTN 分析仪之间的接口为 OTU3。

② 配置被测设备 STM-256 到 OPU3 的业务映射方式为以下方式的其中一种：异步 CBR 映射、比特同步 CBR 映射。

③ 检查 SDH 分析仪和 OTN 分析仪是否有告警和误码。

（3）注意事项

① 对于 OTU*k* 接口，测试时应设置为标准 OTU*k* 接口，且 FEC 设置与 OTN 分析仪相同。

② 若测试步骤②中的两种映射方式都支持，则都需要测试。

4．OTU*k* 业务之 OTU1

指 OTN 设备对于 OTU1 业务接入适配能力，即 OTU1 和 ODU1 之间的解映射/映射功能。

（1）测试配置

测试配置如图 7-32 所示，测试仪表为 OTN 分析仪。

（2）测试步骤

① 按图 7-32 所示连接好测试配置，选择 OTN 被测设备和 OTN 分析仪 2 之间的接口为

OTU1。

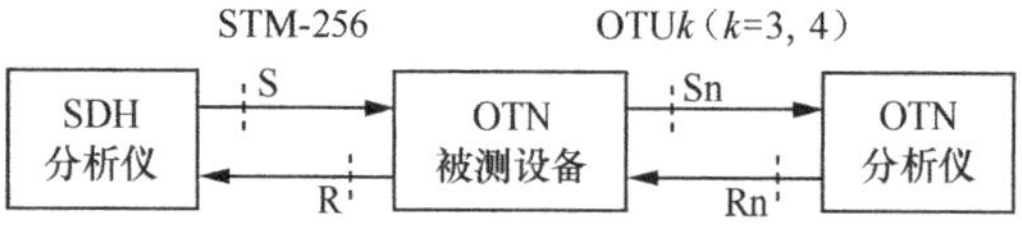

图 7-31　STM-256 业务映射测试配置

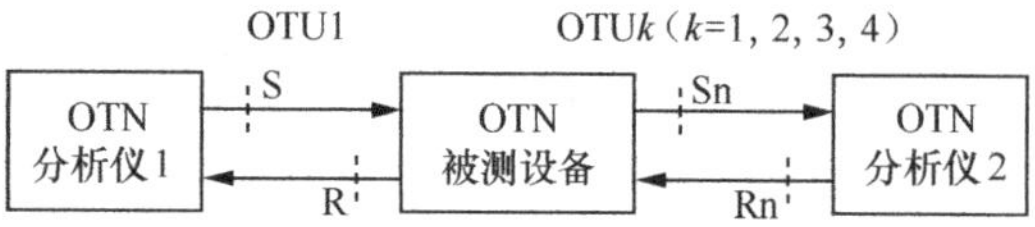

图 7-32　OTU1 业务映射测试配置

② 检查 OTN 分析仪 1 和 OTN 分析仪 2 是否有告警和误码。

（3）注意事项

对于 OTUk 接口，测试时应设置为标准 OTUk 接口，且 FEC 设置与 OTN 分析仪相同。

5．OTU 业务之 OTU2

指 OTN 设备对于 OTU2 业务接入适配能力，即 OTU2 和 ODU2 之间的解映射/映射功能。

（1）测试配置

测试配置如图 7-33 所示，测试仪表为 OTN 分析仪。

（2）测试步骤

① 按图 7-33 所示连接好测试配置，选择 OTN 被测设备和 OTN 分析仪 2 之间的接口为 OTU2。

② 检查 OTN 分析仪 1 和 OTN 分析仪 2 是否有告警和误码。

（3）注意事项

对于 OTUk 接口，测试时应设置为标准 OTUk 接口，且 FEC 设置与 OTN 分析仪相同。

6．OTU 业务之 OTU3

指 OTN 设备对于 OTU3 业务接入适配能力，即 OTU3 和 ODU3 之间的解映射/映射功能。

（1）测试配置

测试配置如图 7-34 所示，测试仪表为 OTN 分析仪。

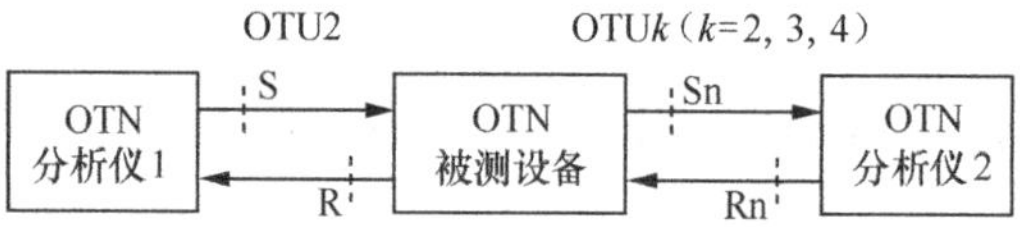

图 7-33　OTU2 业务映射测试配置

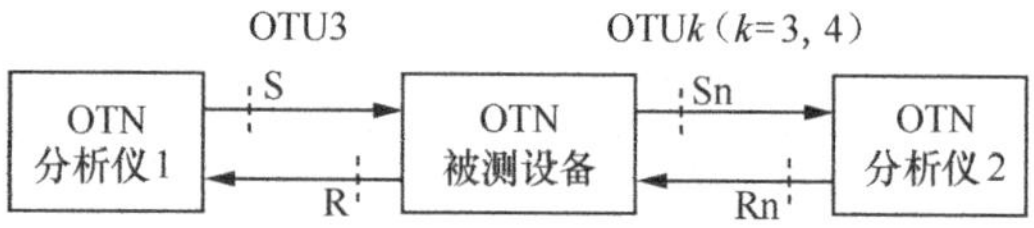

图 7-34　OTU3 业务映射测试配置

（2）测试步骤

① 按图 7-34 所示连接好测试配置，选择 OTN 被测设备和 OTN 分析仪 2 之间的接口为 OTU3。

② 检查 OTN 分析仪 1 和 OTN 分析仪 2 是否有告警和误码。

（3）注意事项

对于 OTUk 接口，测试时应设置为标准 OTUk 接口，且 FEC 设置与 OTN 分析仪相同。

7．以太网业务之 GE

指 OTN 设备对于 GE 业务接入适配能力，即 GE 到 OPUk/ODUk（k=0,1,2）映射功能。

（1）测试配置

测试配置如图 7-35 所示，测试仪表为 GE 数据分析仪和 OTN 分析仪。

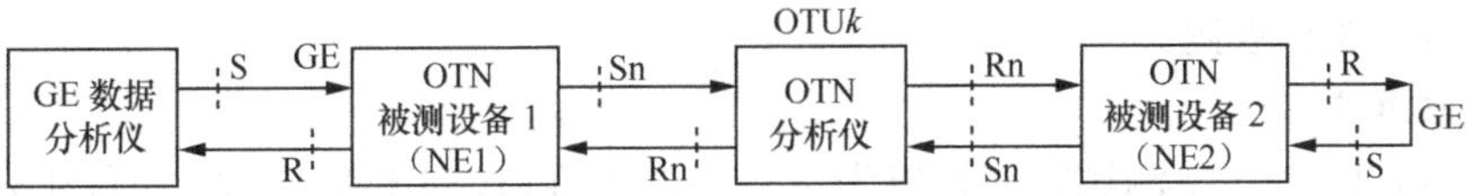

图 7-35　GE 业务适配测试配置

（2）测试步骤

① 按图 7-35 所示连接好测试配置，选择 NE1 和 NE2 之间的接口为 OTU*k*（*k*=0,1,2），设置 OTN 分析仪工作模式为透传可介入模式。

② 配置被测设备 GE 业务映射方式为以下方式的其中一种（前面 3 种为标准方式，后面两种为非标准方式）：

A．GE 码字转换后→GFP-T→GMP→OPU0→ODU0；

B．GE→GFP-T/F→VC-4-Xv→STM-16→OPU1→ODU1，或者 GE→GFP-T/F→VC-4-Xv→STM-16→STM-64→OPU2→ODU2；

C．GE→GFP-T/F 复用→OPU1→ODU1，或者 GE→GFP-T/F 复用→OPU2→ODU2；

D．GE→GFP-T/F→ODU1 的 TS→ODU1，或者 GE→GFP-T/F→ODU2 的 TS→ODU1→ODU2；

E．GE→GFP-T/F→VC-4-8C→STM-16（段开销可不支持）→OPU1→ODU1。

③ 根据映射方式选择 OTN 被测设备与 OTN 分析的 OTU*k*（*k*=1,2）接口级别。

④ GE 数据分析仪发送 100%流量，检查 GE 数据分析仪是否有告警和分组丢失，OTN 分析仪是否有告警和误码。

（3）注意事项

① 对于 OTU*k* 接口，测试时应设置为标准 OTU*k* 接口，且 FEC 设置与 OTN 分析仪相同。

② 若 GE 业务支持多种不同映射方式，应分别测试。

8．以太网业务之 10GE WAN

指 OTN 设备对于 10GE WAN 业务接入适配能力，即 10GE WAN 到 OPU2/ODU2 的映射功能。

（1）测试配置

测试配置如图 7-36 所示，测试仪表为 10GE 数据分析仪和 OTN 分析仪。

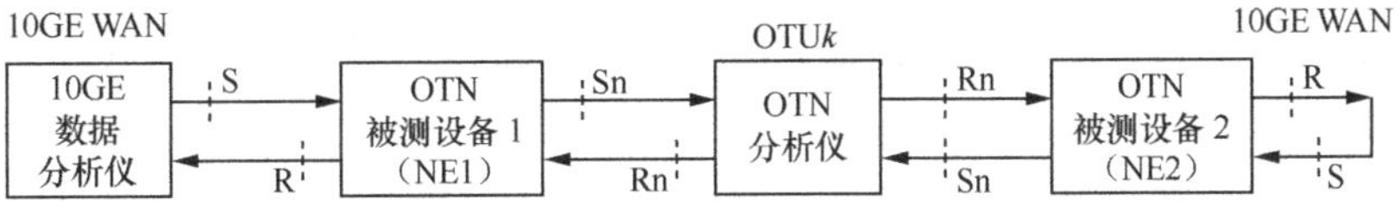

图 7-36　10GE WAN 业务适配测试配置

（2）测试步骤

① 按图 7-36 所示连接好测试配置，选择 NE1 和 NE2 之间的接口为 OTU2，设置 OTN 分析仪的工作模式为透传可介入模式。

② 配置被测设备 10GE WAN 业务映射方式为以下方式的其中一种：异步 CBR 映射、比特同步 CBR 映射。

③ 10GE 数据分析仪发送 100%流量，检查 10GE 数据分析仪是否有告警和分组丢失，OTN

分析仪是否有告警和误码。

（3）注意事项

① 对于 OTU*k* 接口，测试时应设置为标准 OTU*k* 接口，且 FEC 设置与 OTN 分析仪相同。

② 若 10GE WAN 业务支持多种不同的映射方式，应分别进行测试。

9．以太网业务之 10GE LAN

指 OTN 设备对于 10GE LAN 业务接入适配能力，即 10GE LAN 到 ODU2/2e 的映射功能。

（1）测试配置

测试配置如图 7-37 所示，测试仪表为 10GE 数据分析仪和 OTN 分析仪。

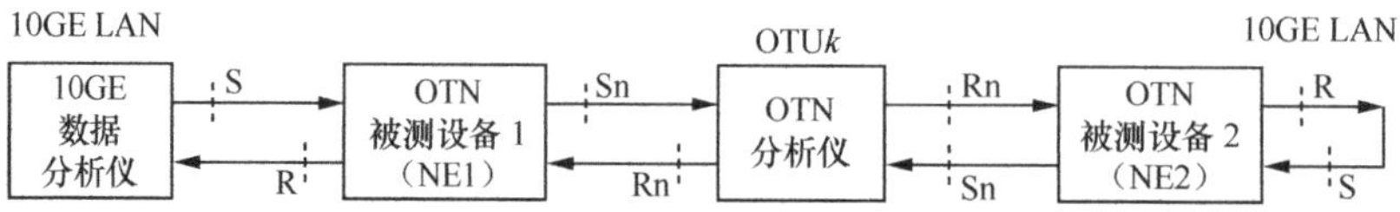

图 7-37　10GE LAN 业务适配测试配置

（2）测试步骤

① 按图 7-37 所示连接好测试配置，选择 NE1 和 NE2 之间的接口为 OTU2/OTU2e/OTU1e，设置 OTN 分析仪工作模式为透传可介入模式。

② 配置被测设备 10GE LAN 业务映射方式为以下方式的其中一种（前 4 种为标准方式，最后一种为非标准方式）：

A．10GE LAN→OPU2e→ODU2e；

B．10GE LAN→GFP-F→OPU2→ODU2；

C．10GE LAN→GFP-F→OPU2（前导码和有序集透传）→ODU2；

D．10GE LAN→GFP-T→OPU1-*X*v→ODU1-*X*v（*X*=1～4）；

E．10GE LAN→OPU1e→ODU1e。

③ 根据 10GE LAN 映射方式选择 OTN 被测设备和 OTN 分析仪之间的 OTU*k*（*k*=2,2e,1e 等）接口。

④ 10GE 数据分析仪发送 100%流量，检查 10GE 数据分析仪是否有告警和分组丢失，OTN 分析仪是否有告警和误码。

（3）注意事项

① 对于 OTU*k* 接口，测试时应设置为标准 OTU*k* 接口（或 OTU2e 和 OTU1e），且 FEC 设置与 OTN 分析仪相同。

② 若 10GE LAN 业务支持多种不同的映射方式，应分别进行测试。

10．其他业务

指 OTN 设备对于 1G/2G/4G/8G/10G FC、FICON/FICON EXPRESS、CPRI 以及 STM-1/4、FE、ESCON 业务接入适配能力等，即其他业务到 OPU*k*/ODU*k*（*k*=0,1,2,2e）的映射功能。

（1）测试配置

测试配置如图 7-38 所示，测试仪表为对应 1G/2G/4G/8G/10G FC、FICON/FICON EXPRESS、CPRI 以及 STM-1/4、FE、ESCON 等相关业务的业务分析仪。

（2）测试步骤

① 按图 7-38 所示连接好测试配置，选择 OTN 被测设备环回的接口为 OTU*k*（*k*=1,2,2e 等）。

② 配置被测设备对于 1G/2G/4G/8G/10G FC、FICON/FICON EXPRESS、CPRI 以及 STM-1/4、FE、ESCON 等业务的映射方式。

③ 检查对应业务分析仪是否有告警、分组丢失和误码。

（3）注意事项

对于 1G/2G/4G/8G/10G FC、FICON/FICON EXPRESS、CPRI 以及 STM-1/4、FE、ESCON 等业务的映射方式，根据设备具体实现在网管上配置和确认。

7.2.5.2　ODUk 复用功能

定义指 ODUj（j=0,1,2,2e,3）到 ODUk（k=1,2,2e,3,4，且 $k>j$）的复用功能。

1．测试配置

测试配置如图 7-39 所示。测试仪表为业务分析仪和 OTN 分析仪，其中业务分析仪根据业务接口可选择为 SDH 分析仪、GE/10GE 数据分析仪或 OTN 分析仪等。

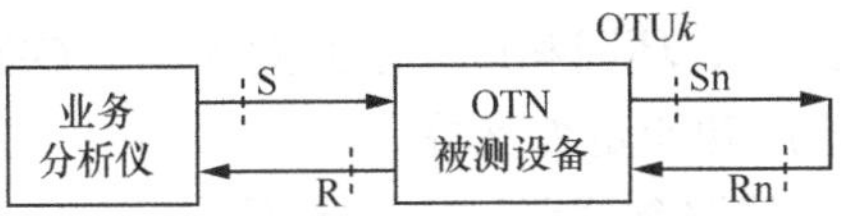

图 7-38　其他业务适配测试配置

图 7-39　ODUk 复用测试配置

2．测试步骤

（1）按图 7-39 所示连接好测试配置，选择 OTN 被测设备与 OTN 分析仪对接接口为 OTUk（k=1,2,3,4 等）。

（2）配置业务映射到 OPUj/ODUj 并复用到 ODUk（$k>j$），配置 OTN 分析仪采用和业务相同的复用结构。

（3）检查 OTN 分析仪是否有告警和误码，对应业务分析仪是否有告警、分组丢失/误码。

（4）配置多条业务分别映射到 OPUi/ODUi 和 OPUj/ODUj 并混合复用到 ODUk（$k>j$），配置 OTN 分析仪采用和业务相同的复用结构。

（5）检查 OTN 分析仪是否有告警和误码，对应业务分析仪是否有告警、分组丢失/误码。

3．注意事项

（1）对于不同的复用结构，应分别测试。

（2）对于 OTN 分析仪不支持 ODUj 到 ODUk 复用、混合复用或者不支持 OTUk（k=3,4）新型传输码型的情形，在 OTN 被测设备 OTUk（k=1,2,3,4）端口直接环回即可。

7.2.6　交叉连接功能测试

7.2.6.1　ODUk 交叉连接功能测试

1．交叉连接方式

指 OTN 设备基于 ODUk（k=0,1,2,2e,3,4）的交叉连接方式，即支路接口到支路接口、线路接口到线路接口、支路接口到线路接口、线路接口到支路接口的单向、双向、环回和广（组）播等交叉连接方式。

（1）测试配置

测试配置如图 7-40 所示，测试仪表为 SDH 分析仪、GE/10GE 数据分析仪和 OTN 分析仪等。

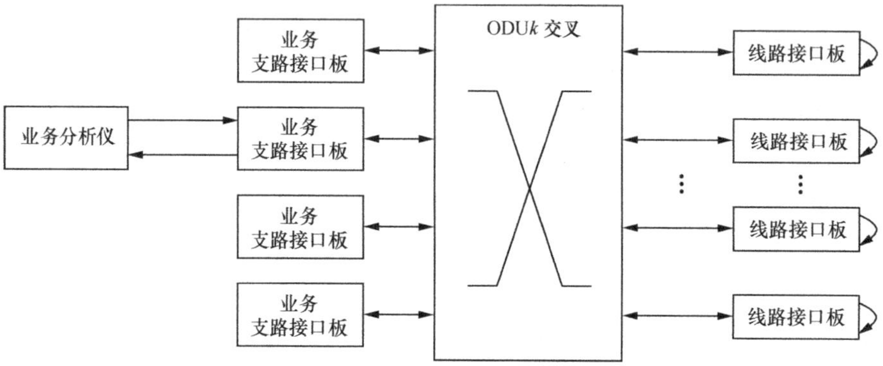

图 7-40　OUD*k* 交叉连接方式测试配置

（2）测试步骤

① 按图 7-40 所示连接好测试配置，根据客户侧业务接入类型连接相应的业务分析仪。

② 配置业务流向为支路到支路，依次选择单向、双向、环回和广（组）播等基于 ODU*k*（*k*=0,1,2,2e,3,4）交叉连接方式，通过业务分析仪检查相应功能是否支持。

③ 依次配置业务流向为支路到线路、线路到支路、线路到线路，重复步骤②。

④ 对于支路到线路、线路到支路、线路到线路的单向或双向交叉连接方式，启动 OTN 分析仪测试对应的转接时延。

（3）注意事项

对于不同支路业务应分别测试 ODU*k*（*k*=0,1,2,2e,3,4）交叉连接方式。

2．转接时延

指客户业务经过 OTN 交叉连接后所经历的时延值。

（1）测试配置

测试配置如图 7-40 所示，测试仪表为 SDH 分析仪、GE/10GE 数据分析仪和 OTN 分析仪等。

（2）测试步骤

① 按图 7-40 所示连接好测试配置，根据客户侧业务接入类型连接相应的业务分析仪。

② 对于支路到线路、线路到支路、线路到线路的单向或双向交叉连接方式，启动业务分析仪测试对应的转接时延。

3．交叉连接容量

指 OTN 设备基于 ODU*k*（*k*=0,1,2,2e,3,4）的交叉连接容量，通常可验证的为包含所有支路板卡和线路板卡的可接入容量。

（1）测试配置

测试配置如图 7-41 所示，测试仪表为 OTN 分析仪。

（2）测试步骤

① 依据系统 OTU*k*（*k*=1,2,2e,3,4）的最大容量配置相应类型的线路板，按上图连接好测试配置。

② 线路板 1 从 OTN 分析仪上下业务，其余线路板的光口都自环。

③ 通过网管在被测 OTN 设备中配置业务如下：从线路板 1 光口 1 上业务，交叉到线路

板 1 的光口 2；线路板 1 的光口 2 交叉到线路板 2 的光口 1，线路板 2 的光口 1 交叉到线路板 2 的光口 2，依次级联，最后线路板 *n* 光口 *n* 的输入业务交叉到线路板 1 的光口，并输出接到 OTN 分析仪进行监控，OTN 分析仪上应无告警和误码。

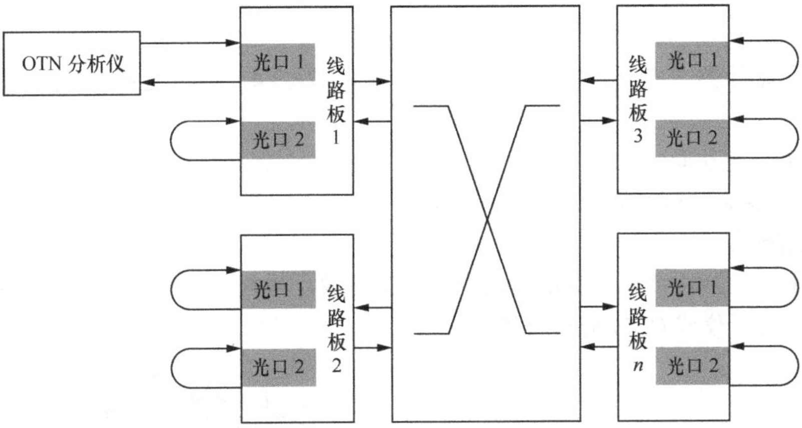

图 7-41　ODU*k* 交叉连接容量测试配置

④ 拔掉线路板 1～*n* 中的任一块线路板，业务应中断。计算所有接入线路板卡的总量即为系统总的交叉容量。

⑤ 随机抽取两对板卡不配置业务，然后仍按照③配置业务并检查业务正常工作。

⑥ 在被抽取的两对板卡之间随机配置若干条业务，检查已有业务是否受到影响，新建业务是否正常工作。

（3）注意事项

对于设备子架支路板卡和线路板卡不通用槽位的情形，相应槽位应插入对应支路板卡进行测试。

4．交叉连接单元冗余

指 ODU*k* 交叉连接单元 1+1 等冗余备份功能。

（1）测试配置

测试配置如图 7-42 所示，测试仪表为业务分析仪，根据业务接口可选择为 SDH 分析仪、GE/10GE 数据分析仪或 OTN 分析仪等。

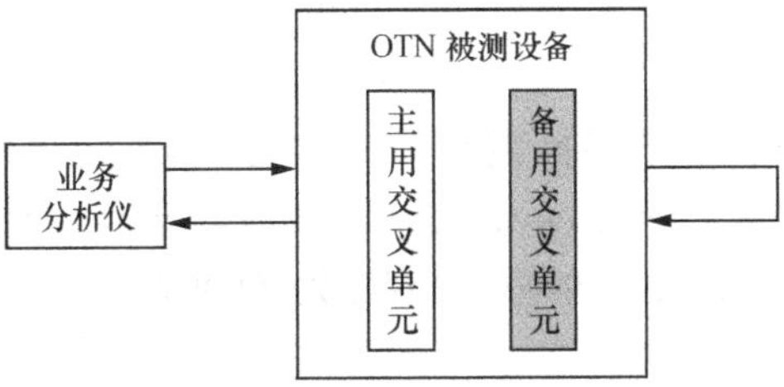

图 7-42　交叉连接单元冗余测试配置

（2）测试步骤

① 按图 7-42 连接好测试配置，根据客户侧业务接入类型连接相应的业务分析仪。

② 配置业务基于 ODUk（k=0,1,2,2e,3,4）交叉连接经过主用交叉单元，业务从对端环回；

③ 业务正常后，启用业务分析仪的 APS 功能，依次采用拔主（备）用交叉单元、网管人工切换主到备（备到主）、网管强制切换主到备（备到主）等方式，测试交叉连接单元发生切换时业务的受损时间。

（3）注意事项

对于不同业务类型应分别测试 ODUk（k=0,1,2,2e,3,4）交叉连接单元冗余切换时的受损时间。

5．ODUk 调度功能

指 OTN 设备基于 ODUk 的业务调度功能。

（1）测试配置

测试配置如图 7-43 所示，测试仪表为业务分析仪，根据业务接口可选择为 SDH 分析仪、GE/10GE 数据分析仪或 OTN 分析仪等。

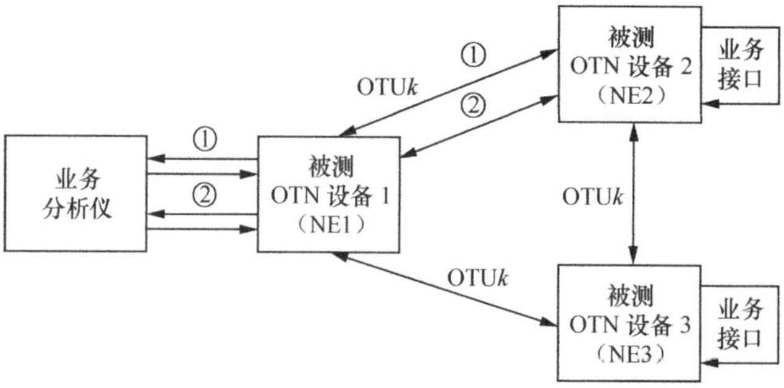

图 7-43　ODUk 调度测试配置

（2）测试步骤

① 按图 7-43 所示连接好测试配置，根据客户侧业务接入类型连接相应的业务分析仪。

② 配置业务 1 在 OTN 中路径为 NE1←①→NE2，业务 2 在 OTN 中路径为 NE1←②→NE2，业务交叉连接颗粒为基于 ODUk（k=0,1,2,2e,3,4），在 NE2 处环回。

③ 业务正常后，将业务 1 在 OTN 网络中路径修改为 NE1↔NE3，业务交叉连接颗粒为基于 ODUk（k=0,1,2,2e,3,4），在 NE3 处环回，检查业务 1 是否正常工作，是否对于已有业务 2 产生影响。

④ 拔掉被测 NE1 和 NE2 之间的连纤①，检查业务 1 是否受影响。

⑤ 修改接入业务为其他业务类型，重复步骤②～④。

⑥ 对于实际业务调度容器与 OTN 线路接口 ODUk 容器之间存在复用的情形（如调度容器为 ODU0，线路接口容器为 ODUk（k=1,2,3,4）；调度容器为 ODU1，线路接口容器为 ODUk（k=2,3,4）；调度容器为 ODU2/2e，线路接口容器为 ODUk（k=3,4）等等），还需进行如下步骤测试。

⑦ 修改业务 1 在 OTN 中的路径为 NE1←①→NE2↔NE3，在 NE3 业务接口处环回，修改业务 2 在 OTN 中的路径为 NE1←②→NE2↔NE3，在 NE3 业务接口处环回，检查业务 1 和 2 是否正常工作。

⑧ 修改业务 1 在 OTN 中的路径为 NE1←②→NE2，在 NE2 业务接口处环回，检查业务

1 是否正常工作，是否对于已有业务 2 产生影响。

⑨ 拔掉被测 NE2 和 NE3 之间的连纤，检查业务 1 是否受影响。

（3）注意事项

基于不同接入业务类型应分别测试 ODU*k*（*k*=0,1,2,2e,3,4）调度功能。

7.2.6.2　OCh 交叉连接功能测试

1．交叉连接方式

指基于波长的交叉连接方式，即单向、双向、环回、广（组）播等交叉连接方式。

（1）测试配置

测试配置如图 7-44 所示，测试仪表为业务分析仪，根据业务接口可选择为 SDH 分析仪、GE/10GE 数据分析仪或 OTN 分析仪等。

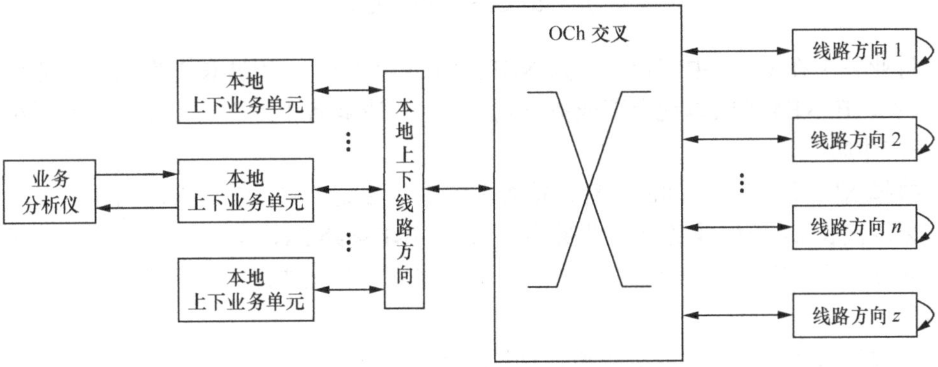

图 7-44　OCh 交叉连接方式测试配置

（2）测试步骤

① 按图 7-44 所示连接好测试配置，根据客户侧业务接入类型连接相应的业务分析仪。

② 配置业务流向为本地到线路方向，依次选择单向、双向、环回和广（组）播等基于 OCh 交叉连接方式，通过业务分析仪检查相应功能是否支持。

（3）注意事项

对于不同本地上下业务单元应分别测试 OCh 交叉连接方式。

2．OCh 调度功能

指 OTN 设备基于波长的调度功能。

（1）测试配置

测试配置如图 7-45 所示，测试仪表为业务分析仪，根据业务接口可选择为 SDH 分析仪、GE/10GE 数据分析仪或 OTN 分析仪等。

（2）测试步骤

① 按图 7-45 所示连接好测试配置，根据客户侧业务接入类型连接相应的业务分析仪。

② 配置业务 1 在 OTN 中路径为 NE1↔NE2，占用波长 λ_1，业务交叉连接颗粒为波长，在 NE2 处的本地上下业务单元环回。

③ 业务正常后，将业务 1 在 OTN 中路径修改为 NE1↔NE2↔NE3，占用波长仍为 λ_1，业务交叉连接颗粒为波长，在 NE3 处的本地上下业务单元环回，检查业务 1 是否正常工作，是否对于已有其他业务产生影响。

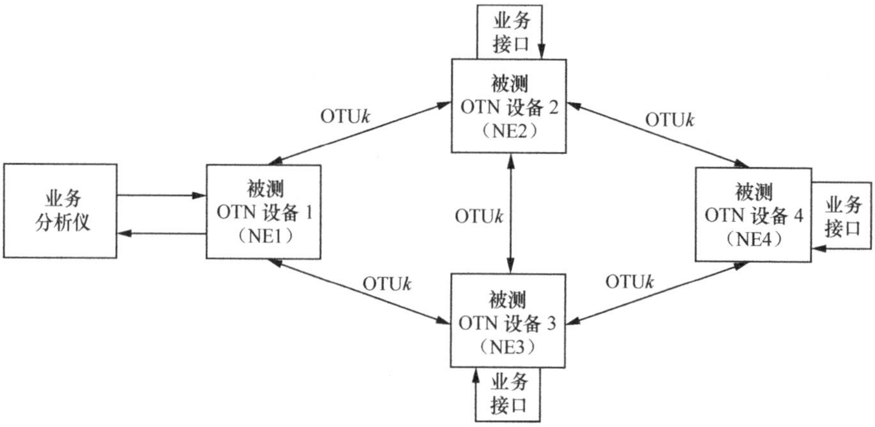

图 7-45　OCh 调度测试配置

④ 将业务 1 在 OTN 中路径修改为 NE1↔NE2↔NE4，占用波长仍为 λ_1，业务交叉连接颗粒为波长，在 NE4 处的本地上下业务单元环回，检查业务 1 是否正常工作，是否对于已有其他业务产生影响。

⑤ 拔掉 NE2 和 NE3 之间的连纤，检查业务 1 是否受影响，然后恢复光纤。

⑥ 采用波长 λ1 新建业务 2 的业务路径 NE1↔NE3↔NE4，NE4 采用和业务 1 相同的分波器/滤波器上下业务，检查业务 2 是否可以成功建立，若无法建立，网管是否有正确的波长冲突提示。

⑦ 修改接入业务为其他业务类型，重复步骤②～⑥。

（3）注意事项

基于不同接入业务类型应分别测试 OCh 调度功能。

7.3　OTN 组网性能测试

7.3.1　网络性能测试

7.3.1.1　误码率/分组丢失率

指一定测试周期内 OTN 的误码率或分组丢失率。

1．测试配置

测试配置如图 7-46 所示，测试仪表为误码/分组丢失率分析仪，其中误码/分组丢失率分析仪可根据业务接口选择 SDH、OTN 或数据网络分析仪等。

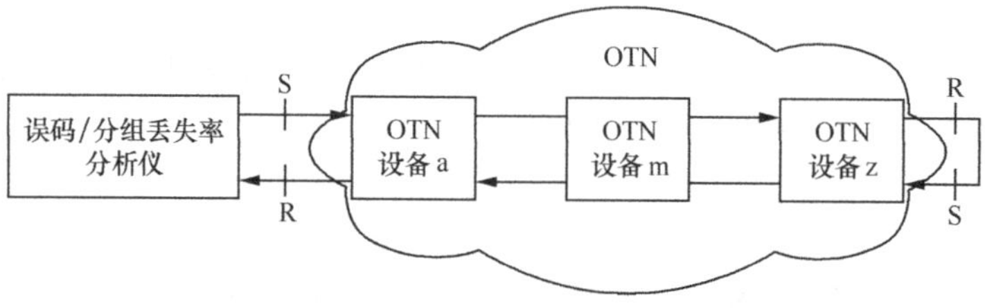

图 7-46　误码率/分组丢失率测试配置

2．测试步骤

（1）选择测试通路，按图 7-46 所示连接好测试配置，检查仪表和 OTN 的各个参考点接收功率处于正常范围。

（2）分析仪测试业务设置为最大净荷带宽（SDH 为最大连续级联、OTU*k* 业务的 ODU*k* 中 *k* 值选择可支持的最大值）或 90%的流量（以太网业务）。

（3）设定仪表测试时间，启动长期误码/分组丢失测试。

（4）测试时间结束后，记录并保存测试结果。

3．注意事项

对于无法进行环回测试的业务，采用源宿两端配置仪表的方式进行测试。

7.3.1.2　以太网性能

指基于 IETF RFC 2544 规范的以太网性能参数，包括吞吐量、时延、过载分组丢失率和背靠背帧数等。

1．测试配置

测试配置如图 7-47 所示，测试仪表为数据网络分析仪。

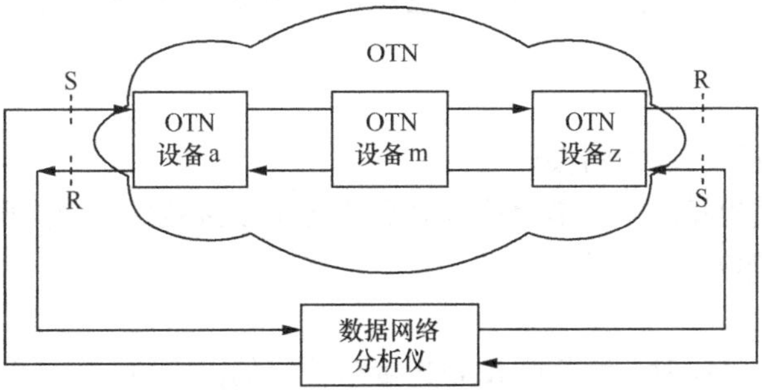

图 7-47　以太网性能测试配置

2．测试步骤

（1）按图 7-47 所示连接好测试配置，检查仪表和 OTN 的各个参考点接收功率处于正常范围。

（2）配置数据网络分析仪，启动 IETF RFC 2544 性能测试，包括吞吐量、时延、过载分组丢失率和背靠背帧数等。

7.3.1.3　系统抖动

1．输入抖动容限

指 OTN 指定业务传输时参考点 S 处光接口可容忍的最低水平的相位噪声，应满足无告警、无失锁和滑码，无误码，以及功率代价小于 1dB 3 个条件。

（1）测试配置

测试配置如图 7-48 所示，测试仪表为抖动分析仪，其中抖动分析仪可根据业务接口选择支持抖动功能分析的 SDH 或 OTN 分析仪。

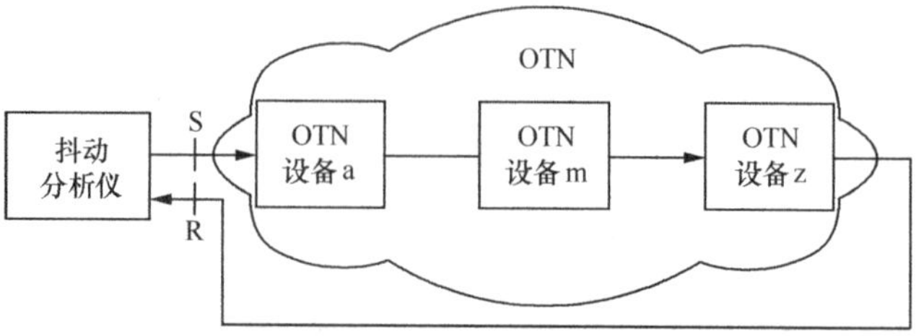

图 7-48　输入抖动容限测试配置

（2）测试步骤

① 选择测试通路，按图 7-48 所示连接好测试配置，检查仪表和 OTN 的各个参考点接收功率处于抖动测试正常范围，测试信号的 PRBS 选择为 $2^{23}-1$ 或更长，通道层信号结构选择为 VC-4 最大连续级联（对于 SDH 信号）或 ODU*k*（对于 OTN 信号，选择最大可支持 *k* 值）。

② 设置抖动分析仪为内部定时方式，在抖动分析仪上激活抖动容限的测试项，选择 ITU-T G.825（对于 SDH 信号）或 ITU-T G.8251（对于 OTN 信号）的输入抖动容限模板，并设置合适的测试频率点数目（建议为 15～25 个测试点），启动仪表开始自动测试。

③ 将测试所得的抖动容限曲线与该相应的抖动容限模板进行比较，判定是否合格并存储结果。

（3）注意事项

① 该测试项不适用于以太网接口。

② 对于现网测试和其他一些单台业务分析仪无法连接被保护业务两端等情形，应采用两端挂表或者远端环回的方式进行测试。

2．输出抖动

指在 OTN 无输入抖动时，参考点 R 处光接口输出的固有抖动，一般观察或测量的周期为 60s。

（1）测试配置

测试配置如图 7-48 所示，测试仪表为抖动分析仪，其中抖动分析仪可根据业务接口选择支持抖动功能分析的 SDH 或 OTN 分析仪。

（2）测试步骤

① 选择测试通路，按图 7-48 所示连接好测试配置，检查仪表和 OTN 的各个参考点接收功率处于抖动测试正常范围，测试信号的 PRBS 选择为 $2^{23}-1$ 或更长，通道层信号结构选择为 VC-4 最大连续级联（对于 SDH 信号）或 ODU*k*（对于 OTN 信号，选择最大可支持 *k* 值）。

② 设置抖动分析仪为内部定时方式，在抖动分析仪上激活抖动产生的测试项，选择 ITU-T G.825（对于 SDH 信号）或 ITU-T G.8251（对于 OTN 信号）所对应的抖动测量滤波器。

③ 分别测试 B1 和 B2 值，连续进行不少于 60s 的测量，读出并记录最大峰—峰值。

（3）注意事项

① 该测试项不适用于以太网接口。

② 对于现网测试和其他一些单台业务分析仪无法连接被保护业务两端等情形，应采用两端挂表或者远端环回的方式进行测试。

7.3.2　保护倒换测试

7.3.2.1　线性保护

1．OCh 保护之 OCh 1＋1 保护

OCh 1+1 保护是采用 OCh 信号并发选收的原理。保护倒换动作只发生在宿端，在源端进行永久桥接。一般情况下，OCh 1+1 保护工作于不可返回操作类型，但同时支持可返回操作，并且允许用户进行配置。

（1）测试配置

测试配置如图 7-49 所示。测试仪表为业务分析仪，根据业务接口可选择为 SDH 分析仪、GE/10GE 数据分析仪或 OTN 分析仪等。

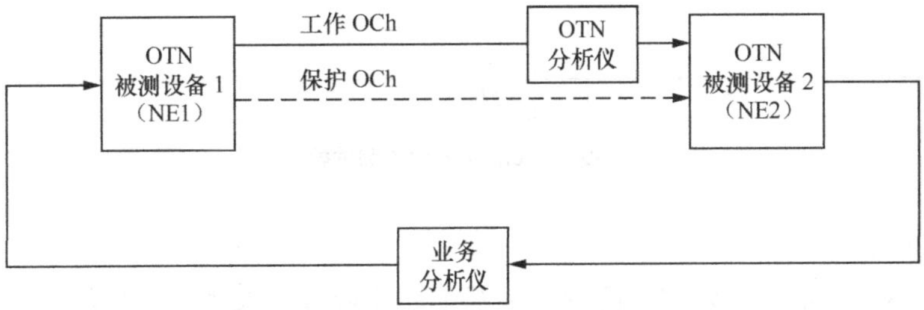

图 7-49　OCh 1＋1 保护测试配置

（2）测试步骤

① 按图 7-49 所示连接好测试配置，根据客户侧业务接入类型连接相应的业务分析仪，OTN 分析仪设置为穿通可介入模式，OTN 设备 OCh 1+1 保护倒换设置为可返回模式。

② 业务连接正常后，启动业务分析仪 APS 测试功能。

③ 通过 OTN 分析仪和拔纤等产生如下信号失效（SF）条件：LOS、OTU*k*_LOF、OTU*k*_LOM、OTU*k*_AIS、OTU*k*_TIM、ODU*k*_LOFLOM、ODU*k*_PM_AIS、ODU*k*_PM_LCK、DUk_PM_OCI、ODU*k*_PM_TIM 等，记录业务受损时间，并从网管上检查业务保护倒换状态。

④ 通过 OTN 分析仪产生如下信号劣化（SD）条件：OTU*k*_DEG、ODU*k*_PM_DEG 等，记录业务受损时间，并从网管上检查业务保护倒换状态。

⑤ 通过网管执行人工倒换和强制倒换，记录业务受损时间。

⑥ OTN 设备 OCh 1+1 保护倒换修改为不可返回模式，重复步骤②～⑤。

（3）注意事项

① 对于双向倒换的配置，应同时监视反方向业务的倒换受损时间。

② 对于现网测试和其他一些单台业务分析仪无法连接被保护业务两端等情形，应采用两端挂表或者远端环回的方式进行测试。基于环回测试配置的实际业务受损时间应为仪表测试业务受损时间减去环回本身产生的时延值。

2．OCh 保护之 OCh 1：*n* 保护

1 个或者多个工作通道共享 1 个保护通道资源。当超过 1 个工作通道处于故障状态时，OCh 1：*n* 保护类型只能对其中优先级最高的工作通道进行保护。OCh 1：*n* 保护支持可返回与不可返回两种操作类型，并允许用户进行配置。OCh 1：*n* 保护支持单向倒换与双向倒换，并允许用户进行配置。不管是单向倒换还是双向倒换，OCh 1：*n* 保护都需要在保护组内进行

APS 协议交互。OCh 1：*n* 保护可以支持额外业务。

（1）测试配置

测试置如图 7-50 所示。测试仪表为业务分析仪，根据业务接口可选择为 SDH 分析仪、GE/10GE 数据分析仪或 OTN 分析仪等。

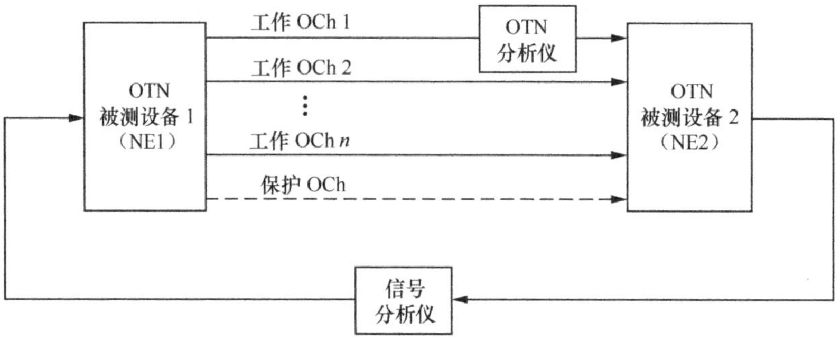

图 7-50　Och 1：*n* 保护测试配置

（2）测试步骤

① 按图 7-50 所示连接好测试配置，根据客户侧业务接入类型连接相应的业务分析仪，OTN 分析仪设置为穿通可介入模式，OTN 设备 OCh 1：*n* 保护倒换设置为可返回模式，*n* 值根据 OTN 设备支持选择。

② 业务连接正常后，启动业务分析仪 APS 测试功能。

③ 通过 OTN 分析仪和拔纤等在工作 OCh1 产生如下信号失效（SF）条件：LOS、OTU*k*_LOF、OTU*k*_LOM、OTU*k*_AIS、OTU*k*_TIM、ODU*k*_LOFLOM、ODU*k*_PM_AIS、ODU*k*_PM_LCK、DU*k*_PM_OCI、ODU*k*_PM_TIM 等，记录业务受损时间，并从网管上检查业务保护倒换状态。

④ 通过 OTN 分析仪在工作 OCh 1 产生如下信号劣化（SD）条件：OTU*k*_DEG、ODU*k*_PM_DEG 等，同时记录业务受损时间，并从网管上检查业务保护倒换状态。

⑤ 依次选择在 OCh 2～*n* 中穿通可介入模式的 OTN 分析仪，依次产生③和④中 SF 和 SD 故障和性能条件，记录业务受损时间，并从网管上检查业务保护倒换状态。

⑥ 依次选择在工作 OCh 1～*n* 中通过网管执行人工倒换和强制倒换，记录业务受损时间。

⑦ 设置工作 OCh1 的优先级为最高，同时中断工作 OCh1～*n*，查看被保护的业务 OCh 编号，并记录业务受损时间。

⑧ OTN 设备 OCh 1：*n* 保护倒换修改为不可返回模式，重复步骤②～⑦。

（3）注意事项

① 测试过程中保护 OCh 可介入额外业务，同时应查看额外业务是否发生倒换时中断，在倒换返回后自动恢复。

② 对于双向倒换的配置，应同时监视反方向业务的倒换受损时间。

③ 对于现网测试和其他一些单台业务分析仪无法连接被保护业务两端等情形，应采用两端挂表或者远端环回的方式进行测试。基于环回测试配置的实际业务受损时间应为仪表测试业务受损时间减去环回本身产生的时延值。

3．ODU*k* SNC 保护之 ODU*k* 1＋1 SNCP/I 保护

一个单独的工作信号由一个单独的保护实体进行保护。保护倒换动作只发生在宿端，在源端进行永久桥接，采用固有监视方式。

（1）测试配置

测试配置如图 7-51 所示。测试仪表为业务分析仪，根据业务接口可选择为 SDH 分析仪、GE/10GE 数据分析仪或 OTN 分析仪等。

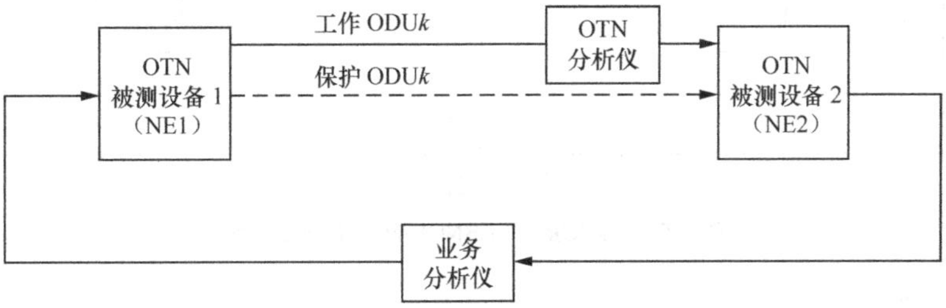

图 7-51　ODU*k*1＋1 SNCP/I 保护测试配置

（2）测试步骤

① 按图 7-51 所示连接好测试配置，根据客户侧业务接入类型连接相应的业务分析仪，OTN 分析仪设置为穿通可介入模式，OTN 设备 ODU*k*（*k*=0,1,2,2e,3,4）1+1 保护倒换设置为可返回模式。

② 业务连接正常后，启动业务分析仪 APS 测试功能。

③ 通过 OTN 分析仪和拔纤等产生如下信号失效（SF）条件：LOS、OTU*k*_LOF、OTU*k*_LOM、OTU*k*_AIS、OTU*k*_TIM、（ODU*k*_PM_AIS、ODU*k*_PM_LCK、ODU*k*_PM_OCI、ODU*k*_PM_TIM 等，仅在存在复用结构时适用）等，记录业务受损时间，并从网管上检查业务保护倒换状态。

④ 通过 OTN 分析仪产生如下信号劣化（SD）条件：OTU*k*_DEG、（ODU*k*_PM_DEG，仅在存在复用结构时适用）等，记录业务受损时间，并从网管上检查业务保护倒换状态。

⑤ 通过网管执行人工倒换和强制倒换，记录业务受损时间。

⑥ OTN 设备 ODU*k* 1+1 SNCP/I 保护倒换修改为不可返回模式，重复步骤②～⑤。

（3）注意事项

① 存在复用结构时所导致的 ODU*k* PM 子层触发倒换条件仅对于被复用的 ODU*k* 适用，如从 ODU*k* 直接复用到 ODU*j*（*j*>*k*），ODU*j* 的 PM 子层相关告警和误码仅对于 ODU*k* 业务适用。

② 对于双向倒换的配置，应同时监视反方向业务的倒换受损时间。

③ 对于其他触发条件不应发生倒换动作。

④ 对于现网测试和其他一些单台业务分析仪无法连接被保护业务两端等情形，应采用两端挂表或者远端环回的方式进行测试。基于环回测试配置的实际业务受损时间应为仪表测试业务受损时间减去环回本身产生的时延值。

4．ODU*k* SNC 保护之 ODU*k* 1＋1 SNCP/N 保护

一个单独的工作信号由一个单独的保护实体进行保护。保护倒换动作只发生在宿端，在

源端进行永久桥接，采用非介入监视方式。

（1）测试配置

测试配置如图 7-52 所示。测试仪表为业务分析仪，根据业务接口可选择为 SDH 分析仪、GE/10GE 数据分析仪或 OTN 分析仪等。

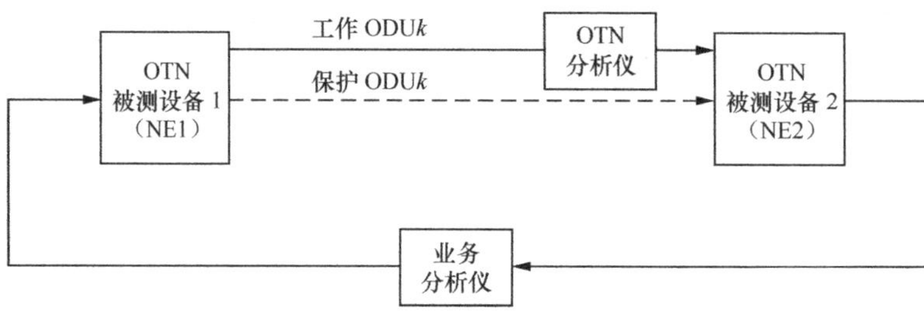

图 7-52　ODUk 1＋1 SNCP/N 保护测试配置

（2）测试步骤

① 按图 7-52 所示连接好测试配置，根据客户侧业务接入类型连接相应的业务分析仪，OTN 分析仪设置为穿通可介入模式，OTN 设备 ODUk（k=0,1,2,2e,3,4）1+1 保护倒换设置为可返回模式。

② 业务连接正常后，启动业务分析仪 APS 测试功能。

③ 通过 OTN 分析仪和拔纤等产生如下信号失效（SF）条件：LOS、OTUk_LOF、OTUk_LOM、OTUk_AIS、OTUk_TIM；ODUk_TCMn_OCI、ODUk_TCMn_LCK、ODUk_TCMn_AIS、ODUk_TCMn_TIM、ODUk_TCMn_LTC；ODUk_LOFLOM、ODUk_PM_AIS、ODUk_PM_LCK、ODUk_PM_OCI、ODUk_PM_TIM 等，记录业务受损时间，并从网管上检查业务保护倒换状态。

④ 通过 OTN 分析仪产生如下信号劣化（SD）条件：OTUk_DEG、ODUk_PM_DEG、ODUk_TCMn_DEG 等，记录业务受损时间，并从网管上检查业务保护倒换状态。

⑤ 通过网管执行人工倒换和强制倒换，记录业务受损时间。

⑥ OTN 设备 ODUk 1+1 SNCP/N 保护倒换修改为不可返回模式，重复步骤②～⑤。

（3）注意事项

① 测试时 TCM_i 设置为“监测模式”。

② 对于双向倒换的配置，应同时监视反方向业务的倒换受损时间。

③ 对于其他触发条件不应发生保护倒换动作。

④ 对于现网测试和其他一些单台业务分析仪无法连接被保护业务两端等情形，应采用两端挂表或者远端环回的方式进行测试。基于环回测试配置的实际业务受损时间应为仪表测试业务受损时间减去环回本身产生的时延值。

5．ODUk SNC 保护之 ODUk 1＋1 SNCP/S 保护

一个单独的工作信号由一个单独的保护实体进行保护。保护倒换动作只发生在宿端，在源端进行永久桥接，采用子层监视方式。

（1）测试配置

测试配置如图 7-53 所示。测试仪表为业务分析仪，根据业务接口可选择为 SDH 分析仪、

GE/10GE 数据分析仪或 OTN 分析仪等。

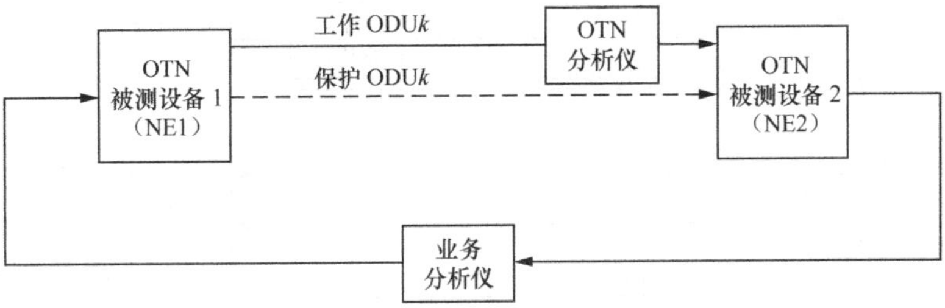

图 7-53　ODUk 1＋1 SNCP/S 保护测试配置

（2）测试步骤

① 按图 7-53 所示连接好测试配置，根据客户侧业务接入类型连接相应的业务分析仪，OTN 分析仪设置为穿通可介入模式，OTN 设备 ODUk（k=0,1,2,2e,3,4）1+1 保护倒换设置为可返回模式。

② 业务连接正常后，启动业务分析仪 APS 测试功能。

③ 通过 OTN 分析仪和拔纤等产生如下信号失效（SF）条件：LOS、OTUk_LOF、OTUk_LOM、OTUk_AIS、OTUk_TIM；ODUk_TCMn_OCI、ODUk_TCMn_LCK、ODUk_TCMn_AIS、ODUk_TCMn_TIM、ODUk_TCMn_LTC（ODUk_PM_AIS、ODUk_PM_LCK、ODUk_PM_OCI、ODUk_PM_TIM 等，仅在存在复用结构时适用）等，记录业务受损时间，并从网管上检查业务保护倒换状态。

④ 通过 OTN 分析仪产生如下信号劣化（SD）条件：OTUk_DEG、ODUk_TCMn_DEG（ODUk_PM_DEG，仅在存在复用结构时适用）等，记录业务受损时间，并从网管上检查业务保护倒换状态。

⑤ 通过网管执行人工倒换和强制倒换，记录业务受损时间。

⑥ OTN 设备 ODUk 1+1 SNCP/S 保护倒换修改为不可返回模式，重复步骤②～⑤。

（3）注意事项

① 测试时 TCM_i 设置为“运行模式”。

② 对于双向倒换的配置，应同时监视反方向业务的倒换受损时间。

③ 存在复用结构时所导致的 ODUk PM 子层触发倒换条件仅对于被复用的 ODUk 适用，如从 ODUk 直接复用到 ODUj（j>k），ODUj 的 PM 子层相关告警和误码仅对于 ODUk 业务适用。

④ 对于其他触发条件不应发生保护倒换动作。

⑤ 对于现网测试和其他一些单台业务分析仪无法连接被保护业务两端等情形，应采用两端挂表或者远端环回的方式进行测试。基于环回测试配置的实际业务受损时间应为仪表测试业务受损时间减去环回本身产生的时延值。

6．ODUk SNC 保护之 ODUk m:n SNCP/I 保护

指一个或 n 个工作 ODUk 共享 1 个或 m 个保护 ODUk 资源，采用固有监视方式。

（1）测试配置

测试配置如图 7-54 所示。测试仪表为业务分析仪，根据业务接口可选择为 SDH 分析仪、

GE/10GE 数据分析仪或 OTN 分析仪等。

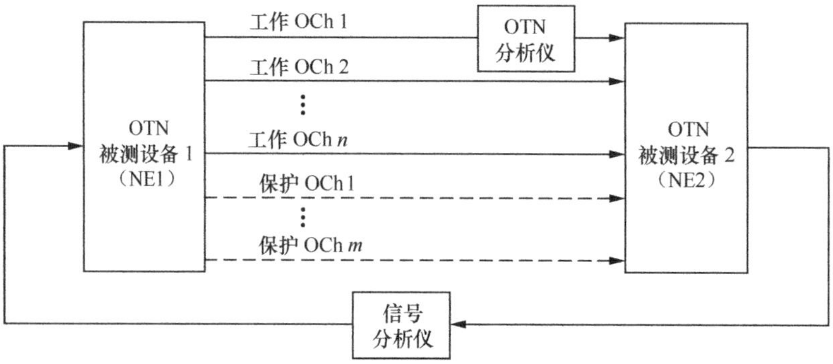

图 7-54　ODU*k* *m*:*n* SNCP/I 保护测试配置

（2）测试步骤

① 按图 7-54 所示连接好测试配置，根据客户侧业务接入类型连接相应的业务分析仪，OTN 分析仪设置为穿通可介入模式，OTN 设备 ODU*k*（*k*=0,1,2,2e,3,4）*m*：*n* 保护倒换设置为可返回模式。

② 业务连接正常后，启动业务分析仪 APS 测试功能。

③ 通过 OTN 分析仪和拔纤等产生如下信号失效（SF）条件：LOS、OTU*k*_LOF、OTU*k*_LOM、OTU*k*_AIS、OTU*k*_TIM、（ODU*k*_PM_AIS、ODU*k*_PM_LCK、ODU*k*_PM_OCI、ODU*k*_PM_TIM 等，仅在存在复用结构时适用），记录业务受损时间，并从网管上检查业务保护倒换状态。

④ 通过 OTN 分析仪产生如下信号劣化（SD）条件：OTU*k*_DEG、（ODU*k*_PM_DEG，仅在存在复用结构时适用）等，记录业务受损时间，并从网管上检查业务保护倒换状态。

⑤ 依次选择在 ODU*k* 2～*n* 中穿通可介入模式的 OTN 分析仪，依次产生③和④中 SF 和 SD 故障和性能条件，记录业务受损时间，并从网管上检查业务保护倒换状态。

⑥ 依次选择在工作 ODU*k* 1～*n* 中通过网管执行人工倒换和强制倒换，记录业务受损时间。

⑦ 设置工作 ODU*k* 1～*n* 的优先级依次为由高到低，同时中断工作 ODU*k*1～*n*，查看被保护的业务 ODU*k* 编号，记录业务受损时间。

⑧ OTN 设备 ODU*k* *m*:*n* SNCP/S 保护倒换修改为不可返回模式，重复步骤②～⑦。

（3）注意事项

① 测试过程中保护 ODU*k* 1～*m* 可介入额外业务，同时应查看额外业务是否发生倒换时中断，在倒换返回后自动恢复。

② 对于双向倒换的配置，应同时监视反方向业务的倒换受损时间。

③ 存在复用结构时所导致的 ODU*k* PM 子层触发倒换条件仅对于被复用的 ODU*k* 适用，如从 ODU*k* 直接复用到 ODU*j*（*j*>*k*），ODU*j* 的 PM 子层相关告警和误码仅对于 ODU*k* 业务适用。

④ 对于其他触发条件，不应发生保护倒换动作。

⑤ 对于现网测试和其他一些单台业务分析仪无法连接被保护业务两端等情形，应采用两端挂表或者远端环回的方式进行测试。基于环回测试配置的实际业务受损时间应为仪表测试

业务受损时间减去环回本身产生的时延值。

7．ODU*k* SNC 保护之 ODU*k* *m*:*n* SNCP/N 保护

指一个或 *n* 个工作 ODU*k* 共享 1 个或 *m* 个保护 ODU*k* 资源，采用可介入监视方式。

（1）测试配置

测试配置如图 7-55 所示。测试仪表为业务分析仪，根据业务接口可选择为 SDH 分析仪、GE/10GE 数据分析仪或 OTN 分析仪等。

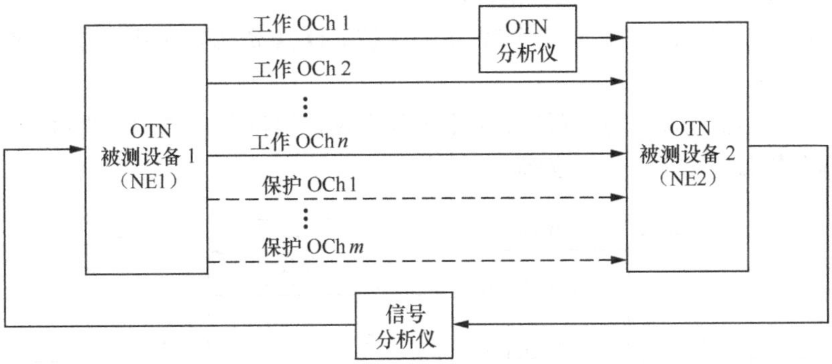

图 7-55　ODU*k* *m*:*n* SNCP/N 保护测试配置

（2）测试步骤

① 按图 7-55 所示连接好测试配置，根据客户侧业务接入类型连接相应的业务分析仪，OTN 分析仪设置为穿通可介入模式，OTN 设备 ODU*k*（*k*=0,1,2,2e,3,4）*m*:*n* 保护倒换设置为可返回模式。

② 业务连接正常后，启动业务分析仪 APS 测试功能。

③ 通过 OTN 分析仪和拔纤等产生如下信号失效（SF）条件：LOS、OTU*k*_LOF、OTU*k*_LOM、OTU*k*_AIS、OTU*k*_TIM；ODU*k*_TCMn_OCI、ODU*k*_TCMn_LCK、ODU*k*_TCMn_AIS、ODU*k*_TCMn_TIM、ODU*k*_TCMn_LTC；ODU*k*_LOFLOM、ODU*k*_PM_AIS、ODU*k*_PM_LCK、ODU*k*_PM_OCI、ODU*k*_PM_TIM 等，记录业务受损时间，并从网管上检查业务保护倒换状态。

④ 通过 OTN 分析仪产生如下信号劣化（SD）条件：OTU*k*_DEG、ODU*k*_PM_DEG、ODU*k*_TCMn_DEG 等，记录业务受损时间，并从网管上检查业务保护倒换状态。

⑤ 依次选择在 ODU*k* 2～*n* 中穿通可介入模式的 OTN 分析仪，依次产生③和④中 SF 和 SD 故障和性能条件，记录业务受损时间，并从网管上检查业务保护倒换状态。

⑥ 依次选择在工作 ODU*k* 1～*n* 中通过网管执行人工倒换和强制倒换各两次，记录业务受损时间。

⑦ 设置工作 ODU*k* 1～*n* 的优先级依次为由高到低，同时中断工作 ODU*k* 1～*n*，查看被保护的业务 ODU*k* 编号，记录业务受损时间。

⑧ OTN 设备 ODU*k* *m*:*n* SNCP/S 保护倒换修改为不可返回模式，重复步骤②～⑦。

（3）注意事项

① 测试时 TCM_i 设置为“运行模式”。

② 测试过程中保护 ODU*k* 1～*m* 可介入额外业务，同时应查看额外业务是否发生倒换时

中断，在倒换返回后自动恢复。

③ 对于双向倒换的配置，应同时监视反方向业务的倒换受损时间。

④ 对于其他触发条件不应发生保护倒换动作。

⑤ 对于现网测试和其他一些单台业务分析仪无法连接被保护业务两端等情形，应采用两端挂表或者远端环回的方式进行测试。基于环回测试配置的实际业务受损时间应为仪表测试业务受损时间减去环回本身产生的时延值。

8．ODU*k* SNC 保护之 ODU*k* *m*:*n* SNCP/S 保护

指一个或 *n* 个工作 ODU*k* 共享 1 个或 *m* 个保护 ODU*k* 资源，采用子层监视方式。

（1）测试配置

测试配置如图 7-56 所示。测试仪表为业务分析仪，根据业务接口可选择为 SDH 分析仪、GE/10GE 数据分析仪或 OTN 分析仪等。

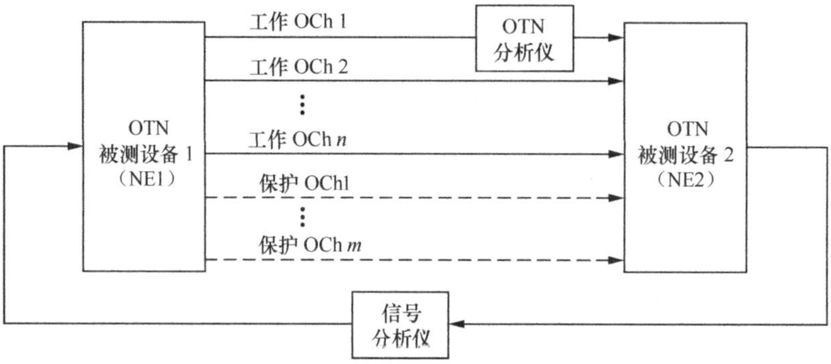

图 7-56　ODU*k* *m*:*n* SNCP/S 保护测试配置

（2）测试步骤

① 按图 7-56 所示连接好测试配置，根据客户侧业务接入类型连接相应的业务分析仪，OTN 分析仪设置为穿通可介入模式，OTN 设备 ODU*k*（*k*=0,1,2,2e,3,4）*m*:*n* 保护倒换设置为可返回模式。

② 业务连接正常后，启动业务分析仪 APS 测试功能。

③ 通过 OTN 分析仪和拔纤等产生如下信号失效（SF）条件：LOS、OTU*k*_LOF、OTU*k*_LOM、OTU*k*_AIS、OTU*k*_TIM；ODU*k*_TCMn_OCI、ODU*k*_TCMn_LCK、ODU*k*_TCMn_AIS、ODU*k*_TCMn_TIM、ODU*k*_TCMn_LTC（ODU*k*_PM_AIS、ODU*k*_PM_LCK、ODU*k*_PM_OCI、ODU*k*_PM_TIM 等，仅在存在复用结构时适用）等，记录业务受损时间，并从网管上检查业务保护倒换状态。

④ 通过 OTN 分析仪产生如下信号劣化（SD）条件：OTU*k*_DEG、ODU*k*_TCMn_DEG（ODU*k*_PM_DEG，仅在存在复用结构时适用）等，记录业务受损时间，并从网管上检查业务保护倒换状态。

⑤ 依次选择在 ODU*k* 2～*n* 中穿通可介入模式的 OTN 分析仪，依次产生③和④中 SF 和 SD 故障和性能条件，记录业务受损时间，并从网管上检查业务保护倒换状态。

⑥ 依次选择在工作 ODU*k* 1～*n* 中通过网管执行人工倒换和强制倒换，记录业务受损时间。

⑦ 设置工作 ODUk 1～n 的优先级依次为由高到低，同时中断工作 ODUk 1～n，查看被保护的业务 ODUk 编号，记录业务受损时间。

⑧ OTN 设备 ODUk m:n SNCP/S 保护倒换修改为不可返回模式，重复步骤②～⑦。

（3）注意事项

① 测试时 TCM_i 设置为“运行模式”。

② 测试过程中保护 ODUk 1～m 可介入额外业务，同时应查看额外业务是否发生倒换时中断，在倒换返回后自动恢复。

③ 对于双向倒换的配置，应同时监视反方向业务的倒换受损时间。

④ 存在复用结构时所导致的 ODUk PM 子层触发倒换条件仅对于被复用的 ODUk 适用，如从 ODUk 直接复用到 ODUj（j>k），ODUj 的 PM 子层相关告警和误码仅对于 ODUk 业务适用。

⑤ 对于其他触发条件，不应发生保护倒换动作。

⑥ 对于现网测试和其他一些单台业务分析仪无法连接被保护业务两端等情形，应采用两端挂表或者远端环回的方式进行测试。基于环回测试配置的实际业务受损时间应为仪表测试业务受损时间减去环回本身产生的时延值。

7.3.2.2　环网保护

1．OCh SPRing 保护

指基于 OCh 共享的环网保护方式。

（1）测试配置

测试配置如图 7-57 所示。测试仪表为业务分析仪，根据业务接口可选择为 SDH 分析仪、GE/10GE 数据分析仪或 OTN 分析仪等。

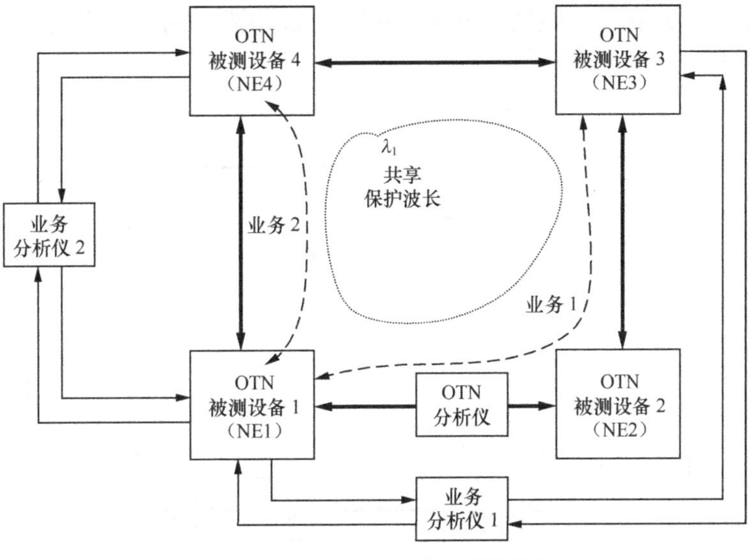

图 7-57　OCh SPRing 保护测试配置

（2）测试步骤

① 按图 7-57 所示连接好测试配置，根据客户侧业务接入类型连接相应的业务分析仪，

OTN 分析仪设置为穿通可介入模式。OTN 设备 OCh SPRing 保护倒换设置为可返回模式。

② 选择波长 λ_1 为共享保护波长，通过网管配置建立从 NE1↔NE2↔NE3 的业务 1 和 NE1↔NE4 的业务 2。

③ 通过 OTN 分析仪和拔纤等产生如下信号失效（SF）条件：LOS、OTU*k*_LOF、OTU*k*_LOM、OTU*k*_AIS、OTU*k*_TIM、ODU*k*_LOFLOM、ODU*k*_PM_AIS、ODU*k*_PM_LCK、ODU*k*_PM_OCI、ODU*k*_PM_TIM 等，记录业务 1 受损时间，并从网管上检查业务保护倒换状态，同时查看业务 2 是否受到影响。

④ 通过 OTN 分析仪产生如下信号劣化（SD）条件：OTU*k*_DEG、ODU*k*_PM_DEG 等，记录业务 1 受损时间，并从网管上检查业务保护倒换状态，同时查看业务 2 是否受到影响。

⑤ 通过网管对于业务 1 执行人工倒换和强制倒换，记录业务受损时间，同时查看业务 2 是否受到影响。

⑥ 节点 NE2 掉电，记录业务 1 受损时间，同时查看业务 2 是否受到影响。

⑦ 节点 NE1 掉电，检查业务是否发生错连。

⑧ OTN 设备 OCh SPRing 保护倒换修改为不可返回模式，重复步骤②～⑦。

（3）注意事项

对于现网测试和其他一些单台业务分析仪无法连接被保护业务两端等情形，应采用两端挂表或者远端环回的方式进行测试。基于环回测试配置的实际业务受损时间应为仪表测试业务受损时间减去环回本身产生的时延值。

2．ODU*k* SPRing 保护

指基于 ODU*k* 共享的环网保护方式，见 YD/T 1990-2009 第 10.3.2 节。

（1）测试配置

测试配置如图 7-58 所示。测试仪表为业务分析仪，根据业务接口可选择为 SDH 分析仪、GE/10GE 数据分析仪或 OTN 分析仪等。

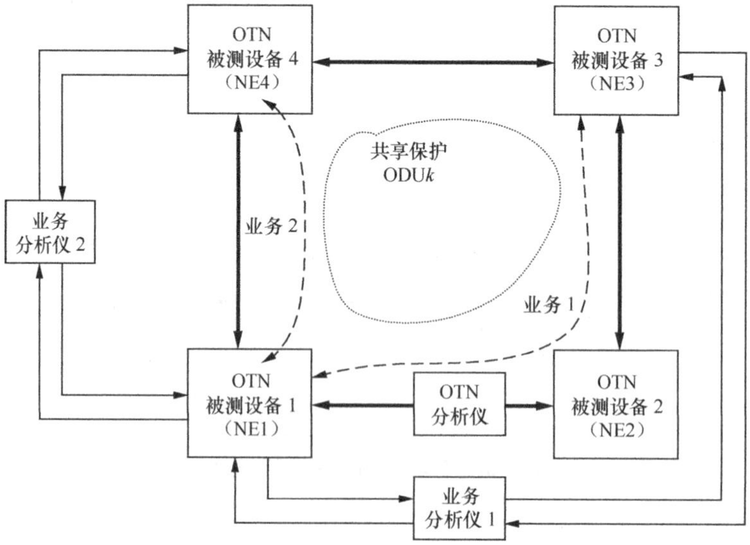

图 7-58　ODU*k* SPRing 保护测试配置

（2）测试步骤

① 按图 7-58 所示连接好测试配置，根据客户侧业务接入类型连接相应的业务分析仪，OTN 分析仪设置为穿通可介入模式。OTN 设备 ODU*k* SPRing 保护倒换设置为可返回模式。

② 通过网管配置建立从 NE1↔NE2↔NE3 的业务 1 和 NE1↔NE4 的业务 2。

③ 通过 OTN 分析仪和拔纤等产生如下信号失效（SF）条件：LOS、OTU*k*_LOF、OTU*k*_LOM、OTU*k*_AIS、OTU*k*_TIM（ODU*k*_TCMn_OCI、ODU*k*_TCMn_LCK、ODU*k*_TCMn_AIS、ODU*k*_TCMn_TIM、ODU*k*_TCMn_LTC、ODU*k*_LOFLOM、ODU*k*_PM_AIS、ODU*k*_PM_LCK、ODU*k*_PM_OCI、ODU*k*_PM_TIM 等，仅在存在复用结构时适用）等，记录业务 1 受损时间，并从网管上检查业务保护倒换状态，同时查看业务 2 是否受到影响。

④ 通过 OTN 分析仪产生如下信号劣化（SD）条件：OTU*k*_DEG（ODU*k*_PM_DEG、ODU*k*_TCMn_DEG 等，仅在存在复用结构时适用）等，记录业务 1 受损时间，并从网管上检查业务保护倒换状态，同时查看业务 2 是否受到影响。

⑤ 通过网管对于业务 1 执行人工倒换和强制倒换，记录业务受损时间，同时查看业务 2 是否受到影响。

⑥ 节点 NE2 掉电，记录业务 1 受损时间，同时查看业务 2 是否受到影响。

⑦ 节点 NE1 掉电，检查业务是否发生错连。

⑧ OTN 设备 ODU*k* SPRing 保护倒换修改为不可返回模式，重复步骤②～⑦。

（3）注意事项

① 存在复用结构时所导致的 ODU*k* 子层触发倒换条件仅对于被复用的 ODU*k* 适用，如从 ODU*k* 直接复用到 ODU*j*（*j*>*k*），ODU*j* 子层相关告警和误码仅对于 ODU*k* 业务适用。

② 对于其他触发条件，不应发生保护倒换动作。

③ 对于现网测试和其他一些单台业务分析仪无法连接被保护业务两端等情形，应采用两端挂表或者远端环回的方式进行测试。基于环回测试配置的实际业务受损时间应为仪表测试业务受损时间减去环回本身产生的时延值。

7.4 OTN 网络智能功能测试

7.4.1 控制平面连接管理功能

控制平面应支持以下几种连接类型的创建：时分交换（TDM）、波长交换（LSC）和光纤交换（FSC）。

1．测试配置

测试配置如图 7-59 所示。测试仪表为业务分析仪、协议分析仪等。其中业务分析仪根据业务接口可选择为 SDH 分析仪、GE/10GE 数据分析仪或 OTN 分析仪等。

2．测试步骤

（1）如图 7-59 所示连接好测试配置，控制平面通信通道应采用带外网络的方式。通过控制平面，创建 NE1↔NE2 的业务，业务路由为 NE1-NE4-NE3-NE2。

（2）根据 OTN 设备类型选择支持的业务颗粒应支持以下几种：

① 以太网业务（ODU*k*（*k*=0,1,2,2e,3,4），波长）；

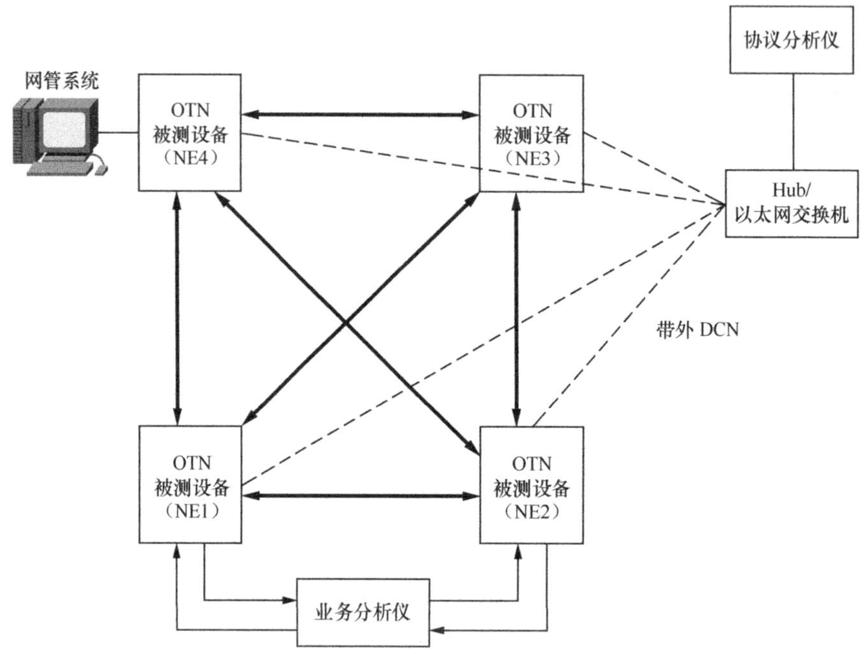

图 7-59 控制平面交换能力验证测试配置

② SDH 业务（ODU*k*（*k*=1,2,3,4），波长）；

③ OTN 业务（ODU*k*（*k*=1,2,3,4），波长）。

（3）根据 OTN 设备类型选择业务承载路径所经过节点配置的交叉应支持以下几种：

① 时分交换（TDM）；

② 波长交换（LSC）；

③ 光纤交换（FSC）。

（4）通过业务分析仪查看业务是否创建成功，并通过网管查询业务路径。

（5）在带外信令网络配置的情况下，通过协议分析仪抓包分析控制平面信令流程。

（6）删除上述创建的业务，通过业务分析仪查看业务是否删除成功，通过网管系统查询业务是否成功删除。通过协议分析仪抓包分析控制平面的信令消息。

3．注意事项

OTN 设备类型包括电交叉 OTN 设备、光交叉 OTN 设备和光电混合交叉 OTN 设备。

7.4.2 路由功能

7.4.2.1 路由计算能力

控制平面支持跨层业务的集中路径计算功能，满足多层流量工程的需求。控制平面路由选择应考虑光层上的一些光学限制，如功率、色散、信噪比等。

1．测试配置

测试配置如图 7-60 所示。测试仪表为业务分析仪、协议分析仪等。其中业务分析仪根据业务接口可选择为 SDH 分析仪、GE/10GE 数据分析仪或 OTN 分析仪等。

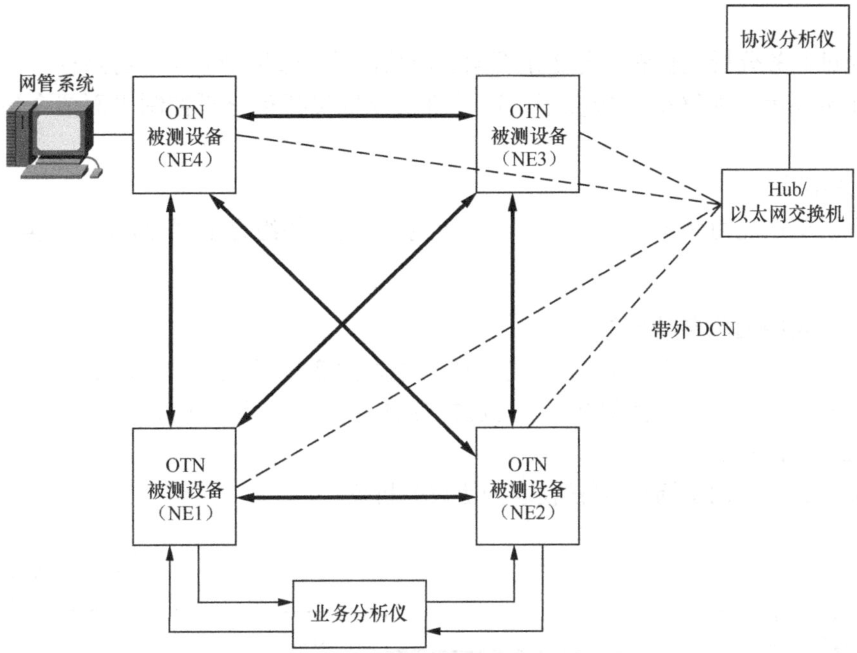

图 7-60　控制平面路由计算能力验证测试配置

2．测试步骤

（1）如图 7-60 所示连接好测试配置，控制平面通信通道应采用带外网络的方式。

（2）网络节点 NE1～NE4 分别具有不同多个层面的交换能力。通过控制平面创建

（3）NE1↔NE2 之间的业务 1，其为以下几种交换能力的组合。

① 时分交换（TDM）；

② 波长交换（LSC）；

③ 光纤交换（FSC）。

（4）路由计算应支持以下几种方式：

① 节点数量约束；

② 链路代价约束；

③ 包含特定网络资源；

④ 排斥特定网络资源；

⑤ 路由分集约束（节点、链路、SRLG）；

⑥ 负载均衡；

⑦ 物理特性约束（传输链路上的光学特性，如功率、信噪比等）；

⑧ 以上多种约束条件的组合。

（5）通过业务分析仪查看业务 1 是否创建成功，并通过网管查看业务路径。

（6）在带外信令网络配置的情况下，通过协议分析仪抓包分析控制平面信令消息对不同交叉颗粒业务的处理过程。

（7）创建 NE3↔NE4 的波长/光纤交换能力的业务路径 2，创建 NE1↔NE2 时分交换（TDM）能力的业务 3，指定 NE1↔NE2 的业务 3 采用 NE3↔NE4 的已创建的波长/光纤交换能力的业

务 2。

（8）通过业务分析仪查看业务 3 是否创建成功，并通过网管查看业务路径。

（9）在带外信令网络配置情况下，通过协议分析仪抓包分析控制平面信令消息的处理流程。

3．注意事项

对于多层交换能力跨层的路由集中计算功能，不同层的组合根据 OTN 设备实际支持程度选择。

7.4.2.2 路由信息自动更新

在控制平面 TE 链路状态或者带宽等属性信息发生变化后，控制平面的路由信息广播能力应自动地发起路由广播，广播的路由信息应携带更新后的 TE 链路信息。

1．测试配置

测试配置如图 7-61 所示。测试仪表为协议分析仪。

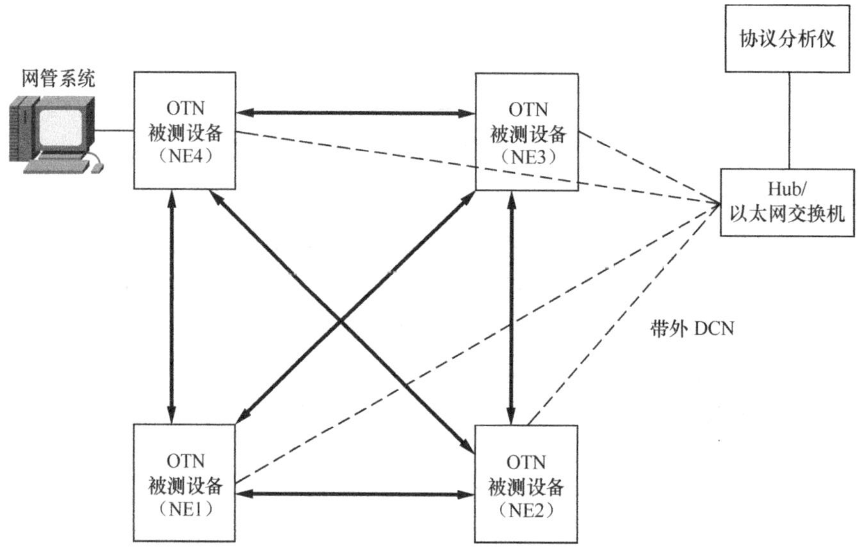

图 7-61 路由信息更新测试配置

2．测试步骤

（1）如图 7-61 所示连接测试配置。

（2）断开被测设备 1 到被测设备 2 的一条光纤连接。

（3）通过网管系统查看拓扑更新，查看 TE 链路数据库的更新。

（4）通过协议分析仪抓包分析路由功能发送的链路状态更新包，查看路由协议收敛过程。

（5）恢复光纤连接。

（6）对具备波长交换能力的设备，通过网管协调对被测设备 1 到被测设备 2 的一条光纤连接内部的波长进行预留，使得光纤中的可用波长信息发生变化。

（7）重复步骤（3）～（4）。

（8）对于具备 ODUk 电交叉能力的设备，通过预留光纤链路 ODUk/OTUk 的一个时隙，使得光纤中的带宽可用信息发生变化。

（9）重复步骤（3）～（4）。

（10）通过创建/删除一条端到端的具备波长交换能力的 LSP，该 LSP 未承载上层业务信息，该 LSP 信息应通过路由信息进行广播。

（11）重复步骤（3）～（4）。

7.4.3　自动发现和链路管理功能验证

7.4.3.1　控制平面的自动发现功能

控制平面应该具有发现连接两个节点间光纤的能力。

控制平面应该具备波长资源的自动发现功能，包括各网元各线路光口已使用的波长资源、可供使用的波长资源。控制平面应该具有 OTU*k*/ODU*k* 的层邻接发现功能。

链路资源管理包括网元内各 OTU 线路光口已使用的 ODU*k* 资源、可供使用的 ODU*k* 资源。控制平面应支持基于 GCC 开销的 LMP 自动发现和端口校验功能。

1．测试配置

测试配置如图 7-62 所示。测试仪表为协议分析仪。

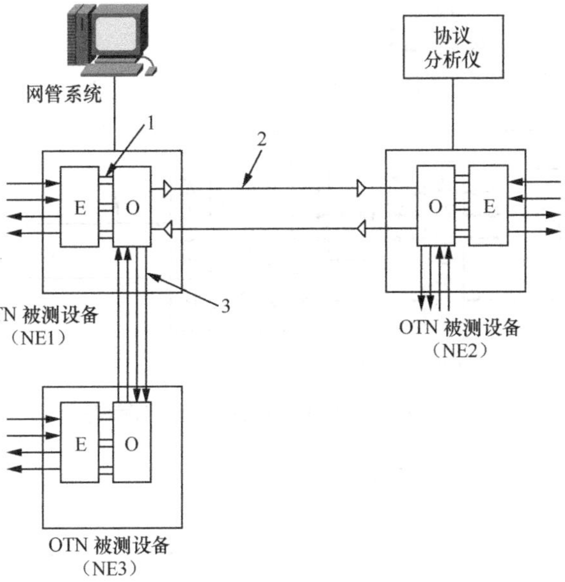

图 7-62　控制平面的自动发现功能测试配置

2．测试步骤

（1）如图 7-62 所示连接好测试配置。

（2）断开并恢复 2 处的光纤，验证控制平面的 TE 链路发现能力。

（3）通过网管系统查询光纤发现的结果，通过网管系统查询控制平面 TE 链路数据库的结果。

（4）通过协议分析仪查看信令流程。

（5）断开并恢复 1 处的光纤，验证控制平面的波长资源的自动发现功能。

（6）通过网管系统查询波长发现的结果，查询控制平面 TE 数据库的刷新。

（7）通过网管系统查询各网元各线路光口已使用的波长资源、可供使用的波长资源。

（8）通过交换节点 NE1 的 2 处和 3 处的任意两对光口的收或发光纤，使得相邻节点的链路光纤发生错连。

（9）通过协议分析仪验证链路验证消息，检查网管系统是否上报错连告警。

（10）通过交换节点 NE1 的 1 处的任意两对光纤的收或发光纤，使得光纤发生错连。

（11）通过协议分析仪验证链路验证消息，检查网管系统是否上报错连告警。

3．注意事项

（1）被测设备 NE1 和 NE2、NE3 具有相同的节点结构。

（2）在节点之具备电交换或只具备光交换能力的情况下，只测试步骤（8）。

7.4.3.2　控制平面的手工配置功能

控制平面同时应支持手工配置。

1．测试配置

2．测试步骤

（1）如图 7-63 所示连接好测试配置。

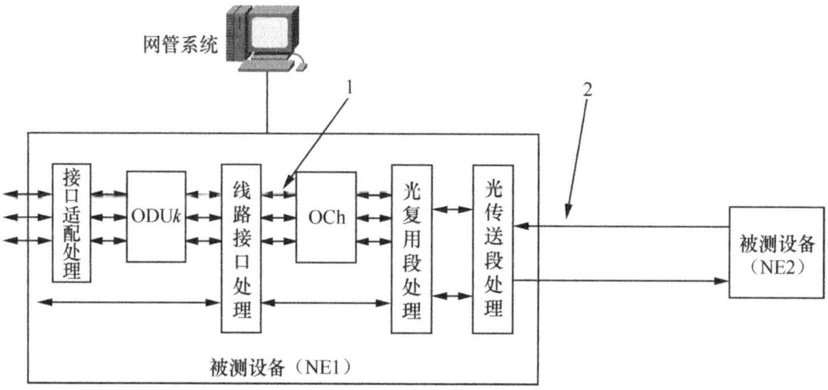

图 7-63　控制平面的手工配置功能测试配置

（2）禁止控制平面的自动发现功能。

（3）断开并恢复 2 处的光纤。

（4）通过网管系统手工配置控制平面的 TE 链路数据库，完成光纤的手工配置。断开并恢复 1 处的光纤。

（5）通过网管系统手工配置波长层面控制平面的 TE 链路数据库。

（6）通过网管系统手工配置 OTU*k*/ODU*k* 层面控制平面的 TE 链路数据库。

3．注意事项

被测设备 NE1 和 NE2 具备相同的节点结构。

7.4.4　基于控制平面的保护恢复测试

7.4.4.1　基于光层的保护恢复测试

基于光层的保护恢复方式包括 OCh1+1 保护、OCh 1:*n* 保护、OCh 1+1 保护与恢复的结合、

OCh 1:*n* 保护与恢复的结合（可选）、OCh SPRing 保护与恢复的结合（可选）、OCh 永久 1+1 保护、预置重路由恢复和动态重路由恢复等。

1．测试配置

测试配置如图 7-64 所示。测试仪表为业务分析仪、协议分析仪和 OTN 分析仪等。其中业务分析仪根据业务接口可选择为 SDH 分析仪、GE/10GE 数据分析仪或 OTN 分析仪等。

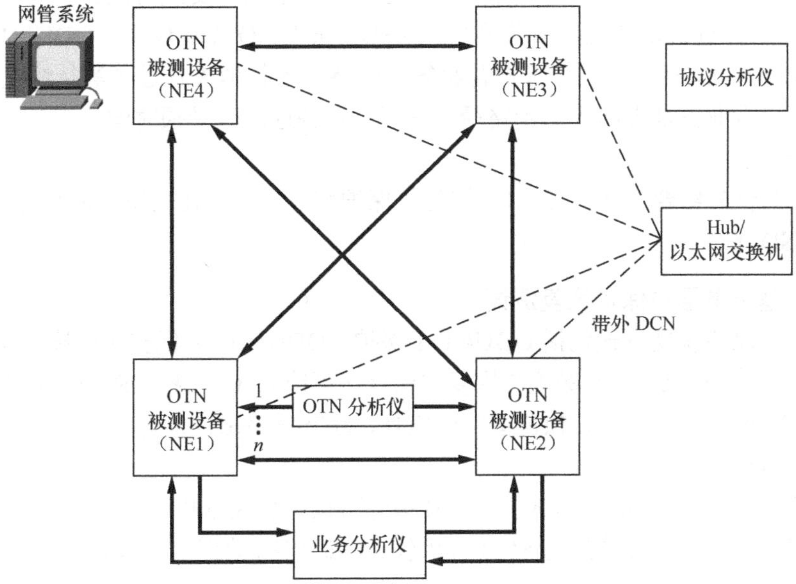

图 7-64　基于光层的保护恢复能力测试配置

2．测试步骤

（1）如图 7-64 所示连接好测试配置，控制平面通信通道应采用带外网络的方式，OTN 分析仪为穿通可介入方式。

（2）根据 OTN 设备类型选择支持的业务颗粒应支持以下几种：

① 以太网业务（波长）；

② SDH 业务（波长）；

③ OTN 业务（波长）。

（3）通过控制平面为 NE1-NE2 之间建立带保护恢复属性的 SPC/SC 业务 1，其保护恢复属性为以下方式之一，保护恢复属性为可返回式：

① OCh 1+1 保护；

② OCh 1:*n* 保护；

③ OCh 1+1 保护与恢复的结合；

④ OCh 1:*n* 保护与恢复的结合（可选）；

⑤ OCh SPRing 保护与恢复的结合（可选）；

⑥ OCh 永久 1+1 保护；

⑦ 预置重路由恢复；

⑧ 动态重路由恢复。

（4）通过业务分析仪查看业务 1 是否创建成功，并通过网管查看业务路径。

（5）假设业务工作路径通过 NE1↔NE2 之间的链路 1。通过 OTN 分析仪、拔纤、掉电等产生如下信号失效（SF）条件：LOS、OTU*k*_LOF、OTU*k*_LOM、OTU*k*_AIS、OTU*k*_TIM、ODU*k*_LOFLOM、ODU*k*_PM_AIS、ODU*k*_PM_LCK、ODU*k*_PM_OCI、ODU*k*_PM_TIM 等，记录业务 1 受损时间，同时通过网管查看业务路径。SF 条件消失且过了等待恢复时间（WTR）后，通过网管查看业务是否回到初始路径，并记录业务返回时受损时间。

（6）通过 OTN 分析仪产生如下信号劣化（SD）条件：OTU*k*_DEG、ODU*k*_PM_DEG 等，记录业务 1 受损时间，同时通过网管查看业务路径。SD 条件消失且过了等待恢复时间（WTR）后，通过网管查看业务是否回到初始路径，并记录业务返回时受损时间。

3．注意事项

对于保护与恢复结合、永久 1＋1、恢复等保护恢复方式，在网络资源允许时，应增加 2 次以上的 SF/SD 条件。

7.4.4.2 基于电层的保护恢复测试

基于电层的保护恢复方式包括 ODU*k* 1+1 保护、ODU*k* *m*：*n* 保护（可选）、ODU*k* 1+1 保护与恢复的结合、ODU*k* *m*：*n* 保护与恢复的结合（可选）、ODU*k* SPRing 保护与恢复的结合（可选）、ODU*k* 永久 1+1 保护、预置重路由恢复、动态重路由恢复等。

1．测试配置

测试配置如图 7-65 所示。测试仪表为业务分析仪、协议分析仪和 OTN 分析仪等。其中业务分析仪根据业务接口可选择为 SDH 分析仪、GE/10GE 数据分析仪或 OTN 分析仪等。

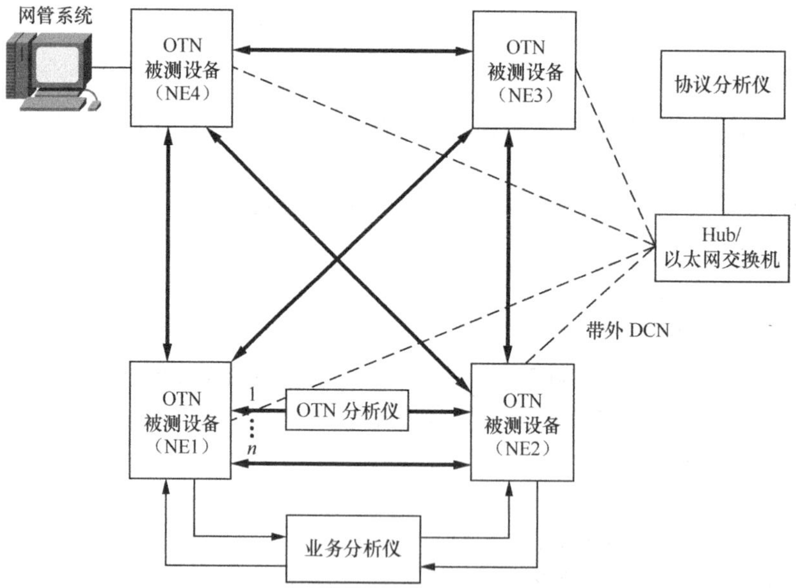

图 7-65　基于电层的保护恢复能力测试配置

2．测试步骤

（1）如图 7-65 所示连接好测试配置，控制平面通信通道应采用带外网络的方式，OTN 分析仪为穿通可介入方式。

（2）根据 OTN 设备类型选择支持的业务颗粒应支持以下几种：

① 以太网业务（ODU*k*（*k*=0,1,2,2e,3,4））；

② SDH 业务（ODU*k*（*k*=1,2,3,4））；

③ OTN 业务（ODU*k*（*k*=1,2,3,4））。

（3）通过控制平面为 NE1-NE2 之间建立带保护恢复属性的 SPC/SC 业务 1，其保护恢复方式为以下方式之一，保护恢复属性为可返回式：

① ODU*k* 1+1 保护；

② ODU*k* *m*：*n* 保护（可选）；

③ ODU*k* 1+1 保护与恢复的结合；

④ ODU*k* *m*：*n* 保护与恢复的结合（可选）；

⑤ ODU*k* SPRing 保护与恢复的结合（可选）；

⑥ ODU*k* 永久 1+1 保护；

⑦ 预置重路由恢复；

⑧ 动态重路由恢复。

（4）通过业务分析仪查看业务 1 是否创建成功，并通过网管查看业务路径。

（5）假设业务工作路径通过 NE1↔NE2 之间的链路 1。通过 OTN 分析仪、拔纤、掉电等产生信号失效（SF）条件。对于恢复的 SF 条件同 ODU*k* SPRing 保护要求，记录业务 1 受损时间，同时通过网管查看业务路径。SF 条件消失且过了等待恢复时间（WTR）后，通过网管查看业务是否回到初始路径，并记录业务返回时受损时间。

（6）通过 OTN 分析仪产生信号劣化（SD）条件。记录业务 1 受损时间，同时通过网管查看业务路径。SD 条件消失且过了等待恢复时间（WTR）后，通过网管查看业务是否回到初始路径，并记录业务返回时受损时间。

3．注意事项

对于保护与恢复结合、永久 1＋1、恢复等保护恢复方式，当网络资源允许时，应增加 2 次以上的 SF/SD 条件。

7.4.4.3　基于光电混合的保护恢复测试

在一个光电混合网络中，当其中的传输线路或节点出现故障时，两层各自的保护和恢复机制必然都会有所响应和动作，此时需要一个良好的机制加以协调和控制，可以采用以下 3 种协调机制。

① 自下而上：首先在光层进行恢复，若光层无法恢复再转由上层电层进行处理。

② 自上而下：首先在电层进行恢复，若无法恢复再转由光层进行处理。

③ 混合机制：将上述两种机制进行优化组合以获取最佳的恢复方案。

1．测试配置

测试配置如图 7-66 所示。测试仪表为业务分析仪、协议分析仪和 OTN 分析仪等。其中业务分析仪根据业务接口可选择为 SDH 分析仪、GE/10GE 数据分析仪或 OTN 分析仪等。

2．测试步骤

（1）如图 7-66 所示连接好测试配置，控制平面通信通道应采用带外网络的方式，OTN 分析仪为穿通可介入方式。

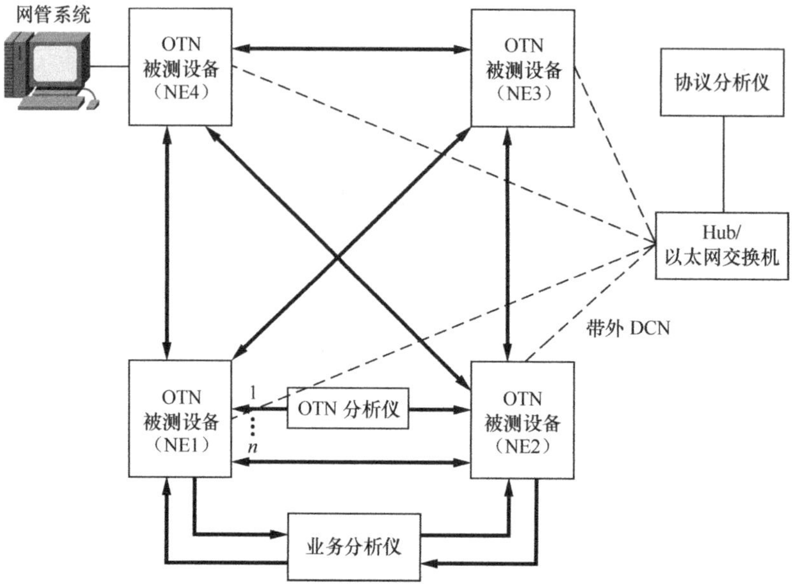

图 7-66　基于光电混合的保护恢复能力测试配置

（2）根据 OTN 设备类型选择支持的业务颗粒应支持以下几种：

① 以太网业务（ODU*k*（*k*=0,1,2,2e,3,4），波长）；

② SDH 业务（ODU*k*（*k*=1,2,3,4），波长）；

③ OTN 业务（ODU*k*（*k*=1,2,3,4），波长）。

（3）通过控制平面为 NE3-NE4 之间建立基于波长的带保护恢复属性的 SPC/SC 业务 1，其保护恢复方式为以下方式之一，保护恢复属性为可返回式：

① OCh 1+1 保护；

② OCh 1: *n* 保护；

③ OCh 1+1 保护与恢复的结合；

④ OCh 1: *n* 保护与恢复的结合（可选）；

⑤ OCh SPRing 保护与恢复的结合（可选）；

⑥ OCh 永久 1+1 保护；

⑦ 预置重路由恢复；

⑧ 动态重路由恢复。

（4）通过业务分析仪查看业务 1 是否创建成功，并通过网管查看业务路径。通过控制平面为 NE1-NE2 之间建立基于 ODU*k* 带保护恢复属性的 SPC 业务 2，其保护恢复方式为以下方式之一，保护恢复属性为可返回式，业务 2 使用 NE4 和 NE3 之间已创建好的波长业务管道：

① ODU*k* 1+1 保护；

② ODU*k* *m*：*n* 保护（可选）；

③ ODU*k* 1+1 保护与恢复的结合；

④ ODU*k* *m*：*n* 保护与恢复的结合（可选）；

⑤ ODU*k* SPRing 保护与恢复的结合（可选）；

⑥ ODU*k* 永久 1+1 保护；

⑦ 预置重路由恢复；

⑧ 动态重路由恢复。

（5）通过业务分析仪查看业务 1 是否创建成功，并通过网管查看业务路径。

（6）通过 OTN 分析仪、拔纤、掉电等在 NE3-NE4 之间的链路产生如下信号失效（SF）条件：LOS、OTU*k*_LOF、OTU*k*_LOM、OTU*k*_AIS、OTU*k*_TIM、ODU*k*_LOFLOM、ODU*k*_PM_AIS、ODU*k*_PM_LCK、ODU*k*_PM_OCI、ODU*k*_PM_TIM 等。对于不同的保护方式，记录业务 1 和业务 2 受损时间，同时通过网管查看业务路径。SF 条件消失且过了等待恢复时间（WTR）后，通过网管查看业务是否回到初始路径，并记录业务返回时受损时间。

（7）通过 OTN 分析仪在 NE3-NE4 之间的链路产生如下信号劣化（SD）条件：OTU*k*_DEG、ODU*k*_PM_DEG 等，记录业务 1 和业务 2 受损时间，通过网管查看业务路径。SD 条件消失且过了等待恢复时间（WTR）后，通过网管查看业务是否回到初始路径，并记录业务返回时受损时间。

（8）在带外信令网络配置的情况下，通过协议分析仪抓包分析控制平面信令消息对不同交叉颗粒业务的处理过程。

（9）将故障监测点设置为 NE1-NE4 之间的链路，重复步骤（5）～（6）。

3．注意事项

对于光层和电层混合的保护恢复测试，应根据 OTN 设备支持光层和电层的保护恢复方式以及层间协调机制进行组合。

附录

华为公司 OTN 设备（OSN8800）介绍

华为技术有限公司是国内生产通信产品的最大公司之一，拥有一流的技术。公司为高速信息传送网设计的 OSN 系列光传输平台设备提供了从小容量的本地接入网络，中等容量的中继网络到大容量的骨干网络的整套解决方案。其 OSN 系列产品有：

OSN 1500/2500/3500/7500（SDH/MSTP 设备）；

OSN 3800/6800/8800/9600（WDM/OTN 设备）。

本章对 OSN 8800 设备做一些简单的介绍。

第 1 章　简介

1.1　产品亮点和规格

OptiX OSN 8800 产品采用了统一的软硬件平台，可以实现单板的共用。每个产品各有亮点，满足不同的网络应用。

1.1.1　产品亮点

该设备集成了 6.4Tbit/s 交叉容量、40Gbit/s 和 100Gbit/s 高速线路、高可靠性、绿色易维等产品特点。

（1）6.4Tbit/s 交叉容量，海量业务无阻自由调度

- 超大容量交换能力。单子架 6.4Tbit/s 交叉实现超大容量节点自由调度。无需子架互联，功耗低、机房占地面积少。
- 全颗粒 OTN 交换，支持 ODU0/1/2/2e/3/4/flex 全颗粒交换。
- 统一线路板具备 VC/ODU/PKT 统一交换能力，真正融合调度平面，带宽灵活分配。

（2）超大线路带宽，灵活的高集成架构

- 10Gbit/s、40Gbit/s 和 100Gbit/s 混合传输，支持低速率到高速率的平滑升级。
- 100Gbit/s 支持高效的 ePDM-QPSK，免 DCM，简化网络。先进的 RZ、FEC 和 DSP 算法实现 100Gbit/s 超长距，提升线路 OSNR 容忍度和传输距离。
- 40Gbit/s 和 100Gbit/s 高速传送技术满足大带宽需求，单槽位 100Gbit/s 容量，业界集成度最高。

（3）优异的架构设计，五星级可靠性，海量数据无忧传送

- 提供多种网络级保护方案、基于 ASON/GMPLS 的智能网络管理，全面保护线路光纤和业务。
- 提供立体的设备保护：电源设备保护、风扇保护、主控 1+1 保护、交叉 1+1 保护。

（4）功耗低，易维护，全面降低 OPEX

- 适配 19 英寸子架，可满足不同机柜类型的安装（例如 19 英寸机柜和 ETSI 机柜）。
- 网管界面实现先进的光性能 OSNR 监测。
- 实现和 OptiX OSN 6800/3800/1800 的无缝对接，统一端到端管理网络。

1.1.2　产品规格

见附表 1-1。

附表 1-1　　OptiX OSN 8800 的产品外观图和亮点

指标		OptiX OSN 8800 T16	OptiX OSN 8800 T32	OptiX OSN 8800 T64
产品外观				
外形尺寸（mm）		498（宽）×295（深）×450（高）	498（宽）×295（深）×900（高）	498（宽）×580（深）×900（高）
可插放业务板的槽位数		16	32	64
交叉	光层	1～9 维 ROADM		
	电层	• 1.6T ODU*k*（*k*=0,1,2,2e,3,4,flex） • 640G VC-4 和 20G VC-3/VC-12 • 800G 分组业务	增强子架 • 3.2T ODU*k*（*k*=0,1,2,2e,3,4,flex） • 1.28T VC-4 和 80G VC-3/VC-12 • 1.6T 分组业务 通用子架 • 2.56T ODU*k*（*k*=0,1,2,2e,3,flex） • 1.28T VC-4 和 80G VC-3/VC-12 • 1.28T 分组业务	增强子架 • 6.4T ODU*k*（*k*=0,1,2,2e,3,4,flex） • 1.28T VC-4 和 80G VC-3/VC-12 通用子架 • 2.56T ODU*k*（*k*=0,1,2,2e,3,flex） • 1.28T VC-4 和 80G VC-3/VC-12
波长（最大）		DWDM：80 波，CWDM：8 波		
波长范围		DWDM：1529.16～1560.61nm（Band-C，ITU-T G.694.1） CWDM：1471～1611nm（Band-S+C+L，ITU-T G.694.2）		
单通道最大速率		100Gbit/s（OTU4）		
最大传输距离		多跨段传输距离（无电中继）：32span×22dB/span（10G），25span×22dB/span（40G），20span×22dB/span（100G） 超长单跨传输距离：1span×81dB/span（10G），1span×71dB/span（40G）		
支持的业务类型		SDH、SONET、以太网、SAN、OTN、视频		
线路速率		2.5Gbit/s、10Gbit/s、40Gbit/s、100Gbit/s		

续表

指标		OptiX OSN 8800 T16	OptiX OSN 8800 T32	OptiX OSN 8800 T64
单个PID组的最大接入容量		200Gbit/s		
网络拓扑		点到点、链形、星形、环形、环带链、相切环、相交环和网状组网		
备份和保护	网络级保护（OTN）	光线路保护、板内1+1保护、客户侧1+1保护、ODU*k* SNCP、支路SNCP、SW SNCP、ODU*k*环网保护、OWSP		
	网络级保护（OCS）	线性复用段保护、环形复用段保护、跨洋复用段保护、SNCP、SNCTP		
	网络级保护（以太网和分组）	DBPS、DLAG、ERPS、LAG、LPT、MC-LAG、MSTP、PW APS、STP和RSTP、Tunnel APS、VLAN SNCP	DBPS、DLAG、ERPS、LAG、LPT、MC-LAG、MSTP、PW APS、STP和RSTP、Tunnel APS、VLAN SNCP	DBPS、DLAG、ERPS、LAG、LPT、MC-LAG、MSTP、STP和RSTP、VLAN SNCP
	设备级保护	电源备份、风扇备份、交叉板备份、系统控制与通信板备份、集中时钟板备份、AUX单板1+1备份		
光功率管理		ALS、AGC、ALC、APE、IPA、OPA		
时钟		• 同步以太网 • IEEE 1588v2 • 2Mbit/s或2MHz外时钟接入源（带SSM功能），满足ITU-T G.703标准 • 外时间接入源（1PPS+TOD）		
ASON		• OTN网络支持光层ASON和电层ASON • OCS网络支持SDH ASON		

说明：OptiX OSN 8800 T32和8800 T64有两种类型子架：增强子架和通用子架。增强子架和通用子架除了交叉容量不同，外观和技术指标都相同。

1.2 典型组网

OptiX OSN 8800智能光传送平台（简称OptiX OSN 8800）是华为新一代智能化的MS-OTN产品。它是根据以IP为核心的城域网发展趋势而推出的面向未来的产品，采用全新的架构设计，可实现动态的光层调度和灵活的电层调度，并具有高集成度、高可靠性和多业务等特点。

OptiX OSN 8800可应用于长途干线、区域干线、本地网、城域汇聚层和城域核心层。OptiX OSN 8800采用密集波分复用技术（DWDM，Dense Wavelength Division Multiplexing）和稀疏波分复用技术（CWDM，Coarse Wavelength Division Multiplexing）实现多业务、大容量、全透明的传输功能。

OptiX OSN 8800提供如下典型组网满足网络应用需求：典型OTN组网、典型OCS组网、典型MS-OTN组网。

1.2.1　典型 OTN 组网

OptiX OSN 8800 可以与 OptiX OSN 1800 等 OTN 设备对接，组建完整的 OTN 端到端的网络。

附图 1-1 为典型的 OTN 组网。OptiX OSN 8800 T16 主要应用于城域汇聚层。OptiX OSN 8800 T32 和 OptiX OSN 8800 T64 主要应用于骨干核心层和城域核心层。

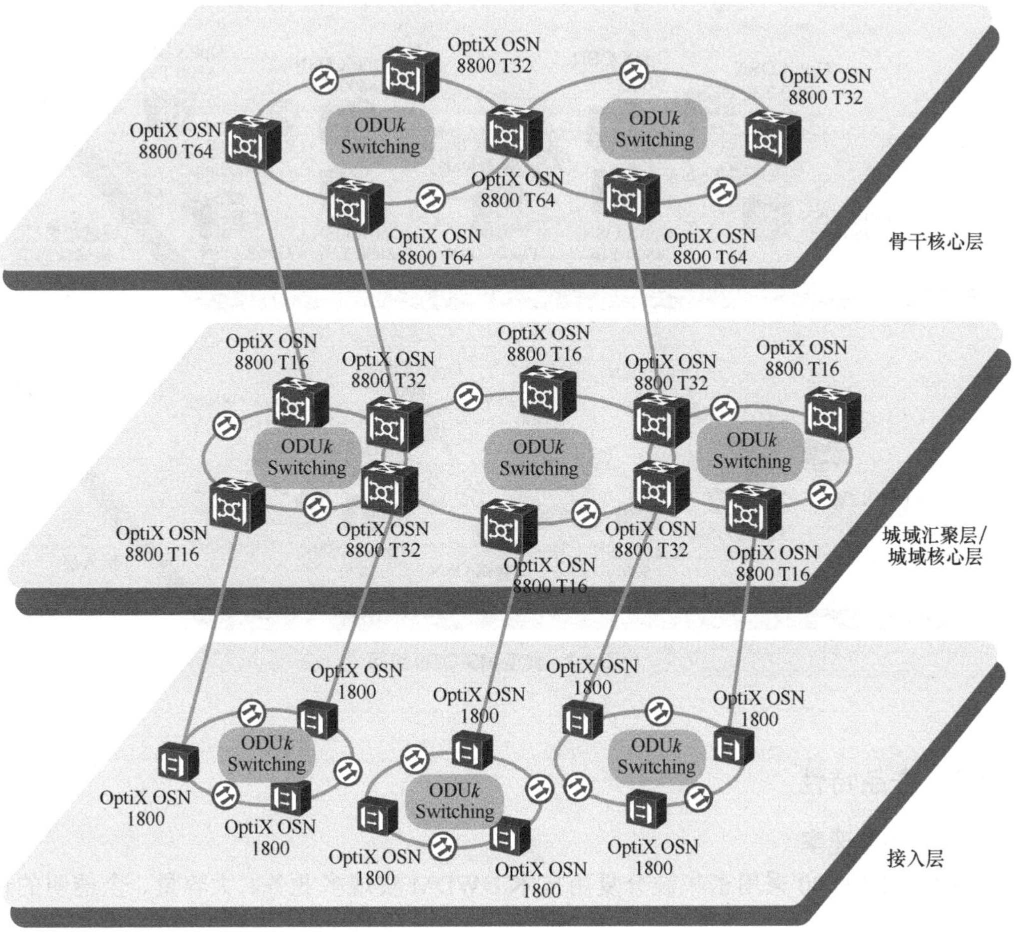

附图 1-1　典型 OTN 组网

1.2.2　典型 MS-OTN 组网

OptiX OSN 8800 T32/T16 支持 ODU*k*、VC 和分组的统一交换和控制，通过 MS-OTN（Multi Service Optical Transport Network）平台实现不同业务的统一交换和传输。附图 1-2 为典型的 MS-OTN 组网。

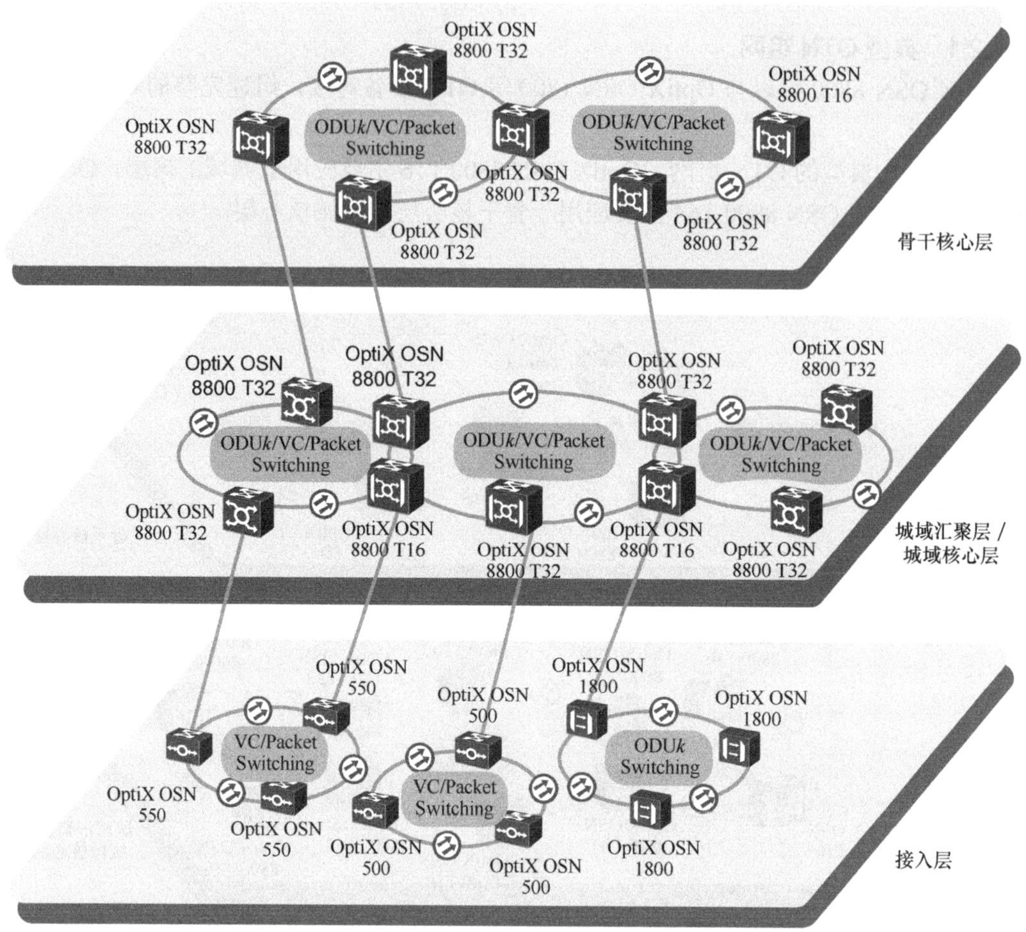

附图 1-2 典型 MS-OTN 组网

1.3 产品特性

1.3.1 线路速率

OptiX OSN 8800 采用密集波分复用技术 DWDM 实现多业务、大容量、全透明的传输功能。

目前，OptiX OSN 8800 能够复用 80 通道的业务在一根光纤中传输，即能够传输不同波长的 80 波载波信号。

OptiX OSN 8800 提供多种基于不同线路速率的传输方案：

- 40 波/80 波×100Gbit/s 传输方案；
- 40 波/80 波×40Gbit/s 传输方案；
- 40 波/80 波×10Gbit/s 传输方案；
- 40 波×2.5Gbit/s 传输方案；
- 10Gbit/s、40Gbit/s、100Gbit/s 混传方案。

1.3.2　OTN 特性

通过应用 OTN 技术，业务 E2E 调度的灵活性得到保障，不同业务共享带宽得以实现。借助丰富的 OTN 开销和简单的网管操作，网络维护和故障定位可以方便地完成。

（1）OTN 交叉

受助于 OTN 交叉，任意颗粒的信号流都能够汇聚到 ODU*k* 管道中，且多个站点的多种业务可以混合在同一个 ODU*k* 中，实现灵活的业务调度及高带宽利用率。

（2）基于 ODU0 的 GE E2E 传输

通过端到端的业务调度，中间站点直接在线路侧配置交叉连接，无需设备背靠背的物理连纤，从而节省大量的中间站点连纤时间，可快速发放业务，并减少了故障隐患点和维护工作量。

（3）基于 ODUflex 的灵活带宽应用

OptiX OSN 8800 设备支持 ODUflex（灵活速率光数字单元）技术，可以很好地适配视频、存储、数据等各种业务类型，并兼容未来 IP 业务的传送需求。

（4）基于 OTN 开销的业务 E2E 管理

借助于符合 ITU-T G.709 协议的丰富 OTN 开销，配合简单的网管操作，E2E 业务监控和管理得以实现。

借助于 OTN 开销，OTN 实现了对客户业务的透明传输，并提供 FEC（Forward Error Correction）能力。在网络运行时，配合网管，可以方便地进行 E2E 业务监控和管理，一旦出现故障，可以容易地完成故障定位。

（5）跨不同运营商的通道监控

当不同运营商的网络互联时，可以使用 OTN 开销中的 TCM（Tandem Connection Monitoring）来监控跨不同运营商网络的通道的质量。一旦出现故障，借助于 TCM 开销可以方便地完成故障定界。

1.3.3　ROADM 特性

OptiX OSN 8800 支持 ROADM（Reconfigurable Optical Add/Drop Multiplexer）技术，ROADM 通过对波长的阻塞或交叉实现了波长的可重构，从而将静态的波长资源分配变成了灵活的动态分配。ROADM 技术配合 U2000 调配波长上下和穿通状态，实现远程动态调整波长状态，支持调配波长数量最多可达 80 波，支持 1～9 维的灵活光层调度。

1.3.4　OTN+ROADM 特性

采用 OTN+ROADM 特性，任意客户侧业务可交叉调度到任意方向，提高带宽利用率。

OTN+ROADM 可以有效地传输客户侧业务，如附图 1-3 所示。

- 任意速率的客户侧业务通过支路单板接入，经过 OTN 封装后，在电层实现 ODU*k* 颗粒的灵活调度，共享带宽，然后经线路单板采用不同的波长输出。
- 通过 ROADM 单板的光层交叉，不同波长的信号可以传输到不同的方向。
- 不同方向的信号若不需要在本地上下，则可以通过 ROADM 单板的光交叉直接传输到其他方向。

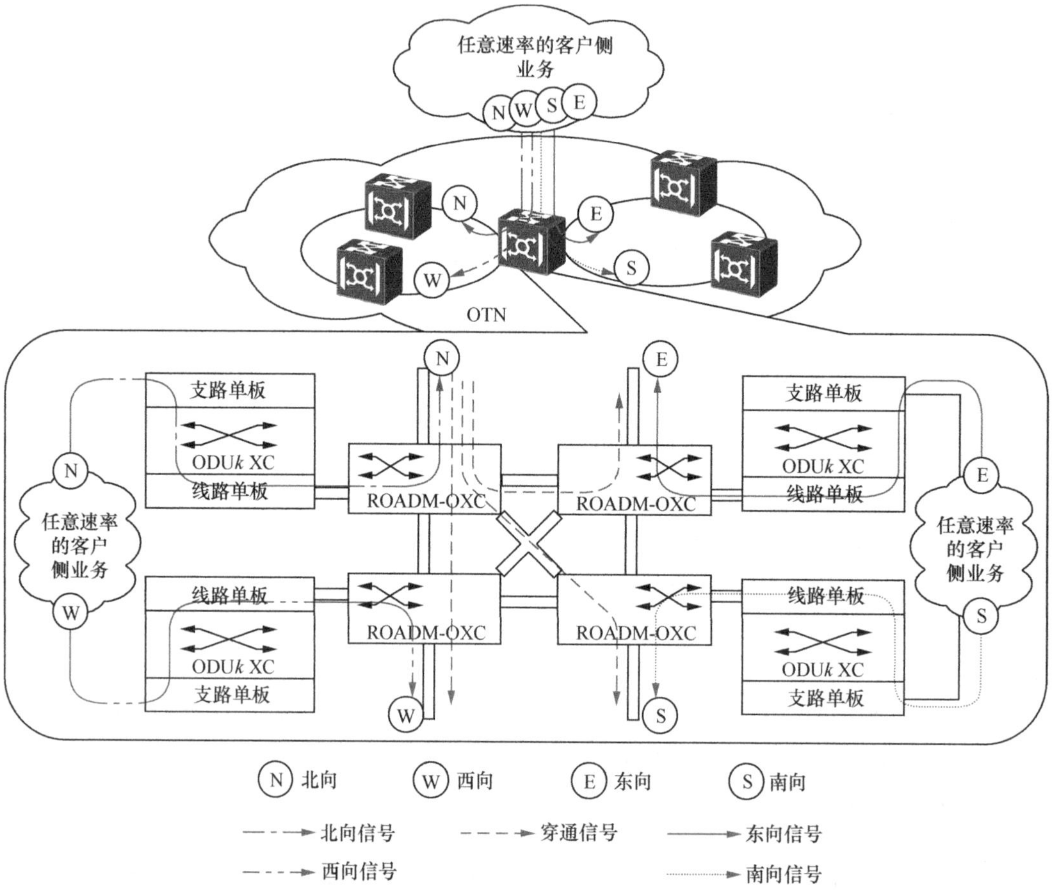

附图 1-3　OTN+ROADM 的应用

1.3.5　PID 特性

PID 功能具有大容量、高集成、高可靠、多业务灵活接入、简洁易维、占用空间小和绿色节能的特点，应用于城域网中能有效解决带宽和运维的瓶颈。

在城域网中，推荐使用 PID 单板构建 40G/80G/120G/200G 的汇聚环网，具有免调测，业务快速部署的特点。在 OTN 的汇聚层可部署 13～20 个汇聚环，每个汇聚环由 2～4 个网元组成，各网元线路侧均由 PID 单板组成，可根据容量灵活选择 PID 单板组成 40G/80G/120G/200G 网络，如附图 1-4 所示。

附图 1-4 中业务 1 由客户侧支路板接入，并转换为 ODU*k* 信号，经过集中交叉板调度到 PID 单板，最终转换为 OTU*k* 光信号发送到波分侧东向；业务 2 由西向 PID 单板接入，完成 OTU*k* 到 ODU*k* 的转换后，经过集中交叉板调度到东向 PID 单板，完成 ODU*k* 到 OTU*k* 的转换，发送到波分侧东向。

1.3.6　备份和保护

OptiX OSN 8800 提供丰富的设备级保护和网络级保护。

1.3.6.1　网络级保护

如附表 1-2 所示，OptiX OSN 8800 支持以下几种网络级保护（OTN）。

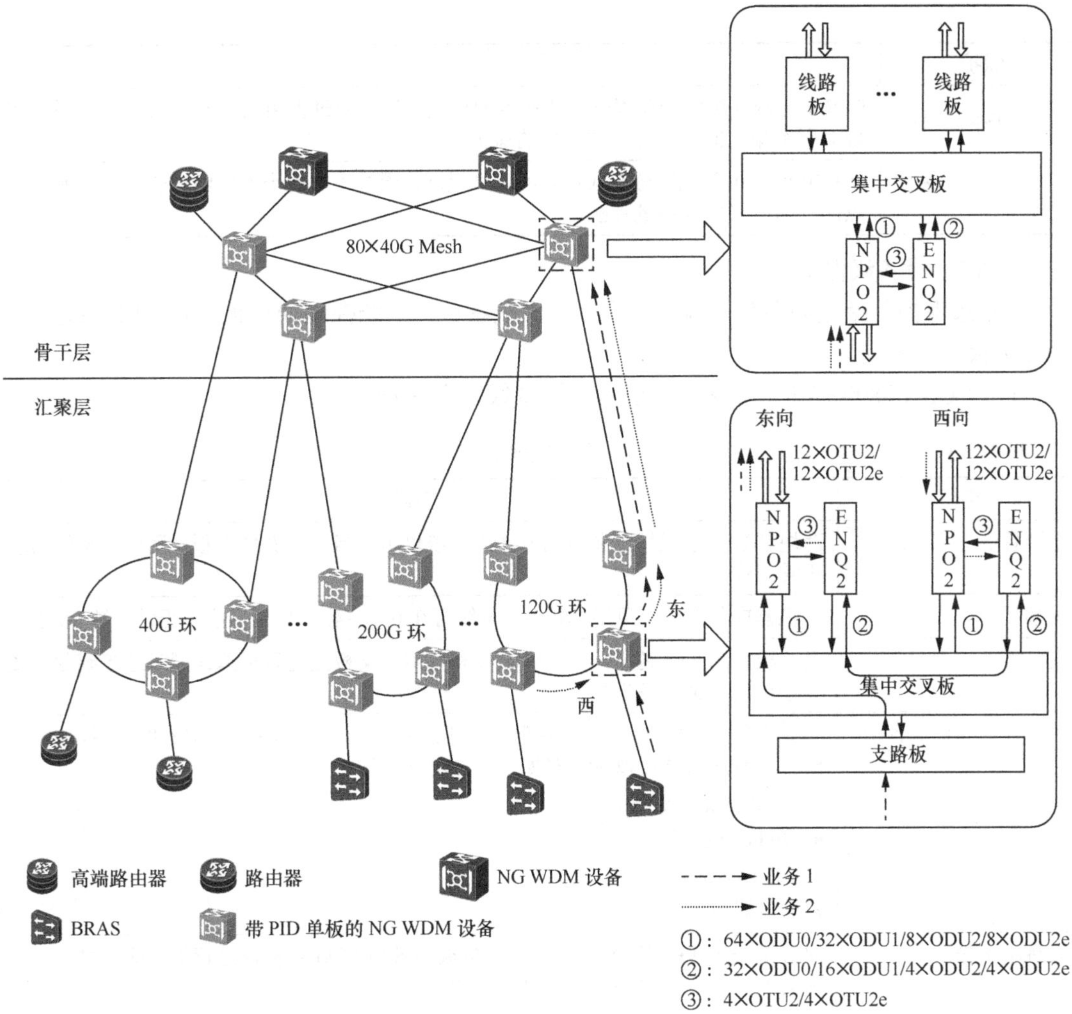

附图 1-4　典型应用

附表 1-2　　网络级保护（OTN）

保护	描述
光线路保护	光线路保护运用 OLP 单板的双发选收功能，在相邻站点间利用分离路由对线路光纤提供保护
板内 1+1 保护	板内 1+1 保护运用 OTU/OLP/DCP 单板的双发选收功能，利用分离路由对业务进行保护
客户侧 1+1 保护	客户侧 1+1 保护通过运用 OLP/DCP 单板的双发选收或 SCS 单板的双发双收功能，对 OTU 单板及其 OCh 光纤进行保护
ODU*k* SNCP 保护	ODU*k* SNCP 利用电层交叉的双发选收功能对线路板，PID 单板和 OCh 光纤上传输的业务进行保护；OptiX OSN 8800 支持交叉粒度为 ODU*k* 信号的 SNCP 保护
支路 SNCP 保护	支路 SNCP 保护运用电层交叉的双发选收功能，对支路接入的客户侧 SDH/SONET 或 OTN 业务进行保护；OptiX OSN 8800 支持交叉粒度为 ODU*k* 信号的 SNCP 保护
SW SNCP 保护	SW SNCP 运用 TOM 单板的板内交叉来实现业务的双发选收，对 OCh 通道进行保护

续表

保护	描述
ODU*k* 环网保护	ODU*k* 环网保护用于配置分布式业务的环型组网，通过占用两个不同的 ODU*k* 通道实现对所有站点间多条分布式业务的保护
光波长共享保护（OWSP）	OWSP 保护用于配置分布式业务的环型组网，通过占用两个不同的波长实现对所有站点间一路分布式业务的保护

1.3.6.2 设备级保护

设备级保护包括电源备份、风扇冗余、交叉板备份、系统控制通信板备份、时钟板备份、AUX 单板 1+1 备份。

OptiX OSN 8800 提供如附表 1-3 所示的设备级冗余保护。

附表 1-3 设备级保护

类型	描述
电源备份	两块 PIU 单板采用热备份的方式为系统供电，当一块 PIU 单板故障时，系统仍能正常工作
风扇冗余	风机盒中任意一个风扇坏掉时，系统可在 0℃～45℃环境温度下正常运转 96 小时
交叉板备份	交叉板采用 1+1 备份，主用交叉板和备用交叉板通过背板总线同时连接到业务交叉槽位对交叉业务进行保护
系统控制通信板备份	系统控制通信板采用 1+1 备份，主用 SCC 单板和备用 SCC 单板通过背板总线同时连接到所有通用槽位，对如下功能进行保护： • 网元数据库管理 • 单板间通信 • 子架间通信 • 开销管理
时钟板备份	时钟板采用 1+1 备份，主用 STG 单板和备用 STG 单板通过背板总线同时连接到所有业务槽位，对如下功能进行保护： • 网元时钟管理 • 同步时钟下发
AUX 单板 1+1 备份	主用 AUX 单板和备用 AUX 单板通过背板总线同时连接到所有通用槽位，对如下功能进行保护： • 单板间通信 • 子架间通信

1.3.6.3 自动光功率管理

（1）ALS

ALS（Automatic Laser Shutdown）是指 OTU 或支路板未收到上游的光信号时，将自己发送方向的激光器关闭；当接收信号正常后再恢复发光。使用 ALS，可以避免激光对人造成伤害，并减少激光器的开启时间，延长激光器的使用寿命。

（2）AGC

AGC（Automatic Gain Control），即通道增益锁定。AGC 功能能够保证 WDM 系统中单个或多个波长发生掉波或光功率波动以及给系统增加波长的情况下，既有通道的信号增益都不会受到影响，从而保证波分网络承载的业务正常。

AGC 通过前向和后向反馈控制环路实现对单通道的增益锁定，增益锁定调整的时间在 1ms 以内。光放大器在增益锁定模式下，AGC 功能会在输入光功率变化时自动启动（不需要在网管上配置），使放大器的输出光功率随输入光功率的变化而变化，通道的增益始终保持不变。

（3）ALC

光纤老化、光连接器老化、多波同时增加或减少或其他光功率变化等因素都可能引入线路的异常衰减。当某一段线路衰减增加时，系统的 OSNR 将变差。为了极大地减少这种影响，ALC（Automatic Level Control）自动调节线路衰减那一段放大器的输出光功率。因此，即使线路衰减增加，输出光功率也能保持不变。

（4）APE

APE（Automatic Power Equilibrium）用于对波分接口各通道的光功率进行自动检测与调节，保持各通道光功率的平坦性，从而避免因各通道光功率失衡导致光传输链路的信噪比劣化，使通信质量下降甚至中断。

（5）IPA

由于光放大板输出的光功率较高，当线路发生断纤时，如果不及时关闭光放大板的激光器，暴露在外的激光可能会对维修人员造成伤害。因此系统提供了 IPA（Intelligent Power Adjustment）功能，当线路出现断纤时，IPA 功能可以及时关闭光放大板的激光器，避免对人体造成伤害。

（6）拉曼系统 IPA

由于拉曼放大器的 LINE 口具有高功率泵浦光输出，为了防止当光线路被切断时，暴露在外的光纤对人体特别是眼睛造成伤害。因此系统提供拉曼系统的 IPA 功能，当线路故障时，IPA 功能可以及时关闭拉曼放大器的激光器，确保整个线路的光功率都处于安全水平。

（7）PID IPA

系统提供了 PID 单板的智能功率调节功能（IPA，Intelligent Power Adjustment）。当某段线路断纤时，将及时关断其上游的 PID 单板，防止光纤暴露在外面对人体造成伤害。当系统恢复正常时，又能恢复 PID 单板的正常工作。

（8）OPA

WDM/OTN 设备在开局调测阶段，可以在网管上配置光交叉，并指定光功率调节模式为自动模式。此时，光功率调节（OPA，Optical Power Adjust）功能可以调节光交叉路径上的电可调光衰（EVOA），并通过与人工调节配合，使 OTU 单板或光放大板的输入光功率满足调测要求，大幅提升工程开局调测的效率，增强设备的易用性。

1.3.7 同步

OptiX OSN 8800 支持物理层时钟和 IEEE 1588v2。

1．物理层时钟

目前 OptiX OSN 8800 支持以下方式提取物理层时钟：

- 从网元的外时钟口接收的 2Mbit/s 定时信号。
- 从 OTU 线路侧提取时钟。
- 从 SDH 单板线路侧提取时钟。

OptiX OSN 8800 支持 2 路 120Ω/75Ω 外部时钟源输入和输出。

OptiX OSN 8800 支持跟踪、保持和自由振荡 3 种工作模式。

OptiX OSN 8800 支持线路时钟和 2Mbit/s 时钟，可以处理和传递 SSM（Synchronization Status Message）。

2．IEEE 1588v2

IEEE 1588v2 时钟遵循 IEEE 1588v2 协议，实现时间的同步。

IEEE 1588v2 是一种同步协议，通过交换协议报文产生的时间戳来实现时间同步，精度可以达到 μs 级，满足 3G 基站的要求。

1.3.8 ASON 特性

华为公司提供的 ASON 软件可以应用在 OptiX OSN 8800 上，以支持传统网络向 ASON 网络的演进。ASON 软件符合 ITU-T 和 IETF ASON/GMPLS 系列标准。

如附图 1-5 所示，ASON 技术在传输网中引入了信令，并通过增加控制平面，增强了网络连接管理和故障恢复能力。ASON 技术在光层提供波长级别的 ASON 业务，在电层提供 ODU*k* 级别 ASON 业务，它支持端到端业务配置和 SLA。

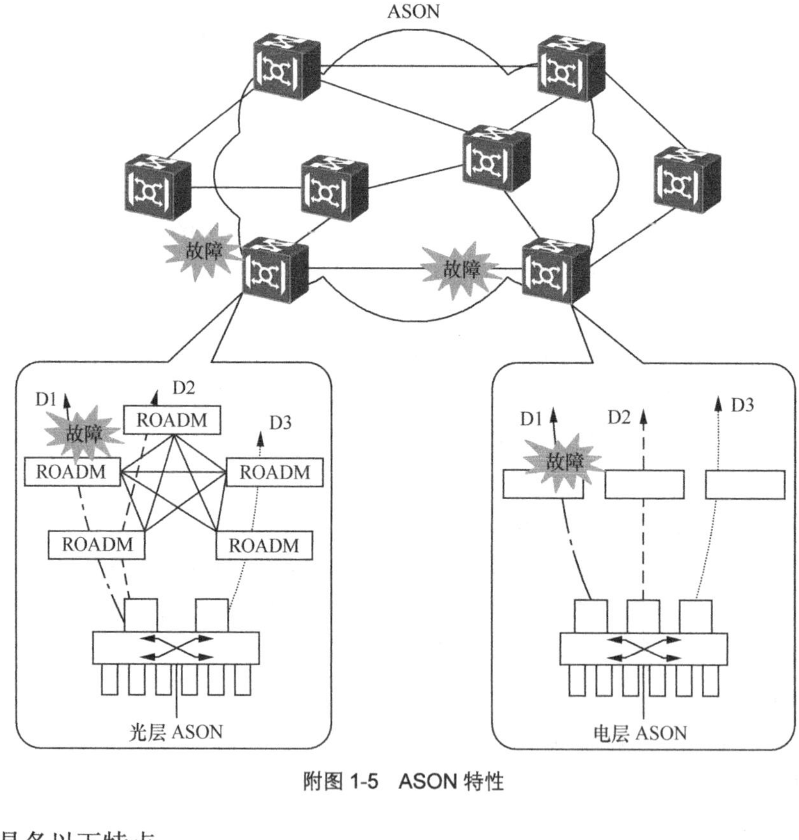

附图 1-5　ASON 特性

ASON 具备以下特点。

- 支持重路由和优化时波长自动调整，有效解决了波长冲突问题。
- 新建业务可自动分配波长。
- 支持端到端的业务自动配置。
- 支持拓扑自动发现。

- 支持 Mesh 组网保护，增强了网络的可生存性。
- 支持差异化服务，根据客户层信号的业务等级决定所需要的保护等级。
- 支持流量工程控制，网络可根据客户层的业务需求，实时动态地调整网络的逻辑拓扑，实现了网络资源的最佳配置。

1.4　业务类型

附表 1-4 给出了 OptiX OSN 8800 支持的主要接入业务类型及其速率。

附表 1-5 给出了 OptiX OSN 8800 业务类型对应的单板。

附表 1-4　　OptiX OSN 8800 支持的业务类型和业务速率

业务种类	业务类型	业务速率	参考标准
SDH 业务	STM-1	155.52Mbit/s	ITU-T G.707 ITU-T G.691 ITU-T G.957 ITU-T G.693 ITU-T G.783 ITU-T G.825
	STM-4	622.08Mbit/s	
	STM-16	2.5Gbit/s	
	STM-64	9.95Gbit/s	
	STM-256	39.81Gbit/s	
SONET 业务	OC-3	155.52Mbit/s	GR-253-CORE GR-1377-CORE ANSI T1.105
	OC-12	622.08Mbit/s	
	OC-48	2.5Gbit/s	
	OC-192	9.95Gbit/s	
	OC-768	39.81Gbit/s	
以太网业务	FE（光信号）	接口速率：125Mbit/s 业务速率：100Mbit/s	IEEE 802.3u
	FE（电信号）	接口速率：100Mbit/s 业务速率：100Mbit/s	
	GE（光信号）	接口速率：1.25Gbit/s 业务速率：1Gbit/s	IEEE 802.3z
	GE（电信号）	接口速率：1Gbit/s 业务速率：1Gbit/s	
	10GE WAN	9.95Gbit/s	IEEE 802.3ae
	10GE LAN	10.31Gbit/s	
	40GE	41.25Gbit/s	IEEE 802.3ba
	100GE	103.125Gbit/s	
SAN 存储业务	ETR	16Mbit/s	IBM GDPS（Geographically Dispersed Parallel Sysplex）Protocol
	CLO	16Mbit/s	
	FDDI	125Mbit/s	ISO 9314
	ESCON	200Mbit/s	ANSI X3.296 ANSI X3.230 ANSI X3.303

续表

业务种类	业务类型	业务速率	参考标准
	ISC 1G	1.06Gbit/s	IBM GDPS（Geographically Dispersed Parallel Sysplex）Protocol
	ISC 2G	2.12Gbit/s	
	FICON	1.06Gbit/s	ANSI X3.296 ANSI X3.230 ANSI X3.303
	FICON Express	2.12Gbit/s	
	FICON4G	4.25Gbit/s	
	FICON8G	8.5Gbit/s	
	FICON10G	10.51Gbit/s	
	FC100	1.06Gbit/s	
	FC200	2.12Gbit/s	
	FC400	4.25Gbit/s	
	FC800	8.5Gbit/s	
	FC1200	10.51Gbit/s	
	InfiniBand 2.5G	2.5Gbit/s	InfiniBand TM Architecture Release 1.2.1
	InfiniBand 5G	5Gbit/s	
OTN 业务	OTU1	2.67Gbit/s	ITU-T G.709 ITU-T G.959.1 GR-2918-CORE
	OTU2	10.71Gbit/s	
	OTU2e	11.10Gbit/s	
	OTU3	43.02Gbit/s	
	OTU4	111.81Gbit/s	
视频及其他业务	DVB-ASI	270Mbit/s	EN 50083-9
	SDI	270Mbit/s	SMPTE 259M
	HD-SDI	1.49Gbit/s	SMPTE 292M
	HD-SDIRBR	1.49/1.001Gbit/s	
	3G-SDI	2.97Gbit/s	SMPTE 424M
	3G-SDIRBR	2.97/1.001Gbit/s	

FE：快速以太网

GE：吉比特以太网

ESCON：企业系统连接

FICON：光纤连接

FC：光纤通道

DVB-ASI：数字视频广播—异步串口

SDI：串行数字接口，根据 SMPTE-259M 标准，SDI 也称作 SD-SDI

HD-SDI：高清串行数字接口

3G-SDI：3G 串行数字接口

附表 1-5　　OptiX OSN 8800 业务类型对应的单板

业务种类	业务类型	单板
SDH 业务	STM-1	LDM、LDMD、LDMS、LOA、LQM、LQMD、LQMS、LWXS、THA、TOA、TOM
	STM-4	LDM、LDMD、LDMS、LOA、LQM、LQMD、LQMS、LWXS、THA、TOA、TOM
	STM-16	LDM、LDMD、LDMS、LOA、LQM、LQMD、LQMS、LWXS、TMX、THA、TOA、TOM
	STM-64	LDX、LSX、LTX、TDX、TOX、TQX、TTX
	STM-256	LSQ、LSXL、TSXL
SONET 业务	OC-3	LDM、LDMD、LDMS、LOA、LQM、LQMD、LQMS、LWXS、THA、TOA、TOM
	OC-12	LDM、LDMD、LDMS、LOA、LQM、LQMD、LQMS、LWXS、THA、TOA、TOM
	OC-48	LDM、LDMD、LDMS、LOA、LQM、LQMD、LQMS、LWXS、TMX、THA、TOA、TOM
	OC-192	LDX、LSX、LTX、TDX、TOX、TQX、TTX
	OC-768	LSQ、LSXL、TSXL
以太网业务	FE（光信号）	EG16、LDM、LDMD、LDMS、LEM24、LOA、LQM、LQMD、LQMS、LWXS、THA、TOM
	FE（电信号）	EG16、LEM24、TEM28
	GE（光信号）	EG16、LDM、LDMD、LDMS、LOA、LOG、LOM、LQM、LQMD、LQMS、LWXS、TEM28、THA、TOG、TOM
	GE（电信号）	EG16、LEM24、LOA、LOG、LOM、TEM28、TOA、TOG、TOM
	10GE WAN	LDX、LEM24、LEX4、LSX、LTX、TDX、TOX、TQX、TTX
	10GE LAN	LDX、LEM24、LEX4、LOA、LSX、LTX、TDX、TEM28、TOX、TQX、TTX
	40GE	TSXL
	100GE	LSC、TSC
SAN 存储业务	ETR	LWXS
	CLO	LWXS
	FDDI	LDM、LDMD、LDMS、LOA、LQM、LQMD、LQMS、LWXS、THA、TOA、TOM
	ESCON	LDM、LDMD、LDMS、LOA、LQM、LQMD、LQMS、LWXS、THA、TOA、TOM
	ISC 1G	LOM
	ISC 2G	LOM
	FICON	LDM、LDMD、LDMS、LOA、LOM、LQM、LQMD、LQMS、LWXS、THA、TOA、TOM

续表

业务种类	业务类型	单板
	FICON Express	LDM、LDMD、LDMS、LOA、LOM、LQM、LQMD、LQMS、LWXS、THA、TOA、TOM
	FICON 4G	LOA、LOM、TOA
	FICON 8G	LOA
	FICON 10G	LOA
	FC100	LDM、LDMD、LDMS、LOA、LOM、LQM、LQMD、LQMS、LWXS、THA、TOA、TOM
	FC200	LDM、LDMD、LDMS、LOA、LOM、LQM、LQMD、LQMS、LWXS、THA、TOA、TOM
	FC400	LOA、LOM、TOA
	FC800	LOA、TDX、TQX
	FC1200	LOA、LSX、TDX、TQX
	InfiniBand 2.5G	LOA
	InfiniBand 5G	LOA
OTN 业务	OTU1	LDM、LDMD、LDMS、LOA、LQM、LQMD、LQMS、TMX、TOA
	OTU2	LDX、LSX、LSXR、LTX（TN12）、TDX、TOX、TQX
	OTU2e	LDX、LSX、LSXR、LTX（TN12）、TDX、TOX、TQX
	OTU3	LSQ、LSQR、LSXL、LSXLR、TSXL
	OTU4	LSC、TSC
视频及其他业务	DVB-ASI	LDM、LDMD、LDMS、LOA、LQM、LQMD、LQMS、LWXS、THA、TOA、TOM
	SDI	LOA、TOA、TOM（TN52）
	HD-SDI	LOA、TOA、TOM（TN52）
	HD-SDIRBR	LOA、TOA
	3G-SDI	LOA、LOM、TOA
	3G-SDIRBR	LOA、TOA

第 2 章　产品架构

2.1　硬件架构

2.1.1　机柜介绍

华为提供两种符合 ETS 300-119 标准的机柜——N66B 和 N63B，见附表 2-1。

附表 2-1　　**Optix OSN 8800 的机柜类型**

项目	N66B（ETSI 600mm 中立柱机柜）	N63B（ETSI 300mm 中立柱机柜）
外观		
围框（可选）①	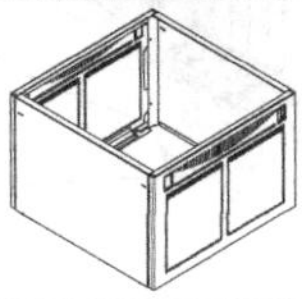	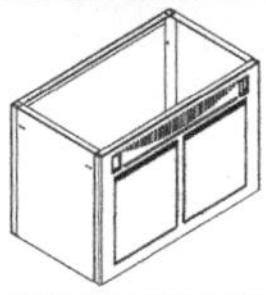
门	前门和后门：开合式，有钥匙，可拆卸 左右侧门：螺钉固定，可拆卸	前门：开合式，有钥匙，可拆卸 后门和左右侧门：螺钉固定，侧门可拆卸
钥匙	所有 N66B、N63B 机柜门的钥匙都是相同的	
尺寸  	• 不带围框：600mm（宽）×600mm（深）×2200mm（高） • 带围框：600mm（宽）×600mm（深）×2600mm（高）	• 不带围框：600mm（宽）×300mm（深）×2200mm（高） • 带围框：600mm（宽）×300mm（深）×2600mm（高）
重量	• 不带围框：120kg • 带围框：130kg	• 不带围框：60kg • 带围框：66kg
标准工作电压	−48V DC/−60V DC	
工作电压范围	−48V DC：−57.6V～−40V −60V DC：−72V～−48V	

① 机柜顶部可以增加一个 400mm 高的围框，使机柜高度达到 2600mm。

2.1.2　OptiX OSN 8800 T64 子架

OptiX OSN 8800 T64 子架有增强和通用两种类型，两种子架仅背板带宽和电交叉能力不同，外观相同。

如无特殊说明，本文中的“OptiX OSN 8800 T64”为“OptiX OSN 8800 T64 增强”和“OptiX OSN 8800 T64 通用”两种子架类型的统称。

2.1.2.1　结构

OptiX OSN 8800 T64 以子架为基本工作单位。子架采取独立直流供电。

OptiX OSN 8800 T64 子架结构如附图 2-1 所示。

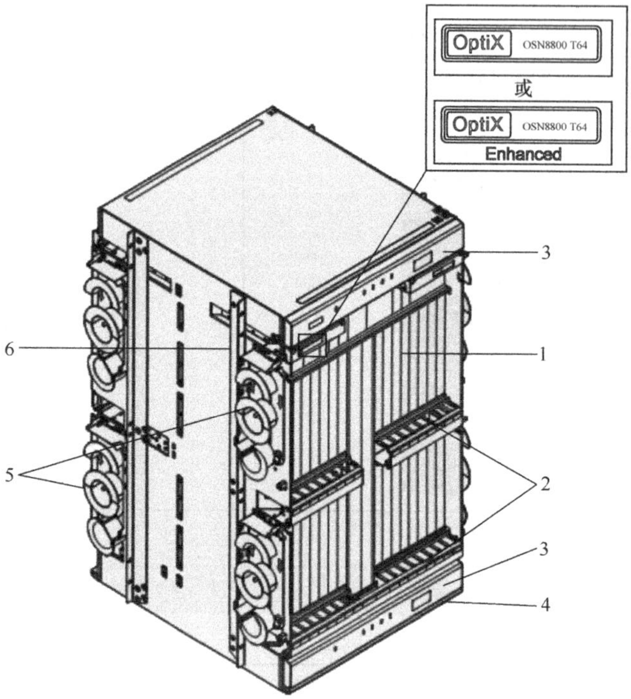

1—单板区　2—走纤槽　3—风机盒
4—防尘网　5—盘纤架　6—子架挂耳

附图 2-1　OptiX OSN 8800 T64 子架结构示意图

- 单板区：所有单板均插放在此区，共有 93 个槽位。
- 走纤槽：从单板拉手条上的光口引出的光纤跳线经过走纤区后进入机柜侧壁。
- 风机盒：OptiX OSN 8800 T64 有上下 4 个风机盒分别装配 3 个大风扇，为子架提供通风散热功能。风机盒上有 4 个子架指示灯，指示子架运行状态。
- 防尘网：防止灰尘随空气流动进入子架，防尘网需要定期抽出清洗。
- 盘纤架：子架两侧有活动盘纤架，机柜内一个子架的光纤跳线在机柜侧面可通过盘纤架绕完多余部分后连接到另一个子架。
- 子架挂耳：用于将子架固定在机柜中。

2.1.2.2　槽位说明

OptiX OSN 8800 T64 子架有 93 个槽位。

OptiX OSN 8800 T64 子架槽位分布如附图 2-2 所示。

- □：用于插放业务单板，具有交叉能力。
- OptiX OSN 8800 T64 通用子架的 IU73、IU84 槽位是预留槽位，IU72、IU83 用于插放 AUX。OptiX OSN 8800 T64 增强子架的 IU72、IU83 用于插放主用 AUX，IU73、IU84 槽位用于插放备用 AUX 单板。
- IU77 槽位是预留槽位。
- IU9、IU43 槽位固定用于插放集中交叉板。

OptiX OSN 8800 T64 增强子架：TNK2UXCT 或 TNK4XCT。

OptiX OSN 8800 T64 通用子架：TNK4XCT 或 TNK2XCT。

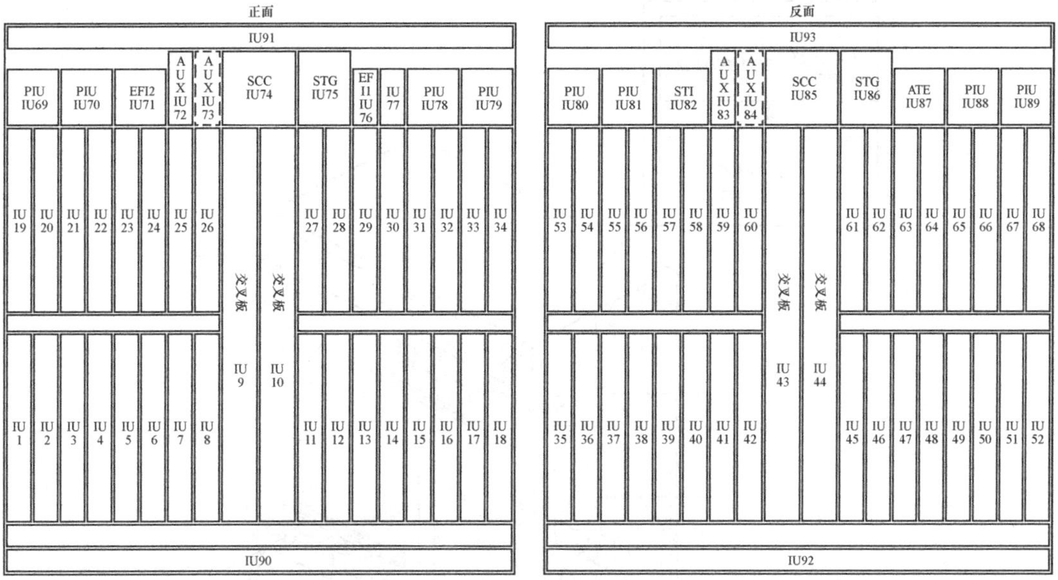

附图 2-2 OptiX OSN 8800 T64 子架槽位示意图

- IU10、IU44 槽位固定用于插放集中交叉板。

OptiX OSN 8800 T64 增强子架：TNK2USXH、TNK4SXH 或 TNK4SXM。

OptiX OSN 8800 T64 通用子架：TNK4SXH、TNK2SXH、TNK4SXM 或 TNK2SXM。

- 如下槽位用于插放 1+1 备份的单板，见附表 2-2。

附表 2-2　　**T64 子架用于插放 1+1 备份单板的槽位**

单板	主用槽位和备用槽位
PIU	• OptiX 8800 T64 通用子架: IU69 & IU78、IU70 & IU79、IU80 & IU88、IU81 & IU89 • OptiX 8800 T64 增强子架: IU69 & IU89、IU70 & IU88、IU78 & IU81、IU79 & IU80
SCC	IU74 & IU85
STG	IU75 & IU86
SXM/SXH/USXH	IU10 & IU44
XCT/UXCT	IU9 & IU43
TN52AUX	OptiX 8800 T64 增强子架: IU72 & IU73、IU83 & IU84

2.1.3 OptiX OSN 8800 T32 子架

OptiX OSN 8800 T32 子架有增强和通用两种类型，两种子架仅背板带宽和电交叉能力不同，外观相同。

如无特殊说明，本文中的“OptiX OSN 8800 T32”为“OptiX OSN 8800 T32 增强”和“OptiX OSN 8800 T32 通用”两种子架类型的统称。

2.1.3.1 结构

OptiX OSN 8800 T32 以子架为基本工作单位。子架采取独立直流供电。

OptiX OSN 8800 T32 子架结构如附图 2-3 所示。

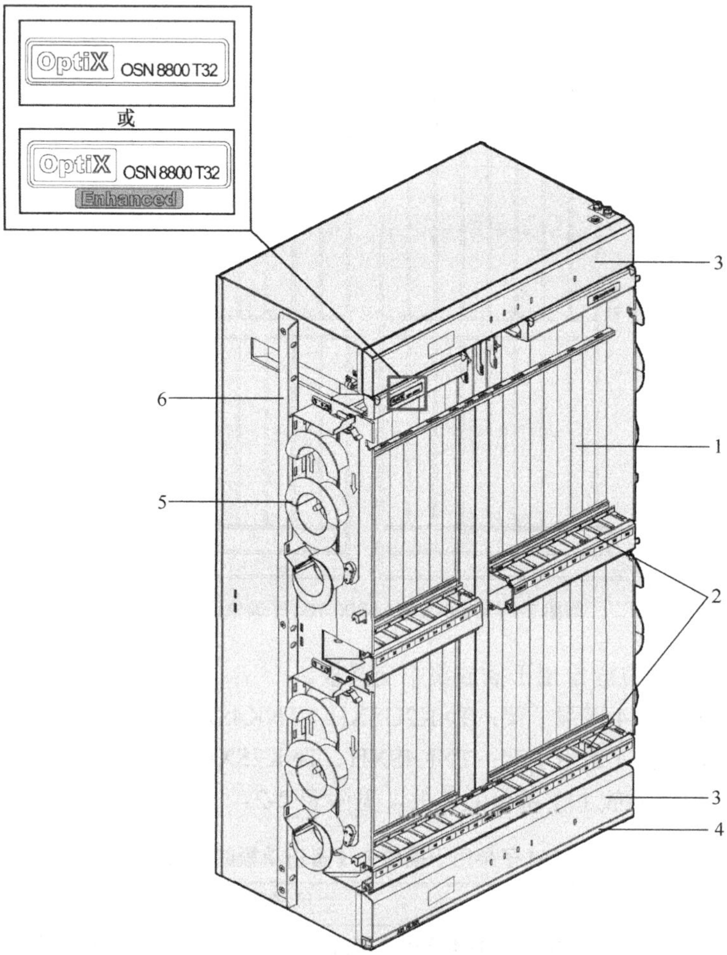

1—单板区　2—走纤槽　3—风机盒
4—防尘网　5—盘纤架　6—子架挂耳

附图 2-3　OptiX OSN 8800 T32 子架结构示意图

- 单板区：所有单板均插放在此区，共有 50 个槽位。
- 走纤槽：从单板拉手条上的光口引出的光纤跳线经过走纤区后进入机柜侧壁。
- 风机盒：OptiX OSN 8800 T32 有上下两个风机盒分别装配 3 个大风扇，为子架提供通风散热功能。风机盒上有 4 个子架指示灯，指示子架运行状态。
- 防尘网：防止灰尘随空气流动进入子架，防尘网需要定期抽出清洗。
- 盘纤架：子架两侧有活动盘纤架，机柜内一个子架的光纤跳线在机柜侧面可通过盘纤架绕完多余部分后连接到另一个子架。
- 子架挂耳：用于将子架固定在机柜中。

2.1.3.2　槽位说明

OptiX OSN 8800 T32 子架有 50 个槽位。

OptiX OSN 8800 T32 子架槽位分布如附图 2-4 所示。

- □：用于插放业务单板，具有交叉能力。
- OptiX OSN 8800 T32 通用子架的 IU43 为预留槽位，OptiX OSN 8800 T32 增强子架的

IU41 为主用 AUX 单板，IU43 为备用 AUX 单板。

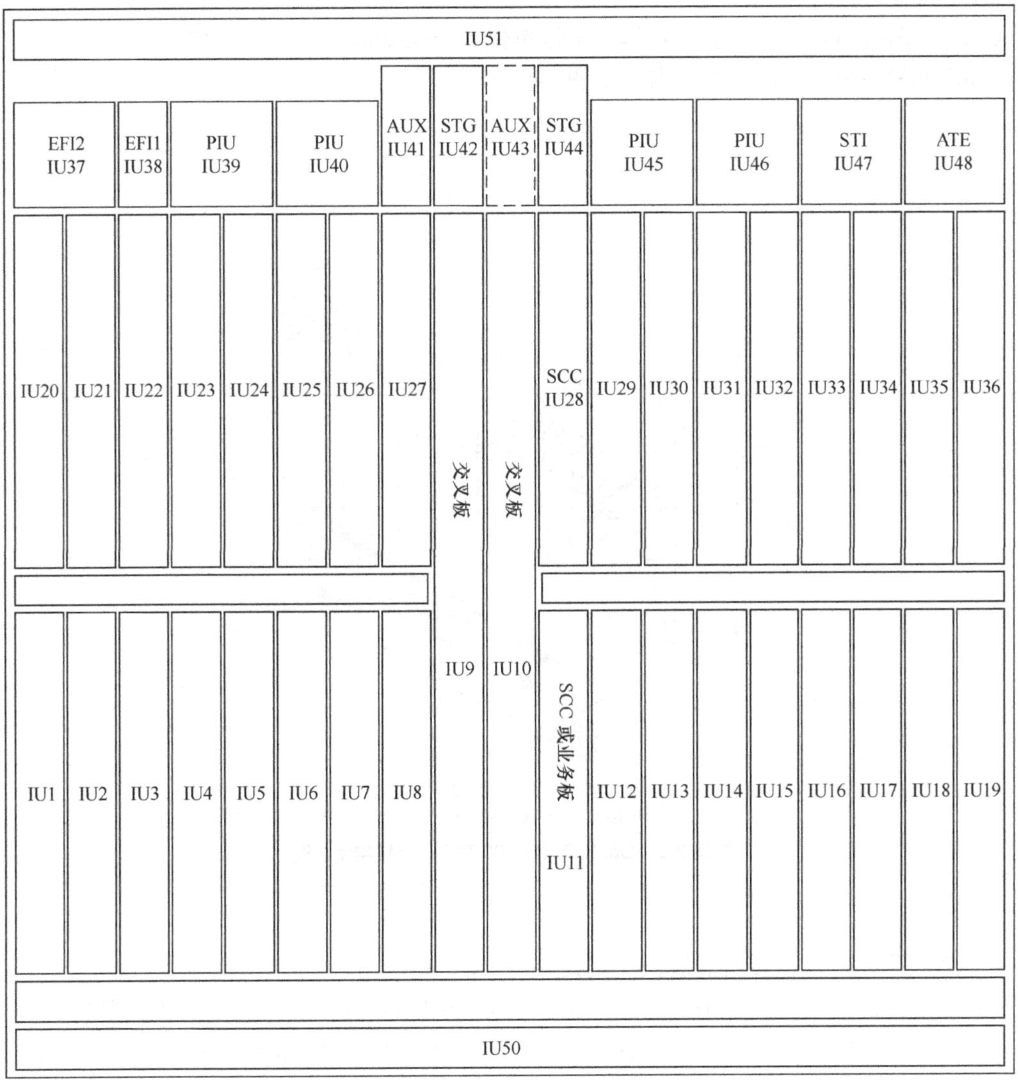

附图 2-4　OptiX OSN 8800 T32 子架槽位示意图

- IU9、IU10 槽位固定用于插放集中交叉板：UXCH/UXCM/XCH/XCM。
- 如下槽位用于插放 1+1 备份的单板，见附表 2-3。

附表 2-3　T32 子架用于插放 1+1 备份单板的槽位

单板	主用槽位和备用槽位
PIU	IU39 & IU45、IU40 & IU46
SCC	IU28 & IU11
STG	IU42 & IU44
UXCH/UXCM/XCH/XCM	IU9 & IU10
TN52AUX	OptiX OSN 8800 T32 增强子架：IU41 & IU43

2.1.4 OptiX OSN 8800 T16 子架

2.1.4.1 结构

OptiX OSN 8800 T16 以子架为基本工作单位。子架采取独立直流供电。

OptiX OSN 8800 T16 子架结构如附图 2-5 所示。

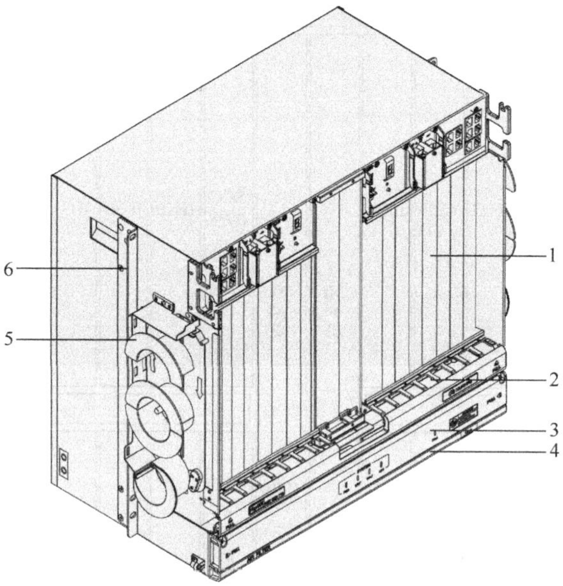

1—单板区 2—走纤槽 3—风机盒
4—防尘网 5—盘纤架 6—子架挂耳

附图 2-5 OptiX OSN 8800 T16 子架结构示意图

- 单板区：所有单板均插放在此区，共有 24 个槽位。
- 走纤槽：从单板拉手条上的光口引出的光纤跳线经过走纤区后进入机柜侧壁。
- 风机盒：OptiX OSN 8800 T16 装配 10 个风扇，为子架提供通风散热功能。风机盒上有 4 个子架指示灯，指示子架运行状态。
- 防尘网：防止灰尘随空气流动进入子架，防尘网需要定期抽出清洗。
- 盘纤架：子架两侧有活动盘纤架，机柜内一个子架的光纤跳线在机柜侧面可通过盘纤架绕完多余部分后连接到另一个子架。
- 子架挂耳：用于将子架固定在机柜中。

2.1.4.2 槽位说明

OptiX OSN 8800 T16 子架有 25 个槽位。

OptiX OSN 8800 T16 子架槽位分布如附图 2-6 所示。

- □：用于插放业务单板，具有交叉能力。
- IU9、IU10 槽位用于插放 TN16UXCM/TN16XCH/TN16SCC，也可插放其他业务单板。
- 如下槽位用于插放 1+1 备份的单板，见附表 2-4。

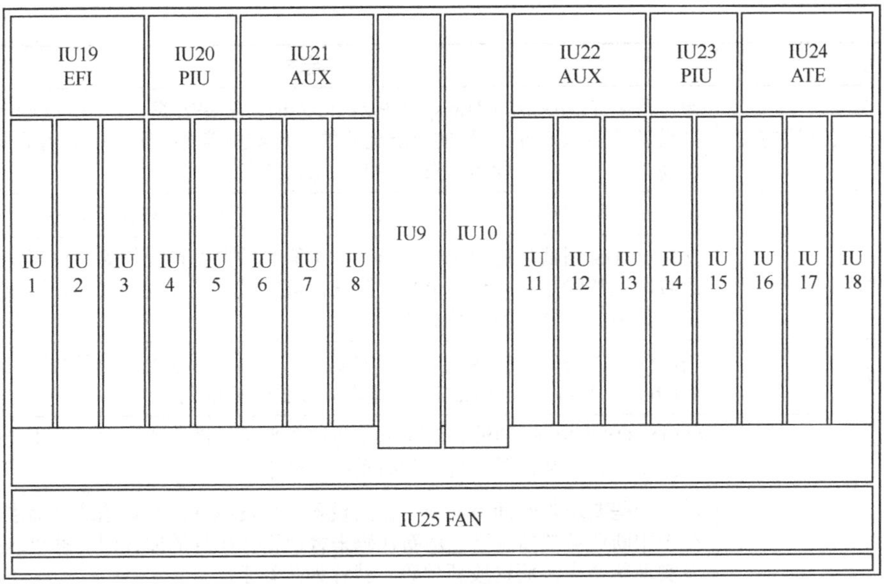

附图 2-6 OptiX OSN 8800 T16 子架槽位示意图

附表 2-4 **T16 子架用于插放 1+1 备份单板的槽位**

单板	主用槽位和备用槽位
AUX	IU21 & IU22
PIU	IU20 & IU23
TN16UXCM/TN16XCH/TN16SCC	IU9 & IU10

第 3 章 操作与维护

本节介绍设备支持的操作与维护项目，见附表 3-1。

附表 3-1 **操作与维护**

项目	描述
端到端业务配置	系统提供方便用户使用的 OTN 端到端业务配置管理功能，可以简化用户配置过程，缩短网络部署时间，实现网络自动化管理
告警和性能事件管理	产品提供的告警和性能可方便用户监控并维护系统
在线监视	OptiX OSN 8800 支持对波分侧和客户侧的性能进行监视，方便客户维护设备
ETH-OAM	ETH-OAM 能够针对以太网业务和链路提供丰富的运维管理手段，使 WDM/OTN 网络承载以太网业务时的开局调测、日常运维管理更加高效、便捷
MPLS-TP OAM	MPLS-TP OAM 可以快速检测、识别和定位分组网络故障并触发保护倒换，从而提升网络的可靠性
智慧光管系统（SOM）	智慧光管理系统 SOM，Smart Optical Management，可以实现对光层性能监控的一键式监控配置，进行 10G/40G/100G 波长在线 OSNR 监测、性能监测和在线性能优化

续表

项目	描述
分组 TP-Assist 解决方案	通过分组 TP-Assist（Transport Packet Assist）解决方案，使华为 OptiX OSN 系列设备具备像 SDH 一样的分层架构的管理维护能力，简化了分组业务的运维，实现了端到端分组业务配置、调测和故障定位
环回	环回是故障定位中最常用、最直接的方法，基于分段来验证业务
PRBS 测试帧	支持 PRBS 测试功能的单板相当于一个简单的自发自收的测试仪表。在开局调测阶段或故障定位时使用 PRBS 测试，可以做到无仪表测试，分析业务通道是否有故障，方便故障定位和维护
波长可调功能	OptiX OSN 8800 提供波长可调的波长转换板，支持波长可调的 100Gbit/s、40Gbit/s、10Gbit/s 和 2.5Gbit/s 速率光波长转换单元
抖动抑制功能	OptiX OSN 8800 的波长转换单元通过在光接收模块和光发射模块之间设置抖动抑制单元，从而具有优异的抖动抑止性能
热补丁	对于一些要求长时间不间断工作的设备，当发现软件有缺陷或新需求时，需要在不中断业务的情况下，用新代码来替换正在运行的旧代码，解决这些缺陷或者实现新需求，而这段新代码，就称为热补丁
软件包加载和软件包扩散	系统支持软件包加载，提供网元级软件集中加载升级、激活和管理功能，简化网元软件升级操作的过程，提高升级操作的易用性。同时，系统支持包扩散方式进行软件包加载，提高加载效率
OAMS 功能	OptiX OSN 8800 必须与 OptiX BWS 1600G 配合来提供 OAMS（Optical fiber line Automatic Monitoring System），实现光纤故障初步定位和链路光纤告警上报等功能
公务功能	公务电话为不同的工作站点之间的操作工程师或维护工程师提供语音通信
一键式故障数据采集	一键式故障数据采集常在设备出现故障时使用，通过故障数据采集工具，可以一次性采集设备的故障、性能等数据

第 4 章　网络管理

网络管理包括网络管理系统、网元间通信管理和网元内通信管理等内容。

华为设备的网络管理示意图如附图 4-1 所示。

网络管理包括：

- 网络管理系统：U2000 和 U2000 Web LCT。
- 网元间通信管理：

—站点 A～F 之间的网元通过光纤相连，使用 HWECC、IP over DCC 或 OSI over DCC 协议在 ESC/OSC 通道上实现网元间通信。

—站点 A～F 内的部分网元（如站点 B）通过网线相连（一般应用于光电网元分离场景），使用 HWECC、IP over DCC 或 OSI over DCC 协议在以太网通道（各网元相关单板的 NM_ETH 口）上实现网元间通信。

—站点 A 和站点 C 内的网元作为网关网元（GNE），通过交换机或路由器接入外部 DCN 和网管通信。其他网元都作为非网关网元（non-GNE）通过网关网元和网管通信。

- 网元内通信管理：站点 A～F 内的网元都是通过主从子架进行网元内通信，如附图 4-1 所示，站点 A 内一个网元为 3 个子架组成（一个主子架连接两个从子架）。

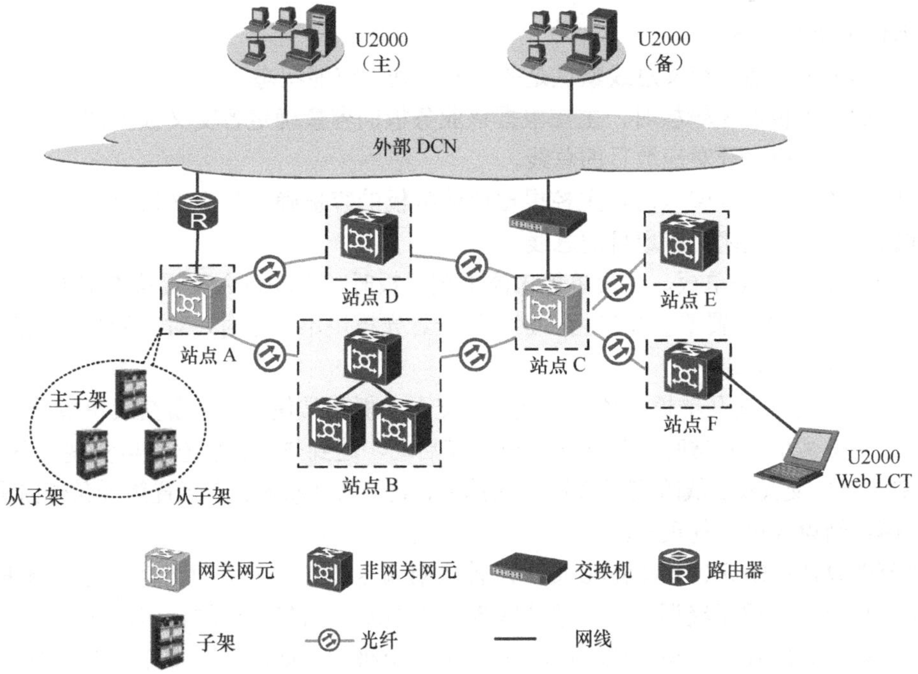

附图 4-1　网络管理示意图

第 5 章　节能与环境保护

5.1　节能

5.1.1　静态节能

OptiX OSN 8800 在设计时主要采取以下措施来实现节能：

- 通过改进芯片工艺来降低功耗。
- 选用高效率的二次电源模块。
- 10G 光模块全面 XFP 化。

5.1.2　动态节能

网络节能可以通过 U2000 进行配置，实现能耗的精确管理。节能模式分为 3 种：正常模式、节能模式、增强节能模式。各节能模式包含的节能措施见附表 5-1。

附表 5-1　节能模式与节能措施对应关系

节能模式	节能措施				
	未使用交叉总线	空闲单板	空闲端口	备用交叉板	空闲低价交叉板
正常模式	Y	N	N	N	N
节能模式	Y	Y	Y	N	N
增强节能模式	Y	Y	Y	Y	Y

节能措施主要包括：

- 未使用交叉总线：

—交叉单板上电后，交叉总线默认是关闭的，处于节能状态。

—添加业务单板的逻辑板时，主控根据该业务板的容量确定各交叉板上需要使用的总线数目，并通知交叉板打开对应数目的总线。

—删除业务单板的逻辑板时，主控根据该业务板的容量确定各交叉板上需要使用的总线数目，并通知交叉板关闭对应数目的总线。

- 空闲单板：业务单板、交叉单板未添加逻辑板时，自动进入待机状态节能。
- 空闲端口：当设置单板端口为“禁止”或者光模块不在位时，对应的光模块及业务处理芯片自动进入节能状态。
- 备用交叉板：交叉单板温备份节能。主交叉单板正常使用时，备交叉单板处于温备份节能状态。主交叉单板异常时，备交叉单板迅速启动，达到热备份状态，再实现主备倒换。
- 空闲低阶交叉板：低阶交叉模块默认掉电，处于节能状态。当配置第一条低阶业务时，低阶交叉模块结束掉电恢复正常。

散热节能设计：OptiX OSN 8800 提供两种风扇调速方式——手动调速和自动调速。自动调速时可以按分区实现无级调速，根据分区内单板温度来调节风扇的转速，低温分区的风扇转速较低可以节省能耗；手动调速时风扇速度有 5 个级别：低速率、中低速率、中速率、中高速率、高速率。

5.1.3 节能控制和监视

通过 U2000 实现对节能的控制和监视。

- 支持网元标称功耗（W）、网元当前功耗（W）、单板标称功耗（W）、单板当前功耗（W）的查询。
- 支持全网网元能耗报表的查询，可以查询网元的标称功耗（W）、当前功耗（W）、平均节省功耗（W）和一年节省电量（kWh）。

5.2 环境保护

OptiX OSN 8800 是按照可持续发展要求来设计的，设备的所有部件及其包装都按标准标识以便于循环利用。

- 在包装设计方面，OptiX OSN 8800 在包装设计上提供了必要的包装，且设备与附件的包装后体积不超过包装前体积的 3 倍。
- 产品设计时就考虑到了拆卸方便的要求，且手册对产品拆卸有详细介绍。所有有害物质都易于分解。
- 所有大于 25g 的单个机械塑料部件都按 ISO 11469 和 ISO 1043-1 至 4 标识。设备的所有部件及其包装都按标准标识以便于循环利用。
- 插头、连接头都易于找到，且可用普通、简单的工具进行操作。

设备的粘贴标签等粘贴物易于去除。一些标识性信息如丝印是刻印在面板或子架上的。

缩略语

2G	2nd Generation Mobile Communications System	第二代移动通信系统
3G	3nd Generation Mobile Communications System	第三代移动通信系统
3GPP	3rd Generation Partnership Project	第三代合作伙伴计划
3R	Reamplification,Reshaping and Retiming	再放大，再整形，再定时
4G	4nd Generation Mobile Communications System	第四代移动通信系统
AIS	Alarm Indication Signal	告警指示信号
APS	Automatic Protection Switching	自动保护开关
AS	Autonomous System	自治系统
ASON	Automatic Switched Optical Networks	自动交换光网络
ATM	Asynchronous Transfer Mode	异步传输模式
AWG	Arrayed Waveguide Grating	阵列波导光栅
BC	Boundary Clock	边界时钟
BDI	Backward Defect Indication	后向缺陷指示
BEI	Backward Error Indication	后向误码指示
BIP	Bit Interleaved Parity	比特奇偶间插
BMC	Best Master Clock	最佳主时钟算法
CAPEX	Capital Expenditure	资本性支出
CBR	Constant Bit Rate	固定比特速率
CD	Chromatic Dispersion	色度色散
CES	Circuit Emulation Service	电路仿真业务
CORBA	Common Object Request Broker Architectrue	通用对象请求代理体系结构
CPRI	Common Public Radio Interface	通用公共无线接口
CWDM	Coarse Wavelength Division Multiplexing	稀疏波分复用
DAPI	Destination Access Point Identifier	目的接入点标识符
DGD	Differential Group Delay	差分群时延
DWDM	Dense Wavelength Division Multiplexing	密集波分复用
ECC	Embedded Communication Channel	嵌入式通信通路
EDFA	Erbium-doped Optical Fiber Amplifier	掺铒光纤放大器
EMS	Element Management System	网元管理系统

FAS	Frame Alignment Signal	帧定位信号
FEC	Forward Error Correction	前向纠错
FTFL	Fault Type and Fault Location	故障类型和故障定位
GCC	General Communication Channel	通用通信通路
GE	Gigabit Ethernet	吉比特以太网
GFP	Generic Framing Procedure	通用成帧规程
HSPA	High-Speed Packet Access	高速分组接入
HSPA+	High-Speed Packet Access Evolution	演进型高速分组接入
IaDI	Intra-Domain Interface	域内接口
IAE	Incoming Alignment Error	输入定位误码
IEEE	Institute of Electrical and Electronics Engineers	美国电气和电子工程师协会
IP	Internet Protocol	网络互连协议
IP RAN	IP Radio Access Network	无线接入网 IP 化
IrDI	Inter-Domain Interface	域间接口
ITU-T	International Telecommunication Union-Telecommunication Standardization Sector	国际电信联盟-电信标准部
IWF	Interworking Function	互通功能
LAN	Local Access Network	局域网
LCAS	Link Capacity Adjustment Scheme	链路容量调整方案
LCT	Local Craft Terminal	本地维护终端
LDP	Label Distribution Protocol	标签分发协议
LMP	Link Management Protocol	链路管理协议
LOF	Loss of Frame	帧丢失
LOM	Loss of Multiframe	复帧丢失
LOS	Loss of Signal	信号丢失
LSP	Label Switched Path	标签交换路径
LTE	Long Term Evolution	(3G)长期演进
MFAS	MultiFrame Alignment Signal	复帧定位信号
MPLS	Multi-protocol Label Switching	多协议标记交换
MPLS-TP	Transport Muti-protocol Label Switching-Transport Profile	多协议标签交换-传送架构
MSTP	Multi-Service Transfer Platform	多业务传送平台
NMI	Network Management Interface	网络管理接口
NMS	Network Management System	网络管理系统
OA	Optical Amplifier	光放大器
OADM	Optical Add-Drop Multiplexer	光分叉复用器
OAM	Operation Administration and Maintenance	运行管理和维护
OCC	Optical Channel Carrier	光通道载体
OCG	Optical Carrier Group	光通道载体组

ODU	Optical Channel Data Unit	光通道数据单元
OMS	Optical multiplex Section	光复用段
OMU	Optical Multiplex Unit	光复用单元
OPEX	Operating Expens	收益性支出
OPS	Optical Physical Section	光物理段
OPU	Optical Channel Payload Unit	光通道净荷单元
OSC	Optical Supervisory Channel	光监控通道
OTH	Optical transport hierarchy	光传送体系
OTN	Optical Transport Network	光传送网
OTS	Optical transmission section	光传送段
OTU	Optical Channel Transport Unit	光通道传送单元
OVPN	Optical Virtual Private Network	光虚拟专用网
OXC	Optical Cross-connect	光交叉连接
PBB	Provider Backbone Bridge	运营商骨干桥接技术
PBB-TE	Provider Backbone Bridge–Traffic Engineering	运营商骨干桥接流量工程
PCC	Protection Communication Channel	保护通信通道
PLC	Programmable Logic Controller	可编程逻辑控制器
PM	Path Monitoring	通道监视
PMD	Polarization Mode Dispersion	偏振膜色散
PM-QPSK	Polarization Multiplexing-Quadrature Phase Shift Keying	偏振复用正交相移键控
PON	Passive Optical Network	无源光纤网络
POS	Packet over SONET/SDH	SONET/SDH 上的数据包
POTN	Packet Optical Transport Network	分组增强型光传送网
PPP	Point to Point Protocol	点对点协议
PPS	Pulse per second	秒脉冲
PRBS	Pseudo Random Binary Sequence	伪随机二元序列
PSI	Payload Structure Idendifier	净荷结构标识
PT	Payload Type	净荷类型
PTN	Packet Transport Network	分组传送网
PTP	Precision Time Protocol	精确时间协议
PW	Pseudo-Wire	伪线
PWE3	Pseudo Wire Edge to Edge Emulation	端到端伪线仿真
QOS	Quality of Service	服务质量
RES	Reserved for Future International Standardization	为将来国际标准预留
ROADM	Reconfigurable Optical add-drop Multiplexer	可重构的光分插复用器
RPR	Resilient Packet Ring	弹性分组环
RSVP	Resource Reservation Protocol	资源预留协议
SAN	Storage Area Network	存储区域网

SAPI	Source Access Point Identifier	源接入点标识
SD	Signal Degrade	信号性能劣化
SDH	Synchronous Digital Hierarchy	同步数字体系
SF	Signal Fail	信号失效
SGW	Serving GateWay	服务网关
SM	Section Monitoring	段监视
SMP	Shared Mesh Protection	共享环网保护
SNCP	Sub-network Connection Protection	子网链接保护
SONET	Synchronous Optical Network	同步光网络
SPM	Self Phase Modulation	自相位调制
SSM	Synchronization Status Message	同步状态信息
STM-*n*	Synchronous Transport Module Level *n*	同步传输模块等级 *n*
TC	Transparence Clock	透明时钟
TCM	Tandem Connection Monitoring	串接监视
TDM	Time-Division Multiplexing	时分复用
TD-SCDMA	Time Division-Synchronous Code Division Multiple Access	时分同步码分多址
TE	Traffic Engineering	流量工程
TMN	Telecommunications Management Network	电信管理网络
T-MPLS	Transport Muti-protocol Label Switching	基于 MPLS 的面向连接的分组传输技术
TMUX	Subrate Transparent Multiplexer	子速率透明复用器
ToD	Time of Day	当前时刻
UNI	User Network Interface	用户网络接口
VLAN	Virtual Local Area Network	虚拟局域网
VPN	Virtual Private Network	虚拟专用网
WDM	Wavelength Division Multiplex	波分复用
WiMax	Worldwide Interoperability for Microwave Access	全球微波互联接入
WSS	Wavelength Selective Switch	波长选择开关
WTR	Wait to Restore	等待返回
XPM	Cross-Phase Modulation	交叉相位调制

参考文献

[1] 张新社．光网络技术［M］．西安：西安电子科技大学出版社，2012．

[2] 袁建国，叶文伟．光网络信息传输技术［M］．北京：电子工业出版社，2012．

[3] 黄善国，张杰．光网络规划与优化［M］．北京：人民邮电出版社，2012．

[4] 拉吉夫•拉马斯瓦米，库马尔•N•西瓦拉詹，等．光网络［M］．(第三版)．北京：电子工业出版社，2013．

[5] 谢桂月，陈雄，等．有线传输通信工程设计［M］．北京：人民邮电出版社，2010．

[6] 王元杰，等．电信网传输系统维护实战［M］．北京：电子工业出版社，2012．

[7] 王海．传输网技术的研究与发展方向［J］．科技情报开发与经济，2010，20 (25)．

[8] 李慧明，邹仁淳．光传输网的发展与趋势［J］．中国新通信，2010．7．

[9] 张建全，宋育乐．集团大客户专线接入的发展及演进［J］．信息通信技术，2013，(6)．

[10] 杨小乐．IPRAN 技术的优劣与应用前景初探［J］．科技创新与应用，2014，(14)．

[11] 左青云，陈鸣，赵广松，等．基于 OpenFlow 的 SDN 技术［J］．软件学报，2013．3．

[12] 张彦芳，王春艳，智会云．浅析自动交换光网络 ASON 技术［J］．科技咨询导报，2007，(30)．

[13] 汤进凯，王健．PTN 技术发展与网络架构探讨［J］．电信科学，2011，(S1)．

[14] 胡长红，贾坤荣．IPRAN 在本地传送网中的具体应用［J］．无线互联科技，2013，(7)．

[15] 夏娟．关于通信传输与接入技术的思考［J］．信息通信，2014，(5)．

[16] 唐雄燕，简伟，张沛．新一代移动承载网：IPRAN 网络［J］．中兴通讯技术，2012，18 (6)．

[17] 黄启邦．100G OTN 关键技术探讨［J］．中国新通信，2014，(16)．

[18] 宋建东．电信级骨干网传输技术［J］．计算机光盘软件与应用，2012，(8)．

[19] 丁薇，施社平．100G 光传输设备技术现状和演进趋势［J］．通信世界，2013，(18)．

[20] 钱磊，吴东，谢向辉．基于硅光子的片上光互连技术研究［J］．计算机科学，2012，39 (5)．

[21] 黄萍．OTN 网络是传送网的发展趋势[J]．电信工程技术与标准化，2009．

[22] 张铁，翟长友．OTN 技术特点及应用[J]．硅谷，2009．

[23] 刘斌．OTN 技术特点及应用分析[J]．广东科技，2009．

[24] 丁小军．PTN 和 OTN 的技术发展与应用[J]．邮电设计技术，2009．

[25] 张海懿．OTN 技术标准进展[J]．电信技术，2009．

[26] 刘玉洁，肖峻，丁炽武，向俊凌，黄曦．OTN 最新研究进展及关键技术[J]．光通信技术，2009．

[27] 荆瑞泉，张成良．OTN 技术发展与应用探讨[J]．邮电设计技术，2008．

[28] 赵文玉．光传送网关键技术及应用[J]．中兴通讯技术，2008．

［29］胡卫，沈成彬，陈文．OTN 组网应用与进展[J]．电信科学，2008.

［30］吕建新．超高速光通信的新技术及应用[J]．现代电信科技，2011.

［31］简伟，师严，沈世奎，满祥琨，王海军，王光全．面向超 100G 系统的可变带宽 ROADM 及控制平面技术[J]．邮电设计技术，2014.

［32］王迎春．面向下一代的超 100G 长距离传输技术[J]．邮电设计技术，2014.

［33］赵光磊．超 100G 现网测试开启传送网架构演进迈入变革期[J]．通信世界，2014.

［34］赵文玉，汤瑞，吴庆伟．超 100G 技术发展浅析[J]．电信网技术，2013.

［35］黄海峰．全球 100G 高速传输网快速普及超 100G 技术曙光已现[J]．通信世界，2013.

［36］曹畅，张沛，唐雄燕．100G 与超 100G 波分网络关键技术与部署策略研究[J]．邮电设计技术，2012.

［37］汤瑞，吴庆伟．超 100G 传输关键技术研究[J]．电信网技术，2012.

［38］赵文玉，张海懿，汤瑞，吴庆伟．OTN 标准化现状及发展趋势［J］．电信网技术，2010（12）.

［39］吴秋游．MS-OTN 技术及标准进展．电信网技术［J］，2010（12）.

［40］李健．下一代光网络关键控制技术的研究［D］，北京邮电大学，2007.

［41］韦乐平．光网络技术发展与展望［J］，电信科学，2008 年 3 月，第 3 期，pp．1-6.

［42］黄善国，顾畹仪，张永军，等．IP 数据光网络技术与应用［M］，人民邮电出版社，2008.

［43］张杰，黄善国，李健，等．光网络新业务与支撑技术［M］，北京邮电大学出版社，2005.

［44］韦乐平．光网络的发展与市场需要［J］，当代通信，2006 年，第 15 期，pp．10-14.

［45］张杰，黄善国，李健，等．光网络新业务与支撑技术［M］，北京邮电大学出版社，2005 年.

［46］韦乐平．光同步数字传送网（修订本）［M］．北京：人民邮电出版社，1998.

［47］李芳，付锡华，赵文玉，王磊，等．分组光传送网（POTN）技术和应用研究［J］．中国通信标准类研究报告，2011.

［48］李允博，李晗，韩柳燕．光传送网（OTN）传递时间同步信息技术探讨［J］．电信技术，2010（6）.

［49］甘朝钦．高速传送:40Gbit/s 至 100Gbit/s［J］，通讯世界，2007 年，第 6 期，pp．83-84.

［50］张杰，徐云斌，等．自动交换光网络 ASON［M］，人民邮电出版社，2004 年 2 月第 1 版.

［51］张海懿．下一代光传送网发展新趋势及标准化新进展［J］，通信世界，2007（31），pp．2-3.

［52］邓忠礼．光同步传送网和波分复用系统［M］，北方交通大学出版社，清华大学出版社，2003.

［53］龚倩，徐荣，张民．光网络的组网与优化设计［M］，北京邮电大学出版社，2002.

［54］赵永利．多层多域智能光网络关键技术研究［D］，北京邮电大学，2010 年.

［55］李晗，任磊，舒建军，等．OTN：下一代传送网发展方向［J］，华为技术，2007（19），pp．27-28.

［56］桂烜．下一代光网络管理、控制与应用若干关键技术研究［D］，北京邮电大学，2005 年．中华人民共和国通信行业标准．光传送网（OTN）网络管理技术要求第 1 部分：基本原则（YD/T 2149．1-2010）．中华人民共和国工业和信息化部，2010.

［57］中华人民共和国通信行业标准．光传送网（OTN）网络管理技术要求第 2 部分：NMS 系统功能（YD/T 2149．2-2011）．中华人民共和国工业和信息化部，2011.

［58］中华人民共和国国家标准．自动交换光网络（ASON）技术要求：第 1 部分体系结构与总体要求（GB/T 21645．1-2008）．中华人民共和国工业和信息化部，2008.

［59］中华人民共和国通信行业标准．同步数字体系（SDH）光纤传输系统工程验收规范（YD 5044-2014）．中华人民共和国工业和信息化部，2014.

［60］中华人民共和国通信行业标准．波分复用（WDM）光纤传输系统工程设计规范（YD 5092-2014）．中

华人民共和国工业和信息化部，2014.

［61］中华人民共和国通信行业标准．同步数字体系（SDH）光纤传输系统工程设计规范（YD 5095-2014）．中华人民共和国工业和信息化部，2014.

［62］中华人民共和国通信行业标准．波分复用（WDM）光纤传输系统工程验收规范（YD 5122-2014）．中华人民共和国工业和信息化部，2014.

［63］中华人民共和国通信行业标准．光传送网（OTN）工程设计暂行规定（YD 5208-2014）．中华人民共和国工业和信息化部，2014.

［64］中华人民共和国通信行业标准．光传送网（OTN）工程验收暂行规定（YD 5209-2014）．中华人民共和国工业和信息化部，2014.

［65］ITU-T G.709．光传送网（OTN）接口．2009.

［66］ITU-T G.709．光传送网（OTN）接口增补 1．2009.

［67］ITU-T G.709．光传送网（OTN）接口勘误 1．2009.

［68］Klonidis D，Politi C T，Nejabati R. OPSnet: design and demonstration of an asynchronous high-speed optical packet switch[J]，Journal of Lightwave Technology，vol. 23，no. 10，Otc. 2005，pp. 2914-2925.

［69］Peifang Z，Yang O. How practical is optical packet switching in core networks[J]，IEEE Global Telecommunications Conference，Franchise，USA，Dec. 2003，pp. 2709-2713.

［70］Qiao C，Yoo M. Optical burst switching（OBS）- a new paradigm for an optical Internet[J]，Journal of High Speed Networks，vol. 8，1999，pp. 69-84.

［71］Turner J S. Terabit burst switching. Journal of High Speed Networks[J]，vol. 8，no. 1，1999，pp. 3-16.

［72］Charlet G，Corbel E，Lazaro J，et al. WDM transmission at 6Tbit/s capacity over transatlantic distance，using 42.7Gbit/s differential phase-shift keying without pulse carver[C]，Washington，DC，United States: Optical Society of America，Washington，DC 20036-1023，United States，2004.

［73］J. X. Cai，D. G. Foursa，C. R. Davidson，et al. A DWDM Demonstration of 3.73Tbit/s over 11，000 km using 373 RZ-DPSK Channels at 10Gbit/s[C]，OFC2003，vol. 86，pp. 866-868.

［74］Lavigne B，Balmefrezol E，Brindel P，et al. Low input power All-Optical 3R Regenerator based on SOA devices for 42.66Gbit/s ULH WDM RZ transmissions with 23dB span loss and all-EDFA amplification[C]，OFC2003，vol. 86，pp. 845-847.

［75］Bhandare S，Sandel D，Hidayat A，et al. 1.6-Tbit/s（40×40Gbit/s）transmission over 44，...，94km of SSMF with adaptive chromatic dispersion compensation[J]，IEEE Photonics Technology Letters，vol. 17，no. 12，Dec. 2005，pp. 2748-2750.

［76］Akihide Sano，Hiroji Masuda，Takayuki Kobayashi，et al. 69.1-Tbit/s（432 x 171-Gbit/s）C- and Extended L-Band Transmission over 240 Km Using PDM-16-QAM Modulation and Digital Coherent Detection[C]，OFC2010，PDPB7.

［77］Peter J. Winzer. Beyond 100G Ethernet[J]，Communications Magazine，vol. 48，no. 7，July 2010，pp. 26-30.

［78］Mikac，B. Inkret，R. Ljolje. M. Availability modelling of multi-service photonic network[C]，Proceedings of 6th International Conference on Transparent Optical Networks，vol. 1，Jul. 2004，pp. 47-52.

［79］IzmailovRauf，GangulySamrat，Wang Ting. Hybrid hierarchical optical networks[J]，IEEE Communications Magazine，vol. 12，no. 11，November 2002，pp. 88-94.

［80］Pin-Han Ho，Mouftah H.T.，Jing Wu. A Scalable Design of Multigranularity Optical Cross-Connects for the Next-Generation Optical Internet[J], IEEE Joural on selected areas in communications, vol. 21, no. 7, Sep. 2003, pp. 1133-1142.

［81］LuboTancevski. Intelligent next generation WDM optical networks，Information Science[J]，vol. 149，2003，pp. 211-217.

［82］Jensen R.A. The impact of technology advances in optical switching and long haul transport on next generation intelligent optical networks[J]，2001 Digest of the LEOS Summer Topical Meetings，Aug. 2001.

［83］ITU-T. Architecture of optical transport networks[S]，G.872，2001.

［84］ITU-T. Interfaces for the Optical Transport Network（OTN）[S]，G.709，2009.

［85］ITU-T. Framework of Optical Transport Network Recommendations[S]，G.871，2000.

［86］ITU-T. The control of jitter and wander within the optical transport network（OTN）[S]，G.8251，2010.

［87］ITU-T. Management aspects of optical transport network elements[S]，G.874，2010.

［88］ITU-T. Optical transport network（OTN）: Protocol-neutral management information model for the network element view[S]，G.874.1，2002.

［89］ITU-T. Characteristics of optical transport network hierarchy equipment functional blocks[S], G.798, 2010.

［90］ITU-T. Optical transport network physical layer interfaces[S]，G.959.1，2009.

［91］ITU-T. Optical safety procedures and requirements for optical transport systems[S]，G.664，2006.

［92］ITU-T. Transmission characteristics of optical components and subsystems[S]，G.671，2009.

［93］ITU-T. Common equipment management function requirements[S]，G.7710，2007.

［94］ITU-T. Link capacity adjustment scheme for virtual concatenated signals[S]，G.7042，2006.

［95］ITU-T. Architecture for the automatically switched optical network（ASON）[S]，G.8080，2006.

［96］ITU-T. Architecture and specification of data communication network[S]，G.7712，2010.

［97］ITU-T. Distributed Connection Management[S]，G.7713/Y.1704，2001.

［98］ITU-T. Distributed Call and Connection Management based on PNNI[S]，G.7713.1，2003.

［99］ITU-T. Distributed Call and Connection Management: Signalling mechanism using GMPLS RSVP-TE[S]，G.7713.2，2003.

［100］ITU-T. Distributed Call and Connection Management: Signalling mechanism using GMPLS CR-LDP[S]，G.7713.3，2003.

［101］ITU-T. Generalized automatic discovery for transport entities[S]，G.7714，2005.

［102］ITU-T. Architecture and requirements for routing in the automatically switched optical networks[S]，G.7715，2002.